21世纪高等院校计算机网络工程专业规划教材

网络工程实训和实践应用教程

郑秋生 主编

夏冰 潘磊 副主编

U0236027

清华大学出版社

北京

内 容 简 介

本书主要根据网络工程专业的专业实践教学要求,设计了实验体系和知识结构,旨在系统培养学生的实践能力和工程能力。内容由网络基础知识、综合布线、交换路由、Windows Server 2008 操作系统、Linux操作系统管理及服务器配置、协议分析、网络测量、网络管理、网络安全、网络编程、故障排除和网络系统集成与规划设计共 12 个部分组成,实践技能基本覆盖当前网络工程的各个环节和过程,为了满足不同学校实践教学需要和不同读者工程能力训练,本书提供设计、验证和综合等实验类型,在结构上,由实验目的、实验内容、实验原理、实验环境与网络拓扑、实验步骤、实验故障排除与调试、实验报告要求和实验思考组成。

本书主要面对网络工程专业、信息管理专业及计算机相关专业,作为实验教材使用,也可以作为网络管理员和网络工程师培训与应试的参考书籍。

图书在版编目(CIP)数据

网络工程实训和实践应用教程/郑秋生主编. —北京:清华大学出版社,2011.10(2018.8 重印)
(21 世纪高等院校计算机网络工程专业规划教材)
ISBN 978-7-302-26606-8

Ⅰ. ①网… Ⅱ. ①郑… Ⅲ. ①计算机网络—高等学校—教材 Ⅳ. ①TP393

中国版本图书馆 CIP 数据核字(2011)第 177390 号

责任编辑:魏江江　张为民
责任校对:白　蕾
责任印制:刘祎淼

出版发行:清华大学出版社
　　　　　网　　　址:http://www.tup.com.cn,http://www.wqbook.com
　　　　　地　　　址:北京清华大学学研大厦 A 座　　　　邮　　编:100084
　　　　　社 总 机:010-62770175　　　　　　　　　　　邮　　购:010-62786544
　　　　　投稿与读者服务:010-62776969,c-service@tup.tsinghua.edu.cn
　　　　　质量反馈:010-62772015,zhiliang@tup.tsinghua.edu.cn
　　　　　课件下载:http://www.tup.com.cn,010-62795954
印 装 者:三河市铭诚印务有限公司
经　　销:全国新华书店
开　　本:185mm×260mm　　　印　张:31　　　字　数:774 千字
版　　次:2011 年 10 月第 1 版　　　　　　　印　次:2018 年 8 月第 6 次印刷
定　　价:79.00 元

产品编号:034457-02

前 言

2010年6月23日,教育部在天津召开了启动"卓越工程师教育培养计划"的会议,将联合有关部门和行业协(学)会,共同实施"卓越工程师教育培养计划"。一方面,卓越计划要求全面提高工程教育人才质量,加强高校、行业、社会需求各方的密切合作程度;另一方面,网络工程是实践性较强的一门学科,需要从事该行业者具有扎实的理论知识和广博的实践经验。在此背景下,结合多年教学和实际工作经验,一批实践能力强、教学经验丰富的教师一起合作编写了本书。

"网络工程"专业在我国高校设置、招生已经有10年的历史了。10年的教学积累了大量的经验,各高校在教材的编写、实验室建设、专业建设方面都取得了显著的进步和成绩。目前的网络实验教材大多是针对网络工程的一个或几个环节和过程编写的,不能满足网络工程专业实践能力和工程能力系统培养的专业要求,同时,各高校教学运行过程中还存在不少的问题亟待解决,例如:

(1) 不同学校网络工程专业的教学计划差异较大,一些课程选不到合适的教材。

(2) 网络工程专业的知识体系没有编写到教材中。

(3) 每门课程实践环节的任务要求一般都由授课教师设计,随意性较大,难易程度差别较大。

(4) 存在实验内容重复的问题,是过分依赖授课老师对实验环节的任务设计。

(5) 没有根据专业培养的要求,对学生的工程能力、实践能力有一个系统的课程设计。

基于教学过程中存在的以上问题,结合我们多年来在网络工程专业建设、课程建设的教学实践经验,编写了这本《网络工程实训和实践应用教程》,希望能够解决网络工程专业实践教学和工程能力培养的一些问题。

本书共12章,由网络基础知识、综合布线、交换路由、Windows Server 2008操作系统、Linux操作系统管理及服务器配置、协议分析、网络测量、网络管理、网络安全、网络编程、故障排除和网络系统集成与规划设计组成,共设计了134个实验(实训)项目,基本覆盖当前网络工程的方方面面。

第1章主要介绍网络工程所涉及的基本概念、协议族、基本原理,为本书做了一个导引。

第2章主要内容是网络综合布线相关知识,培训学生使用相关工具进行布线操作及测试线缆故障的能力。本章设计了22个实验,其中7个为选作实验。

第3章主要以CISCO设备为例,重点阐述交换和路由中的基本配置,广域网帧中继和PPP封装技术、IPv6配置、路由重分布配置等高级配置,最后以一个中小型网络为例集成路由和交换中的知识点。本章设计了21个实验,其中6个为选做实验。

第4章主要内容是Windows Server 2008操作系统基本服务的配置操作,使学生掌握活动目录、DNS 服务、DHCP 服务和 Web 服务、FTP 服务等基本服务的配置方法。本章设计了 9 个实验,其中 1 个为选做实验。

第 5 章主要内容是 Linux 操作系统的管理及服务器的配置,包括基本操作、网络管理和安全管理等基本实验及常见服务器配置实验。通过实验,培训学生对 Linux 系统的操作能力和常见服务器的配置管理能力。本章设计了 10 个实验。

第 6 章主要以 Wireshark 为工具详细分析 TCP/IP 协议族中常见知识点和包结构,并对其他协议如 STP、DTP、CDP 和 IGMP 进行格式分析。本章设计了 8 个协议分析实验,其中 2 个为选做实验。

第 7 章主要以 Fluke 协议分析仪为工具进行网络性能测试和分析,详细介绍响应时间、吞吐量、协议分布量化和带宽利用率等性能参数。本章设计了 6 个实验。

第 8 章主要介绍网络管理基本原理、基本功能及其基于 SNMP 的软件开发。详细介绍 SNMP、MIB 和报文操作的基本内容,并以校园网为例,详细阐述在线状态监控、数据流量监控和认证授权等实验。本章设计了 10 个实验,其中 3 个为选做实验。

第 9 章主要内容包括 PKI 技术管理及 CA 证书的应用、计算机与网络资源的探测及扫描、防火墙的原理及规则设置,以及入侵检测技术配置等方面。本章设计了 7 个实验。

第 10 章主要阐述基本的套接字编程技术,以及利用 select、多线程实现服务器端多任务编程技术。结合 Windows 系统给出的各种机制,实现多任务服务器端编程的各种技术,并给出 MFC 中利用封装类实现多任务编程技术,以及利用封装类实现网络应用的编程技术,最后给出几种常用的网络抓包分析技术。本章设计了 14 个实验。

第 11 章以实际网络环境中的各种故障为例,介绍了网络故障的分类和排除的原则,以及各种常见网络故障的分析及排除方法。着重在实际故障的分析过程中加强学生对于网络基本概念的认识和实践动手能力的培养。本章设计了 23 个实验。

第 12 章以网络系统集成的理念,主要阐述小型局域网、安全局域网、校园网的网络系统集成与设计,并以实际的校园网为背景,进行大型校园网的规划与设计。本章设计了 4 个实验。

本书主要有以下几个特点:

(1) 突出解决问题的技术与方案。

(2) 突出网络工程操作规范。

(3) 突出实践动手能力。

(4) 突出网络工程的综合能力。

本书主要面向的读者对象是:

(1) 网络工程专业学生。

(2) 从事计算机网络教学的教师。

(3) 网络工程技术人员。

(4) 对网络工程感兴趣且想提高计算机网络应用水平的业余自学人员。

本书各章的工程实训和实践都是网络工程专业中的核心操作内容。在实践中,学生和老师在理解并熟练操作的基础上,只需要调整就可以很快实现符合自身需要的实验体系。

本书由郑秋生教授主编、统稿。第 1 章由郑秋生编写,第 2 章由裴斐编写,第 3 章由夏冰编写,第 4 章由刑颖编写,第 5 章由余雨萍编写,第 6 章由王桢编写,第 7 章由夏建磊编写,第 8 章由何鹏和杨俊鹏编写,第 9 章由潘磊编写,第 10 章由王文奇编写,第 11 章由岳峰编写,第 12 章由潘磊和夏冰编写。本书编写过程中,夏冰做了大量的组织和校稿工作,苗凤君、董智勇、张书钦、孙飞显、潘恒参加了本书的规划、组稿和方案讨论工作,董跃钧、杨华、盛剑会、李向东提出了许多建设性意见,在此一并表示感谢。

由于编者水平和实验环境所限,书中错误或不妥之处在所难免,恳请广大读者批评指正,欢迎通过电子信箱 zztixiabing@sina.com 来信告知。

作　者

2011 年 7 月于郑州

目　录

第1章　网络基础知识

本章主要介绍本书所涉及的计算机网络的基础知识,使得读者能够在进行具体网络实验学习之前,对所涉及的网络知识有一个学习和回顾。

1.1　网络基本术语

计算机网络是一个复杂的系统,包含大量的专业术语。为了能更好地进行网络实验,在此介绍一些常用的网络术语。

1. 网络协议

网络协议是网络的灵魂。一般把为进行网络数据交换而制定的约定、规定与标准称为网络协议。一个完整的协议由三个要素组成:语法、语义和同步。从三要素的角度看待协议,可以对学习新协议举一反三。

2. 网络体系结构

网络体系结构是计算机网络的各层及其协议的集合,是这个计算机网络及其部件所应完成的功能的精确定义。

网络体系结构通常都不会说明如何实现特定的功能,而仅仅说明特定通信规则所需要的功能是什么,并不规定这些规则应该如何具体实现,即所谓的"特定协议的实现与技术无关"或"体系结构是抽象的,实现是具体的"的含义。对体系结构概念的深刻理解,有助于理解服务、协议、对等层、协议栈等概念;也有助于随着网络技术的发展,学习和掌握新的网络技术。

3. 网络拓扑

网络拓扑是指网络设备及它们之间的互连布局或关系,一般分为物理拓扑和逻辑拓扑。物理拓扑是结点与它们之间的物理连接的布局,表示如何使用介质来互连设备。逻辑拓扑是网络将数据从一个结点传输到另一个结点的方法,表示信息流动的路线。

网络的物理拓扑很可能不同于逻辑拓扑。物理拓扑是协议无关的,逻辑拓扑是协议相关的。常见的网络拓扑有总线型、星型、点对点和环型等。

4. 局域网

按照 IEEE 的定义,局域网(LAN)中的通信被限制在中小规模的地理范围内,例如一幢办公楼、一座工厂或一所学校,能够使用具有中等或较高数据速率的物理信道,且具有较低的误码率。局域网络是专用的,由单一组织机构所利用。

不同的局域网构架在覆盖的区域大小、连接的用户数量、可用的服务数量和类型等方面可能存在巨大差异。

本书关注局域网中的综合布线、路由交换、服务器配置、故障排除、网络规划设计等。

5. 广域网

广域网(WAN)通常跨接很大的物理范围,所覆盖的范围从几十千米到几千千米。它能连接多个城市或国家,或横跨几个洲并能提供远距离通信,形成国际性的远程网络。

本书关注广域网中的路由技术。

6. 带宽

信号的带宽是指该信号包含的各种不同频率成分所占据的频率范围,单位是赫兹(Hz),一般称为频带宽。各类双绞线都有不同的频带宽。

现在常见的带宽主要是指表示通信线路所能传送数据的能力,即在单位时间内从网络的一点到另一点通过的"最高数据率",单位是位/秒(bps)。

7. 吞吐量

吞吐量是指在不丢包的情况下单位时间内通过网络设备(如防火墙)的数据包数量。网络吞吐量测试是网络维护和故障查找中最重要的手段之一,尤其是在分析与网络性能相关的问题时吞吐量的测试是必备的测试手段。

1.2　OSI 参考模型和 TCP/IP 模型

从网络诞生到 1974 年系统网络体系结构 SNA 的出现,不同网络体系结构的用户迫切要求能互相交换信息,随后产生了两个著名的网络模型:OSI 参考模型和 TCP/IP 模型。

1.2.1　分层的好处

OSI 参考模型以及 TCP/IP 模型都采用了分层的设计。网络协议通常分不同层进行开发,每一层分别负责不同的通信功能。为了保证这些协议工作的协同性,应当将协议设计和开发成完整的、协作的协议系列,而不是孤立地开发每个协议。分层把复杂的网络功能进行了划分,使得更加容易理解和设计网络协议。下面是网络分层设计的一些好处。

(1) 人们可以很容易地讨论和学习协议的规范细节。

(2) 层间的标准接口方便了工程模块化。

(3) 创建了一个更好的互连环境。

(4) 降低了复杂度,使程序更容易修改,产品开发的速度更快。

(5) 每层利用紧邻的下层服务,更容易记住各层的功能。

以上是从网络体系结构的角度对网络进行分层,也就是从信息是如何被封装以及如何被协议处理的角度来分层。而在实际的网络规划设计中(例如校园网)也体现了分层的思想,只不过是从网络构建的角度来看,一般把网络的结构分为接入层、分布层和核心层。这三层都有各自关注的重点,有不同的功能。读者可以在本书第 11 章和第 12 章体会到网络构建分层的好处。

1.2.2　OSI 参考模型

OSI(Open System Interconnection)是开放系统互连模型。开放是指非垄断,系统是指现实的系统中与互连有关的各部分。

OSI 参考模型把网络通信的工作分为 7 层，从下至上分别是物理层（Physics Layer）、数据链路层（Data Link Layer）、网络层（Network Layer）、传输层（Transport Layer）、会话层（Session Layer）、表示层（Presentation Layer）和应用层（Application Layer），如图 1-1 左侧所示。

OSI 参考模型是一个定义良好的协议规范集，并有许多可选部分完成类似的任务。它定义了开放系统的层次结构、层次之间的相互关系以及各层所包括的可能任务，是作为一个框架来协调和组织各层所提供的服务。

OSI 参考模型并没有提供一个可以实现的方法，而是描述了一些概念，用来协调进程间通信标准的制定。OSI 参考模型并不是一个标准，而是一个在制定标准时所使用的概念性框架。

OSI 参考模型有三个主要的概念：服务、接口和协议。

图 1-1　OSI 参考模型和 TCP/IP 模型

1. 物理层

物理层规定通信设备的机械的、电气的、功能的和过程的特性，用以建立、维护和拆除物理链路连接。具体地讲，机械特性规定了网络连接时所需接插件的规格尺寸、引脚数量和排列情况等；电气特性规定了在物理连接上传输比特流时，线路上信号电平的大小、阻抗匹配、传输速率和距离限制等；功能特性是指对各个信号先分配确切的信号含义，即定义了 DTE 和 DCE 之间各个线路的功能；过程特性定义了利用信号线进行比特流传输的一组操作规程，是指在物理连接的建立、维护、交换信息时，DTE 和 DCE 双方在各电路上的动作系列。

在这一层，数据的单位称为位（Bit）。物理层定义的典型规范包括 EIA/TIA RS-232、EIA/TIA RS-449 和 V.35 等。

2. 数据链路层

数据链路层在物理层提供比特流服务的基础上，建立相邻结点之间的数据链路，通过差错控制提供数据帧在信道上无差错的传输。有些网络的数据链路层简化了可靠传输。

数据链路层在不可靠的物理介质上提供可靠的传输。该层的作用包括物理地址寻址、数据的成帧、流量控制、数据的检错和重发等。

在这一层，数据的单位称为帧（Frame）。数据链路层协议的代表包括 SDLC、HDLC、PPP 和帧中继等。

3. 网络层

在计算机网络中进行通信的两个主机之间可能会经过很多个数据链路，也可能还要经过很多通信子网。网络层的任务就是选择合适的网间路由和交换结点，确保数据及时传送。网络层将数据链路层提供的帧封装或解封成数据包，包中封装有网络层包头，其中含有逻辑地址信息，即源站点和目的站点的网络地址。

如果在谈论一个 IP 地址，那么是在处理第三层的问题，这是"数据包"问题，而不是第二层的"帧"。IP 是第三层问题的一部分，此外还有一些路由协议和地址解析协议（ARP）。有关路由的一切事情都在第三层处理，地址解析和路由是第三层的重要目的。网络层还可以实现拥塞控制、网际互联等功能。

在这一层，数据的单位称为数据包或分组。网络层协议的代表包括 IP、IPX 和 AppleTalk 等。

4. 传输层

传输层协议是端到端的协议。该层的任务是根据通信子网的特性最佳地利用网络资源，为两个端系统的会话层提供建立、维护和取消传输连接的功能，以可靠方式或不可靠方式传输数据。所谓可靠方式，是指保证把源主机发送的数据正确地送达目的主机；所谓不可靠方式，则是指不保证把源主机发送的数据正确地送达目的主机，数据有可能丢失或出错。

在这一层，数据的单位称为报文段(Segment)。常见的传输层协议有 TCP/IP 协议族中的 TCP 和 UDP 协议，以及 IPX/SPX 协议族中的 SPX 协议。

5. 会话层

在会话层及以上的高层次中，数据传送的单位不再另外命名，统称为报文。会话层不参与具体的传输，它提供包括访问验证和会话管理在内的建立和维护应用之间通信的机制。如服务器验证用户登录便是由会话层完成的。

会话层提供的服务可使应用建立和维持会话，并能使会话获得同步。会话层使用校验点可使通信会话在通信失效时从校验点继续恢复通信。这种能力对于传送大的文件极为重要。会话层、表示层、应用层构成开放系统的高 3 层，面对应用进程提供分布处理、对话管理、信息表示、恢复最后的差错等。会话层同样要担负应用进程服务要求而传输层不能完成的那部分工作，给传输层功能差距以弥补。会话层主要的功能是对话管理、数据流同步和重新同步。

属于会话层的协议有 SQL、NES、NetBIOS Name、AppleTalk ASP 和 DECNet SCP 等。

6. 表示层

表示层的主要目的是定义数据格式，像 ASCII 文本、EBCDIC、二进制、BCD 和 JPEG。加密解密也被 OSI 定义为表示层服务。例如，FTP 允许选择以二进制或 ASCII 格式传输文件。如果选择二进制格式，发送方和接收方不改变文件的内容。如果选择 ASCII 格式，发送方将把文本从发送方的字符集转换成标准的 ASCII 字符集后发送数据；接收方将标准的 ASCII 字符集转换成接收方计算机的字符集。

常见的表示层协议有 JPEG、ASCII、TIFF、GIF、PICT、加密、MPEG 和 MIDI 等。

7. 应用层

应用层是对应用程序提供通信服务。负责对软件提供接口以使程序能使用网络服务。术语"应用层"并不是指运行在网络上的某个特别应用程序，应用层提供的服务包括文件传输、文件管理以及电子邮件的信息处理。

常见的应用层协议有 Telnet、HTTP、DNS、FTP、SMTP 和 SNMP 等。

1.2.3 TCP/IP 模型

由于 OSI 参考模型过于庞大和复杂，使它难以投入到实际运用中。而 TCP/IP 模型吸取了网络分层的思想，而且对网络的层次进行了简化，并在网络各层(除了网络接入层)都提供了完善的协议，这些协议构成了 TCP/IP 协议族。TCP/IP 协议是目前最流行的商业化协议,是当前工业标准或"事实标准"。

TCP/IP 模型把网络通信的工作分为 4 层,从下至上分别是网络接入层、网际层、传输层和应用层,如图 1-1 右侧所示。

1. 网络接入层

实际上,TCP/IP 模型没有真正提供这一层的实现,也没有提供协议。它只是要求第三方实现的网络接入层能够为上层提供一个访问接口,使得网际层能利用网络接入层来传递 IP 数据包。该层包括操作系统中的设备驱动程序和计算机中的网卡,它们一起处理与传输介质的物理接口细节。

2. 网际层

网际层是整个参考模型的核心。它的功能是把 IP 数据包发送到目的主机。这涉及路由选择和分组转发。另外,网际层还具备连接异构网的功能。网际层协议包括 IP、ICMP 以及 IGMP 等。

3. 传输层

传输层主要为两台主机上的应用程序提供端到端的通信。在 TCP/IP 协议族中,有两个互不相同的传输协议 TCP 和 UDP。TCP 为两台主机提供高可靠性的数据通信。它所做的工作包括把应用程序交给它的数据分成合适的小块交给下面的网际层,确认收到的分组,设置发送最后确认分组的超时计时器等。由于传输层提供了高可靠性的端到端通信,因此应用层可以忽略这些细节。UDP 则为应用层提供一种非常简单的服务。它只是把称作数据报的分组从一台主机发送到另一台主机,但并不保证该数据报能到达另一端。

4. 应用层

TCP/IP 模型将 OSI 模型中的会话层和表示层的功能合并到应用层实现。针对各种各样的网络应用,应用层引入了许多协议。基于 TCP 协议的应用层协议主要有 Telnet(远程登录)、FTP(文件传输协议)和 SMTP(简单邮件传输协议);基于 UDP 协议的应用层协议主要有 DNS(域名系统)、网络电话和 SNMP(简单网络管理协议)等。

虽然 OSI 模型和 TCP/IP 模型都形成各自的协议栈,并且功能也大体相似,但是这两个模型仍然有较大的差异,具有各自的优缺点。在此不再详述。

1.2.4 层之间的通信流程

OSI 参考模型层之间的信息封装和传递如图 1-2 所示。AH、PH、SH、TH、NH、DH 和 DT 分别表示应用层头部、表示层头部、会话层头部、传输层头部、网络层头部、数据链路层头部和数据链路层尾部。虚线表示对等层通信,是虚拟的水平通信;实线表示层间真实的垂直通信。当源主机向目的主机发送数据时,在源主机方,数据先由上层向下层传递,每一层会给上一层传递来的数据加上一个信息头,然后向下层发出,最后通过物理介质传输到目的主机。在目的主机方,数据再由下层向上层传递,每一层先对数据进行处理,把信息头去掉,再向上层传输,最后到达最上层,就会还原成实际的数据。

各个层加入的信息头有着不同的内容,如网络层加入的信息头中包括源地址和目的地址信息;传输层加入的信息头中包括报文类型、源端口和目的端口、序列号和确认号等。数据链路层还会为数据加上信息尾。

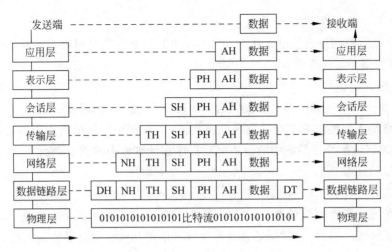

图 1-2　OSI 信息的封装和层间传递

1.3　以　太　网

1.3.1　以太网基础

目前,以太网是网络中最常见的第二层 LAN 协议实现。DEC、Intel 和 Xerox 公司在 20 世纪 70 年代末期将其标准化,称为以太网的 DIX 实现。1982 年改进了 DIX,现在称为 Ethernet Ⅱ。

IEEE 在 20 世纪 80 年代中期开始定义了以太网标准 IEEE 802.2 和 IEEE 802.3。IEEE 之后继续更新标准,以支持新的以太网功能。

以太网包括传统以太网(10Mbps)、快速以太网(100Mbps)、千兆以太网(1Gbps)和万兆以太网(10Gbps)。表 1-1 列出了常见以太网使用的标准和介质。

表 1-1　常见以太网标准和介质

网络	标准	类型	介质	双工
传统以太网	IEEE 802.3	10Base-5 10Base-2 10Base-T 10Base-F	同轴电缆、双绞线、光纤	半双工
快速以太网	IEEE 802.3u	100Base-TX 100Base-FX 100Base-T4 1000Base-SX	双绞线、光纤	半双工、全双工
千兆以太网	IEEE 802.3z	1000Base-LX 1000Base-CX	光纤	半双工、全双工
	IEEE 802.3ab	1000Base-T	双绞线	
万兆以太网	IEEE 802.3ae	10GBase-X 10GBase-R 10GBase-W	光纤	全双工

1.3.2 以太网工作原理

最早的 CSMA 方法起源于美国夏威夷大学的 ALOHA 广播分组网络。1980 年,美国 DEC、Intel 和 Xerox 公司联合宣布 Ethernet 采用 CSMA 技术,并增加了检测冲突功能,称为 CSMA/CD。这种方式适用于总线型和树状拓扑结构,主要解决如何共享一条公用广播传输介质,是一种采用竞争机制实现网络通信平等权利的技术。

CSMA/CD 的简单原理是:在网络中,任何一个工作站在发送信息前,要侦听一下网络中有无其他工作站在发送信号,如无则立即发送;如有即信道被占用,此工作站要等一段时间再争取发送权。等待时间可由两种方法确定:一种是某工作站检测到信道被占用后,继续检测,直到信道出现空闲。另一种是检测到信道被占用后,等待一个随机时间再进行检测,直到信道出现空闲后再发送。

CSMA/CD 要解决的另一个主要问题是如何检测冲突。由 IEEE 802.3 标准确定的 CSMA/CD 检测冲突的方法是:当一个工作站开始占用信道发送信息时,再用冲突检测器继续对网络检测一段时间,即一边发送,一边监听,把发送的信息与监听的信息进行比较,如结果一致,则说明发送正常,抢占总线成功,可继续发送;如结果不一致,则说明有冲突,应立即停止发送。等待一个随机时间后,再重复上述过程进行发送。

1.3.3 交换式以太网

早期的以太网是共享式以太网,现代以太网是交换式以太网。

现代的以太网主要使用交换机作为数据交换设备。交换机作为网络设备和网络终端之间的纽带,是组建各种类型局域网都不可或缺的最为重要的设备。同时,交换机还最终决定着网络的传输速率、网络的稳定性、网络的安全性以及网络的可用性。

1. 交换机的基本功能

交换机工作在 OSI 模型的数据链路层。第二层交换机有三种不同的功能:地址学习(Address Learning)、转发/过滤决定(Forward/Filter Decisions)和避免环路(Loop Avoidance)。

1) 地址学习

交换机能够记住在一个接口上所收到的每个帧的源设备硬件地址,而且它们会将这个硬件地址信息输入到被称为转发/过滤表的 MAC 表中。

2) 转发/过滤决定

当在某个接口上收到帧时,交换机就检查其硬件地址,并在 MAC 表中找到其外出的接口。帧只被转发到指定的目的端口。

3) 避免环路

如果为了提供冗余而在交换机之间创建了多个连接,网络中就可能产生环路。在提供冗余的同时,可使用生成树协议来防止产生网络环路。

2. 交换机的工作模式

交换机在转发数据帧时可以有三种模式:存储转发(Store and Forward)模式、直通(Cut Through)模式和无碎片(Fragment Free)模式。

1) 存储转发模式

在存储转发模式中,交换机在转发数据之前必须完整地接收整个数据帧,读取数据帧的源 MAC 地址和目的 MAC 地址,应用相关过滤器,并且对该数据帧进行循环冗余校验。在校验时发现该数据帧出现错误,则丢弃该数据帧。由于在转发数据帧之前要进行校验,使得错误的数据帧被发现并且丢弃,减少了网络传输中错误数据帧的数量,保证了数据的正确性。由于要等到数据帧完全被接收才能被处理,因此存储转发模式是所有模式中最慢的,它的网络延迟最长。一般情况下,CISCO 的中高端交换机都使用这种转发模式。

2）直通模式

在直通模式中,交换机不等到数据帧完全进入,而是当帧头刚刚进入交换机时就读取其中的目的 MAC 地址并且将数据帧转发。这种模式大大减少了交换机延迟,因为它可以不等到数据帧完全进入交换机就转发该数据帧。但是交换机无法为数据帧进行循环冗余校验,错误的数据帧也被转发。这种模式是交换机速率最快,但是出错率最高的模式。

3）无碎片模式

无碎片模式是存储转发模式和直通模式的折中。无碎片模式可以在转发数据帧之前过滤出冲突碎片。冲突碎片是一种主要的数据帧错误。一般来说,冲突碎片都小于 64 字节,大于 64 字节的帧通常被认为是没有错误的。在无碎片模式中,交换机等待数据帧进入交换机达到 64 字节时就读取帧头中的目的 MAC 地址并转发该数据帧。这种操作方式可以有效避免转发冲突碎片数据帧,但它依然没有对数据帧进行循环冗余校验。所以这种数据帧转发模式不能完全防止错误数据帧的转发。无碎片模式的工作速率不如直通式,但是比直通式发送的错误数据帧少,同时又比存储转发模式快。

1.3.4　冲突域和广播域

在以太网中,当两个数据帧同时被发到物理传输介质上,并完全或部分重叠时,就发生了数据冲突。当冲突发生时,物理网段上的数据都遭到破坏。冲突域是指站点能检测到冲突信号的范围。

广播是指在网络传输中向所有连通的结点发送数据,有二层广播,也有三层广播。广播域是指站点发出一个广播信号后能接收到这个信号的范围。

广播域与冲突域的主要区别为:广播域可以跨网段,而冲突域只是发生在同一个网段。

在 OSI 模型中,连接同一冲突域的设备有集线器和中继器。这些设备连接的所有结点可以被认为是在同一个冲突域内,它们不会划分冲突域。第二层设备(网桥,交换机)和第三层设备(路由器)都可以划分冲突域,当然也可以连接不同的冲突域。

在以太网中,一个或多个集线器构成一个冲突域,而交换机的每个端口就是一个冲突域。

通常来说,一个局域网(不划分 VLAN 情况下)就是一个广播域,用路由器连接的除外。集线器的所有端口都在同一个广播域以及一个冲突域内。交换机的所有端口都在同一个广播域内,而每一个端口就是一个冲突域。路由器的每个端口就是一个广播域,可以隔离多个广播域。交换机划分完 VLAN 之后,每个 VLAN 可认为是一个广播域。

1.4　IP 地　址

1.4.1　IP 地址概述

IP 编址是网络层协议的关键功能,可使位于同一网络或不同网络中的主机之间实现数据通信。Internet(因特网)上的每台主机都有一个或多个 IP 地址。常见的 IP 地址分为 Internet 协议第四版(IPv4)和 Internet 协议第六版(IPv6)两大类。

本小节介绍 IPv4 相关技术,IPv6 参见 1.4.3 节。

1. IP 地址的组成和管理

IP 地址有两种表示形式:二进制和点分十进制。IP 地址的长度为 32 位,划分为 4 个字节段,每段数字范围为 0~255,段与段之间用句点隔开。例如十进制表示的地址 192. 168.0.1,用二进制表示为 11000000.10101000.00000000.00000001。

IP 地址包括两个部分,即网络地址和主机地址。

IP 地址由 NIC(Internet Network Information Center)统一负责全球地址的规划、管理;同时由 Inter NIC、APNIC 和 ENIC 等网络信息中心具体负责全球的 IP 地址分配。 Inter NIC 负责美国及其他地区;ENIC 负责欧洲地区;APNIC 负责亚太地区。

2. IP 地址的分类

1) 有类和无类 IP 地址

为了给不同大小规模的网络提供必要的灵活性,IP 的设计者将 IP 地址空间划分为 A、 B、C、D、E 这 5 种地址类别,称为有类 IP 地址。

(1) A 类网:A 类地址用于超大型的网络,IP 地址范围为 1.0.0.0~126.255.255. 255。A 类网络部分为 1 个字节,定义最高位为 0,余下 7 位为网络号,主机部分则有 24 位编址。A 类网总共有 126($=2^7-2$)个网络,每个网络有 16 777 216($=2^{24}$)台主机(边缘号码如全"0"或全"1"的主机有特殊含义)。

(2) B 类网:B 类地址用于大中型规模网络,IP 地址范围为 128.0.0.0~191.255.255. 255。B 类网络部分为 2 字节,定义最高位为 10,余下 14 位为网络号,主机部分则可有 16 位编址。B 类网总共有 16 384($=2^{14}$)个网络,每个网络有 65 536($=2^{16}$)台主机。

(3) C 类网:C 类地址适用于较小规模的网络,IP 地址范围为 192.0.0.0~223.255. 255.255。网络部分为 3 字节,定义最高三位为 110,余下 21 位为网络号,主机部分有 8 位编址。总共有 2 097 152($=2^{21}$)个网络号码,每个网络有 256($=2^8$)台主机。

(4) D 类网:D 类用于多播,IP 地址范围为 224.0.0.0~239.255.255.255。不分网络号和主机号,定义最高 4 位为 1110,表示一个多播地址,即多目的地传输,可用来识别一组主机。

(5) E 类网:E 类地址是一种保留地址,供实验使用,IP 地址范围为 240.0.0.0~247. 255.255.255。

一般地,把 A、B、C 类地址称为主类网(相对于子网)。

目前的网络多采用无类的编址方案,使用无类编址时,不考虑单播地址的类,而是按照公司或组织的主机数量分配相应的地址块,具体内容参见 1.4.2 节。

2) 静态和动态 IP 地址

静态 IP 地址是长期固定分配给一台主机使用的 IP 地址,例如可以为服务器、路由器分配静态地址。

动态 IP 地址分配是为了充分利用短缺的 IP 地址资源,例如通过电话拨号上网或普通宽带上网用户、局域网终端用户可以由 ISP 或局域网 DHCP 服务器分配动态 IP 地址。

3) 公有和私有 IP 地址

公有地址(Public Address)属于注册地址,是由 IP 地址管理部门分配的,能够被路由至

Internet,并且在 Internet 中是唯一的,可以被其他 Internet 中的其他主机访问到的 IP 地址。企业网络如果有 Internet 服务,必须拥有至少一个公有地址。

私有地址(Private Address)属于非注册地址,专门为组织机构(如企业网、校园网和行政网)内部使用,属于局域网范畴内的 IP 地址。私有地址标识的网络数据包不能出现在 Internet 上。私有 IP 地址划分如表 1-2 所示。

表 1-2　私有地址空间

类	IP 地址范围	覆盖	前缀表示
A	10.0.0.0～10.255.255.255	1 个 A 类网络	10/8
B	172.16.0.0～172.31.255.255	16 个 B 类网络	172.16/12
C	192.168.0.0～192.168.255.255	256 个 C 类网络	192.168/16

3. 特殊 IP 地址

IP 地址中有一些特殊地址有特殊含义,不作分配。

(1) 网络地址:主机地址全为"0",常用在路由表中。

(2) 广播地址:主机地址全为"1",向特定的所在网上的所有主机发送数据包。

(3) 回送地址:TCP/IP 协议规定网络号 127 不可用于任何网络。其中有一个特别地址 127.0.0.1 称为回送地址(Loopback),它将信息通过自身的端口发送后返回,可用来测试端口状态。

(4) 32 位全为"1":表示仅在本网内进行广播发送。

(5) 32 位全为"0":用于默认路由等。

4. 子网、子网掩码和子网划分

使用子网是为了减少 IP 地址的浪费。比如在两台点对点连接的路由器上配置 IP 地址,该网段只需要分配两个 IP 地址,但是如果为其分配了一个最小的主类网 C 类网段,则浪费了约 250 个可用地址。因此,在网络规划的时候需要进行子网划分。

子网允许将一个大的网络划分成多个小的网络,以便使用和管理。在一个公司中可以将子网应用到不同的部门,这样使得网络更加合理。子网是借用一部分主机位来作为子网号,从而形成一种三层的地址结构:网络号,子网号和主机号。

对于一个给定的 IP 地址,如何判断是否划分了子网以及属于哪一个网段呢?这需要通过子网掩码(Subnet Mask)进行计算。

子网掩码是一个 32 位地址,是与 IP 地址结合使用的一种技术。子网掩码中为 1 的部分定位网络号,为 0 的部分定位主机号。通过 IP 地址与子网掩码进行"与"运算,确定某个设备的网络地址和主机号。因此子网掩码的主要作用有两个:一是用于屏蔽 IP 地址的一部分以区别网络标识和主机标识,并说明该 IP 地址是在局域网上还是在远程网上。二是用于将一个大的 IP 网络划分为若干小的子网络。

以上子网掩码是定长子网掩码,变长子网掩码的具体内容参见 1.4.2 节。

1.4.2　CIDR 和 VLSM

本小节将扩展 IP 寻址主题,介绍无类域间路由选择(Classless Interdomain Routing, CIDR)和可变长子网掩码(Variable Length Subnet Mask,VLSM)。

随着 VLSM 和 CIDR 的应用,网络管理员必须要掌握和使用更多的子网划分技术。VLSM 就是指对子网划分子网。除了划分子网外,还可以将多个有类网络总结为一个聚合路由(即超网)。

1. VLSM

VLSM 规定了如何在一个主类网包含多个子网掩码,以及如何对一个子网再进行子网划分。这对于网络内部不同网段需要不同大小子网的情形来说很有效。

有类(Classful)协议(例如 RIPv1)不支持 VLSM,部署 VLSM 需要一个无类(Classless)路由选择协议(例如 BGP、EIGRP、IS-IS、OSPF 或 RIPv2)。

VLSM 提供了两个主要好处:在大型网络中能够有效地利用地址空间;能够有效地使用 CIDR 和路由汇总(Route Summarization)来控制路由表的大小。

路由汇总(路由聚合)是指使用相对更短的子网掩码将一组连续地址作为一个地址块来传播。

2. CIDR

CIDR 是 VLSM 和路由汇总的扩展。CIDR 的基本思想是取消 IP 地址的分类结构,即不再区分 A、B、C 类网络地址,而是将多个地址块聚合在一起生成一个更大的网络,以包含更多的主机。

在 CIDR 技术中,常使用子网掩码中表示网络号二进制位的长度来区分一个网络地址块的大小,称为网络前缀。如 IP 地址 210.31.233.1,子网掩码 255.255.255.0 可表示成 210.31.233.1/24,"24"表示前缀。如今,ISP 可通过使用任意前缀长度,更加有效地分配地址空间,而不必限于/8、/16 或/24 子网掩码。

利用 VLSM,可以将子网会聚回 A 类、B 类、C 类网络边界。CIDR 则更进一步,它允许汇总一批连续的 A 类、B 类和/或 C 类网络。CIDR 支持路由聚合,能够将路由表中的许多路由条目合并成为更少的数目,因此可以限制路由器中路由表的增大,减少路由通告。同时,CIDR 有助于 IPv4 地址的充分利用。

1.4.3 IPv6

IPv4 地址空间正在耗尽,IPv6 逐渐成为 IPv4 的替代者。当然,这还需要市场的考验。

1. IPv6 的特性

IPv6 支持足够的地址,提供方便的使用和配置方法,提高安全性,并且转换发生时有能力与 IPv4 进行互操作。下面是 IPv6 的一些特性。

(1)具有更大的地址空间。IPv4 中规定 IP 地址长度为 32,而 IPv6 中 IP 地址的长度为 128,即有 $2^{128}-1$ 个地址。

(2)使用更小的路由表。IPv6 的地址分配一开始就遵循聚类(Aggregation)的原则,这使得路由器能在路由表中用一条记录(Entry)表示一片子网,大大减小了路由器中路由表的长度,提高了路由器转发数据包的速度。

(3)增加了增强的组播。IPv6 还增加了对流的支持,这使得网络上的多媒体应用有了长足发展的机会,为服务质量控制提供了良好的网络平台。

(4)加入了对自动配置(Auto Configuration)的支持。这是对 DHCP 协议的改进和扩展,使得网络(尤其是局域网)的管理更加方便和快捷。

（5）具有更高的安全性。使用 IPv6 的网络用户可以对网络层的数据进行加密并对 IP 报文进行校验，极大地增强了网络的安全性。

（6）具有转换功能。从 IPv4 向 IPv6 过渡期间，存在各种解决方案可使它们成功共存。常见的技术有双协议栈、隧道化、网络地址转换（即协议转换）等。

2. IPv6 地址的表示

IPv6 地址的长度是 128 位，以 16 位为一组，每组以冒号"："隔开，可以分为 8 组，每组以十六进制方式表示，形如×××× : ×××× : ×××× : ×××× : ×××× : ×××× : ×××× : ××××（×是一个十六进制值）。

下面是关于 IPv6 地址的省略表示：

（1）一组数字中的前导 0 可以省略。例如，在任意一个 8 位位组中可以输入 0012 或 12。

（2）如果在 IPv6 地址中有连续为 0 的位组，可以用两个冒号"：："表示。例如，0:0:0:0:0:0:0:5 可以用::5 表示，而 ABC：567：0：0：8888：9999：1111：0 可以用 ABC：567：：8888：9999：1111：0 表示。

注意：双冒号"：："只能出现一次。例如，ABC：567：：891：：0 是无效的。

（3）未指定的地址可以用"：："表示，因为其中包含的全是 0。

3. IPv6 地址分类

IPv6 地址主要有三种类型：单播、任播和多播。

1）单播（Unicast）地址

用于单个接口的标识符。发送到此地址的数据包被传递给标识的接口。通过高序位 8 位字节的值来将单播地址与多路广播地址区分开来。多路广播地址的高序列 8 位字节具有十六进制值 FF。此 8 位字节的任何其他值都标识单播地址。

2）任播（Anycast）地址

一个任播地址可以识别多个接口。通过合适的路由拓扑，有任播地址的数据包会发送到单个接口。任播地址用于一对多通信，发送到单个接口。为了易于发送到最近的任播组成员，路由结构必须知道分配任播地址的接口，以及按照路由度量的距离。

3）多播地址

IPv6 中的多播在功能上与 IPv4 中的多播类似：表现为一组接口对看到的流量都很感兴趣。

1.5 数 据 格 式

后续章节的相关实验涉及常见网络二层、三层和四层的协议。为了便于读者使用和查询相关协议及字段，下面把这些协议和字段进行汇总。

1.5.1 二层 Frame 结构

OSI 参考模型的数据链路层的功能是使网络层数据包做好传输准备以及控制对物理介质的访问。常见以太网的 MAC 帧格式有两种标准：Ethernet Ⅱ 和 IEEE 802.3。帧结构如图 1-3 所示。

Ethernet(DIX)

8	6	6	2	可变	4
前导	目的地址	源地址	类型	数据	帧校验序列

Ethernet(IEEE 802.3)

7	1	6	6	2	1	1	1-2	可变	4
前导	帧起始定界	目的地址	源地址	长度	DSAP	SSAP	控制	数据	帧校验序列

IEEE 802.3 带 SNAP 头部

7	1	6	6	2	1	1	1-2	5	可变	4
前导	帧起始定界	目的地址	源地址	长度	DSAP	SSAP	控制	SNAP	数据	帧校验序列

图 1-3　以太网帧结构

1. 前导字段

前导字段由 8 个(Ethernet Ⅱ)或 7 个(IEEE 802.3)字节的交替出现的 1 和 0 组成,设置该字段的目的是指示帧的开始并便于网络中的所有接收器均能与到达帧同步。另外,该字段本身(在 Ethernet Ⅱ 中)或与帧起始定界符一起(在 IEEE 802.3 中)能保证各帧之间用于错误检测和恢复操作的时间间隔不小于 9.6ms。

2. 帧起始定界符字段

该字段仅在 IEEE 802.3 标准中有效,它可以被看作前序字段的延续。这个字节的字段的前 6 位由交替出现的 1 和 0 构成。该字段的最后两位是 11,这两位中断了同步模式并提醒接收后面跟随的是帧数据。

当控制器将接收帧送入其缓冲器时,前导字段和帧起始定界符字段均被去除。类似地,当控制器发送帧时,它将这两个字段(如果传输的是 IEEE 802.3 帧)或一个前导字段(如果传输的是真正的以太网帧)作为前缀加入帧中。

3. 目的 MAC 地址和源 MAC 地址字段

前 12 字节分别标识发送数据帧的源结点 MAC 地址和接收数据帧的目的结点 MAC 地址。

4. 类型/长度字段

Ethernet Ⅱ 和 IEEE 802.3 的帧格式比较类似,主要的不同点在于前者定义的是 2 字节的类型,而后者定义的是 2 字节的长度。所幸的是,后者定义的有效长度值与前者定义的有效类型值无一相同,这样就容易区分两种帧格式了。

常见协议类型有 0800 IP、0806 ARP、8137 Novell IPX、809b Apple Talk。网卡通过检查 Ethernet Ⅱ 帧中类型字段的值和 IEEE 802.3 帧中长度字段的值来区分两种帧。如果这个值大于 1500,那么此帧就是 Ethernet Ⅱ 帧;否则就是 IEEE 802.3 帧。

Ethernet Ⅱ 和 IEEE 802.3 的帧可以在一个网络中共存。由于帧格式不一样,因此它们并不兼容,仅运行 IEEE 802.3 的网卡将丢弃任何 Ethernet Ⅱ 帧,反之亦然。

5. 数据字段

数据字段的最小长度必须为 46 字节以保证帧长至少为 64 字节,如果填入该字段的信息少于 46 字节,必须进行填充。数据字段的最大长度为 1500 字节。

例如,在千兆以太网 1000Mbps 的工作速率下设计了将以太网最小帧长扩展为 512 字节的负载扩展方法。

6. 帧校验序列字段

在不定长的数据字段后是 4 个字节的帧校验序列(Frame Check Sequence,FCS),采用 32 位 CRC(循环冗余校验)对从"目的 MAC 地址"字段到"数据"段的数据进行校验。

Ethernet Ⅱ 没有任何子层,而 IEEE 802.2/3 有 LLC 和 MAC 两个子层。

以太网帧结构的变种仅涉及 IEEE 802.3 帧。图 1-3 描述了 IEEE 802.3 帧数据部分的结构,这个结构就是 IEEE 802.2 定义的 LLC(逻辑链路控制)。LLC 用来识别信息包中所承载的协议。LLC 报头包含 DSAP(Destination Service Access Point,目的服务访问点)、SSAP(Source Service Access Point,源服务访问点)和控制字段。

当 DSAP 和 SSAP 取特定值 0xff 和 0xaa 时,会分别产生两个变种:NetWare 以太网帧和 SNAP 以太网帧。其他的取值均为纯 IEEE 802.3 帧。

具体的帧格式的字段,读者可以通过第 6 章介绍的方法和实验进行学习。

1.5.2 三层 Packet 结构

网络层执行的常用协议包括 IPv4、IPv6、IPX、AppleTalk 和无连接网络服务 (CLNS/DECNet)。IPv4 是使用最为广泛的第三层数据传输协议,因此将是本书介绍的重点。

IP 为第三层上的其他设备提供无连接的、不可靠的传送,它单独处理每一个分组。IPv4 的分组结构如图 1-4 所示,其中的字段及其含义如表 1-3 所示。

版本	首部长度	区分服务	总长度	
标识			标志	片偏移
生存时间		协议	首部校验和	
源 IP 地址				
目的 IP 地址				
选项(长度可变)				
数据(大小不等)				

图 1-4　IPv4 分组结构

表 1-3　IPv4 字段含义

IP 字段名称	长度/位	说　　明
版本	4	IP 版本号
报头长度	4	以 4 字节值计算的 IP 报头长度
服务类型	8	定义 IP 网络应该如何处理此数据
总长度	16	IP 数据报长度,包括报头和数据
标识	16	标识数据报组件
标志	3	如是分片,则设定标识;也用于其他目的
片偏移	13	定义关于数据报的信息
生存期	8	设定允许数据报穿过的第 3 层跳数
协议	8	标识用于封装有效载荷的协议

IP 字段名称	长度/位	说　明
首部校验和	16	关于 IP 报头字段的校验和
源 IP 地址	32	源主机的 IP 地址
目的 IP 地址	32	目的主机的 IP 地址
选项	0～32	允许 IP 支持各种选项
数据	可变	协议信息

1.5.3　四层 Segment 结构

第四层提供 TCP 和 UDP 协议,这两个协议负责在网络两端传输用户数据。TCP 提供可靠的、面向连接的逻辑服务。TCP 的 Segment 结构如图 1-5 所示,其中的字段及其含义如表 1-4 所示。

源端口(16 位)		目的端口(16 位)
序列号(32 位)		
确认号(32 位)		
报头长度(4 位)　保留(6 位)　代码位(6 位)		窗口(16 位)
校验和(16 位)		紧急指针(16 位)
选项(长度可变)		
数据(大小不等)		

图 1-5　TCP 分组结构

表 1-4　TCP 字段含义

TCP 字段名称	长度/位	说　明
源端口	16	标识哪个应用程序正在发送信息
目的端口	16	标识哪个应用程序正在接收信息
序列号	32	维护可靠性和排序
确认号	32	用于确认收到信息
报头长度	4	组成报头的 4 字节的数量
保留	3	当前未用
代码位	9	定义控制功能
窗口	16	指示等待来自接收站的确认之前允许发送的数据量
校验和	16	报头及其所封装应用程序的校验值
紧急指针	16	指向数据段中的任何紧急数据
选项	0～32	允许 TCP 支持各种选项
数据	可变	应用层数据

UDP 提供不可靠的服务。UDP 的结构如图 1-6 所示,其中的字段及其含义如表 1-5 所示。

15

源端口(16 位)	目的端口(16)
长度(16)	校验和(16)
数据(大小不等)	

图 1-6   UDP 分组结构

表 1-5   UDP 字段含义

UDP 字段名称	长度/位	说　明
源端口	16	标识哪个应用程序正在发送信息
目的端口	16	标识哪个应用程序正在接收信息
长度	16	允许 IP 支持各种选项
校验和	16	提供完整 UDP 数据段上的校验值
数据	可变	应用层数据

1.6   实 验 安 排

后续章节的实验涉及 OSI 参考模型和 TCP/IP 模型的各层,表 1-6 的 5 层(应用层、传输层、网络层、数据链路层和物理层)代表一个理论模型,是 OSI 参考模型和 TCP/IP 模型的折中。本书把实验模块以及该模块涉及的网络层次进行了划分,如表 1-6 所示。

表 1-6   实验模块以及网络层次划分

层次\章	应用层	传输层	网络层	数据链路层	物理层	实验个数
综合布线				√	√	22
交换路由			√	√		21
Windows Server 2008 操作系统	√					9
Linux 操作系统管理及服务器配置	√	√				10
协议分析		√	√	√		8
网络测量	√	√				6
网络管理	√					10
网络安全	√					7
网络编程	√					14
故障排除	√	√	√	√	√	23
网络系统集成与规划设计	√					4

第2章   综 合 布 线

    布线系统是由许多部件组成的,主要有传输介质、线路管理硬件、连接器、插座、插头、适配器、传输电子线路和电气保护设施等,并由这些部件来构造各种子系统。

    本章实验体系和知识结构如表 2-1 所示。

表 2-1   本章实验体系和知识结构

类别	实验名称	实验类型	实验难度	知识点	备注
双绞线	标准网线及交叉线制作	验证	★★	布线标准、线序 T568A、T568B	
	故障线制作	验证	★★★	基本知识	
	线缆测试仪基本操作	验证	★★	基本知识	
	接线图测试	验证	★★★	线序 T568A、T568B	
	线缆长度的测试	验证	★★★	时域反射	
	传输时延和时延偏离测试	验证	★★★★	传输时延、时延偏离、额定传输速度	选做
	衰减的测试	验证	★★★	衰减	
	串扰的测试	验证	★★★★	串扰	
	综合近端串扰的测试	验证	★★★	综合近端串扰	选做
	衰减串扰比的测试	验证	★★★★	衰减串扰比	
	回波损耗的测试	验证	★★★	回波损耗	选做
	等效远端串扰的测试	验证	★★★	等效远端串扰	选做
光纤	光纤熔接	验证	★★★★	熔接	
	光纤长度测试	验证	★★★	光纤测试标准	
	光纤损耗测试	验证	★★★	衰减	选做
无线网络	无线对等网	验证	★★★	无线网络组网	
	无线接入点配置	综合	★★★	无线网络组网	
综合布线	工作区子系统——网络插座安装	综合	★★★★	工作区子系统	
	水平子系统——PVC线管布线	综合	★★★★	水平子系统	
	水平子系统——PVC线槽布线	综合	★★★★	水平子系统	选做
	管理间子系统——铜缆配线设备安装	综合	★★★★	管理间子系统	
	垂直子系统——PVC线槽安装	综合	★★★★	垂直子系统	选做

    注: ★的个数越多,表示实验难度越大。

2.1 双绞线的制作

2.1.1 简介

1. 双绞线

当前数据网络主要使用 3 种类型的通信介质：双绞线、同轴电缆和光纤。

双绞线（Twisted Pair，TP）是综合布线工程中最常用的一种传输介质，又分为以下三种常见的类型：

（1）非屏蔽双绞线（Unshielded Twisted Pair，UTP）：由两根具有绝缘保护层的铜导线组成，是目前最经济、使用最广泛的双绞线，如图 2-1 所示。

（2）屏蔽双绞线（Shielded Twisted Pair，STP）：电缆的外层由铝箔包裹着，价格相对高一些，并且需要支持屏蔽功能的特殊连接器和相当的安装技术，传输速率比相应的非屏蔽双绞线高。STP 有时也称 SPT-A、S/STP PIMF 等，如图 2-2 所示。

图 2-1 非屏蔽双绞线

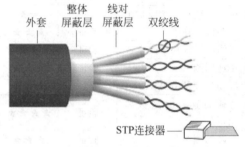

图 2-2 屏蔽双绞线

（3）网屏双绞线（Screened Twisted Pair，ScTP）：最初是为提供一种比 STP 成本更低、更易安装的屏蔽介质而开发的，如图 2-3 所示。ScTP 有时也称作 FTP、S/FTP、S/UTP。ScTP 是 4 线对、24AWG、100Ω 的电缆，所有 4 组线对上有一个总的屏蔽。

2. 双绞线连接器

在双绞线电缆上安装连接器的主要方法是压接，用户使用压接器让连接器里的金属触针接触到电缆里的导线，从而建立连接。

这种连接器通常称作 RJ-45 型网线插头，又称水晶头，由塑料制成，内部装有金属"触针"，如图 2-4 所示。在压接过程中，这些触针会被压进双绞线电缆的导线里。当这些触针被压下并且与双绞线电缆里的导线接触后，它们就成为导线与 RJ-45 插座里引脚的连接点。

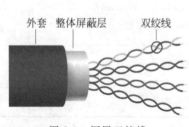

图 2-3 网屏双绞线

图 2-4 RJ-45 连接器

RJ-45 型网线插头广泛应用于局域网和 ADSL 宽带上网用户的网络设备间网线(称作五类线或双绞线)的连接。在具体应用时,RJ-45 型插头和网线有两种连接方法(线序),分别称作 T568A 线序(见图 2-5)和 T568B 线序(见图 2-6)。

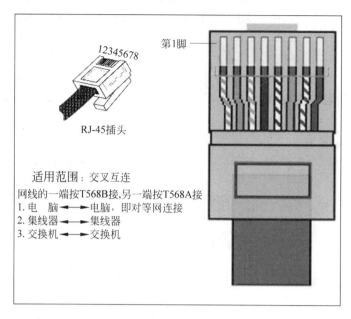

适用范围:交叉互连
网线的一端按T568B接,另一端按T568A接
1. 电　脑◄──►电脑,即对等网连接
2. 集线器◄──►集线器
3. 交换机◄──►交换机

图 2-5　T568A

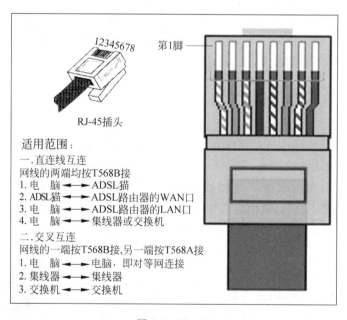

适用范围:
一.直连线互连
网线的两端均按T568B接
1. 电　脑◄──►ADSL猫
2. ADSL猫◄──►ADSL路由器的WAN口
3. 电　脑◄──►ADSL路由器的LAN口
4. 电　脑◄──►集线器或交换机
二.交叉互连
网线的一端按T568B接,另一端按T568A接
1. 电　脑◄──►电脑,即对等网连接
2. 集线器◄──►集线器
3. 交换机◄──►交换机

图 2-6　T568B

RJ-45 型网线插头引脚号的识别方法是:手拿插头,有 8 个小镀金片的一端向上,有网线装入的矩形大口的一端向下,同时将没有细长塑料卡销的那个面对着自己的眼睛,从左边第 1 个小镀金片开始依次是第 1 脚、第 2 脚……第 8 脚。

3. 信息插座与信息模块

信息模块(也叫信息插槽)主要是连接设备间和工作间使用的,而且一般从内墙走,因此不容易被破坏,具有更高的稳定性和耐用性,同时可以减少绕行布线造成的高成本。

信息插座一般是安装在墙面上的,也有桌面型和地面型的,主要是为了方便计算机等设备的移动,并且保持整个布线的美观。以上3种信息插座分别如图2-7中的左、中、右所示。

4. 配线架

配线架是管理子系统中最重要的组件,是实现垂直干线和水平布线两个子系统交叉连接的枢纽。配线架通常安装在机柜或墙上。通过安装附件,配线架可以全线满足 UTP、STP、同轴电缆、光纤和音视频的需要。在网络工程中常用的配线架有双绞线配线架和光纤配线架,如图2-8所示。

图 2-7　信息模块

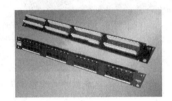

图 2-8　配线架

配线架主是用于在局端对前端信息点进行管理的模块化设备。前端的信息点线缆(超5类或者6类线)进入设备间后首先进入配线架,将线打在配线架的模块上,然后用跳线(RJ-45接口)连接配线架与交换机。总体来说,配线架是用来管理的设备,如果没有配线架,前端的信息点直接接入到交换机上,那么线缆一旦出现问题,就要重新布线。此外,管理上也比较混乱,多次插拔可能引起交换机端口的损坏。配线架就解决了这个问题,可以通过更换跳线来实现较好的管理。

2.1.2　双绞线连接操作工具

1. 网线钳

网线钳是用来压接网线或电话线和水晶头的工具,因地域不一样,名称也不尽一样,如网络端子钳、网络钳和网线钳等。

网线钳按功能分单用网线钳、两用网线钳和三用网线钳。单用网线钳又分为如下3种:

(1) 4P:可压接4芯线,用作电话接入线。

(2) 6P:可压接6芯线,用作电话线的 RJ-11 头。

(3) 8P:可压接8芯线,用作网线的 RJ-45 头。

两用网线钳其实就是上面规格的组合,即 4P+6P 或 4P+8P 或 6P+8P,三用的网线钳就是 4P+6P+8P,功能齐全。网线钳一般都带有剥线和剪线的功能,商家在销售的时候一般会搭配销售一把小剥线刀,如图2-9所示。

2. 打线钳

信息插座与模块是嵌套在一起的,埋在墙中的网线通过信息模块与外部网线进行连接,墙内部网线与信息模块的连

图 2-9　网线钳

接是通过把网线的 8 条芯线按规定卡入信息模块的对应线槽中。网线的卡入需用一种专用的卡线工具，称为"打线钳"，如图 2-10 所示。其中，图 2-10(a) 和图 2-10(b) 是西蒙的两款单线打线钳，图 2-10(c) 是西蒙的一款多线打线钳。多线打线钳通常用于配线架网线芯线的安装。

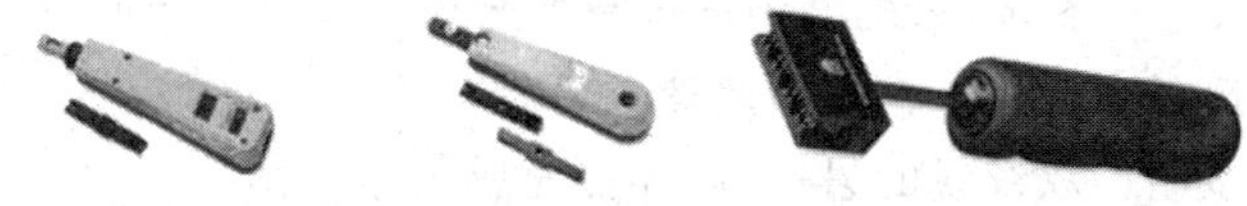

(a) 单线打线钳(一)　(b) 单线打线钳(二)　　(c) 多线打线钳

图 2-10　打线钳

2.1.3　标准网线及交叉线的制作

1. 实验目的

熟悉 T568A 和 T568B 线序，掌握网线钳的使用方法。

2. 实验内容

使用网线钳分别制作一根标准网线和一根交叉网线。

3. 实验环境

网线 2 段，网线钳 1 把，水晶头若干，电缆测试仪 2 台。

4. 实验步骤

1）剥线

用网线钳剪线刀口将双绞线端头剪齐，再将双绞线端头伸入剥线刀口，使线头触及前挡板，然后适度握紧网线钳，同时慢慢旋转双绞线，让刀口划开双绞线的保护胶皮，取出端头，剥下保护胶皮。

注意：剥线刀口非常锋利，握网线钳力度不能过大，否则会剪断芯线。只要看到电缆外皮略有变形就应停止加力，慢慢旋转双绞线。剥线的长度为 13～15mm，不宜太长或太短。剥好的线头如图 2-11 所示。

2）理线

双绞线由 8 根有色导线两两绞合而成，按照标准 568B 的线序排列，整理完毕后用剪线刀口将前端修齐，如图 2-12 所示。

图 2-11　剥线

图 2-12　理线

3）插线

一只手捏住水晶头，将水晶头有弹片一侧向下，另一只手捏平双绞线，稍稍用力将排好的线平行插入水晶头内的线槽中，8 条导线顶端应插入线槽顶端，如图 2-13 所示。

注意：将并拢的双绞线插入 RJ-45 接头时，"白橙"线要对着 RJ-45 的第 1 脚。

4）压线

确认所有导线都到位后，将水晶头放入网线钳夹槽中，用力捏几下压线钳，压紧线头即可。

注意：如果测试网线不通，应先把水晶头再用网线钳使劲夹一次，把水晶头的金属片压下去。新手制作的网线不通大多数是由此造成的。

再按照以上 4 步制作双绞线的另一端，即可完成制作工作。

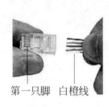

第一只脚 白橙线

图 2-13　插线

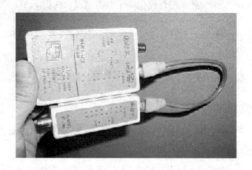

图 2-14　检测

5）检测

这里用的是电缆测试仪，测试仪分为信号发射器和信号接收器两部分，各有 8 盏信号灯。测试时将双绞线两端分别插入信号发射器和信号接收器，打开电源。如果网线制作成功，则发射器和接收器上的同一条线对应的指示灯会亮起来，依次从 1 号到 8 号进行检测，如图 2-14 所示。

如果网线制作有问题，灯亮的顺序就不可预测。比如，若发射器的第 1 个灯亮时，接收器第 7 个灯亮，则表示线做错了（不论是 EIA/TIA 568B 标准还是交叉线，都不可能有 1 对 7 的情况）；若发射器的第 1 个灯亮时，接收器却没有任何灯亮，那么这只脚与另一端的任一只脚都没有连通，可能是导线中间断了，或是两端至少有一个金属片未接触该条芯线。一定要经过测试，否则断路会导致无法通信，短路有可能损坏网卡或集线器。

如果成功地通过电缆测试仪的检测，说明已成功地完成了网线的制作。

6）交叉线的制作

交叉线的制作方法与标准网线相同，不过两端的线序要采用不同的标准，即一端按 568A 排序，另一端按 568B 排序。检测时，测试仪灯亮的顺序与标准网线不同，发射器 1 号灯亮时，接收器应亮 3 号灯；发射器 2 号灯亮时，接收器应亮 6 号灯；发射器 3 号灯亮时，接收器应亮 1 号灯；发射器 6 号灯亮时，接收器应亮 2 号灯；发射器的 4、5、7、8 号灯亮时，接收器应亮对应的灯。若未按上述顺序亮灯，则网线有故障。

5. 实验报告要求

结合并参考本次实验范例，撰写实验报告，详细写出网线制作后的检测过程及故障排除过程，写出实验总结。

6. 实验思考

检测网线时，如果测试仪显示网线有故障，如何判断故障位置？

2.1.4 故障线的制作

1. 实验目的

制作 5 种故障线,为 2.1.5 节双绞线测试实验做准备。

2. 实验内容

制作各种故障线,模拟接线图错误、短路、串绕、串扰、回波损耗和衰减等故障。

3. 实验环境

网线若干,网线钳 1 把,水晶头若干。

4. 实验步骤

1) 第 1 对故障线的制作

第 1 对故障线主要实现接线图的跨接、开路和反接故障,具体操作步骤如下:

(1) 1,2 线对和 3,6 线对打成跨接线。即一端 T568A 线序,另一端 T568B 线序。

(2) 4,5 线对选择 4,5 线对的近端将其挑断,可实现开路故障。

(3) 7,8 线对打成反接线。

将 3m 的 5 类线和两个水晶头按上述步骤制作成一对故障线,参照 2.1.3 节实验的制作方法。

制作完毕后,需要测试制作好的线缆是否符合制作要求。

2) 第 2 对故障线的制作

第 2 对线主要实现短路和串绕的故障。这部分需要 6m 左右的 5 类线。

(1) 将 1,2 线对制作成在近端短路故障。方法是把 1,2 线对的塑料包层在同一位置小心地剥去一段(注意不要将里面的铜线弄断),把裸露的铜线部分缠搅几圈,确保裸露的部分密切接触,这样短路故障就出现了。

(2) 3 和 6 线对、4 和 5 线对、7 和 8 线对可以平行打线,制作成串绕。

制作完毕后,需要测试制作好的线缆是否符合制作要求。

3) 第 3 对故障线的制作

第 3 对线实现串扰不合格的故障。这部分也需要 6m 的 5 类线和两个水晶头。制作过程是先将线对两端都剥开,并打开两两双绞的结构,即把 4 个分别相互缠绕的线对都打开,使其成分散的 8 根线,两端打开的线对长度都为 0.5m 左右。

制作完毕后,需要测试制作好的线缆是否符合制作要求。

4) 第 4 对故障线的制作

第 4 对线主要实现回波损耗、衰减、衰减串扰比不合格的故障。这部分需要 20m 的超 5 类线。实现方法是将一个线对在大约 10m 的地方剪开,然后焊入一个小电阻,即可实现阻抗不连续的故障,所以可以得到回波损耗不合格的故障,而且在此处衰减也会比较大,进而又可以得到衰减串扰比不合格的故障现象。

制作完毕后,需要测试制作好的线缆是否符合制作要求。

5) 第 5 对故障线的制作

第 5 对线主要实现时延差不合格的故障。这部分需要 30m 左右的 5 类线。有两种方法可以实现这种故障。

方法一:将一段线其中的两个线对拆开,解除原有的双绞结构,另外两对线保留双绞的结构,然后截取其中一段,可实现时延差不合格的现象。

方法二:将一段线剥开外表皮,然后挑出两根将其剪短,另两对线保留原长度(长度差要超过 10m),也可实现时延差不合格的现象。

制作完毕后,需要测试制作好的线缆是否符合制作要求。

5. 实验报告要求

结合并参考本次实验范例,撰写实验报告,详细写出网线制作过程,写出实验总结。

6. 实验思考

模拟时延偏离故障的网线为什么需要 30m 长?

2.1.5 配线架和信息模块的制作

1. 实验目的

了解信息模块的结构和制作方法,掌握打线工具的操作方法。

2. 实验内容

使用打线钳将网线连接到信息模块上,并检测网线是否连通。

3. 实验环境

网线 1 段,打线钳 1 把,模块若干,电缆测试仪 1 台,标准网线 2 根。

4. 实验步骤

信息模块制作方法与双绞线连接头(RJ-45 连接器)的制作方法不同,双绞线连接头中的 8 根导线可一次压制成功,而插座模块必须一个结点一个结点地去做,制作过程较为复杂。

1) 剥线

首先要根据实际距离剪取一根双绞线,然后用压线钳削去一端外层包皮的一小段,这个长度大约为 2.5cm(要比制作 RJ-45 接头时长)。

2) 理线

把剥开的 4 对双绞线芯线分开,但为了便于区分,此时最好不要拆开各芯线线对,只是在接入 RJ-45 连接器时才将相应芯线拆开。然后根据每个结点的排线顺序,将其中的一根导线放入对应的一个结点上。

注意:为了方便制作,一般是先制作靠模块里面的结点,然后再依次制作后面的结点。

3) 打线

接下来用插座压线钳将已放好的一根导线压入结点的金属卡片中,在进行这个步骤时一定要注意打线钳头部刀口的方向。用力将导线压入模块中,听到一声清脆的咔嚓声即表示压制成功。用同样的方式压制下面的其他 7 个结点。

按照上述步骤制作另一端的信息模块,全部完成后可以进行检查。

4) 检测

将标准网线插入信息模块,并用电缆测试仪检测网线是否连通、线序是否正确。

5. 实验报告要求

结合并参考本次实验范例,撰写实验报告,详细写出信息模块的制作过程,写出实验总结。

6. 实验思考

信息模块采用的线序是否必须和网线的线序一致？

2.2 双绞线的测试

2.2.1 简介

综合布线系统为多种应用的共同运行建立了统一的平台，成为现今和未来的计算机网络和通信系统的有力支撑环境。因此布线系统的质量和传输性能对于能否实现高速、稳定的数据传输至关重要，而评判质量和性能好坏的界定尺度就成为人们关心的焦点。统一的测试标准就是在这种环境下产生的。测试标准制定的意义不仅在于将评判尺度变得量化和可操作，易于控制布线工程的质量，更可起到检验布线系统的传输性能是否可以保证网络应用可靠、稳定和高效运行的作用。数据的通信要受到整个网络性能的影响，而电缆系统是保证网络数据传输速度的基础。综合布线系统的传输性能取决于电缆特性，连接硬件、软跳线、交叉连接线的质量，连接器的数量，以及安装和维护的水平，即施工工艺。由于电缆系统在实际环境中安装，因此还会受到各种环境因素的影响。那么，如何在现场环境下衡量一个网络的布线系统是否合格，能否满足现在和未来网络应用的需求，这就需要规定一定的测试标准。

1. 测试标准的分类

测试标准可以分成元件标准、网络标准和测试标准 3 类。元件标准定义电缆/连接器/硬件的性能和级别，例如 ISO/IEC 11801 和 ANSI/TIA/EIA 568-A。网络标准定义网络所需的所有元素的性能，例如 IEEE 802 和 ATM-PHY。测试标准定义测量的方法、工具以及过程，例如 ASTM D 4566 和 TSB-67。

电缆系统的标准为电缆和连接硬件提供了最基本的元件标准，使得不同厂家生产的产品具有相同的规格和性能，一方面有利于行业的发展，另一方面使消费者有更多的选择余地，并为消费者提供更高的质量保证。而网络标准在电缆系统的基础上提供了最基本的应用标准。测试标准提供了为了确定验收对象是否达到要求所需的测试方法、工具和程序。

2. 测试标准介绍

1) TIA/EIA 标准

TIA/EIA 标准主要有以下几个：

(1) 568 Commercial Building Telecommunications Cabling Standard（商业建筑电信电缆标准）；

(2) 569 Commercial Building Standards for Telecommunications Pathways and Spaces（商业建筑电信通路和空间标准）；

(3) 570 Residential and Light Commercial Telecommunications Wiring Standard（住宅和小型商业建筑电信布线标准）；

(4) 606 The Administration Standard for the Telecommunications Infrastructure of Commercial Building（商业建筑电信基础结构管理标准）；

(5) 607 Commercial Building Grounding and Bounding Requirements for Telecommunications（商业建筑电信接地和连接要求）。

2）ISO/IEC 11801

ISO/IEC 11801（通用用户端电缆标准）是由 ISO（国际标准化组织）和 IEC（国际电工委员会）联合发布的。ISO/IEC 11801 标准在欧洲占有主导地位。这个标准（D 级，相当于 5 类线标准）颁布于 1995 年，是基于 ANSI/TIA/EIA 568-A 的，因此在许多方面与后者都十分类似。2000 年又发布了相当于超 5 类线标准的修订版，最高频率定义至 100MHz，支持千兆以太网。2002 年，ISO/IEC 11801 的第 2 个版本（E 级，相当于 6 类线标准）颁布，最高频率定义至 250MHz，它与 ANSI/TIA/EIA 568-B 在大部分内容上是一致的。

3）我国现行的综合布线测试标准

与国际标准的发展相适应，我国的布线标准也在不断地发展和健全。综合布线作为一种新的技术和产品在我国得到广泛应用，我国有关行业和部门一直在不断消化和吸收国际标准，制定出符合中国国情的布线标准。这项工作从 1993 年开始着手进行，从未中断。我国的布线标准有两大类：第 1 类是属于布线产品的标准，主要针对线缆和接插件提出要求，属于行业的推荐性标准；第 2 类是属于布线系统工程验收的标准，主要体现在工程的设计和验收两个方面。现已完成的规范有《建筑与建筑综合布线系统工程设计规范》、《建筑与建筑群综合布线系统工程验收规范》、YD/T926.1—2001（《大楼通信综合布线系统第 1 部分：总规范》）和 YD/T1013—1999（《综合布线系统电气特性通用测试方法》）。

3. 布线的故障

布线系统的故障大体可以分为物理故障和电气性能故障两大类。

1）物理故障

物理故障主要是指由于主观因素造成的、可以直接观察的故障，如模块、接头的线序错误，链路的开路、短路、超长等。对于开路、短路、超长这类故障，通常利用具有时域反射技术（TDR）的设备进行定位。它的原理是通过在链路一端发送脉冲信号，同时监测反射信号的相位变化及时间，从而确认故障点的距离和状态。精度高的仪器距离误差可控制在 2% 左右。物理故障中最常见的要数线序错误。反接（reverse）、跨接（cross pairs）和串绕（split pair）等就是这类故障中最典型的。我们知道，标准的接线方式（T568A 或 T568B）能够保证正确的双绞线序，从而使链路的电气性能符合网络应用的需求。而在实际工程项目中，由于施工人员或用户不了解打线标准，导致了很多接线故障。这些故障（除串绕外）利用一般的通断型测试仪就能轻易检测出来，这类仪器价格最便宜的仅几十元。但是能够发现串绕故障的仪器，价格最低的也要数千元（注：串绕就是直接将 4 对双绞线平行插入接头，造成 3、6 接收线对未双绞。这样的电缆在传输数据时会产生大量的串扰信号，这种噪声会破坏正常信号的传输，从而导致网路传输性能的下降）。物理故障实际上通过随机进行的验证测试是很容易发现和解决的。

2）电气性能故障

电气性能故障主要是指链路的电气性能指标未达到测试标准的要求。诸如近端串扰、衰减和回波损耗等。随着网络传输速度的不断提高，不同编码技术对带宽需求的不断增加，网络传输对线路的电气性能要求也越来越高。在 10Base-T 时代，其编码带宽仅用到了 10MHz，并且只用到了 4 对双绞线中的两对（1、2 为传输对，3、6 为接收对）。而当以太网发展到现在的 1000Base-T，最大编码带宽已飞升到 100MHz，并且用到了全部 4 个双绞对进行全双工传输。因此对电气性能测试的标准也越来越高，项目也越来越多。以 TIA 的标准为例,其测试 Cat 5 的标准 TSB67 仅规定了 4 个基本测试项目,其中电气性能参数仅有近端串扰(Near End Cross Tack,NEXT)和衰减(Attenuation)两项,而 Cat 5E 的标准 TIA-568-A-5-2000 测试项目增加到了 8 项,其中与串扰有关的参数就占到了一半。对于 ISO/IEC 11801 标准来说,它还在 Cat 5 的测试标准中增加了衰减串扰比和回波损耗两项参数。但这两种标准在相同的测试参数上的要求不同,TIA 的规定要严于 ISO 的规定。

2.2.2 线缆测试仪的基本操作

1. 实验目的
熟悉线缆测试仪的基本操作,了解线缆测试的方法。

2. 实验内容
练习使用 Fluke DTX-LT 电缆认证分析仪。

3. 实验环境
网线 1 根,DTX-LT 测试仪 1 台。

4. 实验原理
本实验使用的仪器是福禄克网络公司推出的 DTX 系列电缆分析仪,是既可满足当前要求而又面向未来技术发展的高技术测试平台。通过提高测试过程中各个环节的性能,这一革新的测试平台极大地缩短了整个认证测试的时间。完成一次 6 类链路测试的速度比其他仪器快 3 倍。DTX 系列还具有 IV 级精度、智能故障诊断能力、高测试带宽,并可以生成详细的中文图形测试报告,如图 2-15 所示。

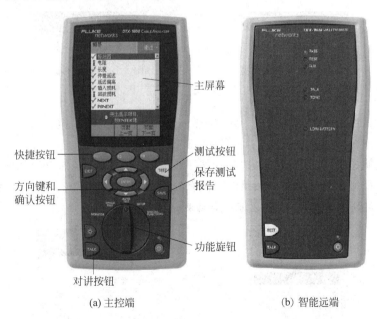

(a) 主控端　　　　　　　　　　　　(b) 智能远端

图 2-15　DTX 测试仪:主控端和智能远端

5. 实验步骤
1) 设置

将测试仪的功能旋钮拨到 Setup 这一挡,如图 2-16 所示。按方向键,将光标移动到"双绞线",按确认键,出现如图 2-17 所示界面。

图 2-16　设置界面

图 2-17　设置双绞线

按确认键,选择线缆类型,如图 2-18 所示。选择类型后,进入"测试极限值"选项,如图 2-19 所示。选择一个测试标准,如 TIA,按确认键,进一步选择测试标准。选择确定后,将功能旋钮拨回 Auto Test。

图 2-18　选择线缆类型

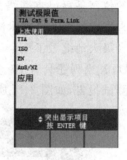

图 2-19　选择测试标准

2) 连线

将网线插入测试仪的网络接口,另一端插入远端测试仪的网络接口。

3) 测试

确认功能旋钮指向 Auto Test 选项。按下白色 Test 按钮,屏幕出现如图 2-20 所示界面,稍等片刻,即显示测试结果。如果网线没有故障,则显示如图 2-21 所示界面。

注意：远端设备上的 Test 键也可以启动测试程序。

图 2-20　测试线缆

图 2-21　测试结果

如果网线有故障,会出现类似如图 2-22 所示界面,此时选择"错误信息"(按 F1 键)会出现如图 2-23 所示界面,显示具体的故障点。如果需要进一步分析故障信息,可以根据屏幕提示按下相应的快捷键(F1、F2、F3 键),显示具体信息。

图 2-22　测试线缆有故障

图 2-23　具体故障信息

6. 实验报告要求

结合并参考本次实验范例,撰写实验报告,详细写出测试仪的操作过程,写出实验总结。

7. 实验思考

如何保存测试结果?

2.2.3　接线图测试

1. 实验目的

掌握使用 DTX-LT 进行接线图(Wire Map)测试的方法和步骤,理解接线图测试的原理和意义。

2. 实验内容

使用 DTX 测试仪测试各种故障线缆(开路/短路/错对/反接/串绕……),区分这几种物理线缆故障。

3. 实验原理

1)接线图的测试

在目前大多数情况下,双绞线电缆的线路是直通连接的,称作直通线。直通线就是双绞线两端的数据发送端口与发送端口直接相连、接收端口与接收端口直接相连的线缆。

注意:T568A 和 T568B 是标准中所规定的两种线序,要与标准 TIA-568-A 和 TIA-568-B 加以区分。在同一个工程中要求使用单一接线标准,不能混用。

正确的直通线接线方式和两种不同线序如图 2-24 所示。

接线图测试主要是验证线路的连通性和检查安装连接的错误。对于 8 芯电缆,接线图的主要内容包括端端连通性、开路、短路、错对、反接和串绕。其中与线序有关的故障包括错对、反接等,这些故障可以通过显示的测试结果直接发现;与阻抗有关的故障有开路、短路等,这些故障要使用测线仪的 HDTDR 功能定位;与串扰有关的故障是串绕,串绕使用 HDTDX 功能定位。

2)开路、短路故障的测试结果显示

当电缆内一根或更多导线没有连接到某一端的针上,或本来已经被折断,或不完全的情

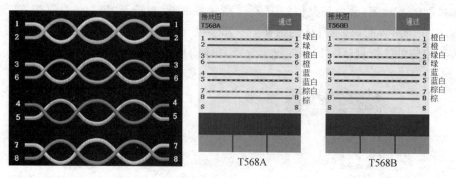

图 2-24　直通线线序

况下会出现开路故障,如图 2-25 所示。

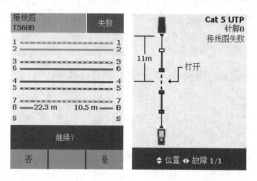

图 2-25　开路

短路又可细分为短路线对和线对间短路两种情况,如图 2-26 所示。当线对导体在电缆内任意位置相互连接时,就会出现短路线对。而线对间短路是指当两根不同线对的导体在电缆内任意位置连接在一起时出现的短路。

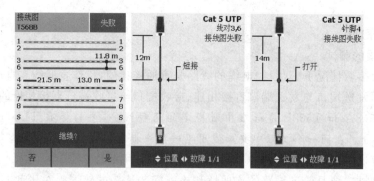

图 2-26　短路

3) 跨接/错对

跨接或错对是指一端的 1,2 线对接在了另一端的 3,6 线对,而 3,6 线对接在了另一端的 1,2 线对,如图 2-27 所示。实际上是在端接的两端中的一端实行 T568A 的接线方法,而另一端使用了 T568B 的接线方法。这种接法一般用在网络设备之间的级联上和两台计算机的互连上。因为这样的线序可以从物理上把发送的数据直接发送到远端的接收线对上。

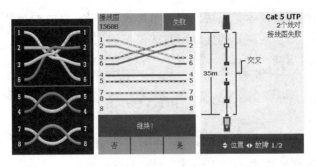

图 2-27　跨接/错对

4）反接/交叉

当一个线对内的两根导线在电缆的另一端被连接到与这一端相反的针上时，就会出现线对反接或称线对交叉现象。举例来说，如果橙白/橙线对在电缆的一端将橙白连接到连接器的第 1 针，将橙连接到连接器的第 2 针；而在电缆的另一端，橙白被连接到第 2 针，橙被连接到第 1 针上，这样橙白/橙线对就被反接了。用测线仪测得的故障图如图 2-28 所示。

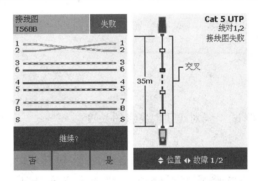

图 2-28　反接

5）串绕

所谓串绕就是虽然保持管脚到管脚的连通性，但实际上两对物理线对被拆开后又重新组合成新的线对。由于相关的线对没有绞结，信号通过时，线对间会产生很高的串扰信号，如果超过一定限度就会影响正常信息的传输。串绕线对在布线系统的安装过程中是经常出现的，最典型的就是布线施工人员不清楚接线的标准，想当然地按照 1，2 对、3，4 对、5，6 对、7，8 对的线对关系进行接线而造成串绕线对，如图 2-29 所示。

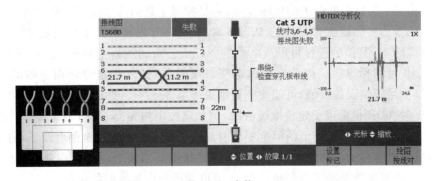

图 2-29　串绕

使用简单的通断测试仪器是无法发现此类接线故障的,只有专用的电缆认证测试仪才能检查出此类故障。简单或廉价的接线图测试仪不能完成串绕的测试,它需要测量信号的耦合或在线对间测量串绕。

4. 实验环境

DTX 测试仪 1 台,第 1 对和第 2 对故障线,标准直通网线数根。

5. 实验步骤

(1) 测试标准网线。打开测试仪,将标准网线接到测试仪的两端,旋钮转至 SINGLE TEST,移动光标,选择接线图,按 TEST 键,观察测试结果。

(2) 测试第 1 对故障线。将第 1 对故障线接到测试仪,重复上述步骤,应能观察到开路(7,8 线对)、跨接(1,2 线对和 3,6 线对)和反接故障(1,2 线对)。结果类似于图 2-26。

(3) 测试第 2 对故障线。将第 2 对故障线接到测试仪,重复上述步骤,观察测试结果,应能观察到短路(3,6 线对)和串绕(3,6 线对和 4,5 线对)。结果类似于图 2-26。

6. 实验报告要求

结合并参考本次实验范例,撰写实验报告,详细写出测试仪显示的结果,写出实验总结。

2.2.4 线缆长度的测试

1. 实验目的

学会测试线缆的长度。

2. 实验内容

使用 DTX 测试仪,测试 4 线对 UTP 线缆的长度。

3. 实验原理

LAN 技术都是基于规定的网络物理层的各种规范,包括可以使用的电缆类型和每一段电缆的最大长度。不同的链路模型对链路长度的定义有所不同:基本链路 94m,通道 100m,永久链路 90m。电缆长度应该是刚开始计划网络时一项重要的考虑因素。必须将网络组件放置于适当的位置,从而使得连接它们的电缆不会超出规定的最大长度。

电缆长度的测量通常是通过以下两种方法之一来进行:通过时域反射计(TDR)或者通过测量电缆的电阻。本章中使用的测试仪采用前一种方法进行长度测量。测试仪进行 TDR 测量时,它向一对线发送一个脉冲信号,并且测量同一对线上信号返回的总时间,用纳秒(ns)表示。获得这一经过时间测量值并知道信号标称传播速度(NVP)后,用 NVP 乘以光速再乘以往返传输时间的一半(即传输时延)就得到电缆的电气长度。

NVP 确定了信号在电缆中的传输速度,它是相对于光的速度并用百分比表示。在局域网电缆上,信号的实际速度为光速的 60%~80%。NVP 的值会随着电缆批次的不同而略有差别,电缆的 NVP 值的选择可以从电缆生产厂所公布的规格中获得。NVP 的准确程度将决定电缆长度的标准度。因此在测试电缆长度时,测试仪一定要使用正确的 NVP 值。如果测试仪使用了错误的数值,可能使测量结果产生 30%~50% 的偏差。

时域反射 TDR 也常用于定位电缆故障,例如定位电缆短路、开路和端接等。测试脉冲被反射回发射机,是由于电缆上的阻抗变化引起的。在一条功能完全的电缆上,另一端的开路引起阻抗方面唯一的显著变化。而如果电缆线路中间的某个位置存在开路或短路,它也会引起反射,使测试脉冲返回发射机。TDR 可借此进行电缆故障的定位。

注意：由于长度的测试是通过脉冲电信号在铜介质中传输来测得的,通过传输时延与传输速度的乘积来计算出长度。可想而知,因为每对线的绞距不一样,故测出的每个线对的长度也会有所不同。

在从电气长度中确定实际长度时,使用具有最短电气延迟的线对来计算链路的实际长度,并做出合格和不合格的决定。合格与否的标准是以链路模型的最大长度加上 10％的不确定性为基础的。通道和永久链的长度极限标准分别为 100m 和 90m,在安装时不要安装长度超过 100m 的电缆。

图 2-30 中电缆的最短线对长度为 98m,采用的是 TIA 永久链路测试标准,所以尽管有两对线的长度超过 100m,但总是能通过测试。

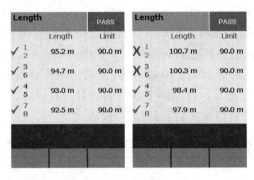

图 2-30　长度测试实例

4. 实验环境

DTX 测试仪 1 台,标准直通网线数根。

5. 实验步骤

(1) 连线。打开测试仪,将标准网线接到测试仪的两端。

(2) 测试。将测试仪功能旋钮转至 SINGLE TEST,移动光标,选择接线图,按 TEST 键。

(3) 观察测试结果(数值结果与极限值)。

(4) 分别测试长度不同的几条标准网线。

6. 实验报告要求

结合并参考本次实验范例,撰写实验报告,详细写出测试仪显示的结果,写出实验总结。

2.2.5　传输时延和时延偏离测试

1. 实验目的

学会测试线缆的传输时延(Propagation Delay)和时延偏离(Delay Skew)参数。

2. 实验内容

使用 DTX 测试仪测试 4 线对铜质双绞线缆的传输时延和时延偏离参数。

3. 实验原理

传输时延是信号从电缆一端传输到另一端所花费的时间,是在长度测试中传输往返时间的一半,通常其测量单位为纳秒(ns)。我们知道,电子是以近似恒定的速度运动的,那就可将它与光速的比值定义为一个常数,这就是前面介绍过的额定传输速度(Nominal

Velocity of Propagation，NVP）。在前面的长度测试中，用 NVP 乘以光速再乘以往返传输时间的一半（即传输时延）就是电缆的电气长度。在确定通道和永久链路的传输时延时，在 $1\sim100\text{MHz}$ 的范围内连接硬件的传输时延不超过 2.5ns。

所有类型通道配置的最大传输时延不应超过在 10MHz 频率测得的 555ns。所有类型的永久链路配置的最大传输时延不应超过在 10MHz 频率测得的 498ns。

同一电缆中各线对之间由于使用的缠绕比例不同，长度也会有所不同，因而各线对之间的传输时延也会略有不同。如果网络协议只使用一对导线传输数据，例如标准的以太网、100Base-TX 以太网或令牌环网，那么这些变化就不构成问题。然而，对于同时使用多对导线传输数据的协议，例如 100Base-T4 和千兆以太网，当信号通过不同线对传输的到达时间相差太远时，就会造成数据丢失。为了量化这一变化，一些测试仪可以测量电缆线路的时延偏离，它是电缆内线对最低传输时延和最高传输时延的差额。传输时延和时延偏离是某些高速 LAN 应用的重要特性，因此它们应该包括在性能测试组中，尤其是对于准备运行使用多线对的某一高速协议的网络。对于传输时延，测试结果中将显示效果最差的那个线对；对于时延偏离，测试结果中将显示任意两个线对的效果最差组合。

图 2-31 为传输时延和时延偏离的测试结果实例。

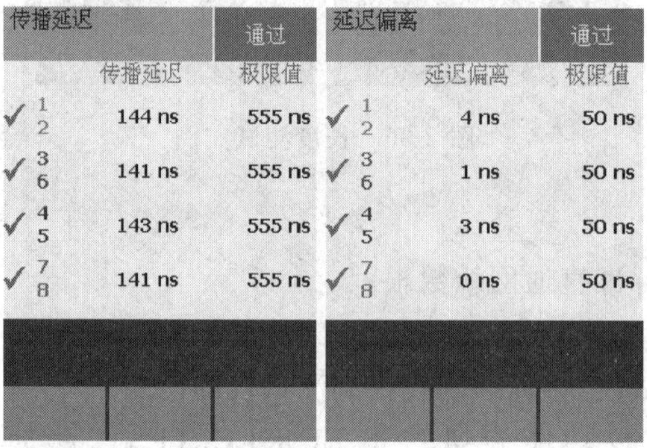

传播延迟		通过	延迟偏离		通过
	传播延迟	极限值		延迟偏离	极限值
✓ 1 2	144 ns	555 ns	✓ 1 2	4 ns	50 ns
✓ 3 6	141 ns	555 ns	✓ 3 6	1 ns	50 ns
✓ 4 5	143 ns	555 ns	✓ 4 5	3 ns	50 ns
✓ 7 8	141 ns	555 ns	✓ 7 8	0 ns	50 ns

图 2-31　传输时延和时延偏离测试结果

4. 实验环境

DTX 测试仪 1 台，故障线 1 组，标准直通网线数根。

5. 实验步骤

（1）连线。将测试仪与第 5 对故障线相连。

（2）测试。将功能旋钮转至 SINGLE TEST，移动光标，选择传输时延，按 TEST 键。

（3）观察测试结果（包括数值结果与极限值）。

（4）测试时延偏离。移动光标，选择时延偏离，重复第（2）步，观察时延偏离的测试结果。

（5）测试标准网线。将测试仪与标准网线连接，重复上述步骤，测试几根标准网线的传输时延和时延偏离。

6. 实验报告要求

结合并参考本次实验范例，撰写实验报告，详细写出测试仪显示的结果，写出实验总结。

2.2.6 衰减的测试

1. 实验目的

掌握利用 DTX 进行衰减测试的方法和步骤,学会判断衰减测试是否合格的方法,理解衰减测试的作用和意义。

2. 实验内容

使用 DTX 测试仪,测试 4 线对铜质双绞线缆的衰减参数。

3. 实验原理

衰减是指信号在链路中传输时能量的损耗程度,它是高速网络最重要的规格之一。衰减测试指定了链路中信号损耗的尺度。如果衰减过高,信号强度会过早衰退,数据就会丢失。这一点在使用的电缆长度接近网络协议许可的最大值时表现得尤为明显。衰减测试会报告最差一组线对的结果,所以根据允许的最大衰减量,可确定链路范围内所有线对的最坏情况衰减量。衰减测试的结果用分贝(dB)表示。从理论上说,信号的减弱总是负值。但在实际应用中,为了方便起见,当描述衰减的数值或链路的损耗时,电缆专业人员去掉了负号。

在现场测试中发现衰减不通过往往同两个原因有关:一个原因是链路超长,这就好像一个人在向距离很远的另一个人喊话,如果距离过远,声音衰减过大导致对方无法听清。信号传输衰减也是同样的道理,它可以导致网络速度缓慢甚至无法互连。另一个原因是链路阻抗异常,过高的阻抗消耗了过多的信号能量,致使接收方无法判决信号。对于衰减故障,可以通过前面提到过的时域反射技术(TDR)来进行精确定位。通常,通道衰减为下列三项的总和:

(1) 部分连接硬件的衰减。

(2) 在 20℃时,线型为 24 AWG UTP/ScTP 的 10m 的软线和设备接线,或线型为 26 AWG UTP/ScTP 的 8m 的软线和设备接线的衰减。

(3) 在 20℃时 90m 的电缆段的损耗。

而永久链路的衰减为下列两项的总和:

(1) 部分连接硬件的衰减。

(2) 在 20℃时,90m 电缆段的损耗。

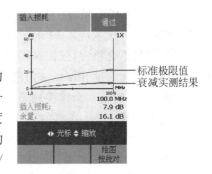

图 2-32 衰减示意图

衰减是频率的函数,如图 2-32 所示,它随着频率的增高而增大,随着长度的增大而增高,也随着温度的升高而增长。对于 3 类电缆,用户可以使用每摄氏度 1.5% 系数(以 20℃ 为基准)。超 5 类电缆时延受温度的影响为每摄氏度系数 0.4% 的衰减量。在标准 ANSI/TIA/EIA-568-B.2 中规定了温度系数和最高温度。

4. 实验环境

DTX 测试仪 1 台,故障线 1 组,标准直通网线数根。

5. 实验步骤

(1) 连线。将测试仪与第 4 对故障线相连。

(2) 测试。将旋钮转至 SINGLE TEST,移动光标,选择插入损耗,按 TEST 键。

（3）观察测试结果（测试结果由数值结果和曲线结果两部分组成）。

（4）测试标准网线。将测试仪接到一根标准网线上，重复上述步骤，比较正常情况下的测试结果和故障线的测试结果有何不同。

6. 实验报告要求

结合并参考本次实验范例，撰写实验报告，详细写出测试仪显示的结果，写出实验总结。

2.2.7 串扰的测试

1. 实验目的

学会测试线缆的串扰参数，理解串扰产生的原因。

2. 实验内容

使用 DTX 测试仪测试 4 线对铜质双绞线缆的近端串扰。

3. 实验原理

近端串扰在标准中也叫线对-线对 NEXT 损耗。串扰是指线缆传输数据时线对间信号的相互泄漏，它类似于噪声。近端串扰可以理解为线缆系统内部产生的噪声，严重影响信号的正确传输。

"近端串扰"的测量是在测量信号发送端进行的。ANSI/TIA/EIA-568-B.2 标准要求近端串扰的测试必须在 UTP 链路的所有线对之间进行测试，而且必须是双向测试。这是因为当 NEXT 发生在距离测试端较远的远端时，尤其当链路长度超过 40m 时，该串扰信号经过电缆的衰减到达测试点时，其影响可能已经很小，无法被测试仪器测量到而忽略该问题点的存在。因此对 NEXT 的测试要在链路两端各进行一次，即总共需要测试 12 次。另外，在链路两端测量到的 NEXT 值有可能是不一样的。在一端进行测试的排列顺序为：1，2—3，6；1，2—4，5；1，2—7，8；3，6—4，5；3，6—7，8；4，5—7，8。其中一字线左边的数字表示干扰信号线对，横线右边的数字表示被干扰线对。

导致串扰过大的原因主要有两类：一类是选用的元器件不符合标准，如购买了伪劣产品，不同标准的硬件混用等。另一类是施工工艺不规范，常见的有电缆牵引力过大，破坏了电缆的绞距；接线图错误；跳线接头处或模块处双绞对打开过长（超过 13mm）等。目前对串扰定位的最好技术应属 Fluke DTX 系列电缆测试仪中提供的时域串扰分析技术（TDX）。以往发现串扰不合格时，仅能获得频域的结果，即仅知道在多少兆赫兹时串扰不合格，但这样的结果并不能帮助在现场解决故障。而串扰定位技术可以非常准确地告诉串扰故障发生的物理距离，不管是一个接头还是一段电缆。

近端串扰是 UTP 链路的一个关键的性能参数，也是最难以精确测量的参数。因为 NEXT 需要在 UTP 链路的所有线对之间进行测试以及从链路的两端进行测试，这相当于 12 对电缆线对组合的测量。串扰可以通过电缆的绞结被最大限度地减少，这样信号耦合是"互相抑制"的。当安装链路出现错误时，可能会破坏这种"互相抑制"而产生过大的串扰。串绕就是一种典型的情况。串绕是用两个不同的线对重新组成新的发送或接收线对而破坏了绞结所具有的消除串绕的作用。对于带宽 10Mbps 的网络传输来说，如果距离不是很长，串绕的影响并不明显，有时甚至觉得网络运行完全正常。但对于带宽 100Mbps 的网络传输，串绕的存在是致命的。可以试下面的线对顺序：橙白、橙、绿白、绿、蓝白、蓝、棕白、棕。在这样的接线情况下，运行 100Base-TX 会有极大的网络碰撞和 FCS 校验错出现，会造成很强的干扰信号,以至于破坏原有的信号,从而对网络的传输能力产生严重的影响,甚至造成网络的瘫痪。

4dB原则:当衰减小于4dB时,可以忽略近端串扰值。这一原则只适用于ISO 11801—2002标准。

NEXT是决定UTP链路传输能力的一个关键性参数,它是随着信号频率的增大而增大的,超过一定的限制就会对传输的数据产生破坏作用。图2-33显示了NEXT与频率的关系。从图中可以看出,NEXT曲线呈现不规则形状,必须参照电缆带宽频率范围测试很多点,否则很容易漏掉某些最差点。因此,ANSI/TIA/EIA-568-B.2标准要求NEXT测试要在整个电缆带宽范围内进行。标准规定:在频率段1~31.25MHz,测试的最大采样步长为0.15MHz;在频率段31.26~100MHz,最大采样步长为0.25MHz;在频率段100~250MHz,最大采样步长为0.50MHz。

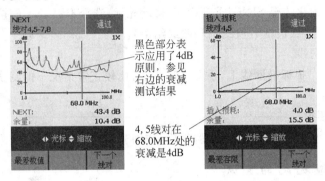

图 2-33　NEXT 测试结果

4. 实验环境

DTX测试仪1台,故障线1组,标准直通网线数根。

5. 实验步骤

(1) 连线。打开测试仪,将测试仪与第3对故障线连接。

(2) 测试。将旋钮转至SINGLE TEST,移动光标,选择NEXT,按TEST键。

(3) 观察测试结果(包括数值结果和曲线结果)。

(4) 测试标准网线。将测试仪接到一根标准网线上,重复上述步骤,比较正常情况下的测试结果和故障线的测试结果有何不同。

6. 实验报告要求

结合并参考本次实验范例,撰写实验报告,详细写出测试仪显示的结果,写出实验总结。

2.2.8　综合近端串扰的测试

1. 实验目的

学会测试线缆的综合近端串扰参数。

2. 实验内容

使用DTX测试仪测试4线对铜质双绞线缆的综合近端串扰。

3. 实验原理

由于千兆以太网络在铜介质双绞线上的实现是基于4对双绞线全双工的传输模式,因此在传输过程中考虑线对之间的串扰关系时要比 5 类复杂。原来仅关心一个线对对另一个线对的影响,现在要同时考虑多对线缆之间同时发生串扰的相互影响,即要考虑同一时间 3个线对对同一线对的影响,这就是综合近端串扰。

综合近端串扰(PS NEXT)实际上是一个计算值,而不是直接的测量结果。PS NEXT是在每对线受到的单独来自其他 3 对线的 NEXT 影响的基础上通过公式计算出来的。

注意:综合近端串扰跟近端串扰一样,也要进行双向测试,而且 4dB 原则仍然同样适用。

4. 实验环境

DTX 测试仪 1 台,故障线 1 组,标准直通网线数根。

5. 实验步骤

(1) 连线。打开测试仪,将测试仪与第 3 对故障线连接。

(2) 测试。将旋钮转至 SINGLE TEST,移动光标,选择 PS NEXT,按 TEST 键。

(3) 观察测试结果(包括数值结果和曲线结果)。

(4) 测试标准网线。

将测试仪接到一根标准网线上,重复上述步骤,比较正常情况下的测试结果和故障线的测试结果有何不同。

6. 实验报告要求

结合并参考本次实验范例,撰写实验报告,详细写出测试仪显示的结果,写出实验总结。

2.2.9 衰减串扰比的测试

1. 实验目的

学会测试线缆的衰减串扰比(ACR)参数。

2. 实验内容

使用 DTX 测试仪测试 4 线对铜质双绞线缆的衰减串扰比,并比较正常网线和故障网线测试结果的区别。

3. 实验原理

衰减串扰比(ACR)表示的是链路中有效信号与噪声的比值。考虑工作站收到的信号,中一部分是经过链路衰减过的正常信号,另一部分是从其他线对上来的不期望的串扰信号。简单地讲,ACR 就是衰减与 NEXT 的比值,测量的是来自远端经过衰减的信号与串扰噪声间的比值。例如有一位讲师在学员的面前讲课,讲师的目标是要学员能够听清楚他的讲话。讲师的音量是一个重要的因素,但更重要的是讲师的音量和背景噪声间的差别。如果讲师是在安静的图书馆中讲话,即使是低声细语也能被听到。想象一下,如果同一个讲师以同样的音量在热闹的足球场内讲话会是怎样的情况。讲师将不得不提高音量,这样他的声音(所需信号)与人群的欢呼声(背景噪声)的差别才能大到足以被听见,这就是 ACR 的意义。

ACR 是测量电缆线路总质量的最佳方法之一,因为它清楚地显示了所传输的信号相对于电缆中噪声的强度。串扰在电缆线路的不同端会有所变化,因此必须分别在电缆的两端进行 ACR 测试,把较差的 ACR 测量值作为对该电缆线路的评估标准。

当外部噪声不是很大时,ACR 和信号噪声比相同。在计算中所考虑的两个因素是NEXT 和衰减,如同该参数的名称一样,公式是衰减除以 NEXT。但最终会发现只需简单地用衰减量减去 NEXT 测试量(当以 dB 表示时)即可。ACR 的测试结果越接近于 0,链路就越不可能正常工作。

4. 实验环境

DTX 测试仪 1 台,故障线 1 组,标准直通网线数根。

5. 实验步骤

(1) 连线。将测试仪与第 4 对故障线连接好。

(2) 测试。将旋钮转至 SINGLE TEST,移动光标,选择衰减串扰比测试,按 TEST 键。

(3) 观察测试结果(包括数值结果与极限值)。

(4) 测试标准网线。将测试仪与标准网线连接,重复上述步骤,测试几根标准网线的衰减串扰比。

6. 实验报告要求

结合并参考本次实验范例,撰写实验报告,详细写出测试仪显示的结果,写出实验总结。

2.2.10 回波损耗的测试

1. 实验目的

学会测试线缆的回波损耗(Return Loss)参数。

2. 实验内容

使用 DTX 测试仪测试 4 线对铜质双绞线缆的回波损耗参数,比较正常网线和故障网线测试结果的不同。

3. 实验原理

回波损耗是指信号在电缆中传输时被反射回来的信号能量强度,它是以分贝(dB)为单位表示的。这个参数是在 Cat 5E 链路测试标准中出现的,测试该参数是出于对 1000Base-T 全双工传输的需要。因为在同一对内被反射回来的信号会干扰同向传输的正常信号。这就好比山谷中相距很远的两个人在相互喊话,一方喊话的回声会影响其收听对方的声音。回波损耗的故障率在 Cat 5E 链路测试中是比较高的。这类故障主要同链路的阻抗变化有关,因此同样可以采用 TDR 技术进行定位。还有一点值得注意的是,因为该项测试技术非常复杂,对测试仪器的精确程度要求非常高,因此测试仪器本身及其接插件的磨损都有可能成为导致回波损耗检测失败的原因。因此,高性能 UTP 的生产商都会特别注意确保线缆中特性阻抗的一致性,而且所有的元件都要有很好的匹配性。回波损耗在超 5 类和 6 类布线系统中都是非常重要的。

4. 实验环境

DTX 测试仪 1 台,故障线 1 组,标准直通网线数根。

5. 实验步骤

(1) 连线。将测试仪与第 4 对故障线连接好。

(2) 测试。将旋钮转至 SINGLE TEST,移动光标,选择回波损耗测试,按 TEST 键。

(3) 观察测试结果(包括数值结果与极限值)。

(4) 测试标准网线。将测试仪与标准网线连接,重复上述步骤,测试几根标准网线的回波损耗。

6. 实验报告要求

结合并参考本次实验范例,撰写实验报告,详细写出测试仪显示的结果,写出实验总结。

2.2.11 等效远端串扰和综合等效远端串扰的测试

1. 实验目的

学会测试线缆的等效远端串扰(ELFEXT)和综合等效远端串扰(PS ELFEXT)。

2. 实验内容

使用 DTX 测试仪测试 4 线对铜质双绞线缆的等效远端串扰和综合等效远端串扰。

3. 实验原理

远端串扰(FEXT)是指信号在接近电缆远端处(相对于发射系统)所出现的横跨到另一个线对上的现象,而等效远端串扰(ELFEXT)就是为补偿 FEXT 测量值的衰减量。直接从 FEXT 值减去衰减值,即可得到等效远端串扰。

等效远端串扰的概念同前面介绍的 ACR 非常相似,反映的也是信号与噪声的关系,它是电缆远端 ACR 的等价物。

综合等效远端串扰的"综合"是指远端串扰的综合,它是指某线对受其他线对综合的等效远端串扰影响,用分贝(dB)表示。这里,干扰源不再是等效远端串扰测试中的单一线对,而是 3 对线的共同干扰。

远端串扰和近端串扰是亲兄弟,但性格相反。当一对线发送信号时,近端串扰从其他线对向回反射,而远端串扰则从其他线对向远端反射,所以远端串扰和发送的信号所走的距离几乎相同,所用的时间几乎相同。但是,对于千兆网,关心的不是远端串扰,而是等效远端串扰和综合等效远端串扰。等效远端串扰是远端串扰和衰减信号的比,可以简单地用公式表示为 FEXT/ATTENUATION。实际上,这是信噪比的另一种表达方式,即两个以上的信号朝同一方向传输(1000Base-T)时的情况。千兆网用 4 对线来同时发送一组信号,再在接收端组合起来。具有相同方向和相同传输时间的串扰信号就会干扰正常信号在接收端的组合,所以这就要求链路有很好的等效远端串扰的值。同样,综合等效远端串扰显示了其他 3 对线对另一对线的综合作用。

等效远端串扰和综合等效远端串扰对于安装测试不是必需的,它仅对 1000Base-T 以上的以太网技术有重要作用。它们的测试必须从电缆两端分别进行(电缆的每一端都连接着一个收发器,因此从某种意义上来讲,每一端都是远端),而且最差情况的组合将被报告。

4. 实验环境

DTX 测试仪 1 台,故障线 1 组,标准直通网线数根。

5. 实验步骤

(1) 连线。将测试仪与第 3 对故障线连接好。

(2) 测试。将旋钮转至 SINGLE TEST,移动光标,选择等效远端串扰,按 TEST 键。

(3) 观察测试结果(包括数值结果与极限值)。

(4) 测试综合等效远端串扰。返回 SINGLE TEST 界面,用光标选择综合等效远端串扰,重复上述步骤。

(5) 测试标准网线。将测试仪与标准网线连接,重复上述步骤,测试几根标准网线的等效远端串扰和综合等效远端串扰。

6. 实验报告要求

结合并参考本次实验范例,撰写实验报告,详细写出测试仪显示的结果,写出实验总结。

2.3 光纤的熔接和测试

2.3.1 简介

光纤是光导纤维的简称,如图 2-34 所示。光纤通信是以光波为载频,以光导纤维为传输媒介的一种通信方式。光纤的最大特点就是传导的是光信号,因此不受外界电磁信号的干扰,信号的衰减速度很慢,所以信号的传输距离比以上传送电信号的各种网线要远得多,并且特别适用于电磁环境恶劣的地方。由于光纤的光学反射特性,一根光纤内部可以同时传送多路信号,因此光纤的传输速度可以非常高。目前 1Gbps 的光纤网络已经成为主流高速网络,理论上光纤网络最高可达到 50Tbps 的速度。

图 2-34　光纤

1. 光纤的种类

按光在光纤中的传输模式可分为多模光纤和单模光纤。

(1) 多模光纤:中心玻璃芯较粗($50\mu m$ 或 $62.5\mu m$),可传输多种模式的光。多模光纤传输的距离比较近,一般只有几千米。

(2) 单模光纤:中心玻璃芯较细(芯径一般为 $9\mu m$ 或 $10\mu m$),只能传输一种模式的光,适用于远程通信。

按最佳传输频率窗口分为常规型单模光纤和色散位移型单模光纤。

(1) 常规型:光纤生产厂家将光纤传输频率最佳化在单一波长的光上,如 1300nm。

(2) 色散位移型:光纤生产厂家将光纤传输频率最佳化在两个波长的光上,如 1300nm 和 1550nm。

按折射率分布分为突变型光纤和渐变型光纤。

(1) 突变型光纤:光纤中心芯到玻璃包层的折射率是突变的。其成本低、模间色散高,适用于短途低速通信,如工控。单模光纤由于模间色散很小,因此单模光纤都采用突变型。

(2) 渐变型光纤:光纤中心芯到玻璃包层的折射率是逐渐变小的,可使高模光按正弦形式传播,这能减少模间色散,提高光纤带宽,增加传输距离,但成本较高。现在的多模光纤多为渐变型光纤。

2. 光纤连接器

光纤网络由于需要把光信号转变为计算机的电信号,因此在接头上更加复杂,除了具有连接光导纤维的多种类型接头,如 SMA、SC、ST 和 FC 光纤接头外,还需要专用的光纤转发器等设备,负责把光信号转变为计算机电信号,并且把光信号继续向其他网络设备发送。

常见的光纤连接器有 SC 光纤连接器、双工 SC 光纤连接器、ST 光纤连接器、双工 ST 光纤连接器、FDDI 光纤连接器和 FC 光纤连接器。ST 光纤连接器曾经是使用最广泛的,但目前双工 SC 光纤连接器是标准中规定的连接器。图 2-35 为几种常见的光纤连接器。

3. 光纤熔接

光纤熔接机(Fiber Fusion Splicer)主要用于光通信中光纤的施工和维护,如图 2-36 所示。靠放出电弧将两头光纤熔化,同时运用准直原理平缓推进光纤处理工具以实现光纤模场的耦合。光纤连接的方法一般有活动连接(连接头连接)、熔融连接(光纤熔接机)和化学黏剂连接 3 种。在实际工程中基本采用熔接法,因为熔接方法的结点损耗小,反射损耗大,可靠性高。

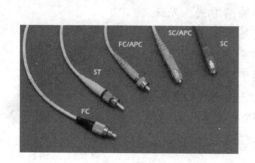

图 2-35 几种常见的光纤连接器

图 2-36 藤仓 FSM50S 光纤熔接机

目前熔接机已经成为光纤链路维护不可或缺的设备。这种连接方式接头体积小、机械强度较高、光纤连接损耗小、反射小,是一种理想的固定连接方式。

4. 光纤的衰减

造成光纤衰减的主要因素有本征、弯曲、挤压、杂质、不均匀和对接等。

(1) 本征:光纤的固有损耗,包括瑞利散射、固有吸收等。

(2) 弯曲:光纤弯曲时部分光纤内的光会因散射而损失掉,造成信号的损耗。

(3) 挤压:光纤受到挤压时产生微小的弯曲而造成信号的损耗。

(4) 杂质:光纤内杂质吸收和散射在光纤中传播的光,造成信号的损失。

(5) 不均匀:光纤材料的折射率不均匀造成信号的损耗。

(6) 对接:光纤对接时产生的损耗,如不同轴(单模光纤同轴度要求小于 $0.8\mu m$)、端面与轴心不垂直、端面不平、对接芯径不匹配和熔接质量差等。

5. 光纤测试标准

目前已公布的光纤测试国际标准有 TIA-568-B.3 光纤布线标准等标准。在 TIA-568-B.3 布线标准中,制定了对光纤布线系统(如线缆、连接头等)所用器件及传输质量的要求。其中的线缆是指 $50/125\mu m$、$62.5/125\mu m$ 多模光纤和单模光纤。这个标准包含了对光纤布线系统(如线缆、连接头等)中所用器件及传输质量的要求。

6. 光纤测试参数和测试方法

光纤布线系统安装完成之后需要对链路传输特性进行测试,其中最主要的几个测试项目是链路的衰减特性、连接器的插入损耗和回波损耗等。下面就光纤布线的关键物理参数的测量及网络中的故障排除、维护等方面进行简单的介绍。

1) 衰减

衰减是光在沿光纤传输过程中光功率的减少。

对光纤网络总衰减的计算：光纤损耗是指光纤输出端的功率与发射到光纤时的功率的比值。

损耗是同光纤的长度成正比的，所以总衰减不仅表明了光纤损耗本身，还反映了光纤的长度。

对衰减进行测量：因为光纤连接到光源和光功率计时不可避免地会引入额外的损耗，所以在现场测试时就必须先进行对测试仪的测试参考点的设置（即归零的设置）。有多种方法用于测试参考点的设置，主要是根据所测试的链路对象来选择这些方法。在光纤布线系统中，由于光纤本身的长度通常不长，因此在测试方法上会更加注重连接器和测试跳线。

2）回波损耗

反射损耗又称为回波损耗，是指在光纤连接处，反向反射光相对输入光的比率的分贝数。回波损耗越大越好，以减少反射光对光源和系统的影响。将光纤端面加工成球面或斜球面是改进回波损耗的有效方法。

3）插入损耗

插入损耗是指光纤中的光信号通过活动连接器之后，其输出光功率相对输入光功率的比率的分贝数。插入损耗越小越好。插入损耗的测量方法与衰减的测量方法相同。

7. 光纤测试仪

常用的光纤测试仪分为两种：一种是测长距离（超过 1km）的光时域反射计，另一种则是较短距离的光功率计，在局域网中的应用比较普遍。下面主要介绍光时域反射仪的工作原理。

光时域反射仪（OTDR）是依靠光的菲涅耳反射和瑞利散射进行工作的，通过将一定波长的光信号注入被测光纤线路，然后接收和分析反射回来的背向散射光，经过相应的数据处理后，在 LCD 上显示出被测光纤线路的背向散射曲线，可以反映被测光纤线路的接头损耗和位置、长度、故障点、两点间的损耗、大衰减点、光纤的损耗系数，是检测光纤性能和故障的必备仪器。光纤自身的缺陷和掺杂成分的不均匀性使它们在光子的作用下产生散射，如果光纤中（或接头）有几何缺陷或断裂面，将产生菲涅耳反射。反射强弱与通过该点的光功率成正比，也反映了光纤各点的衰耗大小。因散射是向四面八方发射的，反射光也将形成比较大的反射角，散射和反射光就是极少部分，它也能进入光纤的孔径角而反向传到输入端。假如光纤中断，即从该点以后的背向散射光功率降到 0，可以根据反向传输回来的散射光的情况判断光纤的断点位置和光纤长度。这就是时域反射计的基本工作原理。

2.3.2　光纤熔接

1. 实验目的

学习光纤的熔接操作。

2. 实验内容

使用藤仓 FSM50S 光纤熔接机熔接光纤。

3. 实验环境

藤仓 FSM50S 熔接机 1 台，切刀 1 个，剥线工具 1 组，多模尾纤 2 根，热缩管 1 个。

4. 实验步骤

1）端面的制备

光纤端面的制备包括剥覆、清洁和切割环节。合格的光纤端面是熔接的必要条件，端面质量影响到熔接质量。

（1）光纤涂面层的剥除。

掌握平、稳、快三字剥纤法。"平"，即持纤要平。左手拇指和食指捏紧光纤，使之成水平状，所露长度以 5cm 为宜，余纤在无名指、小拇指之间自然打弯，以增加力度，防止打滑。"稳"，即剥纤钳要握得稳。"快"，即剥纤要快。剥纤钳应与光纤垂直，上方向内倾斜一定角度，然后用钳口轻轻卡住光纤，右手随之用力，顺光纤轴向平推出去，整个过程要自然流畅，一气呵成。

（2）裸纤的清洁。

观察光纤剥除部分的涂覆层是否全部剥除，若有残留应重剥。如有极少量不易剥除的涂覆层，可用棉球沾适量酒精，边浸渍边逐步擦除。

将棉花撕成层面平整的扇形小块，沾少许酒精（以两指相捏无溢出为宜），折成"V"形，夹住已剥覆的光纤，顺光纤轴向擦拭，一块棉花使用 2～3 次后要及时更换，每次要使用棉花的不同部位和层面，这样既可提高棉花利用率，又防止裸纤的二次污染。

（3）裸纤的切割。

切割是光纤端面制备中最为关键的部分，精密、优良的切刀是基础，严格、科学的操作规范是保证，如图 2-37 所示。

切刀有手动（如日本 CT-30 切刀）和电动（如爱立信 FSU-925 切刀）两种。前者操作简单，性能可靠，随操作者水平的提高，切割效率和质量可大幅度提高，且要求裸纤较短，但切刀对环境温差要求较高。后者切割质量较高，适宜在野外寒冷条件下作业，但操作较复杂，工作速度恒定，要求裸纤较长。熟练的操作者在常温下进行快速光纤接续或抢险，采用手动切刀为宜；反之，初学者或在野外较寒冷条件下作业时，采用电动切刀为宜。

图 2-37 切刀

操作人员应经过专门训练掌握动作要领和操作规范。首先要清洁切刀和调整切刀位置，切刀的摆放要平稳，切割时，动作要自然、平稳，勿重、勿急，避免断纤、斜角、毛刺、裂痕等不良端面的产生。切割长度：对于 0.25nm（外涂层）光纤，切割长度为 8～16mm；对于 0.9mm（外涂层）光纤，切割长度只能是 16mm。

注意：热缩套管应在剥覆前穿入，严禁在端面制备后穿入。裸纤的清洁、切割和熔接的时间应紧密衔接，不可间隔过长，特别是已制备的端面切勿放在空气中。移动时要轻拿轻放，防止与其他物件擦碰。在接续中，应根据环境对切刀"V"形槽、压板、刀刃进行清洁，谨防端面污染。

2）光纤熔接

熔接前根据光纤的材料和类型，设置好最佳预熔主熔电流和时间及光纤送入量等关键参数。熔接过程中还应及时清洁熔接机"V"形槽、电极、物镜、熔接室等，随时观察熔接中有无气泡、过细、过粗、虚熔、分离等不良现象，注意损耗跟踪监测结果，及时分析产生上述不良现象的原因，采取相应的改进措施。如多次出现虚熔现象，应检查熔接的两根光纤的材料、型号是否匹配,切刀和熔接机是否被灰尘污染,并检查电极氧化状况,若均无问题,则应适当提高熔接电流。初学者可以采用熔接机自动程序控制。

(1)放置光纤。

将光纤放在熔接机的"V"形槽中,小心压上光纤压板和光纤夹具,要根据光纤切割长度设置光纤在压板中的位置,并正确地放入防风罩中。

(2)接续光纤。

按下 SET 键后,光纤相向移动,移动过程中产生一个短的放电清洁光纤表面,当光纤端面之间的间隙合适后,熔接机停止相向移动,设定初始间隙,熔接机测量,并显示切割角度。在初始间隙设定完成后,开始执行纤芯或包层对准,然后熔接机减小间隙(最后的间隙设定),高压放电产生的电弧将左边光纤熔到右边光纤中,最后微处理器计算损耗并将数值显示在显示器上。如果估算的损耗值比预期的要高,可以再次放电,放电后熔接机仍将计算损耗。

(3)移出光纤并用加热器加固光纤(加热热缩管)。

将光纤从熔接机上取出,再将热缩管放在裸纤中心,放到加热器中加热,完毕后从加热器中取出光纤。操作时,由于温度很高,不要触摸热缩管和加热器的陶瓷部分。

5. 实验报告要求

结合并参考本次实验范例,撰写实验报告,详细写出熔接过程,写出实验总结。

2.3.3 光纤长度测试

1. 实验目的

学习测试光纤的长度。

2. 实验内容

使用 DTX 测试仪搭配 DTX-MFM2 多模光纤测试模块,测试光纤的长度。

3. 实验环境

DTX 测试仪 1 台,DTX-MFM2 光纤模块,多模光纤跳线数根。

4. 实验步骤

(1)连线。打开 DTX 测试仪,将光纤接到测试仪的两端。

(2)设置。将旋钮转至 SETUP,移动光标,选择"光纤",按照提示依次选择测试光纤的类型(选多模,62.5)。

(3)测试。将旋钮转至 SINGLE TEST,移动光标,选择长度测试,按 TEST 键。

(4)观察测试结果(数值结果与极限值)。

5. 实验报告要求

结合并参考本次实验范例,撰写实验报告,详细写出测试仪显示的结果,写出实验总结。

2.3.4 光纤损耗测试

1. 实验目的

学会测试光纤的损耗。

2. 实验内容

使用 DTX 测试仪测试光纤的损耗。

3. 实验环境

DTX 测试仪 1 台,DTX-MFM2 光纤模块,多模光纤跳线数根。

4. 实验步骤

(1) 打开 DTX 测试仪,将光纤接到测试仪的两端。

(2) 测试。将旋钮转至 SINGILE TEST,移动光标,选择损耗,按 TEST 键。

(3) 观察测试结果(数值结果与极限值)。

(4) 分别测试长度不同的几条标准网线。

5. 实验报告要求

结合并参考本次实验范例,撰写实验报告,详细写出测试仪显示的结果,写出实验总结。

2.4 无 线 网 络

2.4.1 简 介

无线局域网(WLAN)是计算机与无线通信技术相结合的产物,它使用无线信道接入网络,为通信的移动化、个人化和多媒体应用提供了潜在的手段,并成为宽带接入的有效手段之一。

1. 无线局域网标准

1) IEEE 802.11

IEEE 802.11 标准定义了单一的 MAC 层和多样的物理层,其物理层标准主要有 IEEE 802.11b、IEEE 802.11a 和 IEEE 802.11g。

2) IEEE 802.11b

IEEE 802.11b 标准是 IEEE 802.11 协议标准的扩展,于 1999 年 9 月正式通过。它可以支持最高 11Mbps 的数据速率,运行在 2.4GHz 的 ISM 频段上,采用的调制技术是 CCK。

3) IEEE 802.11a

IEEE 802.11a 工作在 5GHz 频段上,使用 OFDM 调制技术可支持 54Mbps 的传输速率。

4) IEEE 802.11g

2003 年 7 月,IEEE 802.11 工作组批准了 IEEE 802.11g 标准。IEEE 802.11g 在 2.4GHz 频段使用 OFDM 调制技术,使数据传输速率提高到 20Mbps 以上。IEEE 802.11g 标准能够与 IEEE 802.11b 的 WIFI 系统互相连通。

5) IEEE 802.11n

IEEE 802.11n 计划将 WLAN 的传输速率从 IEEE 802.11a 和 IEEE 802.11g 的 54Mbps 增加至 108Mbps 以上,最高速率可达 320Mbps。IEEE 802.11n 计划采用 MIMO 与 OFDM 相结合,使传输速率成倍提高。IEEE 802.11n 标准全面改进了 IEEE 802.11 标准,不仅涉及物理层标准,同时也采用新的高性能无线传输技术提升 MAC 层的性能,优化数据帧结构,提高网络的吞吐量性能。

2. 无线局域网组件

无线网络的硬件设备主要包括 4 种,即无线网卡、无线 AP、无线路由和无线天线。

1）无线网卡

无线网卡的作用类似于以太网中的网卡,作为无线网络的接口,实现与无线网络的连接,如图 2-38 所示。

2）无线 AP

无线接入点或称无线 AP(Access Point),其作用类似于以太网中的集线器。当网络中增加一个无线 AP 之后,即可成倍地扩展网络覆盖直径。另外,也可使网络中容纳更多的网络设备。通常,一个 AP 可以支持多达 80 台计算机的接入,如图 2-39 所示。

图 2-38　USB 接口无线网卡　　　　　　图 2-39　无线 AP

3）无线网桥

安装于室外的无线 AP 通常称为无线网桥,如图 2-40 所示,主要用于实现室外的无线漫游、无线网络的空中接力,或用于搭建点对点、点对多点的无线连接。

4）无线路由器

无线路由器(见图 2-41)事实上就是无线 AP 与宽带路由器的结合。借助于无线路由器,可实现无线网络中的 Internet 连接共享,实现 ADSL、Cable Modem 和小区宽带的无线共享接入。

图 2-40　无线网桥　　　　　　图 2-41　无线路由器

5）无线天线

当计算机与无线 AP 或其他计算机相距较远时,随着信号的减弱,或者传输速率明显下降,或者根本无法实现与 AP 或其他计算机之间通信,此时就必须借助于无线天线对所接收或发送的信号进行增益。

3. 无线局域网的接入方式

目前,无线局域网的接入方式主要有 4 种:对等无线网络、独立无线网络、接入以太网的无线网络和无线漫游的无线网络。

1）无线对等网络

无线对等网络方案通常只使用无线网卡。因此，只要为每台计算机插上无线网卡，就可以实现计算机之间的连接，构建成最简单的无线网络，它们之间可以直接相互通信。对等无线网络方案最适用于组建小型的办公网络和家庭网络，如图 2-42 所示。

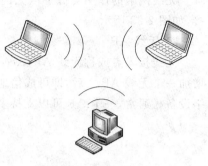

图 2-42　对等无线网络

2）独立无线网络

独立无线网络是指无线网络内的计算机之间构成一个独立的网络，无法实现与其他无线网络和以太网络的连接，如图 2-43 所示。独立无线网络使用一个无线访问点 AP 和若干无线网卡。

3）接入以太网的无线网络

当无线网络用户足够多时，应当在有线网络中接入一个无线接入点，从而将无线网络连接至有线网络主干。无线接入点在无线工作站和有线主干之间起网桥的作用，实现了无线与有线的无缝集成，既允许无线工作站访问网络资源，同时又为有线网络增加了可用资源。

该方案适用于将大量的移动用户连接至有线网络，从而以低廉的价格实现网络直径的迅速扩展，或为移动用户提供更灵活的接入方式，如图 2-44 所示。

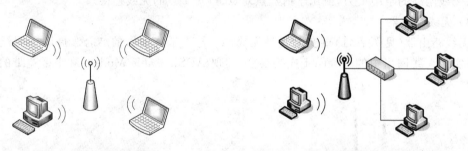

图 2-43　独立无线网络　　　　　图 2-44　接入以太网的无线网络

4）无线漫游的无线网络

无线漫游的无线网络中访问点作为无线基站和现有网络分布系统之间的桥梁。当用户从一个位置移动到另一个位置时，以及一个无线访问点的信号变弱或访问点由于通信量太大而拥塞时，可以连接到新的访问点，而不中断与网络的连接。这种方式与蜂窝移动电话非常相似，将多个 AP 各自形成的无线信号覆盖区域进行交叉覆盖，实现各覆盖区域之间无缝连接。所有 AP 通过双绞线与有线骨干网络相连，形成以固定有线网络为基础，无线覆盖为延伸的大面积服务区域，所有无线终端通过就近的 AP 接入网络，访问整个网络资源。蜂窝覆盖大大扩展了单个 AP 的覆盖范围，从而突破了无线网络覆盖半径的限制，用户可以在 AP 群覆盖的范围内漫游，而不会和网络失去联系，通信不会中断。

2.4.2　无线对等网络的搭建

1. 实验目的

了解无线网络设备，掌握无线网络的搭建。

2．实验内容

练习使用无线网卡搭建无线对等网络，并通过无线对等网络访问有线网络。

3．实验环境

USB 无线网卡 2 块，PC 2 台，每组 2 人。

4．实验步骤

(1) 安装 USB 无线网卡。

将 USB 无线网卡连接到主机的 USB 接口上，并将驱动光盘放入光驱，按照提示安装好硬件驱动。

(2) 配置主机。

① 右击"无线网络连接"，从弹出的快捷菜单中选择"属性"命令，打开"无线网络连接属性"对话框。选择"无线网络配置"选项卡，选中"用 Windows 配置我的无线网络设置"复选框，如图 2-45 所示。

② 单击"高级"按钮，在"高级"对话框中选择"仅计算机到计算机(特定)"单选按钮，如图 2-46 所示，单击"关闭"按钮回到"无线网络连接 属性"对话框。

注意：不要选中"自动连接到非首选的网络"复选框。

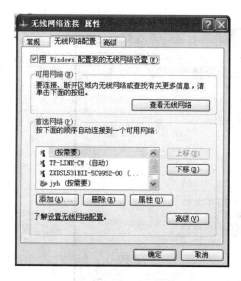

图 2-45　无线网络配置

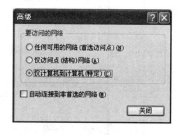

图 2-46　高级设置

③ 在"无线网络连接 属性"对话框中单击"添加"按钮，在打开的"无线网络属性"对话框中的"网络名(SSID)"文本框中随便输入一个网络的名称，比如 VICPA，如图 2-47 所示，选中"即使此网络未广播，也进行连接"复选框，单击"确定"按钮返回。

④ 在"无线网络连接 属性"对话框中选择"常规"选项卡，双击"Internet 协议(TCP/IP)"选项，在打开的"Internet 协议(TCP/IP)属性"对话框中将主机无线连接的 IP 地址、子网掩码分别设置为 192.168.0.1、255.255.255.0，网关和 DNS 地址空着不用填，单击"确定"按钮关闭无线连接设置窗口，如图 2-48 所示。

⑤ 右击接有线上网的本地连接，从弹出的快捷菜单中选择"属性"命令，然后选择"高级"选项卡，在"Internet 连接共享"选项区域选中"允许其他网络用户通过此计算机的

图 2-47　无线网络属性设置

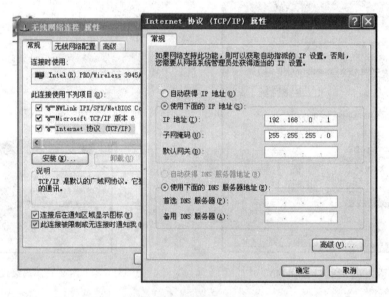

图 2-48　IP 地址设置

Internet 连接来连接"复选框,最后单击"确定"按钮即可,如图 2-49 所示。这一步是启用 Windows XP 的 ICS 功能。

（3）配置客户端。

在客户端上（以 Windows XP 为例）,同样也需要设置 IP 地址和无线网络访问方式。

① 打开"无线网络连接 属性"对话框,选择"常规"选项卡,双击"Internet 协议（TCP/IP）"选项,在打开的"Internet 协议（TCP/IP）属性"对话框中将本地连接的 IP 地址、子网掩码、网关、DNS 服务器分别设置为 192.168.0.3、255.255.255.0、192.168.0.1、192.168.0.1,如图 2-50 所示。客户端网关地址及 DNS 地址一定要与主机无线连接的 IP 地址一致。

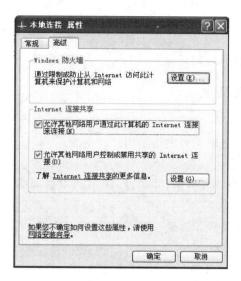

图 2-49　启用 ICS 功能

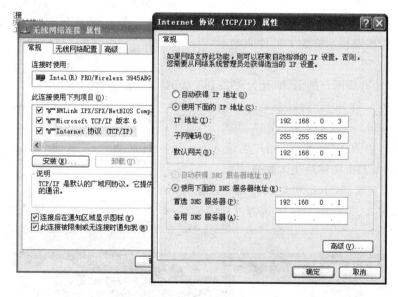

图 2-50　配置客户端 IP 地址

② 将访问的网络设置成"仅计算机到计算机(特定)",设置方法同在主机中的设置。

假如在客户端上没有搜索到可用的无线网络(如开始建立的那个 VICPA),可以调整两台计算机的位置,最好在 10m 以内。假如还不能搜索到该网络,可以将主机或客户端的网线网卡禁用再启用,在"无线网络连接属性"对话框中选择"无线网络配置"选项卡,在"可用网络"选项区域单击"刷新"按钮,这样就可以搜索并连接到可用网络。

除了可以组建两台计算机的无线对等网外,理论上还可以组建最多 254 台计算机的无线对等网,不过一般建议在 10 台以内。除了主机外,其他客户端的网络设置方法相同。

5. 实验报告要求

结合并参考本次实验范例,撰写实验报告,详细写出配置过程和故障排除过程,写出实

51

验总结。

6. 实验思考

如果要对无线网络加密,应如何设置?

2.4.3 无线接入点配置

1. 实验目的

掌握无线 AP 的配置,了解无线网络结构。

2. 实验内容

练习使用无线 AP 搭建无线网络,并通过 AP 接入有线网络。

3. 实验环境

无线 AP 1 台,USB 无线网卡 1 块,PC 1 台,每组 2 人。

4. 实验步骤

本实验采用友讯(D-Link)DWL-2000AP+无线 AP,其他产品配置方法类似。

(1) 硬件连接。

将网线插入 AP 的 LAN 接口,接上电源。将 USB 无线网卡连接到主机的 USB 接口上,并将驱动光盘放入光驱,按照提示安装好硬件驱动。

(2) 配置 AP。

① 将 PC 的有线网卡的 IP 配置为 192.168.0.51 (网关不用配置),打开 IE 浏览器,在地址栏中输入 "http://192.168.0.50",这是 AP 的默认 IP 地址。弹出登录窗口,如图 2-51 所示。用户名输入 admin,密码为空。单击 OK 按钮后进入配置主页。

图 2-51 用户登录

② 在配置主页(Home)可以选择运行配置向导 (Wizard),如图 2-52 所示。这里选择手动配置。单击 Wireless 按钮,进入配置界面,如图 2-53 所示。

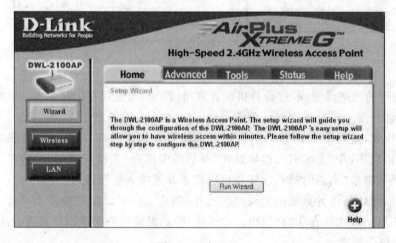

图 2-52 主页面

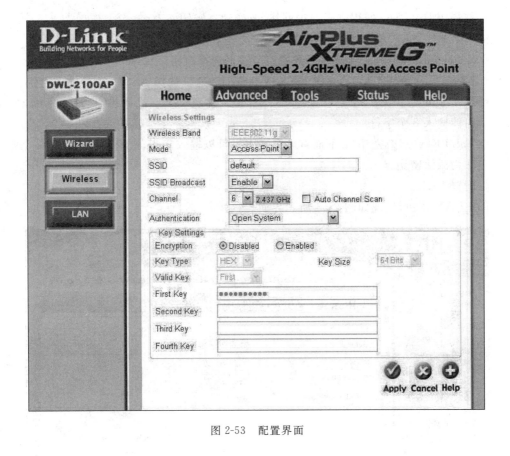

图 2-53　配置界面

在这里可以配置以下无线参数：

- Wireless Band(无线频带)：IEEE 802.11g。
- Mode(模式)：从下拉菜单中选择接入点。
- SSID(服务集标识符)：是指定的无线局域网(WLAN)指定的名称。可以简单地改变 SSID 来连接现有的网络或建立一个新的无线网络。
- SSID Broadcast(SSID 广播)：启用或禁用 SSID 广播。启用此特性通过网络广播 SSID。
- Channel(信道)：6 是默认信道。网络上的所有设备必须共享相同的信道。
- Auto Channel Scan(自动信道扫描)：选择启用或禁用。启用此特性来自动选择最佳无线性能的信道。
- Authentication(认证)：选择无线网络安全加密模式。可以选择开放式系统、共享密钥、开放式系统/共享密钥、WPA-EAP、WPA-PSK。

无线网络的安全十分重要，必须选择一个合适的安全加密模式：

- 选择开放式系统则不加密，任何人都可以访问该无线网络。
- 选择共享密钥(WEP)，为最基本的加密方式，访问该无线网络必须输入相同的共享密钥。
- 选择开放式系统/共享密钥，允许数据加密的任何一种格式。
- 选择 WPA-EAP，保护网络和 RADIUS 服务器。

• 选择 WPA-PSK，使用密码保护网络，改变动态密钥。

本实验选择 WEP 方式，选择 WEP 后还需要配置如下参数：

• Encryption(加密)：选择禁用或启用。这里选择启用。

• Key Type(密钥类型)：选择 HEX 或 ASCII。这里选择 ASCII，方便输入密钥。

• Key Size(密钥大小)：选择 64、128、152 位。注意一个字符是 8 位，如果选 64 位，则只能输入 8 个字符。

• Valid Key(有效密钥)：下面有 4 个文本框可以输入密钥，这里确认选择哪一个密钥作为激活密钥。

③ 配置 LAN。

单击 LAN 按钮，出现如图 2-54 所示界面。

图 2-54 LAN 配置

这个当作内部网(Intranet)。这是 AP LAN 接口的 IP 设置。这些设置可以作为个人设置参考，不会影响到有线网络的接入。若需要，可以改变 IP 地址。LAN IP 地址对用户的内部网是私有的，不能在因特网上看到。可以配置以下参数：

• Get IP From：选择静态(手动)或动态(DHCP)作为 AP 分配一个 IP 地址的方法。

• IPAddress(IP 地址)：LAN 接口的 IP 地址。默认 IP 地址是 192.168.0.50。

• Subnet Mask(子网掩码)：LAN 接口的子网掩码。默认子网掩码是 255.255.255.0。

• Default Gateway(默认网关)：这个字段是可选的。在网络上输入网关的 IP 地址。

④ 其他配置。AP 的其他设置无需配置，保持默认值即可。

(3) 配置客户端，参考 2.4.2 节的实验进行配置。

5. 实验报告要求

结合并参考本次实验范例，撰写实验报告，详细写出配置过程和故障排除过程，写出实验总结。

6. 实验思考

尝试设置不同的安全配置选项。

2.5 综合布线系统

2.5.1 简介

综合布线系统是一套用于建筑物内或建筑群之间为计算机、通信设施与监控系统预先设置的信息传输通道。它将语音、数据和图像等设备彼此相连,同时能使上述设备与外部通信数据网络相连接。综合布线系统是为适应综合业务数字网(ISDN)的需求而发展起来的一种特别设计的布线方式,它为智能大厦和智能建筑群中的信息设施提供了多厂家产品兼容,模块化扩展、更新与系统灵活重组的可能性。既为用户创造了现代信息系统环境,强化了控制与管理,又为用户节约了费用,保护了投资。综合布线系统已成为现代化建筑的重要组成部分。综合布线系统应用高品质的标准材料,以非屏蔽双绞线和光纤作为传输介质,采用组合压接方式,统一进行规划设计,组成一套完整而开放的布线系统。该系统将语音、数据、图像信号的布线与建筑物安全报警、监控管理信号的布线综合在一个标准的布线系统内。在墙壁上或地面上设置有标准插座,这些插座通过各种适配器与计算机、通信设备以及楼宇自动化设备相连接。综合布线的硬件包括传输介质(非屏蔽双绞线、大对数电缆和光缆等)、配线架、标准信息插座、适配器、光电转换设备和系统保护设备等。

目前,各国生产的综合布线系统的产品较多,其产品的设计、制造、安装和维护中所遵循的基本标准主要有两种:一种是美国标准 ANSI/EIA/TIA 568A/B:《商务建筑电信布线标准》,ANSI/TIA/EIA 568-A 至 A5,以及 ANSI/TIA/EIA 568-B. 1 至 B. 3。另一种是国际标准化组织/国际电工委员会标准 ISO/IEC 11801:《信息技术——用户房屋综合布线》。目前该标准有 3 个版本:ISO/IEC 11801:1995、ISO/IEC 11801:2000 和 ISO/IEC 11801:2000+。上述两种标准有极为明显的差别,如从综合布线系统的组成来看,美国标准把综合布线系统划分为建筑群子系统、干线(垂直)子系统、配线(水平)子系统、设备间子系统、管理间子系统和工作区子系统 6 个独立的子系统。国际标准则将其划分为建筑群主干布线子系统、建筑物主干布线子系统和水平布线子系统 3 部分,并规定工作区布线为非永久性部分,工程设计和施工也不涉足为用户使用时临时连接的这部分。我国原邮电部于 1997 年 9 月发布通信行业标准《大楼通信综合布线系统》(YD/T 926.1-3),该标准非等效采用国际标准化组织/国际电工委员会标准 ISO/IEC 11801。在制定行业标准时,对国际标准中收录的产品品种系列进行优化筛选,同时参考了美国 ANSI/EIA/TIA568A,并根据我国具体情况予以吸收和完善,它的组成和子系统划分与国际标准是完全一致的。因此,我国通信行业标准既密切结合我国国情,也符合国际标准,是综合布线系统工程中必须执行的权威性法规。

下面对综合布线系统划分的 6 个子系统进行介绍。

工作区子系统是指从信息插座延伸到终端设备的整个区域,即一个独立的需要设置终端的区域划分为一个工作区。工作区可支持电话机、数据终端、计算机、电视机、监视器设备和输入输出(I/O)设备,相当于电话配线系统中连接电话机的用户及话机终端部分。

水平子系统是综合布线结构的一部分,它将垂直子系统线路延伸到用户工作区,实现信息插座和管理间子系统的连接,包括工作区与楼层配线间之间的所有电缆、连接硬件(信息插座、插头、端接水平传输介质的配线架、跳线架等)、跳线线缆及附件。

　　垂直干线子系统是综合布线系统中非常关键的组成部分,它由设备间子系统与管理间子系统的引入口之间的布线组成,采用大对数电缆或光缆。两端分别连接在设备间和楼层配线间的配线架上。它是建筑物内综合布线的主馈缆线,是楼层配线间与设备间之间垂直布放(或空间较大的单层建筑物的水平布线)缆线的统称。

　　管理间子系统由交接设备、互联设备、输入输出设备组成。管理间为连接其他子系统提供手段,它是连接垂直干线子系统和水平干线子系统的设备,其主要设备是配线架、交换机、机柜和电源。在综合布线系统中,管理间子系统由楼层配线间、二级交接间、建筑物设备间的线缆、配线架及相关接插跳线等组成。通过综合布线系统的管理间子系统,可以直接管理整个应用系统终端设备,从而实现综合布线的灵活性、开放性和扩展性。

　　设备间子系统是一个集中化设备区,连接系统公共设备及通过垂直干线子系统连接至管理子系统,如局域网(LAN)、主机、建筑自动化和保安系统等。设备间子系统是大楼中数据、语音垂直主干线缆终结的场所;也是建筑群的线缆进入建筑物终结的场所;更是各种数据语音主机设备及保护设施的安装场所。设备间子系统一般设在建筑物中部或在建筑物的一二层,避免设在顶层或地下室,位置不应远离电梯,而且为以后的扩展留下余地。建筑群的线缆进入建筑物时应有相应的过流、过压保护设施。

　　建筑群子系统是将一个建筑物中的电缆延伸到建筑群的另外一些建筑物中的通信设备和装置上。它是整个布线系统中的一部分(包括传输介质),并支持提供楼群之间的通信设备设施所需要的硬件。其中包括导线电缆、光缆和防止电缆的浪涌电压进入建筑群的电气保护设备。

2.5.2　工作区子系统——网络插座安装

1. 实验目的

(1) 通过设计工作区信息点的位置和数量,熟练掌握工作区子系统的设计和点数统计。

(2) 通过信息点插座的安装,熟练掌握工作区信息点的施工方法。

(3) 通过核算、列表、领取材料和工具,训练规范施工的能力。

2. 实验内容

设计一种多人办公室信息点的位置和数量,并且绘制施工图,按照设计图对网络插座进行安装。

3. 实验材料及工具

86 系列明装塑料底盒和螺丝若干,单口面板、双口面板和螺丝若干,RJ-45 网络模块＋RJ-11 电话模块若干,网络双绞线若干,十字头螺丝刀(长度 150mm,用于固定螺丝)1个,压线钳(用于压接 RJ-45 网络模块和电话模块)1 个。

4. 实验步骤

(1) 设计一种工作区子系统,并且绘制施工图。

(2) 按照设计图,完成材料清单并且领取材料。

(3) 根据实验需要,完成工具清单并且领取工具。

(4) 安装底盒,按照设计图纸规定位置用 M6×16 螺丝把底盒固定在实验装置的墙面上。

(5) 穿线和端接模块。

（6）安装面板。

（7）标记。

工作区和网络插座如图 2-55 和图 2-56 所示。

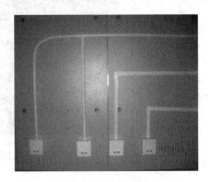

图 2-55　工作区

图 2-56　网络插座

5. 实验报告要求

（1）完成一个工作区子系统设计图。

（2）以表格形式写清楚实验材料和工具的数量、规格、用途。

（3）分步陈述实验程序或步骤以及安装注意事项。

6. 实验思考

在做网络插座安装的过程中应注意哪些事项？工作区该如何分布？

2.5.3　水平子系统——PVC 线管布线

1. 实验目的

（1）通过设计水平子系统布线路径和距离的设计，熟练掌握水平子系统的设计。

（2）通过线管的安装和穿线等，熟练掌握水平子系统的施工方法。

（3）通过使用弯管器制作弯头，熟练掌握弯管器的使用方法和布线曲率半径要求。

（4）通过核算、列表、领取材料和工具，训练规范施工的能力。

2. 实验内容

设计一种水平子系统的布线路径和方式，并且绘制施工图，按照设计图完成水平子系统线管安装和布线方法，掌握 PVC 线管卡、管的安装方法和技巧，掌握 PVC 线管弯头的制作。

3. 实验材料及工具

Φ20 的 PVC 线管、管接头、管卡若干，弯管器，穿线器，十字头螺丝刀，M6×16 十字头螺钉，钢锯，线槽剪，登高梯子，编号标签。

4. 实验步骤

（1）使用 PVC 线管设计一种从信息点到楼层机柜的水平子系统，并且绘制施工图。

（2）按照设计图，核算实验材料规格和数量，掌握工程材料核算方法，列出材料清单。

（3）按照设计图需要，列出实验工具清单，领取实验材料和工具。

（4）首先在需要的位置安装管卡，然后安装 PVC 线管，两根 PVC 线管连接处使用管接头，拐弯处必须使用弯管器制作大拐弯的弯头连接。

（5）明装布线实验时，边布管边穿线。暗装布线时，先把全部管和接头安装到位，并且固定好,然后从一端向另外一端穿线。

(6)布管和穿线后,必须做好线标。

水平子系统——PVC线管布线如图2-57所示。

5. 实验报告要求

(1)设计一种水平布线子系统施工图。

(2)列出实验材料规格、型号、数量清单表。

(3)列出实验工具规格、型号、数量清单表。

(4)使用弯管器制作大拐弯接头的方法和经验。

(5)水平子系统布线施工程序和要求。

6. 实验思考

在实验过程中所用到的工具以及它的用处是什么?

图 2-57 PVC 线管设计

2.5.4 水平子系统——PVC 线槽布线

1. 实验目的

(1)通过水平子系统布线路径和距离的设计,熟练掌握水平子系统的设计。

(2)通过线槽的安装和穿线等,熟练掌握水平子系统的施工方法。

(3)通过核算、列表、领取材料和工具,训练规范施工的能力。

2. 实验内容

设计一种水平子系统的布线路径和方式,并且绘制施工图,按照设计图完成水平子系统线槽安装和布线方法,掌握 PVC 线槽、盖板、阴角、阳角、三通的安装方法和技巧。

3. 实验材料及工具

宽度为 20mm 或 40mm 的 PVC 线槽、盖板、阴角、阳角、三通若干,电动起子,十字头螺丝刀,M6×16 十字头螺钉,登高梯子,编号标签。

4. 实验步骤

(1)使用 PVC 线槽设计一种从信息点到楼层机柜的水平子系统,并且绘制施工图。

(2)按照设计图,核算实验材料规格和数量,掌握工程材料核算方法,列出材料清单

(3)按照设计图需要,列出实验工具清单,领取实验材料和工具。

(4)首先量好线槽的长度,再使用电动起子在线槽上开 8mm 孔,如图 2-59 所示。孔位置必须与实验装置安装孔对应,每段线槽至少开两个安装孔。

(5)用 M6×16 螺钉把线槽固定在实验装置上,拐弯处必须使用专用接头,例如阴角、阳角、弯头、三通等。不宜用线槽制作。

(6)在线槽布线,边布线边装盖板。

(7)布线和盖板后,必须做好线标。

水平子系统布线——PVC 线槽安装布线如图 2-58~图 2-60 所示。

5. 实验报告要求

(1)设计一种全部使用线槽布线的水平子系统施工图。

(2)列出实验材料规格、型号、数量清单表。

(3)列出实验工具规格、型号、数量清单表。

(4)安装弯头、阴角、阳角、三通等线槽配件的方法和经验。

图 2-58 固定线槽   图 2-59 线槽打孔   图 2-60 PVC 线槽布线

（5）水平子系统布线施工程序和要求。

6．实验思考

在实验中应该注意哪些事项？如何使用所用到的工具？

2.5.5 管理间子系统——铜缆配线设备安装

1．实验目的

（1）通过网络配线设备的安装和压接线实验，了解网络机柜内布线设备的安装方法和使用功能。

（2）通过配线设备的安装，熟悉常用工具和配套基本材料的使用方法。

2．实验内容

利用实验工具完成网络配线架的安装和压接线实验，以及理线环的安装。

3．实验材料及工具

每个壁挂机柜内 1 个配线架，每个配线架 1 个理线环，4-UPT 网络双绞线、模块压接线、十字头螺丝刀、压线钳若干。

4．实验步骤

（1）设计一种机柜内安装设备布局示意图，并且绘制安装图。

（2）按照设计图，核算实验材料规格和数量，掌握工程材料核算方法，列出材料清单。

（3）按照设计图，准备实验工具，列出实验工具清单。

（4）领取实验材料和工具。

（5）确定机柜内需要安装设备和数量，合理安排配线架、理线环的位置，主要考虑级连线路合理，施工和维修方便。

（6）准备好需要安装的设备，打开设备自带的螺丝包，在设计好的位置安装配线架、理线环等设备，注意保持设备平齐，螺丝固定牢固。并且做好设备编号和标记。

（7）安装完毕后，开始理线和压接线缆。

铜缆配线安装如图 2-61 所示。

5．实验报告要求

（1）画出机柜内安装设备布局示意图。

（2）写出常用理线环和配线架的规格。

（3）分步陈述实验程序或步骤以及安装注意事项。

（4）实验体会和操作技巧。

图 2-61　铜缆配线设备安装

6. 实验思考

在安装铜缆配线设备时需要注意哪些事项？

2.5.6　垂直子系统——PVC 线槽安装

1. 实验目的

（1）通过设计垂直子系统布线路径和距离的设计，熟练掌握垂直子系统的设计。

（2）通过线槽/线管的安装和穿线等，熟练掌握垂直子系统的施工方法。

（3）通过核算、列表、领取材料和工具，训练规范施工的能力。

2. 实验内容

掌握垂直子系统线槽/线管的接头和三通连接以及大线槽开孔、安装、布线、盖板的方法和技巧。

3. 实验材料及工具

VC 塑料管、管接头、管卡、40PVC 线槽、接头、弯头、锯弓、锯条、钢卷尺、十字头螺丝刀、电动起子、人字梯等。

4. 实验步骤

（1）设计一种使用 PVC 线槽/线管从管理间到楼层设备间的垂直子系统，并且绘制施工图。

（2）按照设计图，核算实验材料规格和数量，掌握工程材料核算方法，列出材料清单。

（3）按照设计图需要，列出实验工具清单，领取实验材料和工具。

（4）PVC 线槽安装方法，PVC 线管安装方法。

（5）明装布线实验时，边布管边穿线。

垂直子系统——PVC 线槽如图 2-62 所示。

5. 实验报告要求

（1）画出垂直子系统 PVC 线槽或管布线路径图。

（2）计算出布线需要弯头、接头等的材料和工具。

（3）使用工具的体会和技巧。

6. 实验思考

在安装垂直子系统的线槽时需要注意哪些事项？

图 2-62　垂直子系统线槽安装

第 3 章 | 交 换 路 由

目前设计、搭建局域网(LAN)的最重要方法是使用二层以太网交换机(简称交换机)。交换机能够动态构造较小的冲突域,提高 LAN 的带宽利用率,能够支持虚拟局域网(VLAN)、生成树和流量监控等。同时利用三层交换机支持不同 VLAN 通信,大大减轻组网成本。路由器是实现局域网间通信、局域网接入因特网最重要的网络互联设备。路由器的主要功能在于路径选择和分组转发,一般支持距离矢量和链路状态两种路由选择协议,同时还可具备 DHCP 服务器、NAT 功能。从安全角度来讲,通过开启并配置 ACL 使得路由器能够充当防火墙的作用。通常在边界路由器上通过配置帧中继或 PPP 协议,从而很容易地接入广域网。

本章实验体系和知识结构如表 3-1 所示。

表 3-1　交换路由实验体系与知识结构

类别	实验名称	实验类型	实验难度	知识点	备注
交换机配置	基本配置	设计	★★★	工作模式、连接线类型、基本配置	
	VLAN 配置	设计	★★★	VLAN、IEEE 802.1q	
	Trunk 配置	设计	★★★	Trunk 干道、VLAN 通信	
	VTP 配置	综合	★★★	VTP 协议、三种模式的区别	
	STP 配置	设计	★★★★★	STP 协议、工作原理、RSTP、选举干涉	选做
	流量监控与镜像配置	设计	★★★★	流量监控、镜像端口	选做
	三层交换机的配置	综合	★★★★	VLAN 地址、VLAN 间路由	
路由器配置	基本配置	设计	★★★	基本知识	
	RIP 路由协议配置	综合	★★★★	RIP,不连续子网、边界路由、自动汇总、动态默认路由发布	
	单区域 OSPF 路由协议配置	设计	★★★	OSPF 协议,不连续子网、边界路由、自动汇总、动态默认路由发布	
	OSPF 路由协议综合配置	设计	★★★★★	OSPF、帧中继、不连续子网、边界路由、自动汇总、动态默认路由发布	选做
	EIGRP 路由协议配置	设计	★★★★	EIGRP,不连续子网、边界路由、自动汇总、动态默认路由发布	
	DHCP 配置	设计	★★★	DHCP 原理	
	NAT 配置	综合	★★★★	私有地址、PAT、端口复用	
	ACL 配置	综合	★★★★★	ACL、VLAN 间通信控制	
	单臂路由配置	设计	★★★★	VLAN 间通信、子接口	
	IPv6 配置	设计	★★★★★	IPv6、RIPng	选做
	路由重分布配置	设计	★★★★★	RIP、OSPF、EIGRP、路由重分布	选做

续表

类别	实验名称	实验类型	实验难度	知识点	备注
广域网	帧中继配置	设计	★★★★★	帧中继概念、地址映射、LMI、路由协议	
	PPP 配置	综合	★★★★	PPP、认证、封装	
中小型案例	企业网络综合配置	综合	★★★★★	综合上述知识点	选做

3.1 交　　换

3.1.1　简介

交换机实际上是一种专门用于通信的计算机,它是由硬件系统和网际操作系统(Internetwork Operating System,IOS)组成。尽管交换机的品牌、型号多种多样,但是组成交换机的基本硬件通常包括中央处理器(CPU)、随机存储器(RAM)、只读存储器(ROM)、可读写存储器和外部端口。

交换机是第二层设备,可以隔离冲突域。交换机是基于收到的数据帧中的源 MAC 地址和目的 MAC 地址进行工作的。交换机的作用主要有两个:一是维护 CAM(Context Address Memory),该表是计算机的 MAC 地址和交换机端口的映射表;另一个是根据 CAM 进行数据帧的转发。交换机对帧的处理有三种:

(1) 交换机收到帧后,查询 CAM 表,如果能查询到目的计算机所在的端口,并且目的计算机所在的端口不是交换机接收帧的源端口,交换机将把帧从这一端口转发(Forward)出去。

(2) 如果该计算机所在的端口和交换机接收帧的源端口是同一个端口,交换机将过滤(Filter)该帧。

(3) 如果交换机不能查询目的计算机所在的端口,交换机将把帧从源端口以为的其他所有端口发送出去,这种方式称为泛洪(Flood)。当交换机接收到的帧是广播帧或多播帧,交换机也会泛洪帧。

以太网交换机转发数据帧有三种方式,如图 3-1 所示。

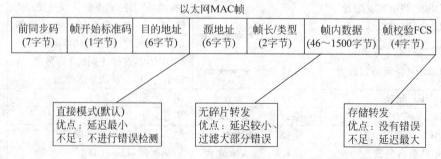

图 3-1　以太网交换机转发数据帧的三种方式

交换机用来连接工作站、服务器、路由器、集线器和其他交换机,是这些连接的集合点,是应用在以太网上使用星型拓扑的多端口网桥。交换机可分为二层交换机、三层交换机和四层交换机,其区别在于提供对应层的功能。在局域网设计中,常见的是二层和三层交换机。从网络规划与设计角度,交换机可分为接入层交换机、分布层/汇集层交换机和核心层交换机。以 CISCO 交换机为例,Catalyst1900、Catalyst2820、Catalyst4000、Catalyst5000 系列交换机通常用于接入层;Catalyst2926G、Catalyst5000、Catalyst6000 系列交换机通常用于分布层;Catalyst8500、IGX8400、Lightstream1010 系列交换机用于核心层。图 3-2 为交换机常见的接口。

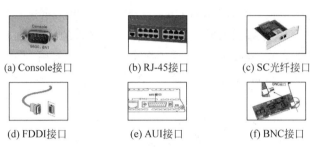

(a) Console接口　　　(b) RJ-45接口　　　(c) SC光纤接口

(d) FDDI接口　　　(e) AUI接口　　　(f) BNC接口

图 3-2　交换机常见的接口

(1) Console 接口:又称为控制台接口,用于交换机的初始化配置和管理、密码恢复等。

(2) RJ-45 接口:最常见的网络设备接口,属于双绞线以太网接口类型。

(3) SC 光纤接口:主要用于千兆以太网交换机上面,类似 RJ-45 接口。

(4) FDDI 接口:核心层交换机接口,常用于城域网、高校主干网和多建筑物网络分布的环境。

(5) AUI 接口:专门用于连接粗同轴电缆,现在一般不常用。

(6) BNC 接口:专门用于连接细同轴电缆,现在一般不常用。

下面以 CISCO 的 Catalyst2900、Catalyst3500 系列交换机为硬件平台,给出交换机的基本配置和高级配置。

3.1.2　交换机的基本配置

1. 实验目的

(1) 学习使用超级终端配置交换机。

(2) 掌握配置交换机的命令。

(3) 理解并掌握 VTY 和 Telnet 配置。

(4) 学习使用快捷键。

2. 实验内容

使用 Catalyst2918 交换机,学习使用交换机的基本配置命令。

3. 实验原理

交换机可以工作在"用户模式"、"特权模式"和"配置模式"。而在"配置模式"下,又进一步分为"全局模式"、"接口模式"和"VLAN 模式"。

(1) 用户模式 Switch>。系统加电开机后,首先进入用户模式,从"超级终端"也会进入该模式。输入"exit"命令会退出该模式。在用户模式下可以进行交换机的基本测试,并显示系统的信息和状态。

(2) 特权模式 Switch♯>。在用户模式下,输入"enable"命令可以进入特权模式。该模式下可改变交换机状态等一系列操作。通过"exit"命令退出该模式。

(3) 配置模式分为:

① 全局模式 Switch(config)♯。在特权模式下,使用 configure 或 configure terminal 命令可进入全局模式。要返回特权模式,可输入"exit"、"end"或按 Ctrl+Z 组合键退出。

② 接口模式 Switch(config-if)♯。在全局模式下,使用 interface 命令可进入接口模式。要返回全局模式,可输入"exit"或按 Ctrl+Z 组合键退出。在 interface 命令中必须指明要进入哪一个接口的配置子模式,使用该模式可配置交换机的各种接口。

③ VLAN 模式 Switch(config-vlan)♯。在全局模式下,使用 interface vlan_id 命令可进入 VLAN 模式。要返回特权模式,可输入"end"。要返回全局模式,可输入"exit"或按 Ctrl+Z 组合键退出。

交换机的基本配置可以通过控制台和 telnet 两种配置方式,其区别在于控制台配置是利用 console 接口进行的近端本地配置,telnet 配置是利用普通以太网接口进行的远程配置。使用 telnet 配置交换机,应该确保以下几个方面:

(1) 交换机应该配置适当的管理 IP 地址。

(2) 交换机开启远程管理功能。

(3) 交换机和运行 telnet 的 PC 通过以太网线连接并能够通信。

交换机接口会自动学习连接到该接口设备的 MAC 地址,从而生成交换机的 MAC 地址表。该表是交换机中做转发决策时最重要的一张表。同时可以为一个接口分配一个永久的 MAC 地址,其原因在于:

(1) 交换机不能自动老化 MAC 地址。

(2) 加强安全性。

(3) 把特定服务器或用户工作站连接到固定端口。

同时可以利用端口安全特性来限定某个端口的进入流量,这可以通过限制和识别允许访问端口的 MAC 地址来实现,即当为一个安全端口指派安全 MAC 地址后,对于那些不在定义中的源 MAC 地址的数据,端口将不会转发。

4. 实验环境与网络拓扑

Catalyst2918 1 台,PC 1 台,Console 线 1 根。通过 PC 上面的 COM 接口和 Catalyst2918 交换机背面上的 Console 接口连接,拓扑如图 3-3 所示。

图 3-3　超级终端和控制台连接示意图

5. 实验步骤

1) 使用以太网交换机的 Console 接口进行配置

(1) Console 配置线的连接。

① 将配置电缆的 DB9 孔式插头连接到 PC 的 COM 口。

② 将配置电缆的 RJ-45 一端连到交换机的配置口(Console)上。

(2) 运行主机上的终端软件。

① 启动超级终端。选择"开始"→"程序"→"附件"→"通讯"→"超级终端"命令。

② 根据提示输入连接描述名称,然后单击"确定"按钮,如图 3-4 所示。在选择连接时使用相应的 COM 口后单击"确定"按钮,将弹出如图 3-5 所示的端口属性设置对话框,按照图中参数设定串口属性后单击"确定"按钮。

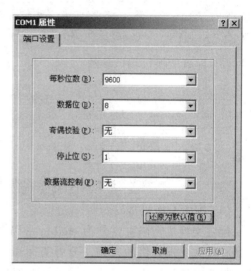

图 3-4　连接网络设备描述名称　　　图 3-5　设置 PC 与交换机之间的通信参数

③ 此时已经成功完成超级终端的启动。如果交换机已经启动,此时按 Enter 键将进入交换机的用户视图,并出现如下标识符:

```
Switch>
```

2) 交换机命令行操作模式的转换

在交换机加电出现提示符">"后,执行下列操作,进行各种操作模式间转换。

```
Switch>enable                        //进入特权模式,enable 可简写为 en,下同
Switch#
Switch#configure terminal            //进入全局配置模式,可简写为 conf
Switch(config)#
Switch(config)#interface fastEthernet 0/1
 //进入接口配置模式,可简写为 inte f0/1,下同
Switch(config-if)#exit               //退回到上一级操作模式
Switch(config)#
Switch(config-if)#end                //通过 end 直接退回到特权模式
Switch#
```

3) 交换机基本配置命令练习

(1) 改变交换机的名称。

```
Switch>enable
Switch#configure terminal
Switch(config)#hostname CISCO_2900          //配置设备名称为 CISCO_2900
CISCO_2900(config)#
```

（2）配置交换机的 Banner。

```
CISCO_2900(config)#banner motd # welcome to CISCO_2900,if you are
                    Administrar, you can config it. If you are not
                    admin,please exit! #
//格式为 banner motd 分隔符 提示信息 分隔符
```

（3）配置交换机端口参数。

```
CISCO_2900(config)#interface fastEthernet 0/1       //进入 f0/1 接口
CISCO_2900(config-if)#speed 100                     //设置端口速度为 100Mbps
CISCO_2900(config-if)#duplex auto                   //配置端口双工模式为全双工
CISCO_2900(config-if)#no shutdown                   //开启该端口,使端口转发数据
CISCO_2900(config-if)#end
CISCO_2900#show interfaces fastEthernet 0/1         //查看配置端口信息
```

（4）配置交换机密码。

配置交换机密码主要分为 enable 密码和控制台密码。enable 密码用于从用户模式进入特权模式时需提供的密码。分为明文和密文两种方式,可任选其一,通常建议配置为密文。控制台密码用于用户通过超级终端连接 console 接口来配置交换机时,为了安全需提供的密码。

```
CISCO_2900#configure terminal
CISCO_2900(config)#enable password CISCO
//明文方式,通过 show run 命令能看到所配置的密码
CISCO_2900(config)#enable secret CISCO
//密文方式,通过 show run 命令不能看到配置密码,为乱码
CISCO_2900(config)#line console 0          //控制台密码
CISCO_2900(config-line)#password CISCO     //设置密码为 CISCO
CISCO_2900(config-line)#login
//必须配置,否则控制台密码无效
```

（5）配置允许 Telnet 远程管理交换机。

① 为交换机配置管理 IP 地址。

```
CISCO_2900#configure terminal
CISCO_2900(config)#interface vlan 1                       //打开交换机管理 VLAN
CISCO_2900 (config)#ip default-gateway 192.168.1.1        //默认网关配置
CISCO_2900(config-if)#no shutdown                         //管理 VLAN 设置为开启状态
CISCO_2900(config-if)#ip address 192.168.1.1 255.255.255.0
//设置管理 IP 地址
```

② 开启交换机远程管理功能。

```
CISCO_2900♯configure terminal
CISCO_2900(config)♯line  vty  0  4            //配置远程登录密码
CISCO_2900(config-line)♯password CISCO       //设置密码为 CISCO
```

（6）MAC 地址表和端口安全。

```
CISCO_2900♯show mac-address-table                    //查看 MAC 地址表
CISCO_2900♯clear mac-address-table  dynamic
//清除 MAC 地址表中动态条目
CISCO_2900(config)♯mac-address-table static 0004.5600.6556
                      vlan 1 interface fastEthernet 0/1
//为接口分配一个永久的 MAC 地址
CISCO_2900(config)♯inter f0/1                  //配置接口 f0/1 端口安全
CISCO_2900(config-if)♯switchport  mode  access
//设置端口模式为 access 模式
CISCO_2900(config-if)♯switchport port-security maximum 1
//设置端口最大学习 MAC 地址个数为 1,
//即一个端口的 MAC 地址表最多只能学习 1 个,负责端口违规
CISCO_2900(config-if)♯switchport port-security
                          mac-address 0008.1111.1111
//指定端口安全地址为 0008.1111.1111
CISCO_2900(config-if)♯switchport port-security violation shutdown
//如果违规,则关闭端口
```

6. 实验故障排除与调试

本次实验常见问题如下：

（1）通过 Console 接口配置交换机时,界面上有乱码。

解决方式：按照 COM1 端口给出的属性进行设置,尤其是每秒位数。

（2）交换机双工模式设置为 FULL 时,无法进行通信。

解决方式：把交换机双工模式设置为 AUTO 即可。

（3）无法进行 telnet 远程登录。

解决方式：确保 PC 和交换机能够通过 ping 命令连通,并检查是否满足 telnet 的三个条件。

7. 实验报告要求

结合并参考本次实验范例,撰写实验报告,在实验原理上重点考虑交换机不同操作配置模式及其之间的连续,补充完成相关的技术细节,给出实验结果和实验总结。实验思考部分可以作为选做内容。

8. 实验思考

（1）如果在配置 enable 密码时既采用明文也采用密文方式,会产生什么结果？

（2）上述 telnet 配置仅仅是匿名登录,尝试利用用户名和口令配置 telnet 远程登录。

（3）尝试配置一个以太网接口学习 3 个地址的情况。

3.1.3 VLAN 配置

1. 实验目的

(1) 掌握 VLAN 的创建。

(2) 把交换机接口划分到特定 VLAN。

(3) 了解查看 VLAN 信息的常见命令。

2. 实验内容

使用 Catalyst2918 交换机,学习使用交换机上创建 VLAN、把接口划分到特定 VLAN、VLAN 信息查询等命令,给出具体的实验步骤。

3. 实验原理

VLAN 是一种通过将局域网内的设备逻辑地不是物理地划分成一个个网段,从而实现虚拟工作组的技术。IEEE 于 1999 年颁布了用以标准化 VLAN 实现方案的 IEEE 802.1q 协议标准草案。在局域网设计中,VLAN 是交换机端口的逻辑组合。VLAN 工作在 OSI 的第二层,一个 VLAN 就是一个广播域,VLAN 之间的路由是通过第三层的路由器来完成的。VLAN 主要具有控制网络的广播问题、简化网络管理、增强局域网的安全性等优点。

VLAN 在数据链路层,划分子网在网络层,所以不同子网之间的 VLAN 即使是同名也不可以相互通信。

把交换机的端口划分到 VLAN 主要分为静态和动态两类。配置静态 VLAN 是常见的配置方法如下:

(1) 基于端口的 VLAN 划分。

(2) 基于 MAC 地址的 VLAN 划分。

(3) 基于路由的 VLAN 划分。

对于 VLAN 的划分主要采取上述第(1)、(3)种方式,第(2)种方式为辅助性的方案。

交换机能够支持的 VLAN 个数范围为 64~4094 个,如大多数 Catalyst 桌面交换机最多支持 64 个 VLAN,Catalyst2950 系列交换机最多可支持 250 个 VLAN。VLAN 1 是默认的以太网 VLAN,也称为 Native VLAN,这是一种不打任何标记的 VLAN。

4. 实验环境与网络拓扑

Catalyst2918 1 台,PC 4 台,直通线 4 根。通过 PC 以太网口和 Catalyst2918 交换机上以太网口连接。其中 A 和 B 属于 VLAN10,C 和 D 属于 VLAN20。拓扑结构如图 3-6 所示。

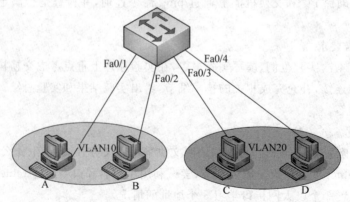

图 3-6　VLAN 配置环境拓扑示意图

5. 实验步骤

(1) 在交换机上创建 VLAN。

```
Switch(config)#hostname S2918              //给交换机更名
S2918(config)#vlan 10                      //创建编号 ID 为 10 的 VLAN
S2918(config-vlan)#name VLAN10             //配置 ID 名称为 VLAN10
S2918(config-vlan)#end                     //退出 VLAN 模式
S2918#vlan database                        //另外一种配置 VLAN 方式
S2918(vlan)#vlan 20
S2918(vlan)#exit
```

(2) 把端口划分到 VLAN 中。

```
S2918(config)#interface f0/1
S2918(config-if)#switchport mode access
//把交换机端口模式改为 access 模式,因为该端口连接计算机
S2918(config-if)#switchport access vlan 10
// 把端口 Fa0/1 划分到 VLAN10 中
S2918(config-if)#exit
S2918(config)#interface f0/2
S2918(config-if)#switchport mode access
S2918(config-if)#switchport access vlan 10
S2918(config-if)#exit
S2918(config)#interface f0/3
S2918(config-if)#switchport mode access
S2918(config-if)#switchport access vlan 20
S2918(config-if)#exit
S2918(config)#interface f0/4
S2918(config-if)#switchport mode access
S2918(config-if)#switchport access vlan 20
S2918(config-if)#exit
```

6. 实验故障排除与调试

(1) 查看 VLAN。

可以通过 show vlan 或 show vlan brief 命令查看 VLAN 信息,以及每一个 VLAN 上有什么端口。但这里仅仅看到本交换机上某些端口在 VLAN 上,而不能看到其他交换机的端口在 VLAN 上。

```
S2918#show vlan
VLAN Name                       Status    Ports
---- -------------------------- --------- -------------------------------
1    default                    active    Fa0/5, Fa0/6, Fa0/7, Fa0/8
                                          Fa0/9, Fa0/10, Fa0/11, Fa0/12
                                          Fa0/13, Fa0/14, Fa0/15, Fa0/16
                                          Fa0/17, Fa0/18, Fa0/19, Fa0/20
                                          Fa0/21, Fa0/22, Fa0/23, Fa0/24
10   VLAN10                     active    Fa0/1, Fa0/2
```

```
20    VLAN20                    active      Fa0/3, Fa0/4
1002  fddi - default            active
1003  token - ring - default    active
1004  fddinet - default         active
1005  trnet - default           active
…//此处省略
//VLAN1、VLAN1002、VLAN1003、VLAN1004、VLAN1005 是一些厂家默认 VLAN 号
```

（2）查看一个特定端口的 VLAN 信息。

```
S2918# show interfaces f0/2 switchport
Name: Fa0/2
Switchport: Enabled
Administrative Mode: static access
Operational Mode: down
Administrative Trunking Encapsulation: dot1q
Operational Trunking Encapsulation: native
Negotiation of Trunking: On
Access Mode VLAN: 10 (VlAN10)
Trunking Native Mode VLAN: 1 (default)
Voice VLAN: none
…//此处省略
```

（3）VLAN 通信。

由于 Fa0/1 和 Fa0/2 属于同一 VLAN，相互通过 ping 命令是可以连通的。但是 Fa0/1 和 Fa0/3 通过 ping 命令却连不通，因为它们属于不同的 VLAN，解决这个问题需要三层交换或路由器。

7. 实验报告要求

结合并参考本次实验范例，撰写实验报告，在实验原理上重点考虑 VLAN 的基本概念和工作原理，把 VLAN 的创建步骤细化，给出实验结果和实验总结。实验思考部分可以作为选做内容。

8. 实验思考

（1）仔细查看 show vlan 命令的输出结果，未划分到任何 VLAN 的端口属于哪个 VLAN？为什么？

（2）如果要删除 VLAN10，使用 no vlan10 命令即可。删除某个 VLAN 后，要记得把该 VLAN 上的端口重新划分到别的 VLAN 上，否则将导致端口的"消失"。请思考：如何把端口重新划分到其他 VLAN？如果仅使某个端口从 VLAN 中清除，会发生什么情况？

3.1.4　Trunk 配置

1. 实验目的

（1）掌握交换机端口 Trunk 的配置。

（2）学习 Trunk 端口的两种封装方式。

2. 实验内容

使用 Catalyst2918 设备，进行端口 Trunk 配置，给出交换机间相同 VLAN 的通信测试。

3. 实验原理

如果是不同交换机上相同 ID 的 VLAN 要相互通信,即一个 VLAN 跨过不同的交换机时,就需要使用 Trunk。

Trunk 是"干线、主干、端口会聚"的意思,就是通过配置软件的设置将两个或多个物理端口组合在一起成为一条逻辑的路径,从而增加在交换机和网络结点之间的带宽,将属于这几个端口的带宽合并,给端口提供一个几倍于独立端口的独享的高带宽。Trunk 是一种封装技术,它是一条点到点的链路,链路的两端可以都是交换机,也可以是交换机和路由器,还可以是主机和交换机或路由器。基于端口汇聚(Trunk)功能,允许交换机与交换机、交换机与路由器、主机与交换机或路由器之间通过两个或多个端口并行连接,同时传输,以提供更高带宽、更大吞吐量。

Trunk 技术使得一条物理线路可以传送多个 VLAN 的数据。如交换机从属于 VLAN3 的端口接收到数据,在 Trunk 链路上进行传输前会加上一个标记,表明该数据是 VLAN3 的;到了接收方交换机,交换机会把该标记去掉,只发送属于 VLAN3 的端口上。

Trunk 承载的 VLAN 范围默认值是 1~1005,可以修改,但必须有一个 Trunk 协议。使用 Trunk 的端口不在任何 VLAN 中。

要传输多个 VLAN 的通信,需要用专门的协议封装或者加上标记,其中最重要的是使用 VLAN ID 来区分不同的 VLAN,以便接收设备能区分数据所属的 VLAN。最常用到的是基于 IEEE 802.1q 和 CISCO 专用的协议 ISL。

(1) 交换机间链路(ISL)是一种 CISCO 专用的协议,这是一种以太网帧上显式地标识 VLAN 信息的方法。通过运行 ISL,可以将多台交换机互连起来,并且当数据流在交换机之间的中继链路上传送时,仍然维持 VLAN 信息。

(2) IEEE 820.1q 是由 IEEE 创建的,作为帧标志的标准方法,它实际上是在帧中插入一个字段,以标识 VLAN。该技术是国际标准,得到所有厂家的支持,是 CISCO 的默认封装方式。

4. 实验环境与网络拓扑

Catalyst2918 交换机 2 台,分别是 Switch_A 和 Switch_B,通过反转线将各自的 Fa0/5 端口连接;PC 6 台,直通线 6 条,其中 A、B、E 属于 VLAN 10,C、D、F 属于 VLAN 20。拓扑结构如图 3-7 所示。

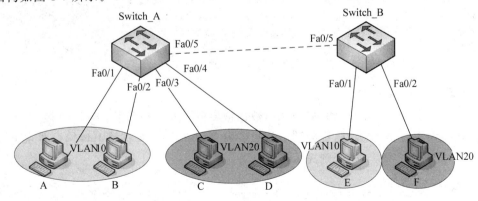

图 3-7　Trunk 配置环境拓扑示意图

5. 实验步骤

1) 交换机 Switch_A 的配置

(1) 创建 VLAN。

```
Switch#conf t
Switch(config)#hostname Switch_A
Switch_A(config)#vlan 10
Switch_A(config-vlan)#name VLAN10
Switch_A(config-vlan)#exit
Switch_A(config)#vlan 20
Switch_A(config-vlan)#name VLAN20
Switch_A(config-vlan)#exit
```

(2) 划分端口到指定 VLAN。

```
Switch_A(config)#inter f0/1
Switch_A(config-if)#switchport mode access
Switch_A(config-if)#switchport access vlan 10
Switch_A(config-if)#exit
Switch_A(config)#inter f0/2
Switch_A(config-if)#switchport mode access
Switch_A(config-if)#switchport access vlan 10
Switch_A(config)#inter f0/3
Switch_A(config-if)#switchport mode access
Switch_A(config-if)#switchport access vlan 20
Switch_A(config-if)#exit
Switch_A(config)#inter f0/4
Switch_A(config-if)#switchport mode access
Switch_A(config-if)#switchport access vlan 20
Switch_A(config-if)#exit
Switch_A(config)#exit
```

(3) Trunk 配置。

```
Switch_A(config)#inter f0/5
Switch_A(config-if)#switchport mode trunk    //设置端口为 Trunk 模式
Switch_A(config-if)#switchport trunk encanpsulation dot1q
//配置 Trunk 链路的封装类型,同一链路封装要相同,默认封装为 dot1q
Switch_A(config-if)#switchport trunk allowed vlan all
//设置允许哪些 VLAN 通过该 Trunk,如不配置,默认为所有 VLAN
```

(4) 配置 Native VLAN。

在 Trunk 链路上传输的 VLAN 信息,数据帧会根据 ISL 和 IEEE 802.1q 被重新封装。如果是 Native VLAN 的数据,不会被重新封装就可以在 Trunk 链路上传输。要求链路两端的 Native VLAN 要一样,否则提示错误。

```
Switch_A(config-if)#switchport trunk native vlan 2
//配置 Native VLAN 为 2,默认为 VLAN1
```

2）交换机 Switch_B 的配置

（1）创建 VLAN。

```
Switch(config)♯hostname Switch_B
Switch_B(config)♯vlan 10
Switch_B(config-vlan)♯name VLAN10
Switch_B(config)♯vlan 20
Switch_B(config-vlan)♯name VLAN20
```

（2）划分端口到指定 VLAN。

```
Switch_B(config)♯inter f0/1
Switch_B(config-if)♯switchport mode access
Switch_B(config-if)♯switchport access vlan 10
Switch_B(config)♯inter f0/2
Switch_B(config-if)♯switchport mode access
Switch_B(config-if)♯switchport access vlan 20
```

（3）Trunk 配置。

```
Switch_B(config)♯inter f0/5
Switch_B(config-if)♯switchport mode trunk        //设置端口为 Trunk 模式
Switch_B(config-if)♯switchport trunk encanpsulation dot1q
Switch_B(config-if)♯switchport trunk allowed vlan all
```

（4）配置 Native VLAN。

```
Switch_B(config-if)♯switchport trunk native vlan 2
//配置 Native VLAN 为 2,默认为 VLAN 1
```

3）交换机 Trunk 链路状态和配置的查看

```
Switch_A♯show interfaces f0/5 switchport
Name: Fa0/5
Switchport: Enabled
Administrative Mode: trunk
Operational Mode: trunk
Administrative Trunking Encapsulation: dot1q
Operational Trunking Encapsulation: dot1q
Negotiation of Trunking: On
Access Mode VLAN: 1 (default)
Trunking Native Mode VLAN: 2 (Inactive)

Trunking VLANs Enabled: ALL
Capture VLANs Allowed: ALL
```

6. 实验故障排除与调试

设置 PC A 和 E 的 IP 地址,由于 A 和 E 位于同一个 VLAN,因此 A 应该能够通过 ping 命令连通 E。C 和 F 之间也能够通过 ping 命令连通。

本次实验可能会存在通过 ping 命令连不通的问题。解决方式首先是确保交换机之间采用交叉线连接,其次两端链路都必须是 Trunk 且封装类型必须一致,最后确保 A 和 E 位于同一个网络地址范围内。

7. 实验报告要求

结合并参考本次实验范例,撰写实验报告,在实验原理上重点考虑 Trunk 的基本原理、封装技术与协议、Trunk 的优点等,关注 Trunk 封装和基本配置,关注验证和常见的故障排除命令,给出实验结果和实验总结。实验思考部分可以作为选做内容。

8. 实验思考

(1) 在配置 Native VLAN 时是允许 VLAN2 通过,那么默认属于 VLAN1 的端口是否可以通过 Trunk? 给出实验结果。如果不通过,为什么?

(2) 利用两种不同型号的 CISCO 交换机,在配置 Trunk 时,如果不进行封装,能达到交换机间相同 VLAN 通信吗? 如果能,为什么?

3.1.5 VTP 配置

1. 实验目的

(1) 掌握 Trunk 和 VTP 的工作原理。

(2) 学习配置 Trunk 的命令和步骤。

(3) 学习配置 VTP 的命令和步骤。

2. 实验内容

进行交换机端口的 VTP 配置,给出交换机间 VLAN 信息的变化。

3. 实验原理

VTP(VLAN Trunking Protocol,VLAN 中继协议)也被称为虚拟局域网干道协议。VTP 是思科私有协议,是一个 OSI 参考模型第二层的通信协议,主要用于管理在同一个域的网络范围内 VLAN 的建立、删除和重命名。VTP 通过网络(ISL 帧或 CISCO 私有 DTP帧)保持 VLAN 配置统一性。VTP 在系统级管理增加、删除、调整的 VLAN,自动地将信息向网络中其他的交换机广播。此外,VTP 减小了那些可能导致安全问题的配置。便于管理,只要在 VTP Server 做相应设置,VTP Client 会自动学习 Server 上的 VLAN 信息。这些交换机会自动地接收这些配置信息,使其 VLAN 的配置与 VTP Server 保持一致,从而减少在多台设备上配置同一个 VLAN 信息的工作量,而且保持了 VLAN 配置的统一性。

4. 实验环境与网络拓扑

本次实验的环境拓扑如图 3-8 所示。

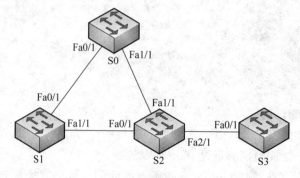

图 3-8　VTP 配置环境拓扑示意图

5. 实验步骤

（1）交换机 VTP 基本配置,涉及域名、密码、VTP 模式。

```
S0(config)#vtp domain test              //设置域名为 test
S0(config)#vtp password test            //设置密码
S0(config)#vtp mode server              //设置交换机 S0 为服务器模式
S0(config)#int f0/1
S0(config-if)#switchport mode trunk     //交换机间 Trunk 配置
S0(config-if)#int f1/1
S0(config-if)#switchport mode trunk


S1(config)#vtp domain test
S1(config)#vtp password test
S1(config)#vtp mode client              //设置交换机 S1 为客户模式
S1(config)#int f0/1
S1(config-if)#switchport mode trunk
S1(config-if)#int f1/1
S1(config-if)#switchport mode trunk


S2(config)#vtp domain test
S2(config)#vtp password test
S2(config)#vtp mode transparent         //设置交换机 S2 为透明模式
S2(config)#int f0/1
S2(config-if)#switchport mode trunk
S2(config-if)#int f1/1
S2(config-if)#switchport mode trunk


S3(config)#vtp domain test
S3(config)#vtp password test            //交换机默认为服务器模式,因此 S3 为服务器模式
S3(config)#int f0/1
S3(config-if)#switchport mode trunk
```

（2）在交换机 S0 上创建 VLAN2,并利用 show vtp status 和 show vlan 查看其他交换机上的 VTP 和 VLAN 状态,则发现 S1 学习到 VLAN2 信息,S2 忽略,S3 学习到 VLAN 的信息。请读者分析并给出实验运行结果。

（3）在交换机 S2 上创建 VLAN3 和 VLAN4,并利用 show vtp status 和 show vlan 查看其他交换机上的 VTP 和 VLAN 状态,则发现 S0、S1、S3 上交换机无变化。请读者分析并给出实验运行结果。

（4）在交换机 S3 上创建 vlan5,并利用 show vtp status 和 show vlan 查看其他交换机上的 VTP 和 VLAN 状态,则发现 S2 上交换机无变化,S0、S1 上交换机学习到 vlan5。请读者分析并给出实验运行结果。

6. 实验故障排除与调试

在 VTP 实验中,通常会存在学习不到 VLAN 信息或版本不一致等问题。在进行故障排除时,可尝试从以下几个方面排除与调试。

1）VTP 版本不兼容

VTP 第 1 版和第 2 版互不兼容。确保所有的交换机运行相同的 VTP 版本。

2）VTP 口令问题

确保在 VTP 域中所有启用 VTP 的交换机上使用相同的口令。默认情况下，CISCO 交换机都不使用 VTP 口令。

3）VTP 模式名称不正确

VTP 域名是交换机上设置的关键参数。错误配置的 VTP 域名将影响交换机之间的 VLAN 同步。

4）所有交换机都设置为 VTP 客户模式

为避免由于意外将域中唯一的 VTP 服务器重新配置为 VTP 客户端而导致丢失 VTP 域中的所有 VLAN 配置，可以在相同域中再配置一台交换机为 VTP 服务器。

5）修订版本号的问题

交换机的默认配置号为 0。每次添加或删除 VLAN 时，配置修订版号都会递增。确保新加入的交换机版本不能高于当前域中服务器模式交换机的修订版本。可以通过更改域名方式解决。

6）配置命令引起的问题

在服务器模式上，如果想把 VLAN 信息传播出去并让其他交换机学习到，则必须先配置 VTP，然后创建 VLAN。否则 VTP 配置之前的 VLAN 信息是学习不到的。

7. 实验报告要求

结合并参考本次实验范例，撰写实验报告，补充实验运行结果并进行实验分析和实验总结。实验思考部分可以作为选做内容。

8. 实验思考

如果将一个修订版本高的且同域名、同服务器模式的交换机加入该 VTP 域，会出现什么结果？请将该拓扑中的 S3 更改为服务器模式，然后人为修订其版本号，使其大于 S0 的修订版本号，观察其效果。

3.1.6 STP 配置

1. 实验目的

（1）掌握 STP 和 RSTP 的工作原理。

（2）学习配置 STP 和 RSTP 的命令和步骤。

2. 实验内容

利用交换机互换进行 STP 和 RSTP 的测试和更改。

3. 实验原理

生成树协议最主要的应用是为了避免局域网中的网络环路，解决成环以太网网络的"广播风暴"问题。从某种意义上说，生成树协议是一种网络保护技术，可以消除由于失误或者意外带来的循环连接。STP 的基本思想就是生成"一棵树"，树的根是一个称为根桥的交换机，根据设置不同，不同的交换机会被选为根桥，但任意时刻只能有一个根桥。由根桥开始，逐级形成一棵树，根桥定时发送配置报文，非根桥接收配置报文并转发，如果某台交换机能够从两个以上的端口接收到配置报文，则说明从该交换机到根有不止一条路径，便构成了循环回路，此时交换机根据端口的配置选出一个端口并把其他的端口阻塞，消除循环。当某个端口长时间不能接收到配置报文的时候，交换机认为端口的配置超时，网络拓扑可能已经改变,此时重新计算网络拓扑,重新生成一棵树。

交换机完成启动后,生成树便立即确定。假如交换机端口直接从阻塞转换到转发状态,而交换机此时并不了解所有拓扑信息,该端口可能会暂时造成数据环路。为此,STP 引入了 5 种端口状态。

(1) 阻塞(Blocking)。该端口是非指定端口,不参与帧转发。此类端口接收 BPDU 帧来确定根桥交换机的位置和根 ID,以及最终的活动 STP 拓扑中每个交换机端口扮演的端口角色。

(2) 侦听(Listening)。STP 根据交换机迄今收到的 BPDU 帧,确定该端口可参与帧转发。此时,该交换机端口不仅会接收 BPDU 帧,它还会发送自己的 BPDU 帧,通知邻接交换机此交换机端口正预备参与活动拓扑。

(3) 学习(Learning)。端口预备参与帧转发,并开始填充 MAC 地址表。

(4) 转发(Forwarding)。该端口是活动拓扑的一部分,它会转发帧,也会发送和接收 BPDU 帧。

(5) 禁用(Disabled)。该第二层端口不参与生成树,不会转发帧。当管理性关闭交换机端口时,端口即进入禁用状态。

端口可以转换的状态:

(1) 从初始化(交换机启动)到阻塞状态。

(2) 从阻塞状态到监听或禁用状态。

(3) 从监听状态到学习或禁用状态。

(4) 从学习状态到转发或禁用状态。

(5) 从转发状态到禁用状态。

(6) 从禁用状态到阻塞状态。

IEEE 802.1w 规定的快速生成树协议(RSTP),收敛速度可达到 1s。

4. 实验环境与网络拓扑

图 3-9 为 STP 配置环境拓扑图。读者在实际配置中,可能会因 Bridge ID 的不同而产生不同的根桥及其端口。

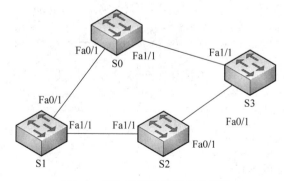

图 3-9　STP 配置环境拓扑示意图

5. 实验步骤

(1) 交换机默认情况下启用了 STP 协议,通过 show spaning-tree 命令查看 STP 状态。

```
S3 # show spanning - tree
VLAN0001
  Spanning tree enabled protocol ieee
  Root ID    Priority    32769
             Address     0001.427A.506A
             This bridge is the root
             Hello Time  2 sec  Max Age 20 sec  Forward Delay 15 sec

  Bridge ID  Priority    32769  (priority 32768 sys - id - ext 1)
             Address     0001.427A.506A
             Hello Time  2 sec  Max Age 20 sec  Forward Delay 15 sec
             Aging Time  20

Interface        Role Sts Cost      Prio.Nbr Type
---------------- ---- --- ---- ----- -------- ----------------------------
Fa0/1            Desg FWD 19        128.1    P2p
Fa1/1            Desg FWD 19        128.2    P2p
```

发现 S3 为根桥，原因在于 Root ID 和 Bridge ID 中的地址信息 Address 相同。

（2）将 S1 手动改成根桥。

```
S1(config) # spanning - tree vlan 1 root primary
```

经过一段时间，则发现 S1 成为根桥。S3 上面有一个端口为堵塞状态。

```
S3 # show spanning - tree
VLAN0001
  Spanning tree enabled protocol ieee
  Root ID    Priority    24577
             Address     000B.BEB5.C31A
             Cost        19
             Port        2(FastEthernet1/1)
             Hello Time  2 sec  Max Age 20 sec  Forward Delay 15 sec

  Bridge ID  Priority    32769  (priority 32768 sys - id - ext 1)
             Address     0001.427A.506A
             Hello Time  2 sec  Max Age 20 sec  Forward Delay 15 sec
             Aging Time  20

Interface        Role Sts Cost      Prio.Nbr Type
---------------- ---- --- ---- ----- -------- ----------------------------
Fa0/1            Altn BLK 19        128.1    P2p
Fa1/1            Root FWD 19        128.2    P2p
```

（3）查看 S0 和 S2 的 STP 状态。

```
S0 # show spanning - tree
VLAN0001
  Spanning tree enabled protocol ieee
```

```
Root ID      Priority      24577
             Address       000B.BEB5.C31A
             Cost          19
             Port          1(FastEthernet0/1)
             Hello Time    2 sec   Max Age 20 sec   Forward Delay 15 sec

Bridge ID    Priority      32769   (priority 32768 sys-id-ext 1)
             Address       0002.17C4.7DD7
             Hello Time    2 sec   Max Age 20 sec   Forward Delay 15 sec
             Aging Time    20

Interface      Role Sts Cost      Prio.Nbr Type
_____   ____ ___ _____     _____ _____

Fa1/1          Desg FWD 19        128.2     P2p
Fa0/1          Root FWD 19        128.1     P2p
```

则发现 S0 上面的端口都处于转发状态,其中 Fa0/1 为根端口,Fa1/1 为指定端口。请读者自行分析其原因。

```
S2#show spanning-tree
VLAN0001
  Spanning tree enabled protocol ieee
  Root ID      Priority      24577
               Address       000B.BEB5.C31A
               Cost          19
               Port          2(FastEthernet1/1)
               Hello Time    2 sec   Max Age 20 sec   Forward Delay 15 sec

  Bridge ID    Priority      32769   (priority 32768 sys-id-ext 1)
               Address       00D0.58E7.586D
               Hello Time    2 sec   Max Age 20 sec   Forward Delay 15 sec
               Aging Time    20

Interface      Role Sts Cost      Prio.Nbr Type
_____   ____ ___ _____     _____ _____   _____

Fa0/1          Desg FWD 19        128.1     P2p
Fa1/1          Root FWD 19        128.2     P2p
```

发现 S2 上面的端口都处于转发状态,其中 Fa0/1 为指定端口,Fa1/1 为根端口。请读者自行分析其原因。

(4) 去掉 S1 和 S2 之间的线路。

如果去掉 S1 和 S2 之间的连接线,则发现 S3 Fa0/1 由堵塞状态更改为指定端口状态。请读者自行分析其原因。

(5) 在 S2 上创建 VLAN2 查看每一个 VLAN 的 STP 信息。

```
S2#show spanning-tree
VLAN0001
```

```
      Spanning tree enabled protocol ieee
      Root ID     Priority    24577
                  Address     000B.BEB5.C31A
                  Cost        19
                  Port        2(FastEthernet1/1)
                  Hello Time  2 sec  Max Age 20 sec  Forward Delay 15 sec

      Bridge ID  Priority    32769  (priority 32768 sys - id - ext 1)
                  Address     00D0.58E7.586D
                  Hello Time  2 sec  Max Age 20 sec  Forward Delay 15 sec
                  Aging Time  20


Interface          Role Sts Cost       Prio.Nbr Type
----------------   ---- --- ---------   --------- --------------------------

Fa0/1              Desg FWD 19          128.1     P2p
Fa1/1              Root FWD 19          128.2     P2p


VLAN0002
Spanning tree enabled protocol ieee
      Root ID     Priority    32770
                  Address     0001.427A.506A
                  Cost        19
                  Port        1(FastEthernet0/1)
                  Hello Time  2 sec  Max Age 20 sec  Forward Delay 15 sec

      Bridge ID  Priority    32770  (priority 32768 sys - id - ext 2)
                  Address     00D0.58E7.586D
                  Hello Time  2 sec  Max Age 20 sec  Forward Delay 15 sec
                  Aging Time  20


Interface          Role Sts Cost       Prio.Nbr Type
----------------   ---- --- ---------   --------- --------------------------

Fa0/1              Root LSN 19          128.1     P2p
Fa1/1              Desg LSN 19          128.2     P2p
```

发现 VLAN1 的根桥为 S1,VLAN2 的根桥为 S3,表明 PVST 默认在该交换机上面运行。

(6) 配置 PVST+。

拓扑环境为与 PVST 配置类似连接好设备,仅需要将 STP 协议更改为 PVST+。

```
S0(config)♯ spanning - tree mode rapid - pvst
S1(config)♯ spanning - tree mode rapid - pvst
S2(config)♯ spanning - tree mode rapid - pvst
S3(config)♯ spanning - tree mode rapid - pvst
```

(7) 查看各交换机生成树协议。

发现 S3 为根桥,从而证明 PVST 和 PVST+在根桥选举上采用相同的工作机制。

(8) 将 S2 设置为根桥,并查看各交换机生成树状态。

```
S2(config)♯ spanning - tree vlan1 root primary
```

发现 S2 成为根桥。

(9) 去掉 S0 和 S3 之间的线会发现阻塞的端口马上变成非阻塞状态。将线再次连上,端口马上再次变为阻塞状态。表明 PVST＋的收敛速度较快。

6. 实验故障排除与调试

因 STP 默认是开启的,所以要排除 STP 环路故障,必须明确知道网桥网络的拓扑、根桥的位置、阻塞端口和冗余链路的位置。常见故障如下:

1) PortFast 配置错误

PortFast 一般只对连接到主机的端口或接口启用。不要将该端口连接到其他交换机、集线器或路由器的交换机端口或接口使用 PortFast,否则可能形成网络环路。

2) 网络直径问题

STP 计时器的默认值将最大网络直径保守地限制为 7。最大网络直径限制了网络中交换机之间的最大距离。因此,两台不同交换机之间的距离不能超过七跳。

7. 实验报告要求

结合并参考本次实验范例,撰写实验报告。重点阐明 STP 的原理,PVST 和 PVST＋的配置与区别。关注数据通信路径并验证,给出实验结果和实验总结。PVST＋的配置可选做。

8. 实验思考

(1) STP 和 RSTP 的不同之处是什么?

(2) STP 和 RSTP 的适用情况各是什么?

3.1.7 流量监控与镜像配置

1. 实验目的

(1) 掌握端口镜像技术在网络管理中的应用。

(2) 掌握端口镜像的配置。

2. 实验内容

使用端口镜像技术(Port Mirroring)把交换机一个或多个端口(VLAN)的数据镜像到一个或多个端口的方法。借助交换机端口镜像技术实现网络流量的监测。

3. 实验原理

交换机把某一个端口接收或发送的数据帧完全相同地复制给另一个端口。其中被复制的端口称为镜像源端口,复制的端口称为镜像目的端口。

4. 实验环境与网络拓扑

协议分析仪 1 台,交换机 1 台,标准直通网线数根,如图 3-10 所示。

5. 实验步骤

(1) 将协议分析仪与一台交换机连接好,并将计算机连接至交换机。

(2) 配置交换机端口镜像。

以下例子中,镜像源端口为 Fa1/24,镜像目的端口为 Fa1/2,输入命令如下:

```
Switch(config)# monitor session 1 source interface fastethernet 1/24      //配置镜像源端口
Switch(config)# monitor session 1 destination interface fastethernet 1/2 //镜像目的端口
```

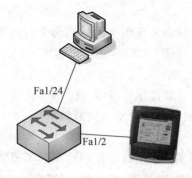

图 3-10   流量监控和端口镜像配置环境拓扑示意图

（3）校检。

```
Switch# show monitor session 1
Session 1
      ...
Source Ports:
RX Only: None                    //默认是镜像进口的流量
TX Only: None                    //默认是镜像出口的流量
Both: f1/24                      //要监控的镜像源端口
Source VLANs:
RX Only: none
TX Only: None
Both: None
Destination Ports:f 1/2          //被镜像的端口
Encapsulation: Native
Filter VLANs: None
```

（4）分析测试结果。

用协议分析仪或者抓包工具，通过连接镜像端口进行网络流量监测，观察数据包的情况。关于协议分析仪的使用见第 6 章。

6. 实验报告要求

结合并参考本次实验范例，撰写实验报告。给出镜像原理，并结合抓包工具进行分析。给出实验结果和实验总结。

7. 实验故障排除与调试

常见故障表现在一旦为交换机配置镜像端口，则该镜像端口连接的计算机无法上网。

8. 实验思考

通过查找资料，总结当前常见的流量监控技术和方法。

3.1.8   三层交换机的配置

1. 实验目的

（1）掌握三层交换机的工作原理。

（2）掌握三层交换机上路由的配置命令和步骤。

（3）学习配置三层交换机的命令和步骤。

2. 实验内容

利用三层交换机和二层交换机进行 VLAN 间通信,以及三层交换机与路由器间的路由共享情况,给出通信测试。

3. 实验原理

三层交换机就是具有部分路由器功能的交换机。三层交换机的最重要目的是加快大型局域网内部的数据交换,所具有的路由功能也是为这一目的服务的,能够做到一次路由,多次转发。对于数据包转发等规律性的过程由硬件高速实现,而像路由信息更新、路由表维护、路由计算、路由确定等功能由软件实现。

出于安全和管理方便的考虑,主要是为了减小广播风暴的危害,必须把大型局域网按功能或地域等因素划成一个个小的局域网,这就使 VLAN 技术在网络中得以大量应用。而各个不同 VLAN 间的通信都要经过路由器来完成转发,随着网间互访的不断增加,单纯使用路由器来实现网间访问,不但由于端口数量有限,而且路由速度较慢,从而限制了网络的规模和访问速度。基于这种情况,三层交换机便应运而生。三层交换机是为 IP 设计的,接口类型简单,拥有很强的二层帧处理能力,非常适用于大型局域网内的数据路由与交换,它既可以工作在协议第三层替代或部分完成传统路由器的功能,同时又具有几乎第二层交换的速度,且价格相对便宜些。

4. 实验环境与网络拓扑

图 3-11 为三层交换机涉及的网络拓扑图,图中三层交换机为 3500 协议交换机。

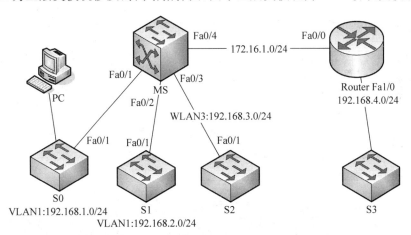

图 3-11 三层交换机配置环境拓扑示意图

5. 实验步骤

(1) 三层交换机 VLAN 的基本配置。

```
Switch(config)#hostname MS
MS(config)#vlan2
MS(config-vlan)#exit
MS(config)#vlan3
MS(config-vlan)#exit
MS(config)#int fa0/2
```

```
MS(config-if)#switchport mode access
MS(config-if)#switchport access vlan2
MS(config)#int fa0/3
MS(config-if)#switchport mode access
MS(config-if)#switchport access vlan3
```

（2）三层交换机上 VLAN 的 IP 地址配置。

```
MS(config)# interface vlan1
MS(config-if)# ip address 192.168.1.1 255.255.255.0
MS(config-if)#no shutdown
MS(config)# interface vlan2
MS(config-if)# ip address 192.168.2.1 255.255.255.0
MS(config-if)#no shutdown
MS(config)# interface vlan3
MS(config-if)# ip address 192.168.3.1 255.255.255.0
MS(config-if)#no shutdown
MS(config)# interface fastEthernet 0/4
MS(config-if)#no switchport          //关闭交换机的二层功能
MS(config-if)# ip address 172.16.1.2 255.255.255.0
MS(config-if)#no shutdown
MS(config)#ip routing                //开启三层交换机的路由功能
```

（3）路由器的基本配置。

```
Router(config)# interface fastEthernet 0/0
Router(config-if)# ip address 172.16.1.1 255.255.255.0
Router(config-if)#no shutdown
Router(config)# interface fastEthernet 1/0
Router(config-if)# ip address 192.168.4.1 255.255.255.0
Router(config-if)#no shutdown
```

（4）交换机和路由器的路由协议配置。

```
MS(config)#router rip
MS(config-router)#network 192.168.1.0
MS(config-router)#network 192.168.2.0
MS(config-router)#network 192.168.3.0
MS(config-router)#network 172.16.1.0
Router(config)#router rip
Router(config-router)#network 172.16.1.0
Router(config-router)#network 192.168.4.0
```

（5）查看三层交换机的路由表。

```
MS#show ip rout
…//此处省略
    172.16.0.0/24 is subnetted, 1 subnets
```

```
C      172.16.1.0 is directly connected, FastEthernet0/4
C      192.168.1.0/24 is directly connected, vlan1
C      192.168.2.0/24 is directly connected, vlan2
C      192.168.3.0/24 is directly connected, vlan3
R      192.168.4.0/24 [120/1] via 172.16.1.1, 00:00:05, FastEthernet0/4
```

（6）查看路由器的路由表。

```
Router # show ip route
…//此处省略
      172.16.0.0/24 is subnetted, 1 subnets
C         172.16.1.0 is directly connected, FastEthernet0/0
R      192.168.1.0/24 [120/1] via 172.16.1.2, 00:00:14, FastEthernet0/0
R      192.168.2.0/24 [120/1] via 172.16.1.2, 00:00:14, FastEthernet0/0
R      192.168.3.0/24 [120/1] via 172.16.1.2, 00:00:14, FastEthernet0/0
C      192.168.4.0/24 is directly connected, FastEthernet1/0
```

6. 实验故障排除与调试

三层交换机和路由器的路由表应该是一样的,而且是具有全网络的路由信息。拓扑中的任何两台设置之间都可以进行通信。如果出现问题,要查看 VLAN 是否配置正确,VLAN 的 IP 地址是否有误,Trunk 链路是否正确,路由协议是否配置正确。

7. 实验总结

结合并参考本次实验范例,撰写实验报告。重点阐明三层交换机的原理和功能,跨地域地进行 VLAN 划分和路由通信的能力。给出实验结果和实验总结。实验思考可选做。

8. 实验思考

（1）三层交换机的接口配置 IP 方法有哪些?

（2）三层交换机和二层交换机的区别是什么?

（3）本实验拓扑图中 PC 的默认网关是 192.168.1.1,为什么?

3.2 路　　由

3.2.1 简介

本节主题包括 CISCO 路由器基本配置,静态路由、RIP、OSPF、EIGRP 等路由协议的基本配置、高级配置和综合配置,同时还包括 PPP 概念、PPP 分层架构、PPP 配置,以及 PPP 身份验证协议 CHAP 和 PAP;帧中继封装、拓扑、帧中继映射,以及如何在子接口上配置帧中继;DHCP、NAT 和 IPv6。最后是一个综合性的网络配置案例。

3.2.2 基本配置

1. 实验目的

掌握路由器命名、密码设置、IP 地址、口令恢复、VTY 和 Console 等配置。

2. 实验内容

使用路由器进行基本配置实验。

3. 实验原理

路由器可以工作在"用户模式"、"特权模式"和"配置模式"。而在"配置模式"下,又进一步分为"全局模式"、"VLAN 模式"和"接口模式"。路由器基本配置可以通过控制台和 telnet 两种配置方式,其区别在于控制台配置是利用 Console 接口进行的近端本地配置, telnet 配置是利用普通以太网口进行的远程配置。典型的基本配置主要包括名字、登录 banner、口令、IP 地址、Telnet 和 VTY 等。同时,口令恢复也是一个基本操作。

4. 实验环境与网络拓扑

普通路由器 1 台,PC 1 台。PC 通过交叉线相连至路由 Fa0/1 口,PC 的 COM 口通过反转线连接路由 Console 口。路由器基本配置环境拓扑如图 3-12 所示。

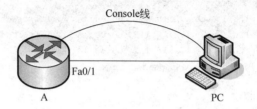

图 3-12　路由器基本配置环境拓扑示意图

5. 实验步骤

(1) 路由器命名,提示信息设置。

```
Router > enable
Router # configure terminal
Router(config) # hostname A
A(config) # banner motd 'Attention, access without permission is illegal!'
```

(2) 路由器密码设置,VTY 和 Console 设置。

```
A(config) # enable password 123                    //密码为明文
A(config) # enable secret 321                       //密码为密文
A(config) # service password - encryption          //将未加密的密码加密
A(config) # line vty 0 4                             //telnet 登录口令设置情况
A(config - line) # password 123
A(config - line) # login
A(config) # line console 0                           //控制台登录口令设置情况
A(config - line) # password 123
A(config - line) # login
```

(3) 接口 IP 地址配置。

```
A(config) # interface FastEthernet0/1
A(config - if) # ip address 192.168.0.1 255.255.255.0
A(config - if) # no shutdown
```

(4) 口令恢复。

① 保存路由配置,重启路由,60s 内按 Ctrl＋Break 组合键进入 Rommon 模式。

② 修改寄存器值为 0x2142。

> rommon 1 > confreg 0x2142

③ 重启路由,进入路由控制台,进入特权模式,恢复配置。

> Router # copy startup – config running – config

④ 更改密码,保存配置。

> Router(config) # enable password 123

⑤ 重启路由,再次进入 Rommon 模式,将寄存器值改回 0x2102。

> rommon 1 > confreg 0x2102

⑥ 重启路由,恢复密码成功。

6. 实验故障排除与调试

enable secret 优先级高于 enable password,所以如果配置了前者,后者即使配置了也不会被使用。恢复密码时要注意先对原有设置进行保存,防止配置丢失。另外,修改启动方式后,进入路由要先恢复保存的设置再进行密码修改并保存,以免原有配置被覆盖。如果控制台密码被设置,下次在通过 Console 口配置路由器时必须提供密码。

7. 实验报告要求

结合并参考本次实验范例,撰写实验报告。重点阐明路由器的基本配置,路由器日常维护以及路由器的安全问题,对路由器的访问应进行严格限制,以确保路由器的安全性。给出实验结果和实验总结。实验思考可选做。

8. 实验思考

在不同的线路上,是否可以配置不同的协议,例如,是否可以在 line vty 0 上配置 Telnet,在 line vty 1 上配置 SSH。

提示:可以配置,这样当 SSH 用户登录时,系统会让 line vty 0 空闲,而使用 line vty 1 进行连接。主要应用表现在 line vty 0～1 上配置使用 telnet 协议,使用动态访问列表,在网络中进行严格的控制,以便只有网络管理人员才可以使用特殊通信;在 line vty 2～4 上配置 SSH 协议,用来进行设备管理。

3.2.3 静态路由配置

1. 实验目的

(1) 掌握静态路由的两种配置方法。

(2) 掌握默认路由的配置方法。

(3) 掌握静态路由的配置规则。

2. 实验内容

使用 2 台路由器进行基本配置实验。

3. 实验原理

静态路由是指由网络管理员手工配置的路由信息。当网络的拓扑结构或链路的状态发生变化时,网络管理员需要手工去修改路由表中相关的静态路由信息。静态路由信息在默认情况下是私有的,不会传递给其他的路由器。使用静态路由的另一个好处是网络安全保密性高。动态路由因为需要路由器之间频繁地交换各自的路由表,而对路由表的分析可以揭示网络的拓扑结构和网络地址等信息。因此,网络出于安全方面的考虑,也可以采用静态路由。大型和复杂的网络环境通常不宜采用静态路由。一方面,网络管理员难以全面地了解整个网络的拓扑结构;另一方面,当网络的拓扑结构和链路状态发生变化时,路由器中的静态路由信息需要大范围地调整,工作的难度和复杂程度非常高。静态路由的配置有两种方法:带下一跳的静态路由和带送出接口的静态路由。

默认路由是一种特殊的静态路由,指的是当路由表中与包的目的地址之间没有匹配的表项时路由器能够做出的选择。如果没有默认路由,那么目的地址在路由表中没有匹配表项的包将被丢弃。默认路由在某些时候非常有效,当存在末梢网络时,默认路由会大大简化路由器的配置,减轻管理员的工作负担,提高网络性能。主机里的默认路由通常被称作默认网关。

4. 实验环境与网络拓扑

普通路由器 2 台,PC 2 台,交叉线若干。静态路由基本配置环境拓扑如图 3-13 所示。

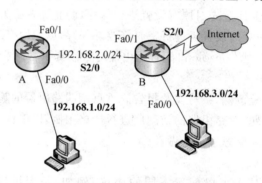

图 3-13　静态路由基本配置环境拓扑示意图

5. 实验步骤

(1) 路由器 A 上面的配置。

```
Router(config) # hostname A                              //更改路由器主机名
A(config) # interface f0/0                               //进入接口 f0/0
A(config - if) # ip address 192.168.1.1 255.255.255.0    //IP 地址配置
A(config - if) # no shutdown                             //启用接口
A(config) # interface f0/1
A(config - if) # ip address 192.168.2.1 255.255.255.0
A(config - if) # no shutdown
A(config) # ip route 192.168.3.0 255.255.255.0 192.168.2.2
//具有下一路由器接口 IP 地址的静态路由
A(config) # ip route 0.0.0.0 0.0.0.0 f0/1
//具有送出接口的默认路由的配置,一种特殊的静态路由
```

（2）路由器 B 上面的配置。

```
Router(config)#hostname B
B(config)#interface f0/0
B(config-if)#ip address 192.168.3.1 255.255.255.0
B(config-if)#no shutdown
B(config)#interface f0/1
B(config-if)#ip address 192.168.2.2 255.255.255.0
B(config-if)#no shutdown
B(config)#ip route 192.168.1.0 255.255.255.0 192.168.2.1
B(config)#ip route 0.0.0.0 0.0.0.0 s2/0
//在边界路由器 B 上面配置一条默认路由
```

6. 实验故障排除与调试

主要表现在路由器 A 上忘记配置默认路由，从而造成 A 网络上的数据无法访问 Internet 上的服务。另外，在路由器 B 上忘记发布默认路由，从而造成网络无法通信。

7. 实验报告要求

结合并参考本次实验范例，撰写实验报告。重点阐明静态路由的基本配置、配置规则，给出默认路由的作用。给出实验结果和实验总结。

8. 实验思考

默认路由的配置还有哪些方法？尝试从动态路由协议中找出答案。

3.2.4 RIP 路由协议综合配置

1. 实验目的

（1）熟悉 RIPv1 和 RIPv2 的区别与联系。

（2）熟练掌握自动汇总及不连续子网通信解决方案。

（3）默认路由配置及发布。

（4）掌握 RIP 协议配置。

2. 实验内容

掌握 RIP 协议的基本配置，能够排除并处理不连续子网下造成的网络故障。搭建如图 3-14 所示拓扑，在拓扑中运行 RIPv1 协议，并对路由表总结情况进行分析后，在拓扑中再运行 RIPv2 协议，并且进行默认路由的发布，并对两个版本路由表进行不同分析。

3. 实验原理

RIP 路由协议虽然没有其他路由协议应用广泛，但前后两个版本的 RIP 在某些场合仍然有其用武之地。尽管 RIP 的功能远远少于在它之后出现的协议，但它的简单性以及在多种操作系统上的广泛应用使得 RIP 非常适用于需要支持不同厂商产品的小型同构网络。

本实验将着重讲述有类路由协议（RIPv1）和无类路由协议（RIPv2）之间的差别，而不是单独讲述 RIPv2 的详细内容。RIPv1 的主要局限性在于它是一种有类路由协议。有类路由协议在路由更新中不包含子网掩码，因此在不连续子网或使用可变长子网掩码（VLSM）的网络中会造成问题。而 RIPv2 是无类路由协议，它会在路由更新中包含子网掩码，因此 RIPv2 对当今路由环境的适应性更强。

4. 实验拓扑

RIP 综合性实验配置环境拓扑如图 3-14 所示。

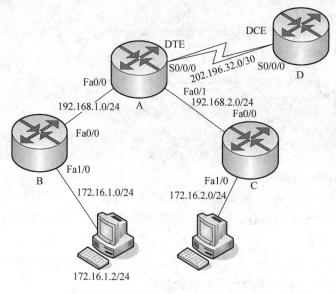

图 3-14　RIP 综合性配置环境拓扑示意图

5. 实验步骤

（1）IP 地址划分及网络基本配置。

```
A(config)＃interface FastEthernet0/0
A(config－if)＃ip address 192.168.1.1 255.255.255.0
A(config－if)＃no shutdown
A(config)＃interface FastEthernet0/1
A(config－if)＃ip address 192.168.2.1 255.255.255.0
A(config－if)＃no shutdown
A(config)＃interface Serial0/0/0
A(config－if)＃ip address 202.196.32.1 255.255.255.252
A(config－if)＃no shutdown

B(config)＃interface FastEthernet0/0
B(config－if)＃ip address 192.168.1.2 255.255.255.0
B(config－if)＃ no shutdown
B(config)＃interface FastEthernet1/0
B(config－if)＃ip address 172.16.1.1 255.255.255.0
B(config－if)＃no shutdown

C(config)＃interface FastEthernet0/0
C(config－if)＃ip address 192.168.2.2 255.255.255.0
C(config－if)＃no shutdown
C(config)＃interface FastEthernet1/0
C(config－if)＃ip address 172.16.2.1 255.255.255.0
C(config－if)＃no shutdown
```

```
D(config) # interface Serial0/0/0
D(config - if) # ip address 202.196.32.2 255.255.255.252
D(config - if) # clock rate 64000
D(config - if) # no shutdown
```

（2）各路由器上 RIPv1 和 A 上默认的传播配置。

```
A(config) # router rip
A(config - router) # network 192.168.1.0
A(config - router) # network 172.16.0.0
A(config) # ip route 0.0.0.0 0.0.0.0 202.196.32.2          //默认路由的配置
A(config - router) # default - information originate         //默认路由的动态传播

B(config) # router rip
B(config - router) # network 192.168.1.0
B(config - router) # network 172.16.0.0

C(config) # router rip
C(config - router) # network 192.168.2.0
C(config - router) # network 172.16.0.0
```

（3）各路由表情况。

```
A# show ip route
…//此处省略
Gateway of last resort is 202.196.32.2 to network 0.0.0.0
R    172.16.0.0/16 [120/1] via 192.168.1.2, 00:00:13, FastEthernet0/0
                   [120/1] via 192.168.2.2, 00:00:06, FastEthernet0/1
C    192.168.1.0/24 is directly connected, FastEthernet0/0
C    192.168.2.0/24 is directly connected, FastEthernet0/1
     202.196.32.0/30 is subnetted, 1 subnets
C       202.196.32.0 is directly connected, Serial0/0/0
S*   0.0.0.0/0 [1/0] via 202.196.32.2    //默认路由

B# show ip route
…//此处省略
Gateway of last resort is 192.168.1.1 to network 0.0.0.0
     172.16.0.0/24 is subnetted, 1 subnets
C       172.16.1.0 is directly connected, FastEthernet1/0
C    192.168.1.0/24 is directly connected, FastEthernet0/0
R    192.168.2.0/24 [120/1] via 192.168.1.1, 00:00:23, FastEthernet0/0
R*   0.0.0.0/0 [120/1] via 192.168.1.1, 00:00:23, FastEthernet0/0
//R* 表示通过 RIP 协议动态学习到的默认路由
```

（4）验证与分析。

```
A# Ping 172.16.1.2
Type escape sequence to abort.
```

```
Sending 5, 100 - byte ICMP Echos to 172.16.1.2, timeout is 2 seconds:
.!.!.
Success rate is 40 percent (2/5), round - trip min/avg/max = 50/56/62 ms
```

这时,发现去往 17.16.1.2 的包丢失 3 个,原因在于 A 上去往 172.16.0.0/16 存在两条等价路由路线,经过 192.168.1.2 一跳的成功返回,而去往 192.168.2.2 一跳的是失败的。形成原因在于:路由器在主网边界上进行自动汇总;RIPv1 在路由更新时不发生子网掩码信息。

要想解决上述问题,也是通过两种方式:关闭自动汇总,采用 RIPv2 路由协议。

(5) 解决方案 RIPv2 和关闭自动汇总。

只需要在路由器 B 和 C 上配置如下命令即可。

```
B(config - router) # version 2
B(config - router) # no auto - summary

C(config - router) # version 2
C(config - router) # no auto - summary
```

这时,再查看路由器 A 上的路由表,如下所示:

```
A # show ip route
… //此处省略
Gateway of last resort is 202.196.32.2 to network 0.0.0.0
    Gateway of last resort is 202.196.32.2 to network 0.0.0.0
    172.16.0.0/24 is subnetted, 2 subnets
R    172.16.1.0 [120/1] via 192.168.1.2, 00:00:22, FastEthernet0/0
R    172.16.2.0 [120/1] via 192.168.2.2, 00:00:22, FastEthernet0/1
C    192.168.1.0/24 is directly connected, FastEthernet0/0
C    192.168.2.0/24 is directly connected, FastEthernet0/1
    202.196.32.0/30 is subnetted, 1 subnets
C    202.196.32.0 is directly connected, Serial0/0/0
S*   0.0.0.0/0 [1/0] via 202.196.32.2
```

请读者再次 ping 172.16.1.2,验证设置情况。

6. 实验故障排除与调试

RIPv1 的主要缺点之一就是不支持不连续子网网络。其原因一方面在于有类路由协议的路由更新中不包含子网掩码;另一方面,有类网络在主网边界间自动总结。如 B 在向 A 发送路由通告时,通过的是 172.16.0.0 的网络,C 在向 A 发送路由通告时,通过的是 172.16.0.0 的网络。这样,在 A 上就收到了两份相同的通告,因此 A 路由器无法确定路由的掩码,采用默认 255.255.0.0 的掩码来处理,从而造成 A 去往 172.16.0.0/16 有两条等价路由存在。

而运行版本 2 的 RIP 协议后,因为路由器在发布更新时自己附带了网络的掩码,并且关闭了自动汇总,所以各个路由器的路由表中所有路由信息会以单独的网段显示出来。

7. 实验报告要求

结合并参考本次实验范例,撰写实验报告。重点阐明 RIP v1 和 RIP v2 的区别与联系、不连续子网解决方案、默认路由动态发布等原理和功能,给出实验结果和实验总结。实验思考可选做。

8. 实验思考

(1) 如果在 A 的 Fa0/0 上输入 passive interface,路由会出现什么情况?

(2) 如果 B 采取 RIP v1 协议,其余的采用 RIPv2 协议,状况又会如何?

3.2.5 单区域 OSPF 路由协议配置

1. 实验目的

(1) 掌握单区域 OSPF 路由协议的工作原理。

(2) 掌握 OSPF 选举机制和干扰控制。

(3) 掌握 OSPF 认证配置。

2. 实验内容

(1) 在路由器上启动 OSPF 路由进程。

(2) 启用参与路由协议的接口,并且通告网络及其所在的区域。

(3) 路由 ID 的配置。

(4) DR 选举的控制。

(5) 默认路由的传播。

(6) OSPF 的 MD5 认证。

(7) 查看和调试 OSPF 路由协议和 MD5 相关信息。

3. 实验原理

OSPF 路由协议一般用在较大规模的网络中,OSPF 定义了 5 种网络类型:点对点、广播多路访问、非广播多路访问、点对多点和虚拟链路。根据网络拓扑,只有正确配置,才能使 OSPF 的邻接关系正确建立。路由器成为 DR 的控制有多种方式。一般具有最高路由器 ID 的路由器是 DR,具有第二高的则为 BDR。但是,可以通过在接口上执行 ip ospf priority 命令使此规则失效,优先级高的能成为 DR。

4. 实验拓扑

图 3-15 为单区域 OSPF 综合配置实验环境。

5. 实验步骤

(1) 路由器基本配置。

参考 3.2.3 节中 IP 地址基本配置步骤。

(2) 单区域 OSPF 的配置。

```
A(config)#router ospf 1
A(config-router)#network 192.168.1.0 0.0.0.255 area 0
A(config-router)#network 192.168.2.0 0.0.0.255 area 0
A(config)#ip route 0.0.0.0 0.0.0.0 s0/0/0              //默认路由的配置
A(config-router)#default-information originate         //默认路由的动态传播
B(config)#router ospf  1
B(config-router)#network 192.168.1.0 0.0.0.255 area 0
B(config-router)#network 172.16.1.0 0.0.0.255 area 0
```

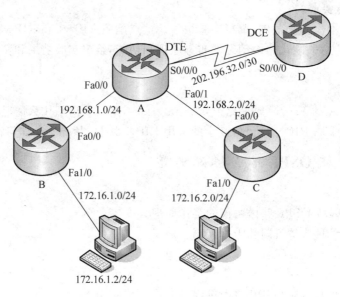

图 3-15　单区域 OSPF 配置环境拓扑示意图

```
C(config) # router ospf 1
C(config - router) # network 192.168.2.0 0.0.0.255 area 0
C(config - router) # network 172.16.2.0 0.0.0.255 area 0
```

（3）验证与分析。

```
B# show ip route
…//此处省略
Gateway of last resort is 192.168.1.1 to network 0.0.0.0
     172.16.0.0/24 is subnetted, 2 subnets
C       172.16.1.0 is directly connected, FastEthernet1/0
O       172.16.2.0 [110/3] via 192.168.1.1, 00:04:41, FastEthernet0/0
C     192.168.1.0/24 is directly connected, FastEthernet0/0
O     192.168.2.0/24 [110/2] via 192.168.1.1, 00:06:13, FastEthernet0/0
O * E2 0.0.0.0/0 [110/1] via 192.168.1.1, 00:02:24, FastEthernet0/0
// O * E2 表示通过 OSPF 协议动态学习到的类型 2 的外部路由,该路由的度量为边界路由器 A 到外部
环境路由的度量
```

（4）DR 和 BDR 选举与控制。

```
A# show ip ospf neighbor
Neighbor ID    Pri    State        Dead Time    Address        Interface
192.168.1.2    1      FULL/BDR     00:00:30     192.168.1.2    FastEthernet0/0
192.168.2.2    1      FULL/BDR     00:00:36     192.168.2.2    FastEthernet0/1
```

通过查看,在 192.168.1.0/24 和 192.168.2.0/24 的网段内,因优先级都默认为 1 且 A 的路由 ID 大(为活动 IP 地址的最大值 202.196.32.1),因此 A 都是 DR。从拓扑图中很容易发现 A 的地位的重要性,因此需要将 A 充当各个网段的 DR。如果 A 不是 DR,那么通过更改优先级或路由 ID 的方式来使 A 成为 DR。操作如下:

```
A(config - router) ♯ router - id   A.B.C.D
//其中 A.B.C.D 为所有网段中最高的地址信息
A(config - if) ♯ ip ospf priority 2   //在某个网段所在接口上设置优先级
```

将上述配置所在的路由器重启后方可生效。

(5) OSPF 的 MD5 认证。

出于安全考虑,在实践中通常在 OSPF 路由协议中开启安全认证。其配置如下:

```
A(config - router) ♯ area 0 authentication message - digest
//首先启用认证方式
A(config - if) ♯ ip ospf message - digest - key 1 md5 123456
//在接口模式下设置 MD5 认证口令为 123456
```

同理,在 B 和 C 上也需要配置相同的认证方式和认证口令,否则 A、B、C 路由器之间将无法通信,请读者自行参考配置。

6. 实验故障排除与调试

OSPF 路由协议成为邻居的条件比较苛刻,因此在配置 MD5 认证的时候,需要将认证方式和认证口令保持一致,否则将无法实现通信。在路由选举控制中,所进行的更改必须在开启 OSPF 路由之前或者在 OSPF 路由开启后必须重启方可生效。

7. 实验报告要求

结合并参考本次实验范例,撰写实验报告。重点阐明 OSPF 路由协议原理、配置、故障管理和调试等。给出实验结果和实验总结。实验思考可选做。

8. 实验思考

(1) 在路由器 B、C 上开启和关闭路由汇总,路由会出现什么情况?

(2) 在路由器上如果认证方式或口令不一样,会出现什么状况?

3.2.6 OSPF 路由协议综合配置

1. 实验目的

(1) 掌握 OSPF 路由协议的配置。

(2) 熟悉 OSPF 在实际的网络搭建中的应用。

(3) 提高查阅资料与动手能力。

2. 实验内容

根据校园网拓扑,进行 OSPF 路由协议的基本配置,要求如下:

(1) 规划与分配 IP 地址。

(2) 用 OSPF 路由协议进行配置。

(3) 核心路由器成为 DR。

(4) 保证路由器的稳定。

(5) 在校园网区域中使用 MD5 认证。

(6) 保证校园网内网的安全,同时尽可能减少管理员工作量。

(7) 链路带宽符合用户上网要求。

（8）保证各校区的互连且能与 Internet 互连。

3. 实验原理与分析

涉及 IP 地址的划分及私有 IP 地址的使用，要求合理规划 IP 地址，可以从用户规模、实际需求进行考虑。保证路由器的稳定，可以为每个路由器配置环回接口，同时，环回接口的配置有可能使路由器成为 DR。OSPF 的安全认证，及其静态路由的重分布。在边界路由器上配置静态路由，不仅能提供网路安全方面的需求（能对外屏蔽内部网路），使用路由重分布还可以减少管理员的工作量。

4. 实验环境与网络拓扑

中小规模 OSPF 网络环境拓扑如图 3-16 所示。

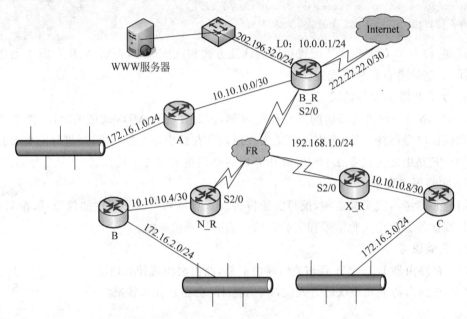

图 3-16　OSPF 综合配置环境拓扑示意图

5. 实验步骤

（1）B_R 路由器上的核心配置。

```
B_R(config)# interface loopback 0                      //环回接口配置
B_R(config-if)# ip address 10.0.0.1 255.255.255.0
B_R(config)# int s2/0
B_R(config-if)# encapsulation frame-relay ieft         //帧中继配置
B_R(config-if)# frame-relay map ip 192.168.1.2 102 broadcast
B_R(config-if)# frame-relay map ip 192.168.1.3 103 broadcast
B_R(config-if)# ip ospf network broadcast              ///定义网络类型为广播型
B_R(config)# router ospf 1
B_R(config-router)# network 10.10.10.0 0.0.0.3 area 0
  //OSPF 的路由通告
B_R(config-router)# network 202.196.32.0 0.0.0.255 area 0
```

```
B_R(config-router)#network 192.168.1.0 0.0.0.255 area 0
B_R(config)#ip route 0.0.0.0 0.0.0.0 serial 2/0            //静态路由
B_R(config)#router ospf 1
B_R(config-router)#default-information originate           //路由重分布
B_R(config)#int s2/0
B_R(config-if)#ip ospf priority 10                         //修改接口优先级
B_R(config-if)#ip ospf message-digest-key 1 MD5 123456
//MD5 区域认证
B_R(config-router)#area 0 authentication message-digest
```

（2）N_R 路由器上的核心配置。

```
N_R(config)#int s2/0
N_R(config-if)#encapsulation frame-relay ietf
N_R(config-if)#frame-relay map ip 192.168.1.1 201 broadcast
N_R(config-if)#frame-relay map ip 192.168.1.3 203 broadcast
N_R(config-if)#ip ospf network broadcast
N_R(config)#router ospf 2
N_R(config-router)#network 192.168.1.0 0.0.0.255 area 0
N_R(config-router)#network 10.10.10.4 0.0.0.3 area 0
N_R(config-if)#ip ospf message-digest-key 1 MD5 123456
//MD5 区域认证
N_R(config-router)#area 0 authentication message-digest
```

（3）X_R 路由器上的核心配置。

```
X_R(config)#int s2/0
X_R(config-if)#encapsulation frame-relay ietf
X_R(config-if)#frame-relay map ip 192.168.1.1 301 broadcast
X_R(config-if)#frame-relay map ip 192.168.1.2 302 broadcast
X_R(config-if)#ip ospf network broadcast
X_R(config)#router ospf 3
X_R(config-router)#network 192.168.1.0 0.0.0.255 area 0
X_R(config-router)#network 10.10.10.8 0.0.0.3 area 0
X_R(config-if)#ip ospf message-digest-key 1 MD5 123456
//MD5 区域认证
X_R(config-router)#area 0 authentication message-digest
```

（4）路由器 A 上的核心配置。

```
A(config)#router ospf 4
A(config-router)#network 10.10.10.0 0.0.0.3 area 0
A(config-router)#network 172.16.1.0 0.0.0.255 area 0
A(config-if)#ip ospf message-digest-key 1 MD5 123456
//MD5 区域认证
A(config-router)#area 0 authentication message-digest
```

（5）路由器 B 和路由器 C 上的核心配置同路由器 A。

（6）验证。

请读者自行给出各个路由器上的配置。

6. 实验故障排除与调试

在配置过程中，需要注意的地方就是在帧中继配置的过程中，要选用正确的帧中继网络类型，否则链路类型不一致，不能形成 OSPF 邻接，进而影响整个拓扑的信息交换与形成。其次，在配置区域认证时，密码与认证方式要一致，只有一致才能保证信息的匹配。

7. 实验报告要求

结合并参考本次实验范例，撰写实验报告。重点阐明 OSPF 路由协议的认证、修改优先级与带宽、默认路由的重分布等。给出实验结果和实验总结。实验思考可选做。本次实验从实际需求出发，涉及多个方面所学知识，但最主要的是检验对 OSPF 基本配置的掌握。在本次实验中，很多配置都是在日常管理与配置中能用到的。只有理论与实际相结合，才能真正体会到知识的用处及价值。

8. 实验思考

请查阅资料，学习多区域 OSPF 的配置。

3.2.7 EIGRP 路由协议配置

1. 实验目的

(1) 掌握 EIGRP 路由协议的基本配置。

(2) 掌握 EIGRP 的通配符掩码配置方法。

(3) 掌握 EIGRP 的自动汇总特性，以及如何关闭自动汇总。

(4) 掌握 EIGRP 的手工汇总。

(5) 掌握通过 ip default-network 命令配置 EIGRP 默认网络。

(6) 理解可行距离(FD)、通告距离(RD)及其可行性条件(FC)。

(7) 掌握 EIGRP 的认证配置。

2. 实验内容

根据拓扑进行 EIGRP 路由协议的基本配置，自动汇总、手工汇总以及通告默认网络，同时在配置的基础上，理解掌握 EIGRP 路由协议。

3. 实验原理

EIGRP 是一种距离矢量路由协议(Distance Vector Protocol)。EIGRP 使用了一种称为扩散更新算法 DUAL，在多台路由器之间通过一种并行的方式执行路由的计算，从而在保持无环路的拓扑时可以随时获得较快的收敛。EIGRP 的路由更新仍然是把距离矢量传送给它直连的邻居。但是这种更新并非周期性的，是部分更新，所以比典型的距离矢量路由协议使用的带宽要少得多。

EIGRP 是无类路由协议；支持认证，可使用 MD5 加密与明文认证两种方式；支持多协议，如 IP、IPX 和 AppleTalk。不足之处在于 EIGRP 路由协议是思科专有的，只能在纯思科设备的网络中使用。下面是一些验证命令：

- Show ip eigrp neighbors：用于显示运行 eigrp 路由协议的邻居关系。
- Show ip eigrp toplogy：显示 eigrp 路由协议的拓扑表。
- Show ip route eigrp：显示 eigrp 路由协议的路由表。
- Show ip eigrp traffic：显示 eigrp 协议数据包的通信状态。

4. 实验环境与网络拓扑

EIGRP 路由协议配置环境拓扑如图 3-17 所示。

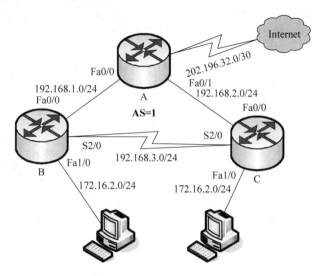

图 3-17 EIGRP 路由协议配置环境拓扑示意图

5. 实验步骤

（1）路由器基本配置。

参考 3.2.3 节中 IP 地址基本配置。其中时钟的设置请读者自行设定,如将 B 和 C 之间链路中的 B 设定为 DCE。

（2）EIGRP 路由协议配置。

```
A(config)#router eigrp 1                    //A 上 EIGRP 配置
A(config-router)#network 192.168.1.0 0.0.0.255
A(config-router)#network 192.168.2.0 0.0.0.255
B(config)#router eigrp 1                    //B 上 EIGRP 配置
B(config-router)#network 192.168.1.0 0.0.0.255
B(config-router)#network 192.168.3.0 0.0.0.255
B(config-router)#network 172.16.1.0 0.0.0.255
C(config)#router eigrp 1                    //C 上 EIGRP 配置
C(config-router)#network 192.168.2.0 0.0.0.255
C(config-router)#network 192.168.3.0 0.0.0.255
C(config-router)#network 172.16.2.0 0.0.0.255
```

（3）查看路由表情况。

```
A#show ip route
…//此处省略
Gateway of last resort is not set        //默认路由没有设置
D    172.16.0.0/16 [90/30720] via 192.168.1.2, 00:06:14, FastEthernet0/0
                   [90/30720] via 192.168.2.2, 00:06:14, FastEthernet0/1
C    192.168.1.0/24 is directly connected, FastEthernet0/0
C    192.168.2.0/24 is directly connected, FastEthernet0/1
```

```
D    192.168.3.0/24 [90/20514560] via 192.168.1.2, 00:07:44, FastEthernet0/0
                    [90/20514560] via 192.168.2.2, 00:06:27, FastEthernet0/1
     202.196.32.0/30 is subnetted, 1 subnets
C       202.196.32.0 is directly connected, Serial0/0/0
```

从上面路由器 A 的配置可以看出,A 去往 172.16.0.0/16 有两条等价路径。从 RIP 路由协议的分析可知,主要是由于在 B 和 C 上没有关闭自动汇总(不连续子网情况)造成的。

(4) 自动汇总关闭。

```
B(config - router)#no auto - summary
C(config - router)#no auto - summary
```

注意: 自动汇总的开启和关闭会造成路由器之间邻居关系的重新建立。此时,再次查看 A 上的路由表。

```
A#show  ip route
… 此处省略
Gateway of last resort is not set
172.16.0.0/24 is subnetted, 2 subnets
D       172.16.1.0 [90/30720] via 192.168.1.2, 00:00:50, FastEthernet0/0
D       172.16.2.0 [90/30720] via 192.168.2.2, 00:00:33, FastEthernet0/1
C    192.168.1.0/24 is directly connected, FastEthernet0/0
C    192.168.2.0/24 is directly connected, FastEthernet0/1
D    192.168.3.0/24 [90/20514560] via 192.168.1.2, 00:00:50, FastEthernet0/0
                    [90/20514560] via 192.168.2.2, 00:00:33, FastEthernet0/1
     202.196.32.0/30 is subnetted, 1 subnets
C       202.196.32.0 is directly connected, Serial0/0/0
```

可以看出,边界路由器下关闭自动汇总后,上述 A 去往 172.16.0.0/16 的问题解决。

(5) 默认路由的发布。

从拓扑图中可以看出,A 连接 ISP,因此需要在路由器 A 上进行默认路由的配置,并通过动态路由协议发布出去。

```
A(config)#ip route 0.0.0.0 0.0.0.0 s0/0/0    //默认路由的配置
A(config - router)#redistribute static       //通过路由重分布,将默认路由发布出去
```

此时,查看路由器 B 上的情况。

```
B#show ip route
… //此处省略
Gateway of last resort is 192.168.1.1 to network 0.0.0.0          //具有默认路由
     172.16.0.0/24 is subnetted, 2 subnets
C       172.16.1.0 is directly connected, FastEthernet1/0
D       172.16.2.0 [90/33280] via 192.168.1.1, 00:05:23, FastEthernet0/0
```

```
C      192.168.1.0/24 is directly connected, FastEthernet0/0
D      192.168.2.0/24 [90/30720] via 192.168.1.1, 00:05:40, FastEthernet0/0
C      192.168.3.0/24 is directly connected, Serial2/0
D * EX 0.0.0.0/0 [170/25122560] via 192.168.1.1, 00:05:40, FastEthernet0/0    //学习默认路由
```

（6）可行距离（FD）、通告距离（RD）及其可行性条件（FC）。

```
B♯ show ip eigrp topology
IP - EIGRP Topology Table for AS 1
Codes: P - Passive, A - Active, U - Update, Q - Query, R - Reply, r - Reply status
P 192.168.1.0/24, 1 successors, FD is 28160
        via Connected, FastEthernet0/0
P 192.168.3.0/24, 1 successors, FD is 20512000
        via Connected, Serial2/0
P 172.16.1.0/24, 1 successors, FD is 28160
        via Connected, FastEthernet1/0
P 192.168.2.0/24, 1 successors, FD is 30720
        via 192.168.1.1 (30720/28160), FastEthernet0/0
        via 192.168.3.2 (20514560/28160), Serial2/0
P 172.16.0.0/16, 1 successors, FD is 33280
        via 192.168.1.1 (33280/30720), FastEthernet0/0
P 172.16.2.0/24, 1 successors, FD is 33280
        via 192.168.1.1 (33280/30720), FastEthernet0/0
        via 192.168.3.2 (20514560/28160), Serial2/0
P 0.0.0.0/0, 1 successors, FD is 25122560
        via 192.168.1.1 (25122560/25120000), FastEthernet0/0
```

从拓扑图中可以看出，去往 192.168.2.0/24 有一个后继，FD 的为 30 720。同时，存在一个可行后继，因为 192.168.3.2 的 RD<FD，满足可行性条件。

（7）EIGRP 认证配置。

下面以 A 为例进行 EIGRP 的认证配置，可选做。

```
A♯configure terminal
A (config)♯key chain ccna                              //创建名称为 ccna 的密钥钥匙链
A (config - keychain)♯key 1                            //创建密码钥匙 1
A (config - keychain - key)♯key - string CISCO         //配置密文为 CISCO
A (config - keychain - key)♯exit
A (config - keychain)♯exit
//在 s0/0/0 接口下为 EIGRP 1 启用路由认证并使用 ccna 钥匙链
A (config)♯interface s0/0/0
A (config - if)♯ip authentication key - chain eigrp 1 ccna
A (config - if)♯ip authentication mode eigrp 1 md5
//设置认证模式为 md5 加密方式，即密码在传输过程中被加密. 如果不使用此命令，则密码会以
//明文方式进行传输
```

6. 实验故障排除与调试

在配置过程中，要特别注意的地方是自动汇总，默认的 EIGRP 中自动汇总是开启的。在网络中有不连续子网时，要关闭自动汇总，这也是配置过程中由于自动汇总没有关闭而造

成看似配置没错却不能通信的原因。需要汇总时,可以进行手工汇总。另外,实际应用中,为减少管理员的工作量,default-network 常常在边界路由器上被配置,这一点也需注意,配置成功与否可以通过查看内部路由器的路由表中是否有 D * 。

7. 实验报告要求

结合并参考本次实验范例,撰写实验报告。重点阐明 EIGRP 包类型、DUAL 工作原理等。给出实验结果和实验总结。实验思考可选做。本次实验对带宽、度量值、手动汇总的内容没有具体配置,其配置方法很简单,可以参考 OSPF 的配置。

8. 实验思考

(1) EIGRP 最多支持几条负载平衡?默认为几条?请尝试给出路由器 B 的配置,使其去往 192.168.2.0/24 存在两个后继。

(2) EIGRP 还支持非负载平衡,收集相关知识。

3.2.8 DHCP 配置

1. 实验目的

掌握路由器 DHCP 配置。

2. 实验内容

通过配置路由器 DHCP 功能使路由器对客户端进行地址分配操作。

3. 实验原理

DHCP 的工作流程分为 4 步:

(1) 客户端请求 IP(DHCP Discover)。

当客户端设置使用 DHCP 协议获取 IP 时,客户端将使用 0.0.0.0 作为源地址,使用 255.255.255.255 作为目的地址来广播请求 IP 地址的信息。广播信息中包含 DHCP 客户端的 MAC 地址和计算机名。

(2) 服务器响应(DHCP Offer)。

由于是广播,因此同一网段内的计算机都会接收到。DHCP 服务器接收到后,它首先会针对该次请求的信息所携带的 MAC 地址与 DHCP 主机本身的设置值进行对比。如果 DHCP 主机的设置中有针对该 MAC 提供的静态 IP(每次都给一个固定 IP),则提供给客户端相关的固定 IP 与相关的网络参数;如果该信息的 MAC 并不在 DHCP 主机的设置中,则 DHCP 主机会选取当前网段内没有使用的 IP 给客户端使用,服务器响应也是采用 255.255.255.255 的广播。如果同一网段内有多台 DHCP 服务器,那么客户端是看谁先响应,谁先响应就选择谁。同时,在 DHCP 主机发给客户端的信息中会附带一个"租约期限"信息,用来告诉客户端这个 IP 能用多久。

(3) 客户端选择 IP(DHCP Request)。

当客户端接收到响应的信息之后,首先会以 ARP 在网段内广播(ARP 使用全 1 的广播 MAC 地址),以确定来自 DHCP 服务器的 IP 没被占用。如果该 IP 被占用,那么客户端对于这次的 DHCP 信息将不接收,而是再次发送 DHCP 请求。若该 IP 没有被占用,客户端则接收 DHCP 服务器所给的网络参数。同时,客户端发出一个广播,通知所挑选的 DHCP 服务器(有多台 DHCP 服务器存在时),当然此时也是通知其他的 DHCP 服务器,让这些 DHCP 服务器将本预分配给客户端的 IP 释放掉。

注意：这一步客户端还没有从DHCP服务器获取到IP。所以这一步的源地址还是0.0.0.0，目的地址是255.255.255.255。

（4）服务器确认IP租约(DHCP ack/DHCP nak)。

DHCP服务器收到客户端选择IP的广播后，则以DHCP ack消息的形式向客户端广播成功的确认。DHCP ack包含IP、掩码、网关和DNS等。

4. 实验环境与网络拓扑

普通路由器1台(A)，普通交换机1台(B)，PC 3台(C、D、E)，直通线4条。交换机通过Fa0/1端口与路由器Fa0/0端口相连，3台PC分别与交换机Fa0/2、Fa0/3和Fa0/4相连。拓扑结构如图3-18所示。

5. 实验步骤

（1）路由器的配置。

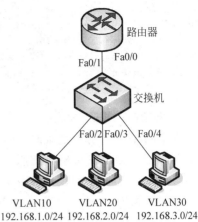

图3-18 DHCP配置环境拓扑示意图

```
//排除地址
Router(config)♯ ip dhcp excluded-address 192.168.1.1 192.168.1.10
Router(config)♯ ip dhcp excluded-address 192.168.2.1 192.168.2.10
Router(config)♯ ip dhcp excluded-address 192.168.3.1 192.168.3.10
//子接口配置与VLAN封装
Router(config)♯ int f0/0.10
Router(config-subif)♯ encapsulation dot1Q 10
//地址池的配置
Router(config)♯ ip dhcp pool vlan10
Router(dhcp-config)♯ default-router 192.168.1.1
Router(dhcp-config)♯ network 192.168.1.0 255.255.255.0
Router(dhcp-config)♯ dns-server 192.168.4.1
Router(dhcp-config)♯ exit
Router(config)♯ int f0/0.20
Router(config-subif)♯ encapsulation dot1Q 20
Router(config)♯ ip dhcp pool vlan20
Router(dhcp-config)♯ default-router 192.168.2.1
Router(dhcp-config)♯ network 192.168.2.0 255.255.255.0
Router(dhcp-config)♯ dns-server 192.168.4.1
Router(dhcp-config)♯ exit
Router(config)♯ int f0/0.30
Router(config-subif)♯ encapsulation dot1Q 30
Router(config)♯ ip dhcp pool vlan30
Router(dhcp-config)♯ default-router 192.168.3.1
Router(dhcp-config)♯ network 192.168.3.0 255.255.255.0
Router(dhcp-config)♯ dns-server 192.168.4.1
Router(dhcp-config)♯ exit
```

（2）交换机配置。

```
Switch(config-if)♯ int f0/1
```

```
Switch(config - if)♯switchport access trunk
Switch(config - if)♯int f0/2
Switch(config - if)♯switchport access vlan10
Switch(config - if)♯int f0/3
Switch(config - if)♯switchport access vlan20
Switch(config - if)♯int f0/4
Switch(config - if)♯switchport access vlan30
```

6. 实验故障排除与调试

为不同 VLAN 分配地址时要使用不同的 default-router 来对 VLAN 进行绑定和区分，不然客户端将无法找到相应的服务器。配置完成后在 PC 配置地址处选中 DHCP，稍后便可看到 PC 获取到 DHCP 服务器分配的 IP。如果没有获取预期的地址，则通过检查 DHCP 服务器的分配情况和人工在 PC 上静态分配地址两种相结合的方式进行故障排除。

7. 实验报告要求

结合并参考本次实验范例，撰写实验报告。重点阐明 DHCP 的工作原理、DHCP 在路由器上面的配置等。给出实验结果和实验总结。

8. 实验思考

(1) 当客户端无法找到 DHCP 服务器时，会怎样做？

提示：实际中，当客户端无法找到 DHCP 服务器时，它将从 TCP/IP 的 B 类网段 169.254.0.0 中挑选一个 IP 地址作为自己的 IP 地址，而继续每隔 5 分钟尝试与 DHCP 服务器进行通信（这里的 B 类地址被称为 APIPA，即自动分配私有 IP 地址）。

(2) 如果 DHCP 服务器和 PC 客户端不在同一个网段，怎么办？请关注 DHCP 中继帮助特性。

3.2.9 NAT 配置

1. 实验目的

(1) 掌握地址转换的配置。

(2) 掌握向外发布内部服务器地址转换的方法。

(3) 掌握私有地址访问 Internet 的配置方法。

2. 实验内容

在学校的实验室中，上网多采用代理，其原理为在一台服务器上装上两块网卡，一块对应内网用户，一块连接外网，在服务器上很容易实现配置，实现内网 IP 地址到公网 IP 地址的转换，实现实验室中众多计算机访问 Internet 的能力。同样，使用路由器，在路由器上做 NAT 配置，也可以实现上述功能。服务器具有 DHCP 功能，而在路由器上同样可以配置 DHCP，实现内网 IP 的自动分配，实现连接 Internet 的功能。

某学院实验室有三个机房，每个机房有 100 台计算机，而由于公有 IP 地址数量的限制，只有一块 202.192.32.0/28 的地址可以使用。为了使每个实验室中不用对计算机进行设置便可实现上网的目标，需要在路由器上应用 NAT 与 DHCP 技术实现此目标。

3. 实验原理

NAT 是一种把内部私有网络地址（IP 地址）翻译成合法网络 IP 地址的技术。简单地说,NAT就是在局域网内部网络中使用内部地址,而当内部结点要与外部网络进行通信时,就在网关或出口处将内部地址替换成公用地址,从而在外部公网(Internet)上正常使用。NAT可以使多台计算机共享Internet连接,这一功能很好地解决了公共IP地址紧缺的问题。通过这种方法,可以只申请一个合法IP地址就把整个局域网中的计算机接入Internet中。这时,NAT屏蔽了内部网络,所有内部网计算机对于公共网络来说是不可见的,而内部网计算机用户通常不会意识到NAT的存在。

NAT有三种类型:静态NAT(Static NAT)、动态地址NAT(Pooled NAT)和网络地址端口转换NAPT(Port-Level NAT)。

静态NAT设置起来最为简单和最容易实现,内部网络中的每个主机都被永久映射成外部网络中的某个合法地址。而动态地址NAT则是在外部网络中定义了一系列的合法地址,采用动态分配的方法映射到内部网络。NAPT则是把内部地址映射到外部网络的一个IP地址的不同端口上。根据不同的需要,三种NAT方案各有利弊。

动态地址NAT只是转换IP地址,它为每一个内部的IP地址分配一个临时的外部IP地址,主要应用于拨号,对于频繁的远程连接也可以采用动态NAT。当远程用户连接上之后,动态地址NAT就会分配给他一个IP地址,用户断开时,这个IP地址就会被释放而留待以后使用。

网络地址端口转换(Network Address Port Translation,NAPT)是人们比较熟悉的一种转换方式,又称为端口复用。NAPT普遍应用于接入设备中,它可以将中小型的网络隐藏在一个合法的IP地址后面。NAPT与动态地址NAT不同,它将内部连接映射到外部网络中一个单独的IP地址上,同时在该地址上加上TCP端口号用于区分。

4. 实验环境与网络拓扑

NAPT和DHCP结合实验环境拓扑如图3-19所示。

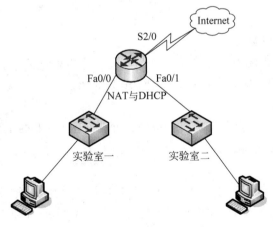

图3-19　NAT配置环境拓扑示意图

5. 实验步骤

(1)路由器上NAPT功能的配置。

```
Router(config)#ip nat pool nat 202.192.32.1 202.192.32.13
```

```
            netmask 255.255.255.240       //定义名为 NAT 的转换地址池
Router(config) # access - list 10 permit 192.168.1.0 0.0.0.255
 //定义访问控制列表
Router(config) # access - list 10 permit 192.168.2.0 0.0.0.255
Router(config) # ip nat inside source list 10 pool nat overload
//配置将 ACL 允许的源地址转换成 NAT 中的地址,地址复用
Router(config) # int f0/0
Router(config - if) # ip address 192.168.1.1 255.255.255.0
Router(config - if) # ip nat inside        //定义 Fa0/0 为内部接口
Router(config - if) # no shutdown
Router(config) # int f 0/1
Router(config - if) # ip address 192.168.2.1 255.255.255.0
Router(config - if) # ip nat inside        //定义 Fa0/1 为内部接口
Router(config - if) # no shutdown
Router(config) # int s2/0
Router(config - if) # ip address 202.192.32.1 255.255.255.0
Router(config - if) # ip nat outside       //定义 S2/0 为外部接口
Router(config - if) # no shutdown
```

（2）路由器上 DHCP 功能配置。

```
Router(config) # ip dhcp pool 1      //为 192.168.1.0 的网络设置 DHCP 池
Router(dhcp - config) # network 192.168.1.0 255.255.255.0
Router(dhcp - config) # default - router 192.168.1.1
Router(config) # ip dhcp pool 2      //为 192.168.2.0 的网络设置 DHCP 池
Router(dhcp - config) # network 192.168.2.0 255.255.255.0
Router(dhcp - config) # default - router 192.168.2.1
```

（3）缺省路由的配置。

```
Router(config) # ip route 0.0.0.0 0.0.0.0 s2/0       //配置路由器 NAT 的缺省路由
```

6. 实验故障排除与调试

在本次实验中,需要注意的地方为 NAT 上进行路由的配置,最佳配置为设置默认路由。在配置动态路由协议时,切忌不能把内网 IP 发布出去。

7. 实验报告要求

结合并参考本次实验范例,撰写实验报告。重点阐述 NAT 的工作原理,给出其配置步骤等。给出实验结果和实验总结。

8. 实验思考

（1）由于路由器价格比较昂贵,因此在实际环境中常使用双网卡服务器进行地址转换,其工作原理是什么?搜集资料,在虚拟机上安装 Windows Server 2008 进行配置,比较与在路由器上配置的区别。

（2）听说过 NAT＋PPPOE 吗? 关注此方面的资料。

3.2.10 ACL 配置

1. 实验目的

（1）掌握 ACL 的设计原则和工作过程。

（2）掌握标准 ACL 的配置方法。

（3）掌握扩展 ACL 的配置方法。

（4）掌握两种 ACL 的放置规则。

（5）掌握两种 ACL 调试和故障排除。

2．实验内容

（1）一台 3550EMI 交换机，划分三个 VLAN。端口 1～8 划分到 VLAN2，端口 9～16 划分到 VLAN3，端口 17～24 划分到 VLAN4。

（2）VLAN2 为服务器所在网络，命名为 server。IP 地址段为 192.168.2.0，子网掩码为 255.255.255.0，网关为 192.168.2.1，域服务器为 Windows Server 2008，同时兼作 DNS 服务器，IP 地址为 192.168.2.10。

（3）VLAN3 为客户端 1 所在网络，命名为 work01。IP 地址段为 192.168.3.0，子网掩码为 255.255.255.0，网关设置为 192.168.3.1。

（4）VLAN4 为客户端 2 所在网络，命名为 work02。IP 地址段为 192.168.4.0，子网掩码为 255.255.255.0，网关设置为 192.168.4.1。

（5）3550EMI 交换机作 DHCP 服务器，各 VLAN 保留 2～10 的 IP 地址不分配，例如 192.168.2.0 的网段，保留 192.168.2.2～192.168.2.10 的 IP 地址段不分配。

（6）VLAN3 和 VLAN4 不允许互相访问，但都可以访问服务器所在的 VLAN2。

3．实验原理

ACL 使用包过滤技术，在路由器上读取第三层及第四层包头中的信息，如源地址、目的地址、源端口和目的端口等，根据预先定义好的规则对包进行过滤，从而达到访问控制的目的。

网络中的结点分为资源结点和用户结点两大类，其中资源结点提供服务或数据，用户结点访问资源结点所提供的服务与数据。ACL 的主要功能就是一方面保护资源结点，阻止非法用户对资源结点的访问；另一方面限制特定的用户结点所能具备的访问权限。

在实施 ACL 的过程中，应当遵循如下两个基本原则：

（1）最小特权原则：只给受控对象完成任务所必需的最小权限。

（2）最靠近受控对象原则：标准 ACL 应该尽可能靠近接收站放置，扩展 ACL 应尽可能靠近发送站设备放置。

由于 ACL 是使用包过滤技术实现的，过滤的依据又仅仅是第三层和第四层包头中的部分信息，这种技术具有一些固有的局限性，如无法识别到具体的人，无法识别到应用内部的权限级别等。因此，要达到端到端的权限控制目的，需要和系统级及应用级的访问权限控制结合使用。

4．实验环境与网络拓扑

实验内容涉及的网络拓扑如图 3-20 所示。

5．实验步骤

（1）三层交换机上 VLAN 的基本配置和划分。

请读者自行参考前面实验的配置方式。

（2）各 VLAN 接口 IP 地址的配置。

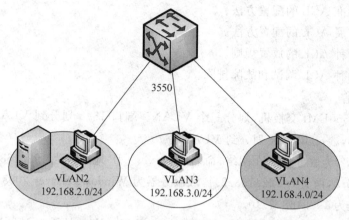

图 3-20 ACL 配置环境拓扑示意图

```
3550(config)# interface vlan2
3550(config-if)# ip address 192.168.2.1 255.255.255.0
3550(config)# interface vlan3
3550(config-if)# ip address 192.168.3.1 255.255.255.0
3550(config)# interface vlan4
3550(config-if)# ip address 192.168.4.1 255.255.255.0
```

（3）三层交换机上 DHCP 的配置。

```
3550(config)# ip dhcp excluded-address 192.168.2.2 192.168.2.10
3550(config)# ip dhcp excluded-address 192.168.3.2 192.168.3.10
3550(config)# ip dhcp excluded-address 192.168.4.2 192.168.4.10
3550(config)# ip dhcp pool test01
3550(dhcp-config)# network 192.168.2.0 255.255.255.0
3550(dhcp-config)# default-router 192.168.2.1
3550(dhcp-config)# dns-server 192.168.2.10
3550(config)# ip dhcp pool test02
3550(dhcp-config)# network 192.168.3.0 255.255.255.0
3550(dhcp-config)# default-router 192.168.3.1
3550(dhcp-config)# dns-server 192.168.2.10
3550(config)# ip dhcp pool test03
3550(dhcp-config)# network 192.168.4.0 255.255.255.0
3550(dhcp-config)# default-router 192.168.4.1
3550(dhcp-config)# dns-server 192.168.2.10
```

（4）ACL 的配置。

```
3550(config)# access-list 103 permit ip 192.168.2.0 0.0.0.255
          192.168.3.0 0.0.0.255
3550(config)# access-list 103 permit ip 192.168.3.0 0.0.0.255
          192.168.2.0 0.0.0.255
3550(config)# access-list 103 permit udp any any eq bootpc
3550(config)# access-list 103 permit udp any any eq tftp
```

```
3550(config)♯access-list 103 permit udp any eq bootpc any eq bootps
3550(config)♯access-list 103 permit udp any eq tftp any eq tftp
3550(config)♯access-list 104 permit ip 192.168.2.0 0.0.0.255 192.168.4.0 0.0.0.255
3550(config)♯access-list 104 permit ip 192.168.4.0 0.0.0.255 192.168.2.0 0.0.0.255
3550(config)♯access-list 104 permit udp any eq tftp any eq tftp
3550(config)♯access-list 104 permit udp any eq bootpc any eq bootpc
3550(config)♯access-list 104 permit udp any any eq bootpc
3550(config)♯access-list 104 permit udp any any eq tftp
```

（5）ACL 的放置。

```
3550(config)♯interface Vlan 3
3550(config-if)♯ip access-group 103 out
3550(config-if)♯interface Vlan 4
3550(config-if)♯ip access-group 104 out
```

6. 实验故障排除与调试

常见故障主要表现在进行 ACL 设置时至少要有一条 permit 语句,否则默认全部为 deny,网络将会出现中断故障。同时在 ACL 放置的时候,一定要严格按照放置规则。

7. 实验报告要求

结合并参考本次实验范例,撰写实验报告。重点阐述 ACL 的工作原理,扩展访问控制列表的应用与协议、放置规则等。给出实验结果和实验总结。实验思考部分可选做。

8. 实验思考

如果没有在 ACL103 和 ACL104 中允许 UDP 语句存在,会发生什么?

3.2.11 单臂路由配置

1. 实验目的

（1）掌握 VLAN 间通信的过程。

（2）了解单臂路由相对于普通未采用子接口模式路由方式的优缺点。

（3）熟练掌握单臂路由的基本配置。

（4）对单臂路由的应用能够进行拓展。

2. 实验内容

借助单臂路由实现不同 VLAN 间通信。

3. 实验原理

单臂路由器是通过单个物理接口在网络中的多个 VLAN 之间发送流量的路由器配置。

路由器接口被配置为中继链路,并以中继模式连接到交换机端口。通过接收中继接口上来自相邻交换机的 VLAN 标记流量,以及通过子接口在 VLAN 之间进行内部路由,路由器便可实现 VLAN 间路由。随后,路由器会将发往目的 VLAN 的 VLAN 标记流量从同一物理接口转发出去。

单臂路由主要是通过路由器的子接口来实现的,子接口是与同一物理接口相关联的多个虚拟接口。这些子接口在路由器的软件中配置(子接口单独配置有 IP 地址和分配的 VLAN),以便在特定的 VLAN 上运行。根据各自的 VLAN 分配,子接口被配置到不同的子网,以便在数据帧被标记 VLAN 并从物理接口发送之前进行逻辑路由。

4. 实验环境与网络拓扑

单臂路由实验网络拓扑如图 3-21 所示。

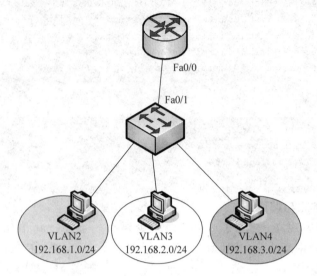

图 3-21　NAT 配置环境拓扑示意图

5. 实验步骤

(1) 交换机上进行 VLAN 划分。

请读者自行参考前面实验进行配置。

(2) 交换机和路由器直连端口进行 Trunk 封装。

```
Switch#conf t
Switch(config)#int f0/1
Switch(config-if)#switch mode trunk
```

(3) 路由器子接口及封装配置。

```
Router(config)#int f0/0.2
Router(config-subif)#encapsulation dot1Q 2
Router(config-subif)#ip add 192.168.1.1 255.255.255.0
Router(config)#int f0/0.3
Router(config-subif)#encapsulation dot1Q 3
Router(config-subif)#ip add 192.168.2.1 255.255.255.0
Router(config)#int f0/0.4
Router(config-subif)#encapsulation dot1Q 4
Router(config-subif)#ip add 192.168.3.1 255.255.255.0
Router(config)#int f0/0
Router(config-if)#no shutdown
```

(4) 配置验证。

请读者验证路由器上的路由表信息和 PC 之间通信的情况,会发现路由器上存在三条直连路由。

6. 实验故障排除与调试

本次实验可能存在 PC 间通过 ping 命令连不通问题。解决方式首先是确保交换机和路由器间采用正确的线缆。其次,交换机与路由器直连端口必须封装 Trunk。路由子接口确定封装正确的 VLAN 和 IP 地址。最后确保 PC 的 IP 地址和网关位于同一个网络地址范围内。

7. 实验报告要求

结合并参考本次实验范例,撰写实验报告。重点阐述交换机 Trunk 的基本原理和封装技术,路由器子接口模式下的 Dot1q 封装。利用一台 Catalyst2918 及一台常规三层设备进行验证,最后给出查看和常见故障排除方法。给出实验结果和实验总结。实验思考部分可选做。

8. 实验思考

(1) 单臂路由中路由器单个接口最多可以封装多少个 VLAN? 其决定因素是什么?

(2) 若为了保证 VLAN 的正常通信,在路由器和交换机之间增加一条冗余链路,不同 VLAN 间的通信是以负载均衡的方式,还是只通过一条路径进行通信?

3.2.12 IPv6 配置

1. 实验目的

(1) 掌握 IPv6 的基本地址结构和配置。

(2) 掌握 IPv6 路由协议的配置。

(3) 掌握查看相关配置命令。

(4) 掌握 IPv6 和 IPv4 通信的基本配置。

2. 实验内容

(1) IPv6 的两种地址配置方法。

(2) RIPng 路由器协议的配置。

(3) 客户端 IPv6 的安装。

(4) IPv6 和 IPv4 的双协议栈配置。

3. 实验原理

IPv6(Internet Protocol Version 6)是 IETF 设计的用于替代现行版本 IP 协议——IPv4 的下一代 IP 协议。

在路由器上启用 IPv6 需执行两个基本步骤。首先必须在路由器上启用 IPv6 流量转发,然后必须配置需要使用 IPv6 的各接口。

在默认情况下,CISCO 路由器会禁用 IPv6 流量转发。要启用接口之间的 IPv6 流量转发,必须配置全局命令 ipv6 unicast-routing。ipv6 address 命令可以配置全局 IPv6 地址。给接口指定地址时,会自动配置本地链路地址。必须指定完整的 128 位 IPv6 地址,或者通过使用 eui-64 选项指定使用 64 位前缀。

在 IPv6 中配置支持的路由协议时,必须创建路由进程,在接口上启用路由进程,并针对特定网络定制路由协议。如配置路由器运行 IPv6 RIP 之前,使用 ipv 6unicast-routing 全局配置命令全局性地启用 IPv6,并在所有要启用 IPv6 RIP 的接口上启用 IPv6。要在路由器上启用 RIPng 路由,使用 ipv6 router ripname 全局配置命令。name 参数表示 RIP 进程。此后,在参与接口上配置 RIPng 时会用到此进程名称。

RIPng 不使用 network 命令来标示哪些接口应当运行 RIPng，而是在接口配置模式下使用 ipv6 rip name enable 命令在接口上启用 RIPng。name 参数必须与 ipv6 router rip 命令中的名称参数匹配。

4. 实验环境与网络拓扑

IPv6 实验拓扑网络如图 3-22 所示。

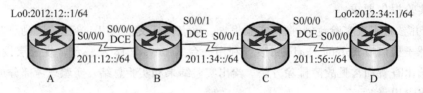

图 3-22　IPv6 配置环境拓扑示意图

5. 实验步骤

（1）路由器 A 上的配置。

① 启用 IPv6。

```
A(config)#ipv6 unicast-routing
```

② IPv6 地址配置。

```
A(config)#interface Loopback0
A(configR1(config-if)#ipv6 address 2012:11::1/64
A(config)#interface Serial0/0/0
A(config-if)#ipv6 address 2011:12::1/64
```

③ RIPng 的配置。

```
A(config)#ipv6 router rip cisco
A(config-rtr)#split-horizon              //启用水平分割
A(config-rtr)#poison-reverse             //启用毒性逆转
A(config)#interface Loopback0
A(config-if)#ipv6 rip cisco enable       //在接口上启用 RIPng
A(config)#interface Serial0/0/0
A(config-if)#ipv6 rip cisco enable
A(config-if)#ipv6 rip cisco default-information originate
//注入一条默认路由
A(config-if)#no shutdown
A(config)#ipv6 route ::/0 Loopback0      //配置默认路由
```

（2）路由器 B 的配置。

① 启用 IPv6。

```
B(config)#ipv6 unicast-routing
```

② IPv6 地址配置。

```
B(config)♯interface Serial0/0/0
B(config-if)♯ipv6 address 2011:12::2/64
B(config-if)♯clock rate 64000        //DCE
```

③ RIPng 的配置。

```
B(config)♯ipv6 router rip cisco
B(config-rtr)♯split-horizon          //启用水平分割
B(config-rtr)♯poison-reverse         //启用毒性逆转
B(config)♯interface Serial0/0/0
B(config-if)♯ipv6 rip cisco enable
```

（3）路由器 C 的配置。

请读者参考上面的步骤配置。

（4）路由器 D 的配置。

请读者参考上面的步骤配置。

（5）实验调试。

常见的命令如下：

```
show ipv6 route next
show ipv6 rip next-hops
show ip protocols
show ipv6 rip database
debug ipv6 rip
```

（6）IPv6 和 IPv4 通信配置，以双协议栈为例进行配置。

CISCO IOS 12.2(2)T 版及后续版本（带有相应的功能集）可兼容 IPv6。在接口上完成 IPv4 与 IPv6 基本配置后，该接口便成为双协议栈接口，可转发 IPv4 和 IPv6 流量。

```
B(config)♯interface Serial0/0/0
B(config-if)♯ip address 192.168.1.1 255.255.255.0    //IPv4 地址配置
B(config)♯ipv6 unicast-routing                        //开启 IPv6 流量转发
B(config)♯interface Serial0/0/0
B(config-if)♯ipv6 address 2011:12::2/64               //IPv6 地址配置
```

（7）终端 PC 上 IPv6 安装，以 Windows XP 为例。

① IPv6 协议栈的安装。

选择"开始"→"运行"命令，执行 ipv6 install。

② IPv6 地址设置。

选择"开始"→"运行"命令，执行 netsh 进入系统网络参数设置环境，然后执行 interface ipv6，进入 netsh interface ipv6>模式，再执行 add address "本地连接" 2001:da8:207::9402。

③ IPv6 默认网关设置。

在上述系统网络参数设置环境中执行"add route ::/0"本地连接"2001:da8:207::9401 publish＝yes"。

④ 网络测试命令。

常见命令为 ping6、tracert6。

6. 实验故障排除与调试

本次实验常见问题表现在 IPv6 中配置支持的路由协议时,必须开启 IPv6 转发,然后创建路由进程后,需要在接口上启用路由进程。

7. 实验报告要求

结合并参考本次实验范例,撰写实验报告。重点阐述 IPv6 的特征、路由器和主机上的配置方法,最后给出查看和常见故障排除方法。给出实验结果和实验总结。实验思考部分可选做。

8. 实验思考

(1) 如果在路由器 B 和 C 之间采用 eui-64 选项指定使用 64 位前缀,请问如何配置?

(2) 查找相关资料,配置关于 IPv6 中 OSPFv3 的配置。

3.2.13 路由重分布配置

1. 实验目的

(1) 掌握重分布的概念与原理。

(2) 掌握种子度量值的配置。

(3) 掌握路由重分布参数的配置。

(4) 掌握静态路由重分布的配置。

(5) 掌握 RIP 和 EIGRP 重分布的配置。

(6) 掌握 EIGRP 和 OSPF 重分布的配置。

(7) 熟悉重分布路由的查看和调试。

2. 实验内容

(1) 静态路由重分布。

(2) RIP 与 EIGRP 间路由重分布。

(3) EIGRP 与 OSPF 间路由重分布。

3. 实验原理

当许多运行多路由的网络要集成到一起时,必须在这些不同的路由选择协议之间共享路由信息。在路由选择协议之间交换路由信息的过程被称为路由重分布(Route Redistribution)。

路由重分布为在同一个互联网络中高效地支持多种路由协议提供了可能,执行路由重分布的路由器被称为边界路由器。因为它们位于两个或多个自治系统的边界上。路由重分布时计量单位和管理距离是必须要考虑的。每一种路由协议都有自己的度量标准,所以在进行重分布时必须转换度量标准,使得它们兼容。种子度量值(Seed Metric)是定义在路由重分布里的,它是一条从外部重分布进来的路由的初始度量值。

路由重分布应该考虑到如下一些问题:

(1) 路由环路。路由器有可能从一个自治系统学到的路由信息发送回该自治系统,特别是在做双向重分布的时候。

(2) 路由信息的兼容问题。每一种路由协议的度量标准不同,所以路由器通过重分布所选择的路径可能并非最佳路径。

(3) 不一致的收敛时间。因为不同的路由协议收敛的时间不同。

4. 实验环境与网络拓扑

路由协议重分布配置环境拓扑如图 3-23 所示。

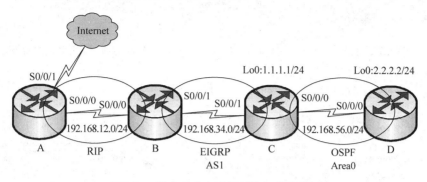

图 3-23　路由重分布配置环境拓扑示意图

5. 实验步骤

（1）路由器 A 的配置。

① 基本配置。

```
A(config)＃interface Serial0/0/0
A(config－if)＃ip address 192.168.12.1 255.255.255.0          //地址配置
A(config)＃ip route 0.0.0.0 0.0.0.0 s0/0/1                    //默认路由的配置
```

② 路由协议 RIPv2 的配置。

```
A(config)＃router rip
A(config－router)＃version 2
A(config－router)＃no auto－summary
A(config－router)＃network 192.168.12.0
```

③ 重分布静态路由。

```
A(config－router)＃redistribute static metric 3        //重分布静态路由
```

注意：在向 RIP 区域重分布路由的时候，必须指定度量值，或者通过 default-metric 命令设置缺省种子度量值。只有重分布静态特殊，可以不指定种子度量值。

（2）路由器 B 的配置。

① 基本配置。

```
B(config)＃interface Serial0/0/0
B(config－if)＃ip address 192.168.12.2 255.255.255.0       //地址配置
B(config)＃interface Serial0/0/1
B(config－if)＃ip address 192.168.34.2 255.255.255.0       //地址配置
```

② 路由协议 EIGRP 的配置。

```
B(config)＃router eigrp 1
B(config－router)＃no auto－summary
B(config－router)＃network 192.168.34.0
```

③ 重分布 RIP。

```
B(config-router)#redistribute rip metric 1000 100 255 1 1500
//将 RIP 重分布到 EIGRP 中
```

注意：因为 EIGRP 的度量相对复杂，所以重分布时需要分别指定带宽、延迟、可靠性、负载以及 MTU 参数的值。

④ 路由协议 RIP 的配置。

```
B(config)#router rip
B(config-router)#version 2
B(config-router)#no auto-summary
B(config-router)#network 192.168.12.0
```

⑤ 重分布 EIGRP 的配置。

```
B(config-router)#redistribute eigrp 1      //将 EIGRP 重分布到 RIP 中
B(config-router)#default-metric 4          //配置默认种子度量值
```

注意：在 redistribute 命令中用参数 metric 指定的种子度量值优先于路由模式下使用 default-metric 命令设定的默认的种子度量值。

（3）路由器 C 的配置。

① 基本配置。

```
C(config)#interface Serial0/0/0
C(config-if)#ip address 192.168.56.3 255.255.255.0      //地址配置
C(config)#interface Serial0/0/1
C(config-if)#ip address 192.168.34.3 255.255.255.0      //地址配置
C(config)#interface loopback 0
C(config-if)#ip address 1.1.1.1 255.255.255.0           //地址配置
```

② 路由协议 EIGRP 的配置。

```
C(config)#router eigrp 1
C(config-router)#no auto-summary
C(config-router)#network 192.168.34.0
C(config-router)#network 1.1.1.0 0.0.0.255
```

③ 重分布 OSPF 到 EIGRP 中。

```
C(config-router)#redistribute ospf 1 metric 1000 100 255 1 1500
//将 OSPF 重分布到 EIGRP 中
C(config-router)#distance eigrp 90 150          //配置 EIGRP 默认管理距离
```

④ 路由协议 OSPF 的配置。

```
C(config)#router ospf 1
C(config-router)#router-id 3.3.3.3
C(config-router)#network 192.168.56.0 0.0.0.255 area 0
```

⑤ 重分布 EIGRP 到 OSPF 中。

```
C(config - router)♯redistribute eigrp 1 metric 30 metric - type 1 subnets
//将 EIGRP 重分布到 OSPF 中
C(config - router)♯default - information originate always
```

（4）路由器 D 的配置。

① 基本配置。

```
D(config)♯interface Serial0/0/0
D(config - if)♯ip address 192.168.56.4 255.255.255.0          //地址配置
Dconfig)♯interface loopback 0
D(config - if)♯ip address 2.2.2.2 255.255.255.0               //地址配置
```

② 路由协议 EIGRP 的配置。

```
D (config)♯router ospf 1
D(config - router)♯router - id 4.4.4.4
D(config - router)♯network 2.2.2.0 0.0.0.255 area 0
D(config - router)♯network 192.168.56.0 0.0.0.255 area 0
```

（5）调试与查看。

路由器 A 上重分布进 RIP 的默认路由被路由器 B 学习到，路由代码为"R∗"；在路由器 C 上重分布进来的 OSPF 路由也被路由器 B 学习到，路由代码为"DEX"。这说明 EIGRP 能够识别内部路由和外部路由。默认的时候，内部路由的管理距离是 90，外部路由的管理距离是 170。

从路由器 B 上重分布进 EIGRP 的路由被路由器 C 学习到，路由代码为"D∗EX"，同时 EIGRP 外部路由的管理距离被修改成 150。

从路由器 C 上重分布进 OSPF 的路由被路由器 D 学习到，路由代码为"O E1"，同时学到由 C 注入的路由代码为"O E2"的默认路由。

请读者依据 show ip route 命令自行分析。

6. 实验故障排除与调试

本次实验的常见问题表现在路由重分布参数的配置，请读者重点是关注种子度量值的含义和在路由协议中的度量标准。

7. 实验报告要求

结合并参考本次实验范例，撰写实验报告。重点是路由重分布的基本概念，常见路由协议间的重分布配置。给出实验结果和实验总结。

8. 实验思考

思考一下 OSPF 与 ISIS 的重分布如何配置。

3.2.14 帧中继配置

1. 实验目的

（1）掌握帧中继的基本概念、DLCI 含义、LMI 作用、静态和动态映射区别。

（2）掌握帧中继的基本配置，如接口封装、DLCI 配置和 LMI 配置等。

（3）能够对帧中继进行基本故障排除。

2. 实验内容

使用 CISCO 路由器给出帧中继的工作过程，并验证网络的通信状况。

3. 实验原理

帧中继（Frame Relay）是一种用于连接计算机系统的面向分组的通信方法。它主要用在公共或专用网上的局域网互连以及与广域网连接。帧中继是面向连接的第二层传输协议，是典型的包交换技术。相比而言，同样带宽的帧中继通信费用比 DDN 专线要低，而且允许用户在帧中继交换网络比较空闲的时候以高于 ISP 所承诺的速率进行传输。

用户经常需要租用线路把分散在各地的网络连接起来，如果采用点到点的专用线路，则每个点需要租用 ISP 的多条物理线路。采用帧中继时，每个路由器只通过一条线路连接到帧中继云上，从而租用线路的代价大大降低。

DLCI（数据链路标识符）实际上就是帧中继网络中的第二层地址。LMI 提供了一个帧中继交换机和路由器之间的简单信令。在帧中继交换机和路由器之间必须采用相同的 LMI 类型，CISCO 路由器在较高版本的 IOS 中具有自动检测 LMI 类型的功能。路由器要通过帧中继网络把 IP 数据包发到下一跳路由器时，它必须知道 IP 和 DLCI 的映射才能进行帧的封装。有两种方法可以获得该映射：一种是静态映射，由管理员手工输入；另一种是动态映射。默认情况下，路由器帧中继接口是开启动态映射的。

子接口实际上是一个逻辑的接口，并不存在真正物理上的接口。子接口有两种类型：点到点和点到多点。当采用点到点子接口时，每一个子接口用来连接一条 PVC，每条 PVC 的另一端连接到另一路由器的一个子接口或物理接口。这种子接口的连接与通过物理接口连接的点对点连接效果是一样的。每一对点到点的连接都是在不同的子网上。

一个点到多点子接口被用来建立多条 PVC，这些 PVC 连接到远端路由器的多点子接口或物理接口。这时，所有加入连接的接口都应该在同一个子网上。点到多点子接口和一个没有配置子接口的物理主接口相同，路由更新要受到水平分割的限制。默认情况下，多点子接口水平分割是开启的。

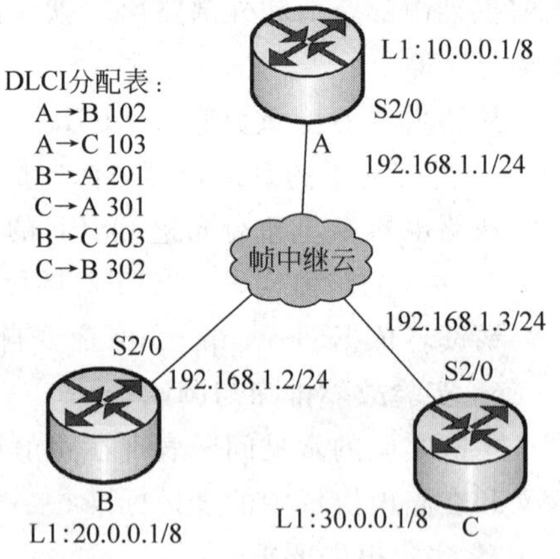

4. 实验环境与网络拓扑

帧中继配置环境拓扑如图 3-24 所示。

图 3-24　帧中继配置环境拓扑示意图

5. 实验步骤

1）路由器 A、B、C 的基本配置

```
A(config)# interface serial 2/0
A(config-if)# ip address 192.168.1.1 255.255.255.0          //网云设备充当 DCE
A(config-if)# no shutdown
A(config)# interface Loopback1                              //网络环回接口的配置
A(config-if)# ip address 10.0.0.1 255.0.0.0
B(config)# interface serial 2/0
```

```
B(config - if) # ip address 192.168.1.2 255.255.255.0
B(config - if) # no shutdown
B(config) # interface Loopback1
B(config - if) # ip address 20.0.0.1 255.0.0.0
C(config) # interface serial 2/0
C(config - if) # ip address 192.168.1.3 255.255.255.0
C(config - if) # no shutdown
C(config) # interface Loopback1
C(config - if) # ip address 30.0.0.1 255.0.0.0
```

2) 帧中继配置、封装数据、建立 PVC 映射

```
A(config) # interface serial 2/0
A(config - if) # encapsulation frame - relay ietf        //帧中继封装的配置
A(config - if) # frame - relay lmi - type ansi           //LMI 配置
A(config - if) # frame - relay map ip 192.168.1.3 103 broadcast    //映射配置且支持广播
A(config - if) # frame - relay map ip 192.168.1.2 102 broadcast

B(config) # interface serial 2/0
B(config - if) # encapsulation frame - relay ietf
B(config - if) # frame - relay lmi - type ansi
B(config - if) # frame - relay map ip 192.168.1.1 201 broadcast
B(config - if) # frame - relay map ip 192.168.1.3 203 broadcast

C(config) # interface serial 2/0
C(config - if) # encapsulation frame - relay ietf
C(config - if) # frame - relay lmi - type ansi
C(config - if) # frame - relay map ip 192.168.1.1 301 broadcast
C(config - if) # frame - relay map ip 192.168.1.2 302 broadcast
```

3) 帧中继上 RIP 路由协议的配置

```
A(config) # router rip
A(config - router) # version 2
A(config - router) # network 192.168.1.0
A(config - router) # network 10.0.0.0

B(config) # router rip
B(config - router) # version 2
B(config - router) # network 192.168.1.0
B(config - router) # network 20.0.0.0

C(config) # route rip
C(config - router) # version 2
C(config - router) # network 192.168.1.0
C(config - router) # network 30.0.0.0
```

4）验证

```
A#show ip route
…//此处省略
C    10.0.0.0/8 is directly connected, Loopback1
R    20.0.0.0/8 [120/1] via 192.168.1.2, 00:00:11, Serial2/0
R    30.0.0.0/8 [120/1] via 192.168.1.3, 00:00:08, Serial2/0
C    192.168.1.0/24 is directly connected, Serial2/0
```

可知在路由器 A 上学习到 B 和 C 上的路由信息。

5）帧中继上子接口的配置和 OSPF 的配置

（1）帧中继上子接口的配置。

```
A(config)#interface serial 2/0
A(config-if)#encapsulation frame-relay ietf
A(config-if)#frame-relay lmi-type ansi
A(config)#interface serial 2/0.1 point-to-point
A(config-subif)#frame-relay interface-dlci 102
A(config-subif)#ip address 192.168.1.1 255.255.255.252
A(config-subif)#interface serial 2/0.2 point-to-point
A(config-subif)#frame-relay interface-dlci 103
A(config-subif)#ip address 192.168.1.5 255.255.255.252
A(config)#interface fastEthernet 0/0
A(config-if)#ip address 192.168.2.1 255.255.255.0
A(config-if)#no shutdown
B(config)#interface serial 2/0
B(config-if)#ip address 192.168.1.2 255.255.255.252
B(config-if)#no shutdown
B(config-if)#ip ospf network point-to-point
B(config)#interface fastEthernet 0/0
B(config-if)#ip address 192.168.3.1 255.255.255.0
B(config-if)#no shutdown
B(config-if)#encapsulation frame-relay ietf
B(config-if)#frame-relay lmi-type ansi
B(config-if)#frame-relay map ip 192.168.1.1 201 broadcast
C(config)#interface serial 2/0
C(config-if)#ip address 192.168.1.6 255.255.255.252
C(config-if)#no shutdown
C(config-if)#ip ospf network  point-to-point
C(config)#interface fastEthernet 0/0
C(config-if)#ip address 192.168.4.1 255.255.255.0
C(config-if)#no shutdown
C(config-if)#encapsulation frame-relay ietf
C(config-if)#frame-relay lmi-type ansi
C(config-if)#frame-relay map ip 192.168.1.1 301 broadcast
```

（2）OSPF 路由协议配置。

```
A(config)#router ospf 1
A(config-router)#network 192.168.1.2 0.0.0.3 area 0
```

```
A(config - router)♯network 192.168.1.6 0.0.0.3 area 0
A(config - router)♯network 192.168.2.1 0.0.0.255 area 0
B(config)♯router ospf 1
B(config - router)♯network 192.168.1.1 0.0.0.3 area 0
B(config - router)♯network 192.168.3.1 0.0.0.255 area 0
C(config)♯router ospf 1
C(config - router)♯network 192.168.1.5 0.0.0.3 area 0
C(config - router)♯network 192.168.4.1 0.0.0.255 area 0
```

6) 帧中继交换机的配置

(1) 在实验室网络中,通常是路由器充当帧中继交换机,下面给出其核心配置。

① 开启帧中继交换功能。

```
R(config)♯frame - relay switching      //路由器充当帧中继交换机配置
```

② 配置接口封装。

```
R(config)♯int s0/0/0
R(config - if)♯no shutdown
R(config - if)♯clock rate 64000        //接口为 DCE,需要提供时钟
R(config - if)♯encapsulation frame - relay ietf
```

③ 配置 LMI。

```
R(config - if)♯frame - relay lmi - type ansi
R(config - if)♯frame - relay lmi - type dce   //配置接口是帧中继的 DCE
```

④ 配置帧中继交换表。

```
R(config - if)♯frame - relay route 102 interface s0/0/1 201      //配置帧中继交换表,
//告知路由器如果从接口 s0/0/0 收到 DLCI 为 102 的帧,则从 s0/0/1 转发出去并标记 DLCI 为 201
R(config - if)♯frame - relay route 103 interface s0/1/0 301
```

(2) PacketTracer 上网云的配置。

① 接口帧中继封装、LMI、DLCI 配置如图 3-25 所示。

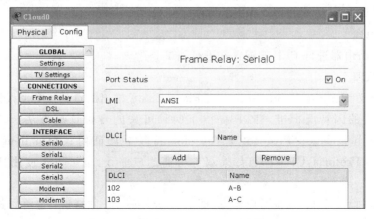

图 3-25 PacketTracer 下网云帧中继配置

② 帧中继交换表的配置如图 3-26 所示。

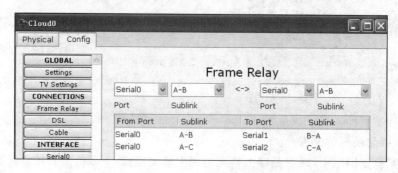

图 3-26　PacketTracer 下帧中继交换表配置

6. 实验故障排除与调试

属于同一个网段的三个路由器都应该可以互相通过 Ping 命令连通。如果不通请检查连接线类型是否正确,时钟是否由网云提供,路由器封装和网云配置是否正确。

7. 实验报告要求

结合并参考本次实验范例,撰写实验报告。重点阐述帧中继的基本概念、基本配置、路由协议在帧中继上的配置,最后给出查看和排除常见故障的方法。给出实验结果和实验总结。实验步骤(5)、(6)和实验思考部分可选做。

8. 实验思考

(1) 如果在不同的网段不使用子接口能进行通信吗? 为什么? 应该如何解决?

(2) DLCI 号的范围是多少? 应该遵循什么样的规则?

(3) 如果要求 B 与 C 之间的通信通过 A,如何配置?

3.2.15　PPP 配 置

1. 实验目的

(1) 理解串行链路上的封装概念。

(2) 熟悉 PPP 封装。

(3) 掌握 PAP 认证的特点和配置方法。

(4) 掌握 CHAP 认证的特点和配置方法。

2. 实验内容

使用两台路由器进行 PPP 的配置并进行测试。

3. 实验原理

点到点协议(Point to Point Protocol,PPP)是 IETF 推出的点到点类型线路的数据链路层协议,是正式的因特网标准。PPP 提供了两种可选的身份认证方法:口令认证协议(Password Authentication Protocol,PAP)和挑战握手认证协议(Challenge Handshake Authentication Protocol,CHAP)。如果双方协商达成一致,也可以不使用任何身份认证方法。

PAP 认证过程:PAP 认证可以单方,即由一方认证另一方身份;也可以进行双向身份认证,这时要求被认证的双方都要通过对方的认证程序,否则无法建立二者之间的链路。

PAP认证使用两次握手并使用明文发送。

CHAP认证过程：CHAP认证使用三次握手来执行认证并使用密文发送。

4. 实验环境与网络拓扑

普通路由器两台,分别是A和B,通过交叉线将各自的S2/0端口连接,PPP配置环境拓扑如图3-27所示。

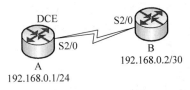

图3-27 PPP配置环境拓扑示意图

5. 实验步骤

(1) 路由器的基本配置和PPP封装。

```
A(config)#interface Serial2/0
A(config-if)#ip address 192.168.0.1 255.255.255.0
A(config-if)#clock rate 9600
A(config-if)#encapsulation ppp
A(config-if)#no shutdown

B(config)#interface Serial2/0
B(config-if)#ip address 192.168.0.2 255.255.255.0
B(config-if)#encapsulation ppp
```

(2) PAP认证的配置。

```
A(config)#username B password 123
A(config)# interface Serial2/0
A(config-if)#ppp authentication pap
A(config-if)#ppp pap sent-username A password 123
//A和B设置的password可以不一致
B(config)#username A password 123
B(config)# interface Serial2/0
B(config-if)#ppp authentication pap
B(config-if)#ppp pap sent-username B password 123
```

(3) CHAP认证的配置。

```
A(config)#username B password 123
A(config)# interface Serial2/0
A(config-if)#ppp authentication chap

B(config)#username A password 123
B(config)# interface Serial2/0
B(config-if)#ppp authentication chap
```

6. 实验故障排除与调试

常见故障主要表现在路由器通过串行线连接,充当 DCE 的一段必须配置时钟,否则通信将不能正常进行。同时还包括 CHAP 口令设置不相同,PAP 认证时忘记配置发送用户名和密码这条语句。

7. 实验报告要求

结合并参考本次实验范例,撰写实验报告。重点阐述 PPP 封装、PAP 认证和 CHAP 认证,并对常见错误进行说明,给出查看和常见故障排除方法,给出实验结果和实验总结。实验思考部分可选做。

8. 实验思考

如果仅单方面提供认证,请问如何配置? 例如,在 PAP 认证中,A 充当服务器端,B 充当客户端,仅通过 A 认证即可通信,如何配置?

3.3　中小型网络综合案例

1. 实验目的

(1) 熟练掌握中小型局域网地址规划能力。

(2) 熟悉各种典型的常见网络管理配置。

(3) 熟练掌握帧中继的配置。

(4) 熟练掌握 OSPF 在当前典型局域网中的配置与应用。

(5) 熟练掌握 ACL 安全访问策略在网络中的应用。

2. 场景描述

某公司下含 A、B 两个子公司,C 为总部。A、B、C 三个公司通过帧中继技术实现公司间的通信。C_BR 为公司总部的边界路由。三个公司访问外网必须通过 C_BR。为了使公司高效、安全地运转,公司提出以下需求:

(1) 所有三层设备运行 OSPF 路由协议。C_BR 向 A、B、C 三个公司注入一条默认路由,并在访问外网时做 NAT 地址转换。

(2) A 公司分配 192.168.1.0/24 的网络;B 公司分配 192.168.2.0/24 的网络;C 公司分配 192.168.3.0/24 的网络;C 总部同时申请一块 125.10.10.0/26 地址空间。

(3) A 公司为了管理方便,在所有的交换设备上运行 VTP,且划分 4 个 VLAN。客户不受地址位置的限制。地址分配采用 DHCP(由 A_MS 完成)。A_WWW_DNS 充当 A 公司的 WWW 服务器和 DNS(域名为 www.a.com)。

(4) B 公司网络情况如下:满足移动客户较多的情况,搭建了无线网络。B_WWW_DNS 充当 B 公司的 WWW 服务器和 DNS(域名为 www.b.com)。为了安全,B_WWW 仅仅供 B 公司内部访问。

(5) C 公司网络情况如下:搭建了服务器群,其中 C_WWW_DNS 充当 WWW 服务器和 DNS(域名为 www.c.com)。C_WWW_A 仅仅供 A 公司访问;C_WWW_B 仅仅供 B 公司访问。

(6) C 中的 Admin 可以对各公司的三层设备进行远程管理。

(7) 请自行分配地址和网络划分。

3. 实验环境与网络拓扑

实验涉及的网络环境拓扑如图 3-28 所示。

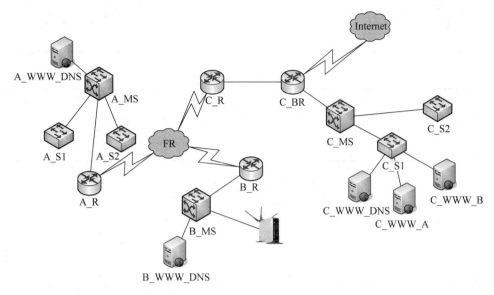

图 3-28　中小型网络环境拓扑示意图

4. 实验步骤

（1）地址规划如表 3-2～表 3-7 所示。

表 3-2　A_MS 地址规划表

A_MS 接口	VLAN	IP
VLAN 1		10.0.0.2/30
Fa0/3	Trunk	
Fa0/4	Trunk	
VLAN10		192.168.1.1/26
VLAN20		192.168.1.65/26
VLAN30		192.168.1.129/26
VLAN40		192.168.1.193/26

表 3-3　A_R 地址规划表

A_R 接口	IP	DLCI
Fa0/0	10.0.0.1/30	
S2/0	202.196.32.2/30	201

表 3-4　B_R 地址规划表

B_R 接口	IP	DLCI
S2/0	202.196.32.6/30	301
Fa0/0	10.0.0.5/30	

表 3-5　B_MS 地址规划表

B_MS 接口	VLAN	IP
VLAN10		192.168.2.1/25
VLAN20		192.168.2.129/25
VLAN1		10.0.0.6/30

表 3-6　C_R 地址规划表

C_R 接口	DLCI	IP
S2/0.102	102	202.196.32.1/30
S2/0.103	103	202.196.32.5/30
Fa0/0		10.0.0.9/30

表 3-7　C_MS 地址规划表

C_MS 接口	VLAN	IP
VLAN10		10.0.0.10/30
VLAN30		192.168.3.1/25
VLAN40		192.168.3.129/25
VLAN20		10.0.0.13/30

(2) A、B、C 三个公司通过帧中继技术实现公司间的通信。

```
C_R(config)＃int s2/0
C_R(config-if)＃encapsulation frame-relay
C_R(config-if)＃exit
C_R(config)＃int s2/0.102 point-to-point
C_R(config-subif)＃frame-relay interface-dlci 102
C_R(config-subif)＃ip add 202.196.32.1 255.255.255.252
C_R(config)＃int s2/0.103 point-to-point
C_R(config-subif)＃frame-relay interface-dlci 103
C_R(config-subif)＃ip add 202.196.32.5 255.255.255.252

B_R(config)＃int s2/0
B_R(config-if)＃encapsulation frame-relay
B_R(config-if)＃frame-relay interface-dlci 301
B_R(config-subif)＃ip add 202.196.32.6 255.255.255.252
B_R(config-if)＃exit

B_R(config)＃int s2/0
B_R(config-if)＃encapsulation frame-relay
B_R(config-if)＃frame-relay interface-dlci 201
B_R(config-subif)＃ip add 202.196.32.2 255.255.255.252
B_R(config-if)＃exit
```

(3) 所有三层设备(如路由、三层交换)运行 OSPF 路由协议。

```
A_MS(config)＃route ospf 1
A_MS(config-router)＃network192.168.1.0 0.0.0.63 area 0
A_MS(config-router)＃network 192.168.64.0 0.0.0.63 area 0
```

```
A_MS(config-router)#network 192.168.1.192 0.0.0.63 area 0
A_MS(config-router)#network 192.168.1.128 0.0.0.63 area 0
A_MS(config-router)#network 10.0.0.0 0.0.0.3 area 0

A_R(config)#route ospf 1
A_R(config-router)#network 10.0.0.0 0.0.0.3 area 0
A_R(config-router)#network 202.196.32.0 0.0.0.3 area 0
A_R(config)#int s2/0
A_R(config-if)#ip ospf network point-to-point

B_MS(config)#route ospf 1
B_MS(config-router)#network 192.168.2.1 0.0.0.127 area 0
B_MS(config-router)#network 192.168.2.128 0.0.0.127 area 0
B_MS(config-router)#network 10.0.0.4 0.0.0.3 area 0
B_R(config)#route ospf 1
B_R(config-router)#network 202.196.32.4 0.0.0.3 area 0
B_R(config-router)#network 10.0.0.4 0.0.0.3 area 0
B_R(config-router)#exit
B_R(config)#int s2/0
B_R(config-if)#ip ospf network point-to-poin

C_R(config)#int s2/0.102
C_R(config-subif)#ip ospf network point-to-poin
C_R(config-subif)#int s2/0.103
C_R(config-subif)#ip ospf network point-to-poin
C_R(config-subif)#exit
C_R(config)#route ospf 1
C_R(config-router)#network 202.196.32.0 0.0.0.3 area 0
C_R(config-router)#network 202.196.32.4 0.0.0.3 area 0
C_R(config-router)#network 10.0.0.8 0.0.0.3 area 0
C_R(config-router)#exit

C_MS(config)#route ospf 1
C_MS(config-router)#network 10.0.0.8 0.0.0.3 area 0
C_MS(config-router)#network 192.168.3.0 0.0.0.127 area 0
C_MS(config-router)#network 192.168.3.128 0.0.0.127 area 0
C_MS(config-router)#network 10.0.0.12 0.0.0.3 area 0
```

(4) C_BR 向 A、B、C 三个公司注入一条默认路由,并在访问外网时做 NAT 地址转换。

```
C_BR(config)#ip route 0.0.0.0 0.0.0.0 s2/0
C_BR(config)#route ospf 1
C_BR(config-router)#network 10.0.0.12 0.0.0.3 area 0
C_BR(config)#route ospf 1
C_BR(config-router)#default-information originate
C_BR(config-router)#exit

C_BR(config)#ip nat pool abc 125.10.10.5 125.10.10.62 netmask 255.255.255.192
C_BR(config)#access-list 1 permit 192.168.0.0 0.0.255.255
```

```
C_BR(config)#ip nat inside source list 1 pool abc
C_BR(config)#int f0/0
C_BR(config-if)#ip nat inside
C_BR(config-if)#int s2/0
C_BR(config-if)#ip nat outside
```

（5）A 公司为了管理方便，在所有的交换设备上运行 VTP，且划分 4 个 VLAN。客户不受地址位置的限制。地址分配采用 DHCP（由 A_MS 充当）。A_WWW_DNS 充当 A 公司的 WWW 服务器和 DNS（域名为 www.a.com）。

① A_MS 充当 VTP 服务器并划分 VLAN。

```
A_MS(config)#vtp domai ccna
A_MS(config)#vtp password ccna
A_MS(config)#vlan 10
A_MS(config-vlan)#vlan20
A_MS(config-vlan)#vlan30
A_MS(config-vlan)#vlan40
```

② A_S1、A_S2 充当 VTP 客户端，并为接口分配 VLAN。

```
A_S1(config)#vtp domain ccna
A_S1(config)#vtp password ccna
A_S1(config)#vtp mode client
A_S1(config)#int f0/1
A_S1(config-if)#switch access vlan10
A_S1(config-if)#int f1/1
A_S1(config-if)#switch access vlan20
```

③ 以 A_S1 为例，将三层交换机和客户端间线路模式配成 Trunk。

```
A_S1(config)#int f2/1
A_S1(config-if)#switchport mode trunk
```

④ 为 VLAN 管理 IP 地址。

```
A_MS(config)#int   vlan10
A_MS(config-if)#ip add 192.168.1.1 255.255.255.192
A_MS(config-if)#no shut
A_MS(config-if)#int vlan20
A_MS(config-if)#ip add 192.168.1.65 255.255.255.192
A_MS(config-if)#no shutdown
```

⑤ 为不同 VLAN 分配 DHCP 池。

```
A_MS(config)#ip dhcp pool vlan10
A_MS(dhcp-config)#network 192.168.1.0 255.255.255.192
A_MS(dhcp-config)#default-router 192.168.1.1
A_MS(dhcp-config)#dns-server 192.168.1.62
```

```
A_MS(dhcp-config)♯exit
A_MS(config)♯ip dhcp pool vlan20
A_MS(dhcp-config)♯network 192.168.1.64 255.255.255.192
A_MS(dhcp-config)♯default-router 192.168.1.65
A_MS(dhcp-config)♯dns-server 192.168.1.62
A_MS(dhcp-config)♯exit
```

（6）C公司网络情况如下：搭建了服务器群，其中 C_WWW_DNS 充当 WWW 服务器和 DNS(域名为 www.c.com)。C_WWW_A 仅仅供 A 公司访问；C_WWW_B 仅仅供 B 公司访问。

```
C_R(config)♯access-list 102 deny tcp 0.0.0.0 0.0.0.0 host 192.168.2.2 eq 53
C_R(config)♯permit any any
C_R(config)♯int s2/0
C_R(config-if)♯ip access-group 102 in
B_R(config)♯access-list 101 deny tcp 0.0.0.0 0.0.0.0 host 192.168.3.2 eq 53
B_R(config)♯permit any any
B_R(config)♯int s2/0
B_R(config-if)♯ip access-group 101 in
```

（7）以 A_R 为例，进行设备远程访问配置。

```
A_R(config)♯line vty 0 4
A_R(config-line)♯password abc
A_R(config-line)♯login
A_R(config-line)♯exit
```

（8）无线路由器的配置请参考第 2 章。

5. 实验故障排除与调试

对于配置 OSPF 后，3 个网络可能会不能学习到相互之间的路由信息，其原因可能是网络类型不一致。因为只有 3 个网络的网络类型相同才会成为邻居，从而进行路由信息的交换。其次是对于 DHCP 的分配，每个 VLAN 需要一个 DHCP 地址池，默认的路由器地址为此 VLAN 的管理地址。必须要注意的就是 VLAN 的管理地址配置后，一定要开启 VLAN。

6. 实验报告要求

结合并参考本次实验范例，撰写实验报告。重点阐述涉及的基本原理、配置方法、常见故障排除方法。给出实验结果和实验总结。

第 4 章 | Windows Server 2008 操作系统

网络操作系统(NOS)是网络的心脏和灵魂,是向网络计算机提供服务的特殊操作系统。它在计算机操作系统下工作,使计算机操作系统增加了网络操作所需要的能力。Windows Server 2008 是微软最新一个服务器操作系统。使用 Windows Server 2008,IT 专业人员对其服务器和网络基础结构的控制能力更强,从而可重点关注关键业务需求。Windows Server 2008 通过加强操作系统和保护网络环境提高了安全性。通过加快 IT 系统的部署与维护,使服务器和应用程序的合并与虚拟化更加简单,提供直观管理工具。Windows Server 2008 为任何组织的服务器和网络基础结构奠定了最好的基础。

本章实验体系和知识结构如表 4-1 所示。

表 4-1　本章实验体系和知识结构

类别	实验名称	实验类型	实验难度	知识点	备注
磁盘管理	基本磁盘操作	验证	★★	简单卷	
	高级磁盘操作	验证	★★★	跨区卷、带区卷、镜像卷及 Raid-5 卷	
基本服务	DNS 服务配置	验证	★★★	DNS 服务	
	Web 服务配置	验证	★★★	IIS 服务	
	FTP 服务配置	验证	★★	IIS 服务	选作
	DHCP 服务配置	验证	★★★	DHCP 服务	
活动目录	活动目录的安装	验证	★★★	活动目录的基本概念	
	活动目录的基本配置	验证	★★★★	活动目录中的用户和组织单位	
	组策略的管理	验证	★★★★	组策略的概念和管理	

4.1　磁盘管理

4.1.1　基本的磁盘操作

1. 实验目的

掌握简单卷的操作,熟悉磁盘管理工具。

2. 实验内容

通过磁盘管理工具创建简单卷,并对简单卷进行基本操作(扩展、压缩)。

3. 实验原理

1) 基本磁盘和动态磁盘

当硬件安装完成以后,新的磁盘或空白磁盘既可以初始化成基本磁盘,又可以初始化成动态磁盘。但是,要创建一个新的容错(Fault-Tolerant,FT)磁盘系统,用户必须将磁盘升级为动态磁盘。

动态磁盘与基本磁盘相比,不再采用以前的分区方式,而是叫卷集,它的作用其实和分区相一致,但具有以下区别:

(1)可以任意更改磁盘容量。动态磁盘在不重新启动计算机的情况下可更改磁盘容量大小,而且不会丢失数据。而基本磁盘如果要改变分区容量,就会丢失全部数据(当然也有一些特殊的磁盘工具软件可以改变分区而不会破坏数据,如 PQ Magic 等)。

(2)磁盘空间的限制。动态磁盘可被扩展到磁盘中不连续的磁盘空间,还可以创建跨磁盘的卷集,将几个磁盘合为一个大卷集。而基本磁盘的分区必须是同一磁盘上的连续空间,分区的最大容量当然也就是磁盘的容量。

(3)卷集或分区个数。动态磁盘在一个磁盘上可创建的卷集个数没有限制,相对的基本磁盘在一个磁盘上最多只能分 4 个区,而且使用 DOS 或 Windows 9x 时只能分一个主分区和扩展分区。

2)简单卷

简单卷包含单一磁盘上的磁盘空间,和分区功能一样。但建立好简单卷之后,可以扩展到同一磁盘中的其他非连续空间中。

4. 实验环境

运行 Windows Server 2008 R2 操作系统的 PC 1 台(或使用虚拟机),这台 PC 具有 3 块以上的硬盘。

5. 实验步骤

(1)打开磁盘管理工具。选择"开始"→"管理工具"→"计算机管理"命令,打开如图 4-1 所示界面。

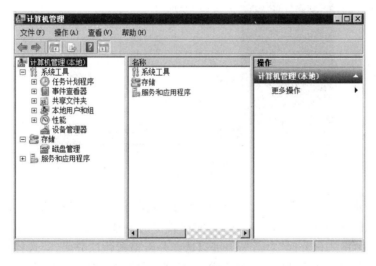

图 4-1　计算机管理界面

单击"磁盘管理",出现如图 4-2 所示界面。

(2)创建简单卷。选取一块未分配的磁盘区域,单击右键,在弹出的快捷菜单中选择"新建简单卷"命令,出现如图 4-3 所示界面。

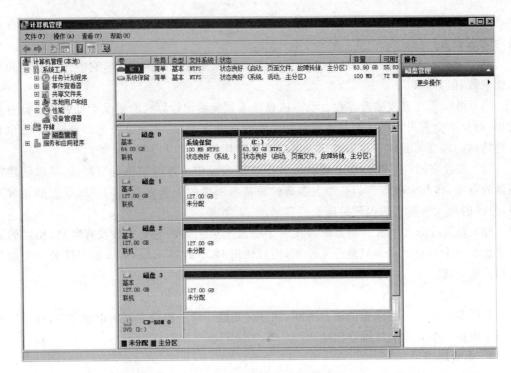

图 4-2 磁盘管理界面

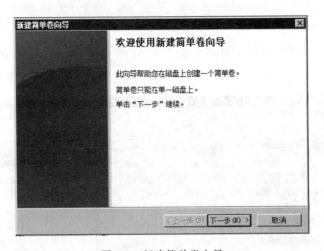

图 4-3 新建简单卷向导

单击"下一步"按钮,出现如图 4-4 所示界面,根据需要输入卷的大小,单位是 MB。单击"下一步"按钮,出现如图 4-5 所示界面,完成其中的单选框选择,单击"下一步"按钮。在如图 4-6 所示的"格式化分区"对话框中可以选择是否格式化该分区,若选择格式化该分区,则要做相应设置。上述所有内容设置完成,系统进入向导的"完成"对话框,并列出用户所设置的所有参数。单击"完成"按钮,系统开始格式化该分区。

(3) 针对简单卷的其他操作。

① 指定活动分区。

如果需要在新创建的简单卷上安装操作系统并使之能够引导系统,则必须将该简单卷

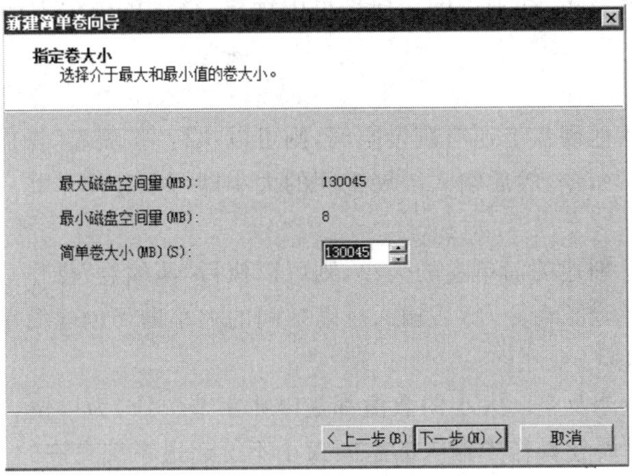

图 4-4　指定卷大小

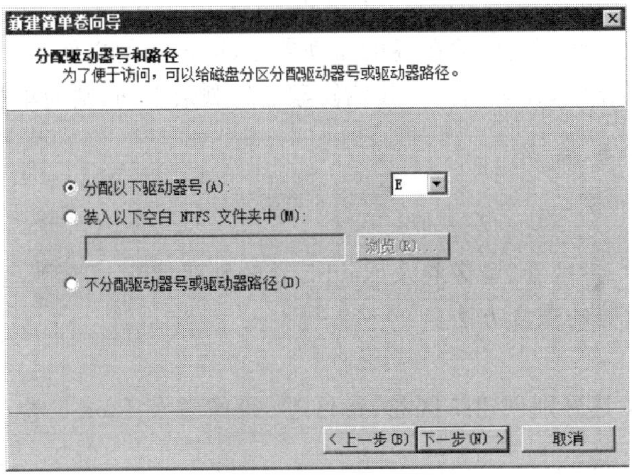

图 4-5　分配驱动器号和路径

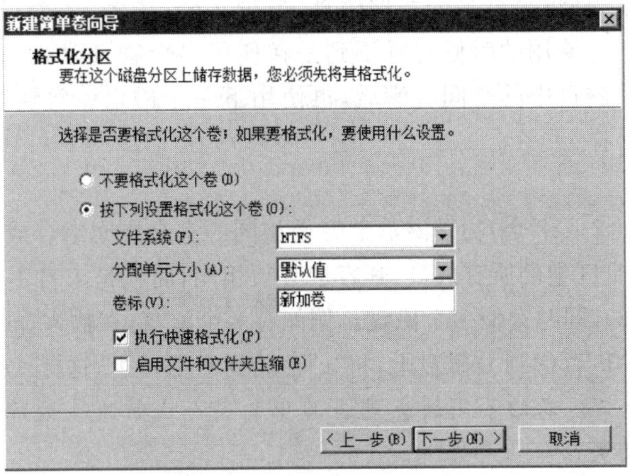

图 4-6　格式化分区

设置为"活动"。鼠标右击,在弹出的快捷菜单中选择"将分区标记为活动分区"命令即可创建简单卷。

② 扩展卷。

如果该硬盘或其他硬盘上还有剩余空间,则可以执行"扩展卷"操作。鼠标右击,在弹出菜单中选择"扩展卷"命令,然后输入扩展空间的大小即可创建简单卷。

③ 压缩卷。

如果需要减少已创建的简单卷的大小,则可以执行"压缩卷"操作。鼠标右击,在弹出的快捷菜单中选择"压缩卷"命令,然后输入压缩空间的大小即可创建简单卷。

6. 实验注意事项

(1) 操作过程中涉及空间大小的数值都是以兆字节(MB)为单位。

(2) 压缩卷及扩展卷操作中输入的空间大小不能超过系统允许的范围。

7. 实验报告要求

结合并参考本次实验范例,撰写实验报告,详细写出配置过程,写出实验总结。

8. 实验思考

(1) 如果想修改已经创建的简单卷的驱动器号,应该如何操作?

(2) 在扩展卷操作中,如果选择了其他硬盘上的剩余空间,则简单卷会有什么变化?

4.1.2 高级磁盘操作

1. 实验目的

(1) 掌握跨区卷、带区卷、镜像卷及 Raid-5 卷的创建方法。

(2) 掌握磁盘故障的恢复方法。

2. 实验内容

使用磁盘管理工具分别创建跨区卷、带区卷、镜像卷及 Raid-5 卷,并模拟磁盘故障,练习磁盘故障的恢复方法。

3. 实验原理

1) 跨区卷

跨区卷也叫卷集,是将来自多个物理磁盘(最少 2 个,最多 32 个)的未分配空间合并到一个逻辑卷中。用户在使用的时候感觉不到是在使用多个物理磁盘,在向跨区卷中写入数据时必须先将第一个磁盘中的空间写满后,再使用下一个磁盘。每块物理磁盘中用来组成逻辑的空间可以不一样。

2) 带区卷

带区卷是将多个(2~32 个)物理磁盘上容量相同的空余空间组合成一个卷。在 Windows NT 中称为带区卷。带区卷的所有成员,其容量必须相同,而且是来自不同的物理磁盘。采用磁盘阵列技术(Raid-0),同时存储多个磁盘。例如有 3 个磁盘,在输入"abc"时,它会同时将"a"存储到 A 磁盘上,将"b"存储到 B 磁盘上,将"c"存储到 C 磁盘上,这样就提高了存储速度。

注意:跨区卷和带区卷的共同缺点是当其中的某个成员发生故障后,整个跨区卷或者带区卷的数据都会丢失。

3) 镜像卷

镜像卷是单一卷的两份相同的拷贝,每一份在一个磁盘上。它提供容错能力,又称为

Raid-1 技术。它的原理是在两个磁盘之间建立完全的镜像,所以数据会被同时存放到两个物理磁盘上,当一个磁盘出故障时,还可以从另一个磁盘中读取数据,因此安全性得到保障。但系统的成本大大提高,因为系统的实际有效空间仅为所有磁盘空间的一半。

4) Raid-5 卷

Raid-5 卷为了提供容错功能,要求至少 3 个磁盘。Raid-5 在每个磁盘上存放数据又存放校验位,校验位分散分布。这样,任意一个磁盘发生故障时,计算机还能正常工作,并且能够根据校验位计算出丢失的数据。由于存放校验位,因此尽管逻辑磁盘容量为物理磁盘之和,但是可用空间会减少一个磁盘的容量。以 3 磁盘为例,就只能利用 2/3 的空间。校验位的平均分布具有更高的可靠性。

4. 实验环境

运行 Windows Server 2008 R2 操作系统的 PC 1 台(或使用虚拟机)。PC 具有 3 块以上的硬盘。

5. 实验步骤

(1) 打开磁盘管理工具。选择"开始"→"管理工具"→"计算机管理"命令,打开图 4-1 所示界面。单击"磁盘管理",出现图 4-2 所示界面。

(2) 创建跨区卷、带区卷、镜像卷及 Raid-5 卷。

① 跨区卷。

选取一块未分配的磁盘区域右击,在弹出的快捷菜单中选择"新建跨区卷"命令,出现"新建跨区卷"对话框,单击"下一步"按钮,出现如图 4-7 所示界面。

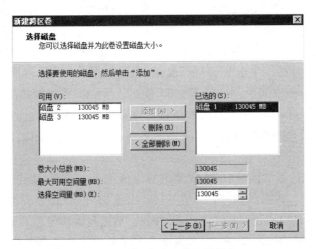

图 4-7 "新建跨区卷"对话框

选择 2 块或 3 块磁盘,每块磁盘指定 2000MB 的空间量,单击"下一步"按钮。后续步骤和创建简单卷的步骤相同。

注意:系统会提示将基本磁盘转换为动态磁盘,并且将无法安装引导操作系统。

完成后在磁盘管理中会出现如图 4-8 所示界面。紫色区域显示的部分即是跨区卷。

② 带区卷。

选取一块未分配的磁盘区域右击,在弹出的快捷菜单中选择"新建带区卷"命令,出现"新建带区卷向导"对话框,单击"下一步"按钮,出现如图 4-7 所示界面。选择 2 块或 3 块磁

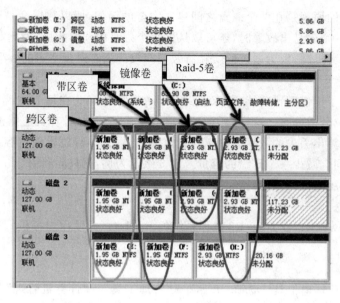

图 4-8 创建后的界面

盘,每块磁盘指定 2000MB 的空间量,单击"下一步"按钮。后续步骤和创建简单卷的步骤相同。

注意:每块磁盘指定的空间量必须相同。

完成后在磁盘管理中会出现如图 4-8 所示界面。绿色区域显示的部分即是带区卷。

③ 镜像卷。

选取一块未分配的磁盘区域右击,在弹出的快捷菜单中选择"新建镜像卷"命令,出现"新建镜像卷向导"对话框,单击"下一步"按钮,出现如图 4-7 所示界面。选择 2 块磁盘,每块磁盘指定 3000MB 的空间量,单击"下一步"按钮。后续步骤和创建简单卷的步骤相同。

注意:只能选择偶数块硬盘,每块磁盘指定的空间量必须相同。

完成后在磁盘管理中会出现如图 4-8 所示界面。棕色区域显示的部分即是镜像卷。

④ Raid-5 卷。

选取一块未分配的磁盘区域右击,在弹出的快捷菜单中选择"新建 Raid-5 卷"命令,出现"新建 Raid-5 卷向导"对话框,单击"下一步"按钮,出现如图 4-7 所示界面。选择 3 块磁盘,每块磁盘指定 3000MB 的空间量,单击"下一步"按钮。后续步骤和创建简单卷的步骤相同。

注意:只能选择 3 块以上的硬盘,每块磁盘指定的空间量必须相同。

完成后在磁盘管理中会出现如图 4-8 所示界面。浅绿色区域显示的部分即是 Raid-5 卷。

注意:本书因为图印成了黑白图,故图中颜色显示不出来。

(3) 磁盘故障处理。

当系统中有某块硬盘出现故障无法使用时(实验中模拟故障的方法是摘除一块硬盘),在磁盘管理中可以看到如图 4-9 所示界面,其中带区卷和跨区卷都提示"失败"并无法使用,而镜像卷和 Raid-5 卷则提示"失败的重复"并仍可以使用。

这时换上新的硬盘,重新启动后进入磁盘管理会提示初始化磁盘,单击"确定"按钮可以看到如图 4-10 所示界面。此时,跨区卷和带区卷已无法修复,可以直接删除。右击失败的

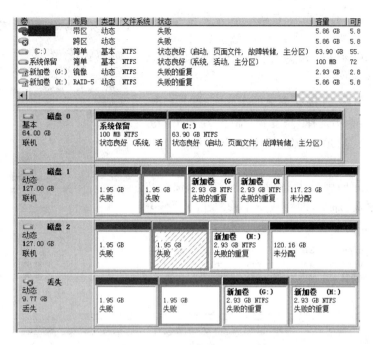

图 4-9　硬盘出现故障后的界面

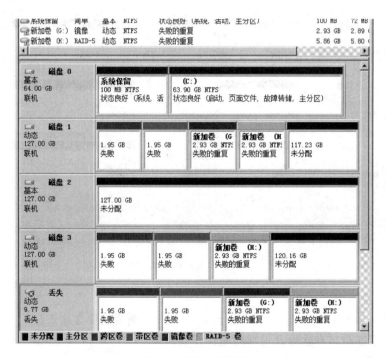

图 4-10　添加新硬盘

跨区卷和带区卷,从弹出的快捷菜单中选择"删除卷"命令即可。

对于镜像卷,首先需要删除丢失的镜像,然后重建镜像。右击失败的镜像卷,从弹出的快捷菜单中选择"删除镜像"命令,出现如图 4-11 所示界面,选中"丢失",然后单击"删除镜

Windows Server 2008 操作系统

像"按钮。这时,原有的镜像卷就会成为简单卷。单击右键,从弹出的快捷菜单中选择"添加镜像"命令,在弹出的界面中选择一块硬盘,单击"添加镜像"按钮,该镜像卷即被修复。

对于 Raid-5 卷,直接在失败的 Raid-5 卷上右击,从弹出的快捷菜单中选择"修复卷"命令,在弹出的界面中选择一块硬盘,单击"确定"按钮,该 Raid-5 卷即被修复。

最后,在丢失的硬盘上右击,从弹出的快捷菜单中选择"删除磁盘"命令,即完成整个修复工作。修复后的磁盘管理界面如图 4-12 所示。

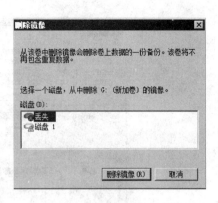

图 4-11 "删除镜像"对话框

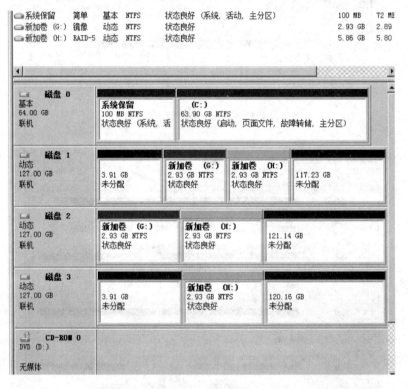

图 4-12 磁盘修复

6. 实验注意事项

(1) 创建镜像卷至少需要 2 块硬盘,创建 Raid-5 卷至少需要 3 块硬盘。

(2) 跨区卷和带区卷在硬盘损坏后无法修复。

7. 实验报告要求

结合并参考本次实验范例,撰写实验报告,详细写出配置过程,写出实验总结。

8. 实验思考

(1) 简单卷能否直接升级为镜像卷?

(2) 如果有 2 块硬盘损坏,Raid-5 卷能否修复?

4.2 DNS 服务配置

1. 实验目的

(1) 掌握 DNS 服务器的安装、配置方法。

(2) 熟悉 DNS 客户端的配置方法。

(3) 掌握 DNS 服务器的测试方法。

2. 实验内容

在服务器上安装 DNS 服务,并进行配置;配置客户端使用该 DNS 服务;验证 DNS 服务是否正确安装。

3. 实验环境

运行 Windows Server 2008 R2 操作系统的 PC 1 台(或虚拟机),运行 Windows XP 操作系统的 PC 1 台。

4. 实验步骤

(1) DNS 服务器的安装。

确认操作系统已安装了 TCP/IP 协议,首先设置服务器自己 TCP/IP 协议的 DNS 配置,建议将 DNS 服务器的 IP 地址设为静态。

① 运行"开始"→"管理工具"→"服务器管理器"命令,打开如图 4-13 所示界面。

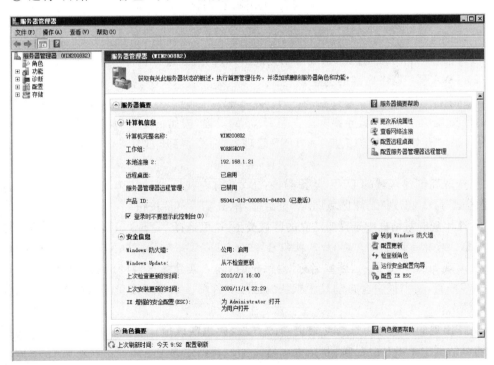

图 4-13　服务器管理器

② 选择"角色"选项,单击"添加角色"按钮,出现"添加角色向导"对话框。

③ 单击"下一步"按钮,在如图 4-14 所示对话框中选中"DNS 服务器"选项,然后单击

"下一步"按钮。

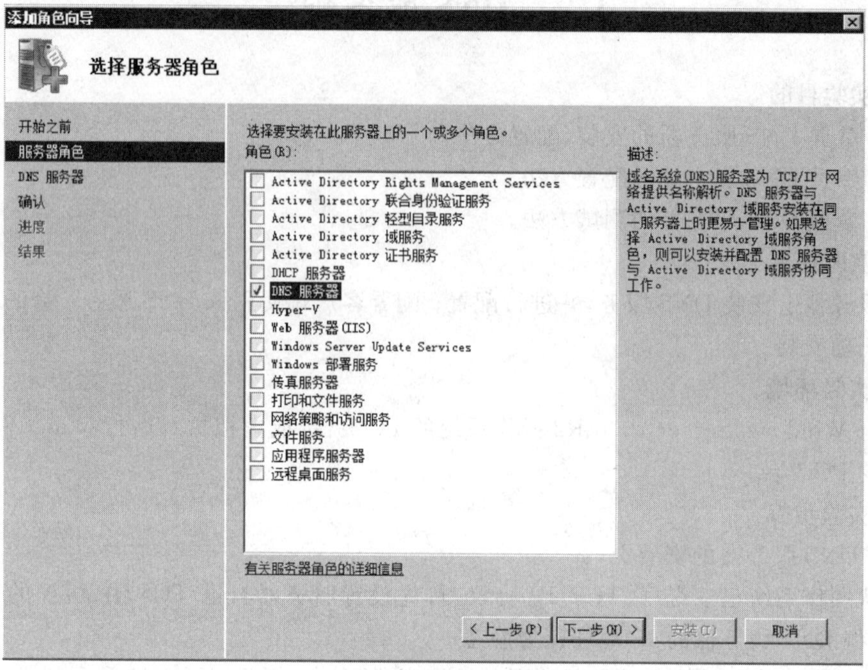

图 4-14 选择服务器角色

④ 对话框中会出现一些帮助信息,单击"下一步"按钮后,系统提示已经准备好安装 DNS 服务器,单击"完成"按钮,系统自动完成 DNS 的安装过程。

(2) DNS 服务器中区域的创建。

在创建新的区域之前,首先检查一下 DNS 服务器的设置,确认已将"IP 地址"、"主机名"、"域"分配给了 DNS 服务器。检查完 DNS 的设置,按如下步骤创建新的区域。

① 选择"开始"→"管理工具"→"DNS 管理器"命令,打开如图 4-15 所示"DNS 管理器"窗口。

② 选取要创建区域的 DNS 服务器,右击"正向查找区域",从弹出的快捷菜单中选择"新建区域"命令,出现"新建区域向导"对话框,单击"下一步"按钮。

③ 在出现的对话框中选择要建立的区域类型,这里选择"主要区域",单击"下一步"按钮。

注意:只有在域控制器的 DNS 服务器才可以选择"在 Active Directory 中存储区域"。

④ 出现如图 4-16 所示"区域名称"对话框时,输入新建主区域的区域名"cn",然后单击"下一步"按钮,文本框中会自动显示默认的区域文件名。如果不接受默认的名字,也可以输入不同的名称。

⑤ 在出现的对话框中选择动态更新的方法,使用默认值即可,单击"下一步"按钮。在出现的对话框中单击"完成"按钮,结束区域添加。新创建的主区域显示在所属 DNS 服务器的列表中,且在完成创建后,"DNS 管理器"将为该区域创建一个 SOA 记录,同时也为所属的 DNS 服务器创建一个 NS 或 SOA 记录,并使用所创建的区域文件保存这些资源记录。

(3) 添加 DNS 域。

一个较大的网络可以在区域内划分多个子区域,为了与域名系统一致,也称为域

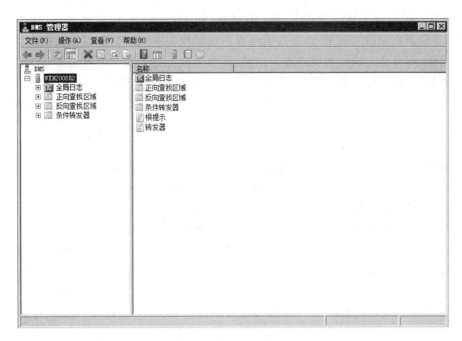

图 4-15　"DNS 管理器"窗口

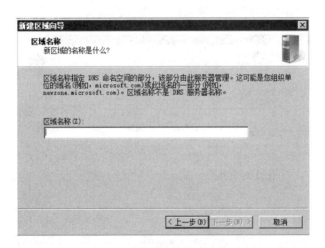

图 4-16　输入区域名称

(Domain)。例如,一个校园网中,计算机系有自己的服务器,为了方便管理,可以为其单独划分域。

首先选择要划分子域的 cn 右击,从弹出的快捷菜单中选择"新建域"命令,在其中输入域名"edu",单击"确定"按钮完成操作。并且在 edu 区域中建立 zzti 三级域名。

(4) 添加 DNS 记录。

例如添加 WWW 服务器的主机记录,步骤如下:

① 选中要添加主机记录的主区域 zzti.edu.cn 右击,从弹出的快捷菜单中选择"新建主机"命令。

② 在出现对话框的"名称"文本框中输入新添加的计算机名字,WWW 服务器的名字是

141

第 4 章

www。在"IP 地址"文本框中输入本机的 IP 地址（如 192.168.1.101）。

如果要将新添加的主机 IP 地址与反向查询区域相关联，选中"创建相关的指针（PRT）记录"复选框，将自动生成相关反向查询记录，即由地址解析名称。可重复上述操作添加多个主机，添加完毕后单击"确定"按钮关闭对话框，会在"DNS 管理器"中增添相应的记录。

由于计算机名为 www 的这台主机添加在 zzti.edu.cn 区域下，网络用户可以直接使用 www.zzti.edu.cn 访问本机。

（5）添加反向查找区域。

反向区域可以让 DNS 客户端利用 IP 地址反向查询其主机名称，例如客户端可以查询 IP 地址为 192.168.1.101 的主机名称，系统会自动解析为 www.zzti.edu.cn。

添加反向区域的步骤如下：

① 选择"开始"→"管理工具"→"DNS 管理器"命令，打开"DNS 管理器"窗口。

② 选取要创建区域的 DNS 服务器，右击"反向查找区域"，从弹出的快捷菜单中选择"新建区域"命令，出现"新建区域向导"对话框，单击"下一步"按钮。

③ 在出现的对话框中选择要建立的区域类型，这里选择"主要区域"，单击"下一步"按钮。

注意：只有在域控制器的 DNS 服务器才可以选择"在 Active Directory 中存储区域"。

④ 在出现的对话框中选择网络类型，这里选择支持 IPv4 网络，单击"下一步"按钮。

⑤ 出现如图 4-17 所示对话框时，直接在"网络 ID"文本框中输入此区域支持的网络 ID，例如 192.168.1，它会自动在"反向搜索区域名称"处设置区域名 192.168.1.in-addr.arpa。

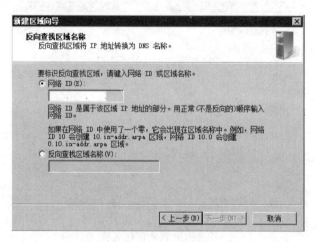

图 4-17　输入反向查找区域名称

⑥ 单击"下一步"按钮，文本框中会自动显示默认的区域文件名。如果不接受默认的名字，也可以输入不同的名称，单击"下一步"按钮。

⑦ 在出现的"动态更新"对话框中使用默认选择即可，单击"下一步"按钮完成。查看"DNS 管理器"窗口，其中的 1.168.192.in-addr.arpa 就是刚才所创建的反向区域。

反向搜索区域必须有记录数据以便提供反向查询的服务。添加反向区域的记录的步骤如下：

① 选中要添加主机记录的反向主区域 1.168.192.in-addr.arpa 右击，从弹出的快捷菜单中选择"新建指针"命令。

② 出现如图 4-18 所示对话框,输入主机 IP 地址和主机名称。

图 4-18 新建反向查找记录

可重复以上步骤,添加 www、ftp、mail 对应指针记录。添加完毕后,在"DNS 管理器"窗口中会增添相应的记录。

(6) 设置转发器。

DNS 负责本网络区域的域名解析,对于非本网络的域名,可以通过上级 DNS 解析。通过设置"转发器",将自己无法解析的名称转到下一个 DNS 服务器。

设置步骤是:首先在"DNS 管理器"窗口中选中 DNS 服务器右击,从弹出的快捷菜单中选择"属性"→"转发器"命令,单击"编辑"按钮,在弹出的对话框中添加上级 DNS 服务器的 IP 地址。

本网用户向 DNS 服务器请求的地址解析,若本服务器数据库中没有,转发由上级 DNS 服务器解析。

(7) DNS 客户端的设置。

在安装 Windows XP 的客户端上选择"控制面板"中的"网络和拨号连接",在打开的窗口中右击"本地连接",从弹出的快捷菜单中选择"属性"命令,在"本地连接属性"对话框中选择"Internet 协议(TCP/IP)"选项,单击"属性"按钮,在出现对话框的"首选 DNS 服务器"处输入 DNS 服务器的 IP 地址,如果还有其他的 DNS 服务器提供服务的话,在"备用 DNS 服务器"处输入另外一台 DNS 服务器的 IP 地址。

两台计算机为一组,分别设置对方计算机的 IP 地址为自己的 DNS 服务器。

(8) 清除 DNS 缓存的方法。

在实验过程中经常要对系统做一些改变,然后再进行测试,但客户端和服务器的 DNS 缓存会影响到正确的结果,因为它会从缓存中调出改变以前的答案。这时,就要清除缓存中的内容。

① 清除客户端的缓存用 ipconfig /flushdns 命令。

② 清除服务器的 DNS 缓存的方法是在 DNS 控制台选中服务器,选择"控制"→"清除

缓存"命令。

（9）测试 DNS 服务器。

可以使用 ping 域名命令或使用 nslookup 域名命令来测试自己的 DNS 服务器是否生效。例如可以使用 ping www.zzti.edu.cn 命令或使用 nslookup www.zzti.edu.cn 命令来测试建有 www.zzti.edu.cn 这条主机记录的 DNS 服务器是否生效。当然，测试用的计算机必须正确设置自己的 DNS 服务器的 IP 地址，应设置为建有 www.zzti.edu.cn 这条主机记录的 DNS 服务器的 IP 地址。

注意：因为在建立 DNS 服务器过程中每台机器建立的是不同的子域，则自己的 DNS 服务器中只有本机 IP 对应的域名，故两台计算机应互相测试对方计算机的 DNS 服务器是否生效。

5. 实验注意事项

（1）测试系统时要从根往下，一级一级地做。

（2）在 DNS 客户访问域名解析系统的时候，注意判断是使用的缓存记录还是真的访问了域名系统。

（3）如果使用的是缓存记录，要注意是否该清除缓存。

6. 实验报告要求

结合并参考本次实验范例，撰写实验报告，详细写出配置过程，写出实验总结。

7. 实验思考

（1）当客户端向 DNS 服务器提出 DNS 查询请求时，服务器是如何完成查询的？

（2）查看 nslookup 的帮助，实现使用 nslookup 命令测试逆向解析。

4.3　活动目录配置

活动目录（Active Directory，AD）是 Windows Server 2008 网络中提供的目录服务。目录服务也是一种网络服务，它把网络中的资源信息集中存储起来，提供给用户和应用程序使用。它提供了一种一致化的命名、描述、定位、管理和设置相应安全的方法。通过提供通用的网络资源接口和直观的网络资源访问界面，使用户能够以一致的方式管理自己的整个网络。

由于活动目录中网络资源信息集中存放和管理，使得网络的物理结构和网络所使用的传输协议对用户是透明的。当用户访问网络资源时，无需了解资源的物理位置和连接方法就可以访问。这对于多数缺乏网络专业知识的网络普通用户来说格外有意义，使管理员和一般用户可以方便地查找和使用所需网络信息，同时也更便于网络管理员有效地管理网络。

活动目录是由组织单位（OU）、域、域树（Domain Tree）和森林（Domain Forest）组成的层次结构。它存储有关计算机网络对象的信息，如用户、组、计算机、组织、账户、共享资源和打印机等。域是网络对象的分组，如用户、组和计算机。它是最基本的管理单元，同时也是最基层的容器，它可对用户、计算机等基本数据进行存储。

4.3.1　活动目录的安装

1. 实验目的

（1）通过实验掌握正确安装与配置 Active Directory 的方法与步骤，进一步理解和运用目录服务知识。

（2）了解"域"的概念。

2．实验内容

在服务器上安装活动目录服务，并验证是否正确安装。

3．实验环境

安装 Windows Server 2008 R2 的 PC 1 台。

4．实验步骤

（1）安装。

① 单击"开始"→"运行"命令，输入 Active Directory 安装向导程序 DCPromo. exe，出现如图 4-19 所示界面，单击"下一步"按钮。

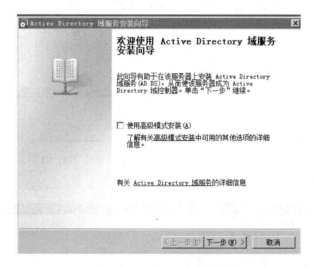

图 4-19　活动目录安装向导

② 界面中出现操作系统兼容性提示，单击"下一步"按钮。出现如图 4-20 所示界面，由于所建立的是域中的第 1 台域控制器，因此选择"在新林中新建域"单选按钮，单击"下一步"按钮。

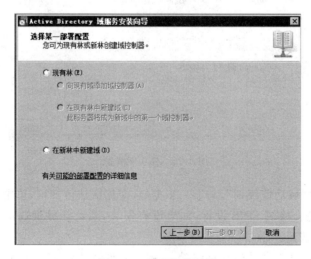

图 4-20　新建域控制器

③ 在如图 4-21 所示界面中输入要创建的域名 cs. zzti. edu. cn,单击"下一步"按钮。

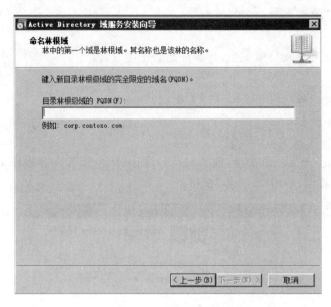

图 4-21　命名林根域

④ 在如图 4-22 所示界面中选择"林功能级别",相当于域控制器兼容的 Windows 版本,使用默认值即可,单击"下一步"按钮。

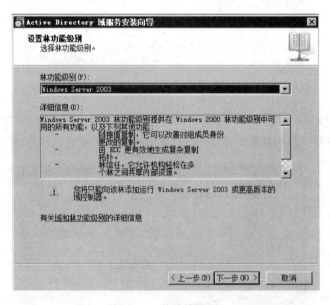

图 4-22　林功能级别

⑤ 这一步设置"域功能级别",与上一步类似,使用默认值即可,单击"下一步"按钮。

⑥ 接下来系统会检测 DNS 设置,如果没有安装,系统会提供选项,自动安装 DNS 服务。单击"下一步"按钮。

⑦ 显示数据库、日志文件的保存位置,一般不必做修改,单击"下一步"按钮。

⑧ 输入目录恢复模式下的管理员密码，单击"下一步"按钮，如图 4-23 所示。

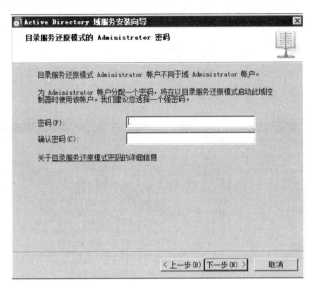

图 4-23 目录服务还原模式的 Administrator 密码

⑨ 安装向导显示摘要信息，单击"下一步"按钮。

⑩ 安装完成，重新启动计算机。

（2）检查 Active Directory 安装是否正确。

在安装过程中一项最重要的工作就是在 DNS 数据库中添加服务记录（SRV 记录）。下面介绍如何检查安装是否正确。

① 检查 DNS 文件的 SRV 记录。

用文本编辑器打开％System root％/System32/config/中的 Netlogon. dns 文件，查看 LDAP 服务记录，在本例中为 _ldap. _tcp. cs. zzti. edu. cn. 600 IN SRV 0 100 389 WIN2008R2. cs. zzti. edu. cn. 。

② 验证 SRV 记录在 nslookup 命令工具中运行是否正确。

在命令提示行下输入"nslookup"、"set type＝srv"、"_ldap. _tcp. cs. zzti. edu. cn"。如果返回了服务器名和 IP 地址，说明 SRV 记录工作正常。在安装完成后，可以通过这种方法检验。

5. 实验报告要求

结合并参考本次实验范例，撰写实验报告，详细写出配置过程，写出实验总结。

4.3.2 活动目录的基本配置

1. 实验目的

了解活动目录的基本配置方法，掌握添加用户和创建组织单位的方法。

2. 实验内容

练习使用"Active Directory 用户和计算机"控制台添加用户和组织单位，并将用户移动到指定的组织单位中。

147

3. 实验环境

安装 Windows Server 2008 R2 的 PC 1 台。

4. 实验步骤

(1) 添加用户。

① 启动"Active Directory 用户和计算机"控制台,单击 Users 容器会看到在安装 Active Directory 时自动建立的用户账户,如图 4-24 所示。

图 4-24　活动目录的用户管理

② 选择"操作"→"新建"→"用户"命令,如图 4-25 所示,在"新建对象-用户"对话框中输入用户的姓名、登录名,然后单击"下一步"按钮。

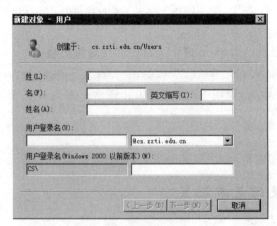

图 4-25　新建用户

③ 在密码对话框中输入密码或不填写密码,并选择"用户下次登录时须更改密码"复选框,以便让用户在第 1 次登录时修改密码,如图 4-26 所示。

④ 在"完成"对话框会显示以上设置的信息,单击"完成"按钮。

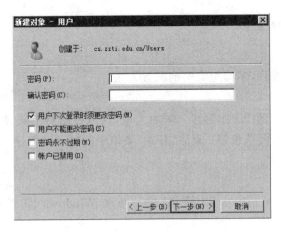

图 4-26　输入用户密码

（2）添加组织单位。

① 打开"Active Directory 用户和计算机"窗口。

② 在控制台树中右击"域结点"，从弹出的快捷菜单中选择"新建"→"组织单位"命令，如图 4-27 所示。

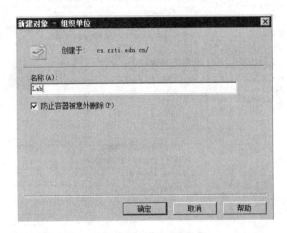

图 4-27　创建组织单位

③ 在弹出的对话框中输入组织单位的名称，单击"确定"按钮，用户所创建的组织单位就完成了。

④ 将第③步建立的用户移动到该组织单位中。单击 Users 容器，选中要移动的用户，右击，从弹出的快捷菜单中选择"移动"命令，出现如图 4-28 所示界面，选择刚才创建的组织单位，单击"确定"按钮。

5. 实验报告要求

结合并参考本次实验范例，撰写实验报告，详细写出配置过程，写出实验总结。

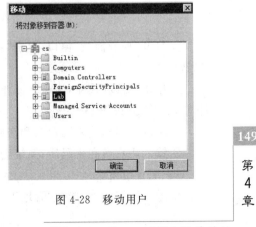

图 4-28　移动用户

第 4 章

Windows Server 2008 操作系统

4.3.3　组策略的管理

1. 实验目的

了解活动目录的管理,掌握组策略的配置方法。

2. 实验内容

安装 Windows XP 的 PC 作为客户端加入域,在域控制器上通过组策略对客户端进行管理。本实验要求配置两条策略:删除"开始"菜单中的"运行"命令,禁止修改 IE 浏览器的主页设置。

3. 实验环境

安装 Windows Server 2008 R2 的 PC 1 台,安装 Windows XP 的 PC 1 台。

4. 实验步骤

(1) 客户端加入域。

① 确保客户端和域控制器的网络畅通,二者应在同一网段内。

② 配置客户端 DNS 服务器为域控制器的 IP 地址。打开"本地连接属性"对话框修改 DNS 配置,如图 4-29 所示。

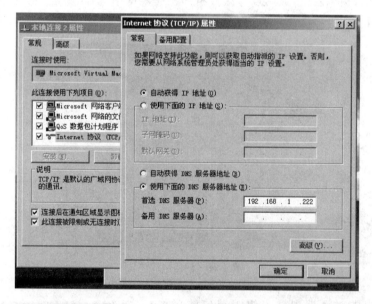

图 4-29　修改客户端的 DNS 配置

③ 打开"控制面板"窗口,单击"系统"图标,在弹出的"系统属性"对话框中选择"计算机名"选项卡,如图 4-30 所示。

④ 单击"更改"按钮,出现如图 4-31 所示界面。选中"域"单选按钮,在文本框中输入域名,单击"确定"按钮。

⑤ 系统会提示输入用户名和密码,输入域控制器的管理员账号即可。

⑥ 输入用户名和密码后,系统会弹出"欢迎加入×××域"提示框,重启计算机即可。

(2) 配置组策略。

① 进入域控制器,选择"管理工具",单击"组策略管理"展开当前域结构,选择要管理的

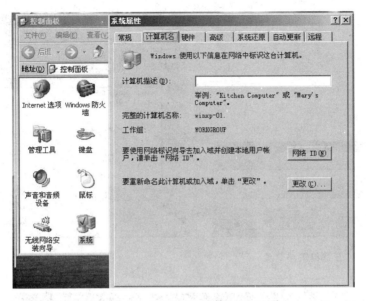

图 4-30　"计算机名"选项卡界面

组织单位,如图 4-32 所示。当前"链接的组策略对象"为空,首先需要创建新的组策略对象。

②　右击"组策略对象",从弹出的快捷菜单中选择"新建"命令,出现如图 4-33 所示对话框,输入组策略对象名称,单击"确定"按钮。

③　右击组织单位名称,从弹出的快捷菜单中选择"链接现有 GPO"命令,出现如图 4-34 所示对话框,选择刚才创建的组策略对象,单击"确定"按钮。

④　此时组策略对象已链接到组织单位,如图 4-35 所示。在"链接的组策略对象"上右击,从弹出的快捷菜单中选择"编辑"命令,出现如图 4-36 所示"组策略管理编辑器"界面。

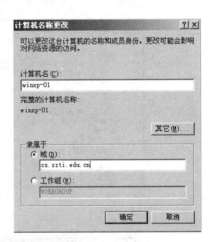

图 4-31　加入域

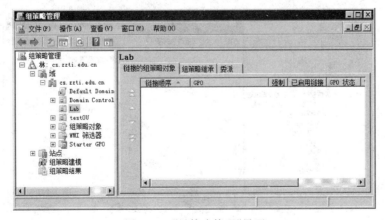

图 4-32　"组策略管理"界面

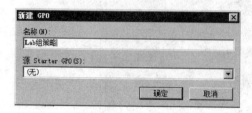

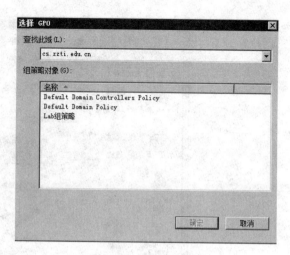

图 4-33 新建组策略对象   图 4-34 链接现有 GPO

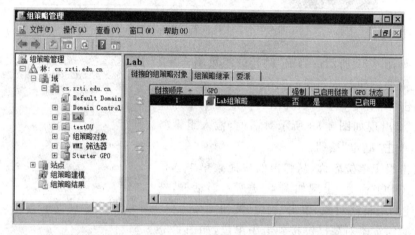

图 4-35 已链接 GPO

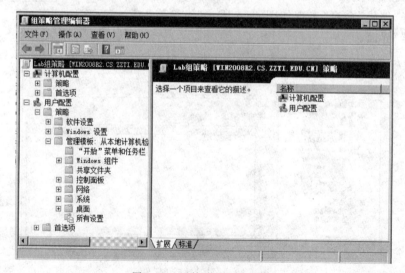

图 4-36 组策略管理编辑器

⑤ 依次单击"用户配置"→"策略"→"管理模板：从本地计算机检测"→"「开始」菜单和任务栏"，在右侧列表中双击"从「开始」菜单中删除'运行'菜单"，出现如图 4-37 所示界面。选中"已启用"单选按钮，然后单击"确定"按钮。

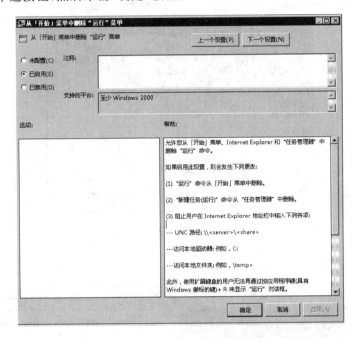

图 4-37　编辑组策略一

⑥ 依次单击"用户配置"→"策略"→"管理模板：从本地计算机检测"→"Windows 组件"→Internet Explorer，在右侧列表中双击"禁用更改主页设置"，出现如图 4-38 所示界面。选中"已启用"单选按钮，在"选项"列表框中输入主页地址，然后单击"确定"按钮。

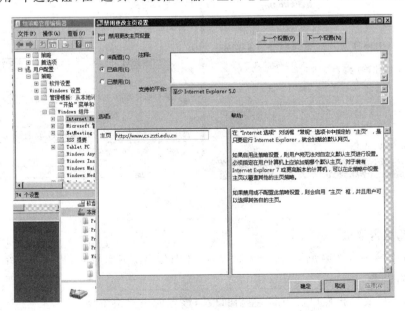

图 4-38　编辑组策略二

Windows Server 2008 操作系统

⑦ 关闭组策略编辑器。

（3）客户端验证组策略配置是否生效。

① 登录客户端时，要选择登录域，输入域用户名和密码，如图 4-39 所示。

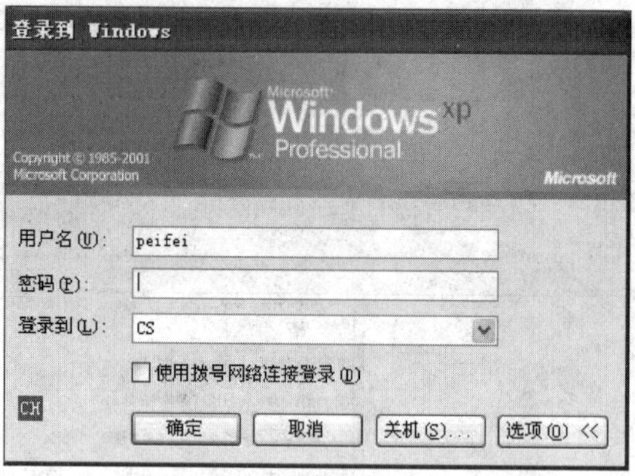

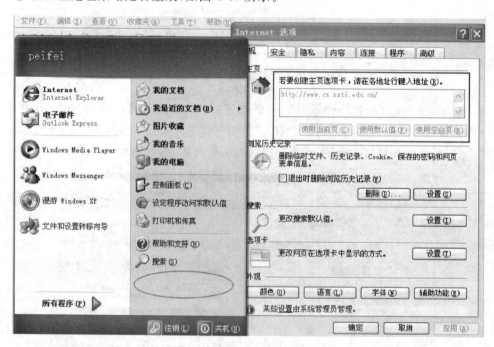

图 4-39　客户端登录域

② 验证上述组策略是否生效，如图 4-40 所示。

图 4-40　验证组策略

5. 实验报告要求

结合并参考本次实验范例，撰写实验报告，详细写出配置过程，写出实验总结。

6. 实验思考

（1）如果想要禁止客户端访问"控制面板"，该如何设置组策略？

（2）如何指定客户端的桌面背景？

4.4 Web 服务和 FTP 服务配置

4.4.1 Web 服务配置

1. 实验目的

(1) 了解 Internet 信息服务(IIS)的基本概念和功能。

(2) 了解 Internet 信息服务管理器(ISM)的使用。

(3) 掌握 IIS 下 Web 站点的组建和管理。

2. 实验内容

安装 IIS 服务,练习站点的配置、虚拟目录的配置、应用程序的配置。

3. 实验环境

安装 Windows Server 2008 R2 操作系统的 PC 1 台。

4. 实验步骤

(1) IIS 的安装。

① 运行"开始"→"管理工具"→"服务器管理器"命令,打开如图 4-41 所示界面。

图 4-41　服务器管理器

② 选择"角色"选项,单击"添加角色"按钮,出现"添加角色向导"对话框。

③ 单击"下一步"按钮,在如图 4-42 所示对话框中选中"Web 服务器(IIS)"选项,然后单击"下一步"按钮。

④ 单击"下一步"按钮,出现一些帮助信息,单击"下一步"按钮,在出现的界面中选择具

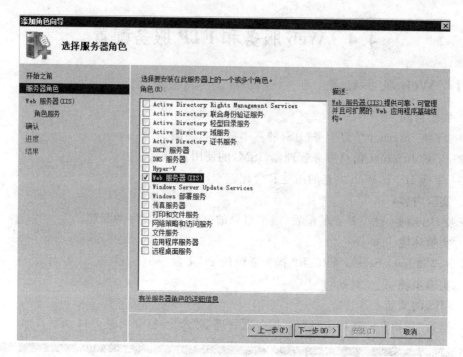

图 4-42   安装 Web 服务器

体要安装的 IIS 组件。如果要提供 ASP. NET 应用程序的支持,则需选中"应用程序开发/ASP. NET"选项。其他组件可根据需要选择,然后单击"下一步"按钮。

⑤ 出现确认界面。确认所有信息无误后,单击"完成"按钮。

(2) 管理 Web 站点。

管理 Web 站点时需要用到"Internet 信息服务(IIS)管理器",运行"开始"→"管理工具"→"Internet 信息服务(IIS)管理器"命令即可。

注意:在组建 Web 站点时,首先需要准备好各自的网页文件。

比如本机的 IP 地址为 192.168.1.222,自己的网页放在 C:/Web 目录下,网页的首页文件名为 Index. htm,现在根据这些建立好自己的 Web 服务器。

对于此 Web 站点,用现有的 Default Web Site 来做相应的修改后,就可以轻松实现。先在"Internet 信息服务(IIS)管理器"窗口中展开"网站"→Default Web Site 结点,出现如图 4-43 所示界面。

① 修改绑定的 IP 地址。单击右侧"操作"面板中的"绑定"功能,在弹出的窗口中选中当前网站,单击"编辑"按钮,再在"IP 地址"下拉菜单中选择所需用到的本机 IP 地址 192.168.1.222。

② 修改主目录。单击右侧"操作"面板中的"基本设置"功能,再在"物理路径"文本框中输入(或用"浏览"按钮选择)网页所在的 C:/Web 目录。

就这样,不需要进行其他的任何设置,就组建好了第 1 个 Web 站点。打开 IE 浏览器,在地址栏中输入 http: //192.168.1.222 就可以打开自己的网站主页了。

(3) 添加虚拟目录。

在刚才建立的"网站"中只有一个网页,如果想让自己"网站"中的内容变得更丰富一些,

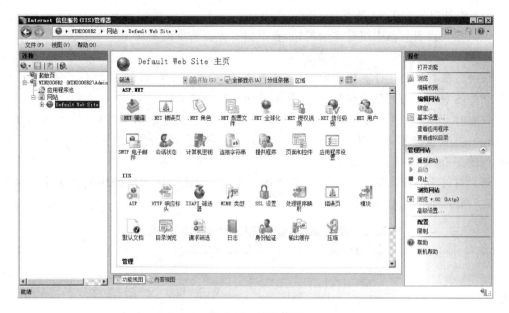

图 4-43　站点管理

就要使用虚拟目录来添加新的网页。

比如主目录在 C:/Web 下,而想输入 http://192.168.1.222/test 的格式就可调出 D:/All 中的网页文件,这里面的 test 就是虚拟目录。在 Default Web Site 上单击右键,从弹出的快捷菜单中选择"添加虚拟目录"命令,依次在"别名"文本框中输入 test,在"物理路径"文本框中输入 D:/All 即可添加虚拟目录。

(4) 添加应用程序。

在 Windows Server 2008 的 IIS 服务中,虚拟目录不支持 ASP. NET 等 Web 应用程序,如果需要支持 ASP、ASP. NET 等 Web 应用程序,需要采用"添加应用程序"的方式。

在 Default Web Site 上单击右键,从弹出的快捷菜单中选择"添加应用程序"命令,如图 4-44 所示。与"添加虚拟目录"不同的是,多了一项"应用程序池"。依次输入别名、物理路径,并选择一个应用程序池即可。

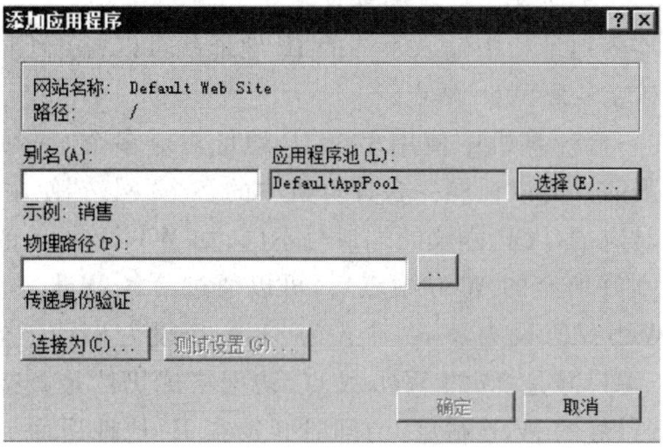

图 4-44　添加应用程序

Windows Server 2008 操作系统

（5）添加更多的 Web 站点。

可以在一台服务器中组建多个网站，有下面 3 种方法可以实现。

① 多个 IP 对应多个 Web 站点。

这种方法首先要为计算机绑定多个 IP 地址，然后利用不同的 IP 地址打开不同的 Web "网站"中的页面。为计算机绑定多个 IP 地址的操作步骤为：

首先打开控制面板\网络和 Internet\网络和共享中心\更改适配器设置\本地连接\属性\Internet 协议版本 4，单击"高级"按钮，然后单击 IP 地址栏中的"添加"按钮，为计算机添加其他的 IP 地址即可。

然后打开 Internet 信息服务管理器（ISM），右击"网站"，从弹出的快捷菜单中选择"添加站点"命令，如图 4-45 所示。

图 4-45　添加站点

接着根据提示输入"网站名称"、"物理路径"，在"IP 地址"下拉列表中选中需给它绑定的 IP 地址。

注意：这个站点的 IP 地址应该和第 1 个站点的 IP 地址不同。当建立好此 Web 站点之后，再按"管理 Web 站点"中的方法进行相应设置。

最终，在 IE 浏览器的地址栏中输入不同的 IP 地址就可以打开不同的"网站"。

② 一个 IP 地址对应多个 Web 站点。

在实际使用时，在一台计算机中使用多个 IP 地址对应多个"网站"不是一种太好的选择，因为 IP 地址是有限的。可以让同一台计算机中的多个"网站"使用同一个 IP 地址，所不同的只是每个网站所对应的 TCP 协议的端口号不同，如 WWW 服务的默认端口号是 80。

当按上述方法建立好所有的 Web 站点后，可以通过给各 Web 站点设置不同的端口号来实现，比如给一个 Web 站点设为 80，一个设为 81，一个设为 82……但每一个网站的 IP 地址都是相同的，则对于端口号是 80 的 Web 站点，访问格式仍然是直接输入 IP 地址就可以了，而对于绑定其他端口号的 Web 站点，访问时必须在 IP 地址后面加上相应的端口号，即使用如"http://192.168.1.222:81"的格式。

③ 一个 IP 地址对应多个 Web 站点——通过域名来访问 Web 站点。

很显然,改了端口号之后使用起来就麻烦一些。而且现在的 Internet 中,都是用域名来访问一个网站的,下面就来做这样的练习。

如果已在 DNS 服务器中将所有需要的域名都映射到了此唯一的 IP 地址,则用设置不同"主机头名"的方法可以直接用域名来完成对不同 Web 站点的访问。

比如本机只有一个 IP 地址为 192.168.1.222,已经建立(或设置)好了两个 Web 站点,一个是 Default Web Site,一个是 web2,现在输入"www.web1.com"可直接访问前者,输入"www.web2.com"可直接访问后者。其操作步骤如下:

① 确保已先在 DNS 服务器中将这两个域名都映射到了那个 IP 地址上,而且所有 Web 站点的端口号均保持为 80 这个默认值。

② 单击 Default Web Site,单击右侧"操作"面板中的"绑定"功能,在弹出的窗口中选中当前网站,单击"编辑"按钮,然后在"主机名"文本框中输入"www.web1.com",单击"确定"按钮保存退出。

③ 按照第②步同样的方法为 web2 设好新的主机头名为"www.web2.com"。

④ 打开 IE 浏览器,在地址栏输入不同的网址,就可以调出不同 Web 站点的内容了。

5. 实验报告要求

结合并参考本次实验范例,撰写实验报告,详细写出配置过程,写出实验总结。

6. 实验思考

(1) 如何保证 Web 站点的安全?

(2) 有哪些安全相关的设置?

4.4.2　FTP 服务配置

1. 实验目的

掌握 IIS 下 FTP 站点的组建和管理。

2. 实验内容

安装 FTP 服务;配置 FTP 站点。

3. 实验环境

安装 Windows Server 2008 R2 操作系统的 PC 1 台。

4. 实验步骤

(1) 安装 FTP 服务。

运行"开始"→"管理工具"→"服务器管理器"命令,打开图 4-41 所示界面。单击"添加角色服务"按钮,出现如图 4-46 所示界面。

选中"FTP 服务器"选项,单击"下一步"按钮,稍等片刻即安装完成。

(2) 配置 FTP 服务。

① 添加 FTP 站点。

在 Internet 信息管理器(ISM)中右击"网站",从弹出的快捷菜单中选择"添加 FTP 站点"命令。在弹出的界面中输入 FTP 站点名称和物理路径,单击"下一步"按钮,出现如图 4-47 所示界面。

在 FTP 站点属性中设置该 FTP 站点所使用的 IP 地址,在 SSL 选项区域中选择"允许"单选按钮,然后单击"下一步"按钮。在打开的"身份验证和授权信息"对话框中选中"匿名"

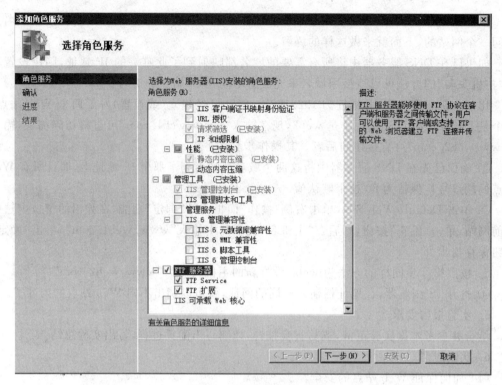

图 4-46　安装 FTP 服务

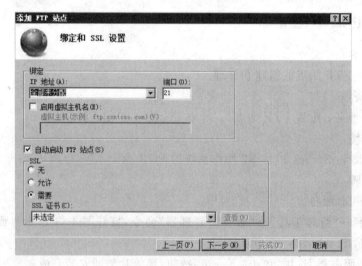

图 4-47　FTP 站点属性

和"基本"两个复选框,如图 4-48 所示。设置后,单击"完成"按钮。

② 设置授权规则。

单击刚才创建的 FTP 站点,在功能窗口中双击"FTP 授权规则",单击右侧"操作"面板中的"添加允许规则",出现如图 4-49 所示界面。选中"读取"权限,单击"确定"按钮。

在浏览器的地址栏中输入"FTP://×.×.×.×"(×.×.×.×是服务器的 IP 地址)即可访问该 FTP 站点。

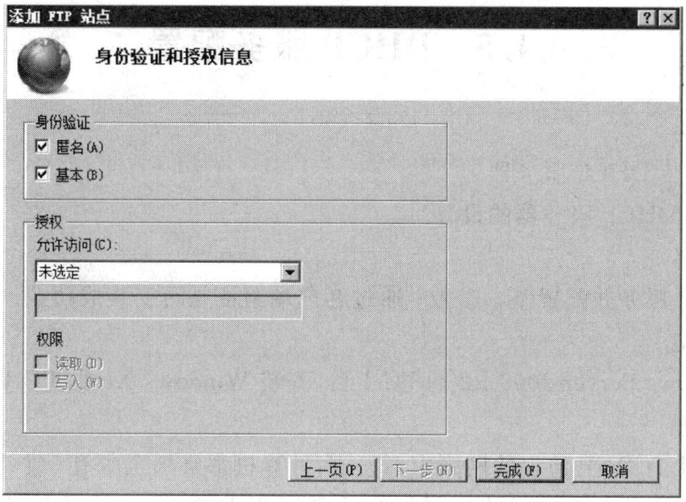

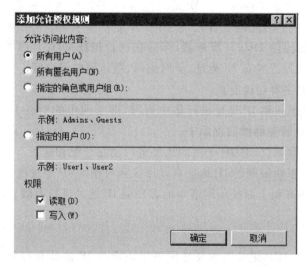

图 4-48　FTP 身份验证

图 4-49　设置授权规则

（3）FTP 站点的管理。

① 让 FTP 站点支持上传功能。在设置授权规则时选中"写入"权限。

② 为 FTP 站点设置显示给 FTP 客户的提示信息，如欢迎信息、退出信息等。在 FTP 站点的功能窗口中双击"FTP 消息"，然后输入相应的消息。

③ 禁止某 IP 访问 FTP 站点。

在 FTP 站点的功能窗口中双击"FTP IPv4 地址和域限制"，单击右侧"操作"面板中的"添加拒绝条目"，在弹出的窗口中输入 IP 地址或地址范围。

5．实验报告要求

结合并参考本次实验范例，撰写实验报告，详细写出配置过程，写出实验总结。

6．实验思考

如何限制特定用户的 FTP 权限？

4.5 DHCP 服务配置

1. 实验目的

(1) 掌握安装 DHCP 服务器。

(2) 掌握对 DHCP 服务器的设置。

2. 实验内容

安装 DHCP 服务并配置基本参数；通过客户端验证是否安装成功。

3. 实验环境

安装 Windows Server 2008 R2 的 PC 1 台，安装 Windows XP 的 PC 1 台。

4. 实验原理

在一个使用 TCP/IP 协议的网络中，每一台计算机都必须至少有一个 IP 地址才能与其他计算机连接通信。为了便于统一规划和管理网络中的 IP 地址，DHCP（Dynamic Host Configure Protocol，动态主机配置协议）应运而生。

DHCP 指的是由服务器控制一段 IP 地址范围，客户端登录服务器时就可以自动获得服务器分配的 IP 地址和子网掩码。首先，使用一台安装有 Windows 2000 Server/Advanced Server 系统的计算机担任 DHCP 服务器，然后在这台担任 DHCP 服务器的计算机上安装 TCP/IP 协议，并为其设置静态 IP 地址、子网掩码、默认网关等内容。

DHCP 服务器的主要功能有：

(1) 对 TCP/IP 子网和 IP 地址进行集中管理，即子网中的所有 IP 地址及其相关配置参数都存储在 DHCP 服务器的数据库中。

(2) DHCP 服务器对 TCP/IP 子网的地址进行动态分配和配置。

(3) 可以将超过租期限制的 IP 地址自动回收到可用的 IP 地址池。

这种网络服务器有利于对校园网络中的客户端 IP 地址进行有效管理，而不需要一个一个手动指定 IP 地址。

5. 实验步骤

安装前要注意，DHCP 服务器本身必须采用固定的 IP 地址和规划 DHCP 服务器的可用 IP 地址。在这里可以自己定义一个虚拟的静态 IP 地址。

(1) 安装 DHCP 服务。

① 运行"开始"→"管理工具"→"服务器管理器"命令，打开如图 4-41 所示界面。

② 选择"角色"选项，单击"添加角色"按钮，出现"添加角色向导"对话框。

③ 单击"下一步"按钮，在如图 4-42 所示界面中选中"DHCP 服务器"选项，然后单击"下一步"按钮，出现一些帮助信息。

④ 单击"下一步"按钮，出现如图 4-50 所示界面，显示检测到的具有静态 IP 地址的网络连接，选中需要提供 DHCP 服务的网络连接。

⑤ 单击"下一步"按钮，出现如图 4-51 所示界面，输入域名和 DNS 地址。

⑥ 单击"下一步"按钮，提示是否需要"WINS 服务"，根据需要选择。

⑦ 单击"下一步"按钮，出现添加作用域界面，单击"添加"按钮，出现如图 4-52 所示界面，依次输入"作用域名称"、"起始 IP 地址"、"结束 IP 地址"、"默认网关"，单击"确定"按钮。

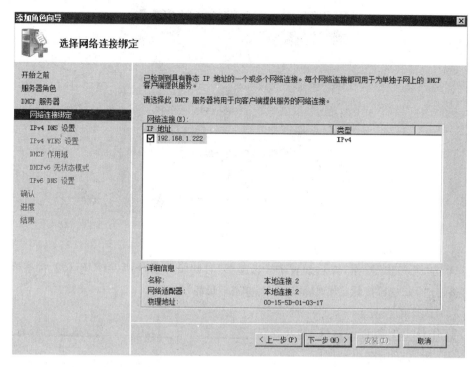

图 4-50　选择网络连接

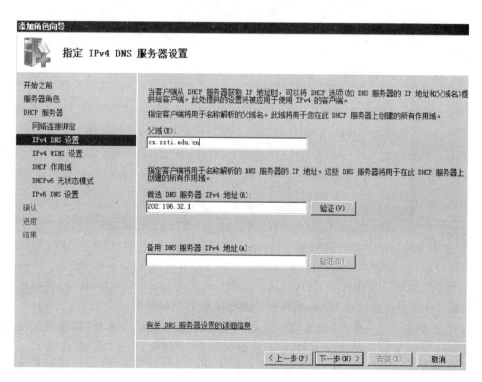

图 4-51　服务器设置

Windows Server 2008 操作系统

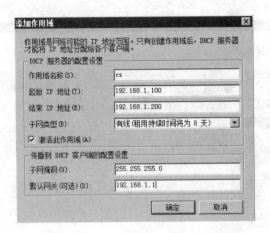

图 4-52　配置作用域

⑧ 单击"下一步"按钮,提示配置 IPv6,选择"对此服务器禁用 DHCPv6 无状态模式"。

⑨ 单击"下一步"按钮,出现确认画面,单击"安装"按钮。

(2) DHCP 的设置。

① 打开 DHCP 管理器。选择"开始"→"管理工具"→ DHCP 命令,里面已经有了安装时创建的作用域,如图 4-53 所示。

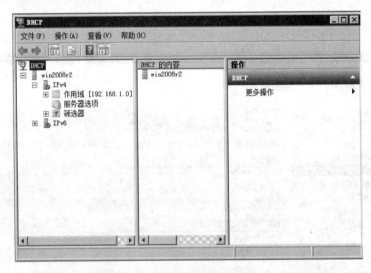

图 4-53　DHCP 管理界面

② 修改地址池。在作用域上右击,从弹出的快捷菜单中选择"属性"命令,弹出如图 4-54 所示界面。在这里可以修改"作用域名称"、地址池和客户端租期。

③ 添加排除地址。单击"地址池",然后单击右侧"更多操作",选择"新建排除范围",出现如图 4-55 所示界面。分别输入起始 IP 地址和结束 IP 地址,单击"添加"按钮。

④ 设置保留地址,即将某 IP 地址指定分配给某台计算机。单击"保留",然后单击右侧"更多操作",选择"新建保留",出现如图 4-56 所示界面。输入"保留名称"、"IP 地址"和客户端的"MAC 地址",单击"添加"按钮。

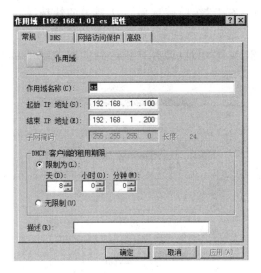

图 4-54　修改作用域属性

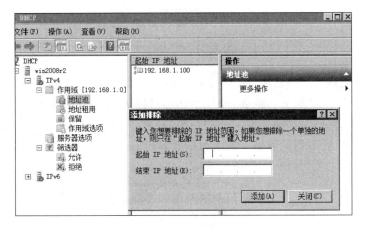

图 4-55　添加排除地址

图 4-56　新建保留

⑤ 修改作用域选项。右击"作用域选项",从弹出的快捷菜单中选择"配置选项"命令,弹出如图 4-57 所示界面。选中某选项后,设置不同的选项内容。如选择"003 路由器",则在"数据项"选项区域中输入 IP 地址(即客户机得到的网关地址),单击"添加"按钮,然后单击"确定"按钮即可。

图 4-57　作用域选项

⑥ 设置"筛选器"。"筛选器"是 Windows Server 2008 新增功能,可以设置允许或禁止某台计算机获得 DHCP 服务。例如,需要禁止局域网内某台计算机从本服务器获得 IP 地址,则需要以下操作:右击"筛选器"下的"拒绝"选项,从弹出的快捷菜单中选择"新建筛选器"命令,弹出如图 4-58 所示界面。输入目的计算机的 MAC 地址,单击"添加"按钮。

图 4-58　新建筛选器

(3) DHCP 设置后的验证。

将任何一台本网内客户端的网络属性设置成"自动获得 IP 地址",并将 DNS 服务器设为"禁用"。重新启动成功后,查看客户端网络连接属性即可看到各项已分配成功。

6. 实验报告要求

结合并参考本次实验范例,撰写实验报告,详细写出配置过程,写出实验总结。

7. 实验思考

(1) 除了用计算机做服务器外,你学习过的哪种设备可以用来架设 DHCP 服务器?

(2) 如果一个小区分为多个 VLAN,使用 DHCP 动态分配 IP 地址,请问一个 DHCP 服务器能不能跨多个 VLAN?

第5章 Linux 操作系统管理及服务器配置

Linux 操作系统是自由软件和开放源代码发展中最著名的例子。很多人认为,和微软 Windows 相比,作为自由软件的 Linux 操作系统具有低成本、高安全性、高可靠性等优势,但是同时却需要更多的人力成本。Linux 的吉祥物是一只可爱的小企鹅,如图 5-1 所示。

Red Hat Enterprise Linux(RHEL)是 Red Hat 公司的 Linux 发行版,面向商业市场,包括大型机。RHEL 是目前 Linux 服务器产品的标杆,在国内和国际上都占据着主要的 Linux 服务器市场份额。RHEL 产品功能全面,产品认证齐全,用户的接受度比较高。Red Hat 公司的标志是一只小红帽,如图 5-2 所示。

图 5-1　Linux 标志　　　　　图 5-2　红帽标志

本章以 RHEL 6 操作系统为例,全面地介绍搭建网络服务器的方法。通过学习,学生能够掌握操作系统的基本使用,熟悉常见网络服务的安装、配置与管理方法。

本章实验体系和知识结构如表 5-1 所示。

表 5-1　实验体系结构

类别	实验名称	实验类型	实验难度	知识点	备注
基本管理	基本操作	验证	★★★	文件、用户、进程管理	
	网络管理	验证	★★★	ping、ifconfig 等	
	安全策略	验证	★★★	netstat、iptable 等	
基本服务	远程联机服务器配置	设计	★★★	Telnet、SSH、VNC Server	
	Samba 服务器配置	设计	★★★	原理、配置和管理	
	DHCP 服务器配置	设计	★★★	原理、配置和管理	
	FTP 服务器配置	设计	★★★	原理、配置和管理	
高级服务	DNS 服务器配置	设计	★★★★	原理、配置和管理	选做
	Web 服务器配置	设计	★★★★	原理、配置和管理	选做
	E-mail 服务器配置	综合	★★★★★	原理、配置和管理	选做

5.1 基 本 管 理

Linux 的基本管理包括用户和组的管理、进程管理、文件和磁盘管理、软件管理、网络管理和安全管理等多个方面。Shell 是用户管理 Linux 操作系统的命令行接口,提供了几百条指令,虽然这些指令的功能不同,但它们的使用方式和规则都是统一的。Linux 指令使用的一般格式是:

指令名［－选项］［参数 1］［参数 2］…

5.1.1 基本操作

1. 实验目的

(1) 学习 Linux 中开关机指令的使用。

(2) 掌握用户和组的管理。

(3) 掌握文件的管理。

(4) 掌握进程的管理。

2. 实验内容

学习在 Linux 操作系统环境下实现最基本的管理任务,包括以下 4 个方面的内容:登录与开关机的管理、文件与目录的管理、用户和组的管理以及进程管理等。

3. 实验原理

虽然 Linux 指令非常多,但是常用的有限,下面就使用频率较高的指令做个概要介绍。

1) 登录与关机

(1) login:login 指令让用户登录系统,也可通过它的功能随时更换登录身份。

(2) exit:执行 exit 指令可使 shell 以指定的状态值退出。若不设置状态值参数,则 shell 以预设值退出。

(3) shutdown:shutdown 指令可以关闭所有程序,并依用户的需要进行重新开机或关机的动作。

2) 文件与目录

(1) ls:执行 ls 指令可列出目录的内容,包括文件和子目录的名称。

(2) cd:该指令可让用户在不同的目录间切换,但该用户必须拥有足够的权限进入目的目录。

(3) cat:把文件串连后传到基本输出(屏幕或加＞ filename 到另一个文件)。

(4) mkdir:可建立目录并同时设置目录的权限。

(5) rm:执行 rm 指令可删除文件或目录。如要删除目录,必须加上参数"-r",否则预设仅会删除文件。

(6) cp:该指令用来复制文件或目录。如同时指定两个以上的文件或目录,且最后的目的地是一个已经存在的目录,则它会把前面指定的所有文件或目录复制到该目录中。

(7) mv:该指令可移动文件或目录,或是更改文件或目录的名称。

(8) find:该指令用于查找符合条件的文件。任何位于参数之前的字符串都将被视为要查找的目录。

（9）tar：该指令是用来建立、还原归档文件的工具程序，它可以加入、解开归档文件内的文件。

3）用户和组

（1）useradd：可用来建立用户账号。账号建好之后，再用 passwd 设定账号的密码。

（2）passwd：使用 passwd 指令，用户可以更改自己的密码，而系统管理者则能用它管理系统用户的密码。

（3）su：该指令可以让用户暂时变更登录的身份。变更时需输入所要变更的用户账号与密码。

（4）chmod：变更文件与目录的权限，设置方式采用文字或数字代号皆可。

4）进程管理

（1）ps：该指令是用来报告程序执行状况的指令，可以搭配 kill 指令随时中断，删除不必要的程序。

（2）kill：结束执行中的程序或工作。

5）其他

（1）vi：vi 是 Linux 最基本的、最常用的文本编辑工具。

（2）man：显示特定指令的帮助。

4. 实验环境与网络拓扑

1 台安装 RHEL 6 操作系统的 PC，假定用户 root 的密码是 123456。

5. 实验步骤

（1）用户登录。

```
Red Hat Enterprise Linux Server release 6.0 (Santiago)
Kernel 2.6.32 - 71.el6.i686 on an i686
localhost login:root              //输入 root 后，按 Enter 键
Password:                         //输入密码 123456，不会显示出来
Last login:Sun Feb 20 06:13:15 on tty1
[root@localhost ~]#              //登录成功
```

（2）切换用户。

```
[root@localhost ~]# logout       //退出当前用户
localhost login:                 //重新回到等待登录界面
```

（3）退出登录。

```
[root@localhost ~]# exit         //退出登录，也可使用 logout
localhost login:                 //重新回到等待登录界面
```

（4）系统关机。

```
[root@localhost ~]# shutdown -h now     //立即关机
```

（5）创建一个用户 zz。

```
[root@localhost ~]# useradd zz -g root  //创建一个 zz 用户，属于 root 组
```

```
[root@localhost ~]#passwd zz                      //为 zz 用户设置密码
Changing password for user zz.
New password:                                      //输入 zznetwork,注意这里的输入并不显示
Retype new password:                               //再一次输入 zznetwork
passwd: all authentication tokens updated successfully.
[root@localhost ~]#
```

（6）使用 zz 用户登录。

```
[root@localhost ~]#exit                            //退出登录
localhost login:zz                                 //重新回到等待登录界面
Password:                                          //输入密码 zznetwork,不会显示出来
[zz@localhost ~]$                                  //zz 用户登录成功
```

（7）暂时变更登录的身份。

```
[zz@localhost ~]$ su                               //等价于 su root
Password:                                          //输入 root 用户的密码
[root@localhost ~]#                                //实现暂时以 root 身份使用
[root@localhost zz]#exit                           //返回原登录用户身份
exit
[zz@localhost zz]$
```

（8）目录管理。

```
[zz@localhost ~]$ mkdir temp                       //创建一个目录 temp
[zz@localhost ~]$ ls                               //列出当前目录下的文件和目录
temp
[zz@localhost ~]$ cd temp                          //进入 temp 目录
[zz@localhost temp]$ pwd                           //查看当前工作路径
/home/zz/temp
[zz@localhost temp]$ cd ..                         //返回到上一级目录
[zz@localhost ~]$ rm -r temp                       //删除目录 temp
```

（9）文件管理。

```
[zz@localhost temp]$ cat > sample.txt              //使用 cat 创建文件 sample.txt
Welcome to Linux                                   //按 Ctrl+C 组合键退出
[zz@localhost temp]$ cat sample.txt                //用 cat 显示文件 sample.txt 的内容
Welcome to Linux
[zz@localhost temp]$ cp sample.txt sample.bak.txt
//复制 sample.txt 命名 sample.bak.txt
[zz@localhost temp]$ rm sample.txt                 //删除 sample.txt 文件
[zz@localhost temp]$ mv sample.bak.txt sample.txt
//把 sample.bak.txt 重命名为 sample.txt
```

（10）文件的查找与归档。

```
[zz@localhost temp]$ find /home/zz -name sample.txt
//在/home/zz 目录下查找名称为 sample.txt 的文件
/home/zz/temp/sample.txt
[zz@localhost temp]$ tar -cvf ../t.tar *
```

```
//把当前目录下的所有文件和目录归档到上一级目录中的 t.tar 中
```

（11）权限管理。

在 UNIX 系统家族里，文件或目录权限的控制分别以读取、写入和执行三种一般权限来区分，再搭配拥有者与所属群组管理权限范围。可以使用 chmod 指令去变更文件与目录的权限，设置方式采用文字或数字代号皆可。

① 使用方式：

```
chmod[ - cfvR]mode file
```

② 说明：Linux/UNIX 的档案调用权限分为三级，即档案拥有者、群组、其他。

③ 参数 mode：权限设定字串，格式为[ugoa][＋－＝][rwx]，其中 u 表示该档案的拥有者，g 表示与该档案的拥有者属于同一个群体（group）者，o 表示其他以外的人，a 表示这三者皆是。＋表示增加权限、－表示取消权限、＝表示设定权限。r 表示可读取，w 表示可写入，x 表示可执行。

```
[zz@localhost temp] $ ls - 1 sample.txt
- rw- r- - r- -    1    zz              root  10240      Jan 21 15:40 sample.txt
// - rw- r- - r- - 表示该文件为普通文件,所有者可以读写,root组和其他组的用户只读
[zz@localhost temp] $ chmod a＋wr sample.txt
[zz@localhost temp] $ ls - l sample.txt
- rw- rw- rw-    1    zz              root  10240      Jan 21 15:40 sample.txt
```

chmod 也可以用数字来表示权限，语法为 chmod abc file，其中 a、b、c 各为一个数字，分别表示 User、Group 及 Other 的权限。r＝4，w＝2，x＝1，若为 rwx 属性，则 4＋2＋1＝7；若为 rw-属性，则 4＋2＝6；若为 r-x 属性，则 4＋1＝5。

```
[zz@localhost temp] $ chmod 644 sample.txt
//表示该文件所有者可以读写(6),root组用户只读(4),其他组的用户只读(4)
[zz@localhost temp] $ ls - 1 sample.txt
- rw- r- - r- -      1  zz            root  10240     Jan 21 15:40 sample.txt
```

（12）进程管理。

显示进程最常用的方法是 ps -aux，然后再利用一个管道符号导向到 grep 去查找特定的进程，最后对特定的进程进行操作。

```
[zz@localhost temp] $ ps - aux|grep crond//查看包含 crond 所有进程的信息
USER    PID % CPU %  MEM  VSZ  RSS  TTY  STAT  START TIME
COMMAND
root  1723  0.0  0.4  1416  568        S    12:36    0:00 crond
zz    8352 0.0   0.4     3568  624 tty1    S    16:32    0:00 grep crond
```

使用 kill 终止一个进程：

```
[zz@localhost temp] $ kill 1723           //结束进程号(PID)为 1723 的进程
```

（13）man 指令。

```
[zz@localhost temp] $ man ls             //查看 ls 指令的功能和使用方法
```

6. 实验故障排除与调试

（1）当执行指令时，提示"找不到该指令"，可以切换到 root 用户试一试。

（2）使用 chmod 指令时出错，检查是否是该文件的拥有者。

（3）使用 cat 指令创建文件时，注意按 Ctrl＋C 组合键回到命令状态。

（4）如果在图形界面下操作出现假死机，可尝试切换到命令行控制台使用 kill 指令结束有关进程。

7. 实验报告要求

结合并参考本次实验范例，撰写实验报告。重点阐明常用指令的使用过程及难点，给出实验结果和实验总结。

8. 实验思考

如何能够把 shell 指令整合起来，让计算机自动完成任务？

提示：可参考 Linux Shell 编程。

5.1.2　网络管理

1. 实验目的

（1）学习计算机网络的基本原理。

（2）熟悉 TCP/IP 协议模型。

（3）掌握 arp、ifconfig、netstat、ping、tcpdump 和 traceroute 指令的使用。

2. 实验内容

熟悉在 Linux 操作系统环境下最基本的网络配置和管理指令，包括以下几个方面的内容：网络的设置、网络状态的检查、网络环境的侦探和路由的管理等。

3. 实验原理

1）几个重要文件

（1）/etc/sysconfig/network：主要功能在于设定主机名称与启动网络一致。

（2）/etc/sysconfig/network-scripts/ifcfg-eth0：网卡参数的内容就在这个文件里。

（3）/etc/resolv.conf：设定 DNS 的内容。

（4）/etc/hosts：记录计算机的 IP 对应的主机名。

2）网络参数设定

（1）ifconfig：查询、设定网卡与 IP 网络等相关参数。

（2）ifup，ifdown：这两个指令通过更简单的方式启动或关闭网卡。

（3）route：查询、设定路由表。

3）网络查错与观察

（1）ping：执行 ping 指令会使用 ICMP 传输协议，发出要求回应的信息，若远端主机的网络功能没有问题，就会回应信息，因而得知该主机运作正常。

（2）traceroute：让用户追踪网络数据包的路由途径结点状况，预设数据包大小是 40Bytes，用户可另行设置。

（3）netstat：利用 netstat 指令可让用户得知整个 Linux 系统的网络情况。

（4）nslookup：实现主机名与 IP 地址的互相查询。

（5）arp：显示和修改地址解析协议使用的"IP 到物理"地址转换表。

4）封包

执行 tcpdump 指令可以将网络中传送数据包的"头"完全截取下来提供分析。

4. 实验环境与网络拓扑

1 台安装 RHEL 6 操作系统的 PC,能够连接因特网,假定用户 root 的密码是 123456。

5. 实验步骤

（1）用户登录。

```
localhost login:root                 //输入 root 后,按 Enter 键
Password:                            //输入密码 123456,不会显示出来
Last login:Mon Feb  21 21:35:32 on tty1
You have mail.
[root@localhost Desktop]#             //登录成功
```

（2）设定网络参数。

假设要设定的参数如表 5-2 所示。

表 5-2　拟定网络参数

主机名	yyp.com	主机名	yyp.com
IP	192.168.1.103	Broadcst	192.168.1.255
Netmask	255.255.255.0	Gateway	192.168.1.1
Network	192.168.1.0/24	DNS IP	222.85.85.85

```
[root@localhost Desktop]#hostname               //查看主机名
yyp.com
[root@localhost Desktop]#ifconfig               //查看所有的网络接口
[root@localhost Desktop]#ifconfig eth0          //查看名称为 eth0 的网络接口
[root@localhost Desktop]#ifconfig eth0 192.168.1.103
//设定第一块网卡的 IP 地址为 192.169.1.103,系统将会根据
//该 IP 自动计算出 netmask、network 及 broadcast 等参数
[root@localhost Desktop]#/etc/init.d/network restart
//重启网络,也可以用 service network restart
[root@localhost Desktop]#ifup eth0              //启动 eth0 网卡设备
[root@localhost Desktop]#ifdown eth0            //关闭 eth0 网卡设备
[root@localhost Desktop]#route add default gw 192.168.1.2
//增加预设路由,也就是默认网关
[root@localhost Desktop]#/etc/init.d/network restart    //重启网络
```

（3）设置 DNS 服务器。

```
[root@localhost Desktop]#vi /etc/resolv.conf    //编辑 DNS 配置相关文件
nameserver 222.85.85.85                         //保存文件退出,重启网络
```

（4）网络观察与查错。

```
[root@localhost Desktop]#ping 222.85.85.85      //测试 DNS 服务器是否存在
PING 222.85.85.85(222.85.85.85) 56(84) bytes of data.
64 bytes from 222.85.85.85:icmp_seq = 1 tt1 = 60 time = 28.8 ms
    …
```

```
^C
- - -222.85.85.85 ping statistics - - -
4 packets transmitted,4 received,0 % packet loss,time 3265ms
Rtt min/avg/max/mdev = 26.854/28.022/28.880/0.817 ms
[root@localhost Desktop]# traceroute www.sina.com.cn
//显示数据包到 www.sina.com.cn 间的路径
[root@localhost Desktop]# netstat - rn        //列出目前的路由表状态
[root@localhost Desktop]# netstat - an        //列出目前的所有网络联机状态
[root@localhost Desktop]# netstat - tulnp      //列出所有已经启动的网络服务
[root@localhost Desktop]# nslookup www.google.com.hk
//查询 www.google.com.hk 主机的 IP 地址信息
Server:        222.85.85.85
Address:       222.85.85.85#53
Non - authoritative answer:
www.google.com.hk canonical name = www-g-com-hk-chn.l.google.com.
Name:      www-g-com-hk-chn.l.google.com
Address: 66.249.89.99
```

（5）arp 指令使用。

```
[root@localhost Desktop]# arp           //查看 ARP 表
Address           HWtype     HWaddress           Flags Mask    Iface
192.168.1.101 ether          00:1d:92:7d:d1:c3  C                        eth0
192.168.1.1  ether           00:1d:0f:47:55:74  C                        eth0
[root@localhost Desktop]# arp - s 192.168.1.56 00:15:F2:AF:3F:09
//添加静态 ARP 项
[root@localhost Desktop]# arp - d        //清空 ARP 缓存
```

（6）封包。

tupdump 指令不但可以分析包的流向，包的内容也可以进行监听。

```
[root@localhost Desktop]# tcpdump - i eth0 - nn
//以 IP 和端口捕获 eth0 网卡的数据包,按 Ctrl + C 组合键结束
[root@localhost Desktop]# tcpdump - i eth0 - nn port 21
//只捕获 21 端口号的数据包
```

6. 实验故障排除与调试

（1）配置网络不通。先检查网卡是否激活，再使用 ping localhost 检查能否回环，然后 ping 网关，最后 ping 域名服务器，找到问题所在。

（2）ipconfig 指令找不到。在 MS-DOS 中使用 ipconfig 配置网络参数，在 Linux 中使用 ifconfig，注意二者的区别。

7. 实验报告要求

结合并参考本次实验范例，撰写实验报告。在报告中写出命令的运行结果，并对结果进行分析。给出实验结果和实验总结。

8. 实验思考

（1）如何使用 arp 指令检查 ARP 病毒？

（2）如何使用 tupdump 指令进行协议分析？

5.1.3 安全管理

1. 实验目的

(1) 熟悉网络安全有关的策略。

(2) 掌握 Linux 端口的设置。

(3) 掌握 Linux 防火墙 iptables 的设置。

2. 实验内容

查看端口的占用情况,关闭指定端口,使用 iptables 指令进行防火墙的配置。

3. 实验原理

1) 端口

一台拥有 IP 地址的主机可以提供许多服务,比如 Web 服务、FTP 服务等,主机是怎样区分不同的网络服务呢? 显然不能只靠 IP 地址,因为 IP 地址与网络服务的关系是一对多的关系。实际上是通过"IP 地址+端口号"来区分不同的服务的。端口分为两种:一种是 TCP 端口,另一种是 UDP 端口。

2) 防火墙

所谓防火墙指的是一个由软件和硬件设备组合而成,在内部网和外部网之间、专用网与公共网之间的界面上构造的保护屏障。防火墙是一种获取安全性方法的形象说法,它是一种计算机硬件和软件的结合,使 Internet 与 Intranet 之间建立起一个安全网关(Security Gateway),从而保护内部网免受非法用户的侵入。

3) iptables

通过使用系统提供的特殊指令 iptables 建立这些规则,并将其添加到内核空间特定信息包过滤表内的链中。关于添加、去除、编辑规则的指令,一般语法如下:

```
iptables [-t table] command [match] [target]
```

(1)[-t table]选项允许使用标准表之外的任何表。表是包含仅处理特定类型信息包的规则和链的信息包过滤表。有三个可用的表选项:filter、nat 和 mangle。该选项不是必需的,如果未指定,则 filter 作为缺省表。

(2) command 部分是 iptables 指令最重要的部分。它告诉 iptables 指令要做什么,例如插入规则、将规则添加到链的末尾或删除规则。

(3) match(匹配)部分指定信息包与规则匹配所应具有的特征(如源地址、目的地址、协议等)。匹配分为通用匹配和特定于协议的匹配两大类。

(4) target(目标)是由规则指定的操作,对与那些规则匹配的信息包执行这些操作。除了允许用户定义的目标之外,还有许多可用的目标选项。

4) 相关指令

① netstat:显示网络状态。

② iptables:建立过滤规则,并将其添加到内核空间的特定信息包过滤表内的链中。

4. 实验环境与网络拓扑

1 台安装 RHEL 6 操作系统的 PC,假定用户 root 的密码是 123456。

5. 实验步骤

(1) 端口查看。

```
[root@localhost Desktop]# netstat - - tunl        //列出正在监听的网络服务
[root@localhost Desktop]# netstat - - tun         //列出已连接的网络联机状态
[root@localhost Desktop]# netstat - - tunp        //以 PID 列出监听的网络服务
[root@localhost Desktop]#kill - 9 2554            //假设进程 ID 是 2554,
//通过结束进程来关闭该网络服务
```

(2) 防火墙的开启与关闭。

```
[root@localhost Desktop]# service iptables start    //启动
[root@localhost Desktop]# service iptables stop     //关闭
```

(3) 典型的/etc/sysconfig/iptables 文件内容。

```
# Firewall configuration written by system-config-firewall
# Manual customization of this file is not recommended.
*filter
:INPUT ACCEPT [0:0]
:FORWARD ACCEPT [0:0]
:OUTPUT ACCEPT [0:0]
-A INPUT -m state - - state ESTABLISHED, RELATED - j ACCEPT
- A INPUT - p icmp - j ACCEPT
- A INPUT - i lo - j ACCEPT
- A INPUT - m state - - state NEW - m tcp - p tcp - - dport 22 - j ACCEPT
- A INPUT - j REJECT - - reject - with icmp - host - prohibited
- A FORWARD - j REJECT - - reject - with icmp - host - prohibited
COMMIT
```

(4) 查看规则集。

```
[root@localhost Desktop]# iptables - - list           //查看规则集
Chain INPUT (policy ACCEPT)
target   prot   opt   source                 destination
ACCEPT all   - - anywhere anywhere state RELATED, ESTABLISHED
ACCEPT icmp - -      anywhere   anywhere
ACCEPT  all     - -   anywhere  anywhere
ACCEPT  tcp   - -    anywhere  anywhere          state NEW tcp dpt:ssh
REJECT  all - - anywhere  anywhere reject - with icmp - host - prohibited
Chain FORWARD (policy ACCEPT)
target  prot  opt  source    destination
REJECT  all   - -   anywhere   anywhere reject - with icmp - host - prohibited
Chain OUTPUT (policy ACCEPT)
target  prot  opt  source    destination
```

(5) 设置缺省策略。

```
[root@localhost Desktop]# iptables - P INPUT DROP      //设置缺省的策略
[root@localhost Desktop]# iptables - P FORWARD DROP    //设置缺省的策略
[root@localhost Desktop]# iptables - P OUTPUT ACCEPT   //设置缺省的策略
```

（6）自定义防火墙策略。

```
[root@localhost Desktop]# iptables - t filter - A INPUT - s 123.456.789.0/24
- j DROP          //阻止来自某一特定 IP 范围内的数据报
[root@localhost Desktop]# iptables - t filter - A OUTPUT
- d 123.456.789.0/24 - j DROP          //阻止所有流向攻击者 IP 地址的数据报
[root@localhost Desktop]# iptables - D INPUT - - dport 80 - j DROP
   //只接受来自指定端口(服务)的数据报
[root@localhost Desktop]# iptables - A FORWARD - p udp - d 198.168.80.0/24 - i eth0 -
j ACCEPT
   //允许转发所有到本地的 udp 数据报(诸如即时通信等软件产生的数据报)
[root@localhost Desktop]# iptables - A FORWARD - p tcp - d 198.168.80.11
- - dport www - i eth0 - j REJECT
   //拒绝发往 WWW 服务器的客户端的请求数据报
[root@localhost Desktop]# iptables - t filter - D OUTPUT - d 123.456.789.0/24 - j DROP
   //删除现有的规则
[root@localhost Desktop]# iptables - save > iptables - script          //规则的保存
[root@localhost Desktop]# iptables - restore iptables - script          //恢复规则集
```

注意：也可以通过修改/etc/sysconfig/iptables 防火墙规则文件来定制访问策略。

6. 实验故障排除与调试

使用 iptables 指令创建规则没有起作用。检查有无使用 iptables-save 保存和重启服务，如果还不行，可通过编辑/etc/sysconifg/iptables 文件修改访问规则。

7. 实验报告要求

结合并参考本次实验范例，撰写实验报告。报告里要有设置防火墙的需求和对应的相关设置，给出实验结果和实验总结。

8. 实验思考

（1）如何使用 netstat 做流量分析？

（2）如何使用 iptables 进行 nat 转换？

5.2 基 本 服 务

由于 Linux 的廉价、灵活性、UNIX 背景、丰富的网络功能和可靠的安全性，主要被用作服务器的操作系统。

远程联机服务器对于远程管理 Linux 系统非常有用。一般的操作系统中都提供了 Telnet 的远程方式，但是 Telnet 采用明文传输数据，带来很大的安全隐患。SSH（Secure Shell protocol）服务器采用密文传输数据，但是使用的还是文本登录。如果使用图形界面远程登录，可以使用 VNC（Virtual Network Computing）相关软件进一步设置 X Window 登录系统。

"网上邻居"是一个可以方便地访问局域网内其他 Windows 计算机资源的共享方式，为了方便 Linux 用户和 Windows 用户共享资源，Samba 服务器成为沟通 Windows 和 Linux 的桥梁。

DHCP（Dynamic Host Configuration Protocol）是一种帮助计算机从指定的 DHCP 服务器获取网络配置信息的自举协议，DHCP 主机能够自动将网络参数分配给网段内的每一台计算机,让客户端的计算机在启动的时候可以自动设置网络参数。

FTP(File Transfer Protocol)服务是 Internet 最古老的协议之一,是上传/下载的主要工具。但是这个协议使用明码传输,很不安全,为了更加安全地使用这个协议,可以使用功能较少但更安全的 vsftpd 软件。

5.2.1 远程联机服务器配置

1. 实验目的

(1) 熟悉远程联机服务器的工作原理。

(2) 掌握 rpm 指令的使用。

(3) 掌握 Telnet 的配置和使用。

(4) 掌握 SSH 的配置和使用。

(5) 掌握 VNC Server 的配置。

2. 实验内容

练习使用 rpm 进行软件的安装,配置 Telnet、SSH 和 VNC 服务器。

3. 实验原理

1) rpm 指令

rpm 是 Red Hat Linux 发行版专门用来管理 Linux 各项套件的程序,由于它遵循 GPL 规则且功能强大方便,因而广受欢迎,逐渐得到其他发行版的采用。

2) Telnet 服务

Telnet 是历史悠久的远程联机服务器,相关软件比较多,缺点就是使用明文传输数据。如果要提供 Telnet 服务需要两个相关软件:一个是客户端软件 telnet,另一个是服务器端软件 telnet-server。

3) SSH 服务

在默认的状态下,SSH 服务提供两个服务器功能:一个类似 Telnet 远程登录使用 Shell 的服务器,另一个是更安全的类似 FTP 的服务。在客户端对应登录指令分别是 ssh 和 sftp。

4) VNC 服务

通过 VNC Server 与 VNC Client 软件的互相配合,VNC 可以进行较快速的数据传输。如果要漂亮一点,可以配合 XCDMP 使用,也可通过启动 KDE 或 GNOME 来代为管理。

4. 实验环境与网络拓扑

1 台安装 RHEL 6 操作系统的 PC,假定用户 root 的密码是 123456;1 台安装 Windows XP 系统的 PC。这两台主机在一个局域网内,拓扑如图 5-3 所示。

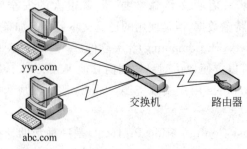

图 5-3 远程联机服务器配置环境拓扑示意图

5. 实验步骤

（1）配置 Telnet 服务器。

① 安装软件。

```
[root@localhost Desktop]# rpm - qa |grep telnet
//确认是否已经安装 Telnet 有关软件
//如果没有安装,可以从安装光盘找到有关 rpm 软件进行安装
[root@localhost Desktop]# rpm - ivh telnet - server - 0.17 - 46.el6.i686.rpm
//安装 Telnet 服务器端软件
[root@localhost Desktop]# rpm - ivh telnet - 0.17 - 46.el6.i686.rpm
//安装 Telnet 客户端软件
```

② 将 xinetd 里面有关 Telnet 的项目开启。

```
[root@localhost Desktop]#vi /etc/xinetd.d/telnet
disable          = yes //改为 disable          = no
[root@localhost Desktop]# service xinetd restart          //重启 xinetd 服务
```

③ 开放 TCP 端口号 23。

```
[root@localhost Desktop]#vi /etc/sysconfig/iptables          //添加下面的文字
- A INPUT - m state - - state NEW - m tcp - p tcp - - dport 23  - j ACCEPT
[root@localhost Desktop]# service iptables restart          //重启防火墙
```

④ 测试 Telnet 服务。

```
[root@localhost Desktop]# telnet 192.168.1.103
//输入用户名和密码进行登录
```

（2）配置 SSH 服务器。

① 安装软件。

```
[root@localhost Desktop]# rpm - qa|grep openssh - server
//如果返回为空,则执行如下指令,RHEL 6 默认安装 OpenSSH 服务器和客户端
[root@localhost ~ ]# rpm - ivh openssh - server - 5.3p1 - 20.el6.i686.rpm
//安装 SSH 服务器软件
```

② 启动 SSH 服务。

```
[root@localhost Desktop]# service sshd restart          //启动 SSH 服务
```

③ 开放 TCP 端口号 22。

```
[root@localhost Desktop]#vi /etc/sysconfig/iptables
- A INPUT - m state - - state NEW - m tcp - p tcp - - dport 22  - j ACCEPT
[root@localhost Desktop]# service iptables restart          //重启防火墙
```

④ 测试。

客户端使用方式：如果是 Windows 平台,可以使用非常好用的绿色软件 PuTTY；如果是 Linux 平台,只要安装有 openss-clients,使用 ssh 指令即可。

```
[root@localhost Desktop]# ssh 192.168.1.103
//连接 IP 地址为 192.168.1.103 的 SSH 服务器
```

（3）配置 VNC 服务器。

① 安装软件。

```
[root@localhost Desktop]#
rpm - ivh tigervnc - server - 1.0.90 - 0.10.20100115svn3945.el6.i686.rpm
//安装 VNC 服务器端软件
```

② 创建 VNC 用户。

```
[root@localhost Desktop]# vi /etc/sysconfig/vncservers        //编辑配置文件
VNCSERVERS = "1:zz"                                           //创建 VNC 用户 zz
VNCSERVERARGS[1] = " - geometry 800x600
 - nolisten tcp - nohttpd - localhost"
//注意两个"1"要对应好。这个用户用的端口是 5900 + 1, 就是 5901
[root@localhost Desktop]# su zz                               //切换到 zz 用户
[zz@localhost root]$ vncpasswd
//为当前 VNC 用户设置远程登录用的密码
[zz@localhost root]$ vncserver :1 -                          //启动 VNC 服务
[zz@localhost root]$ vncserver - kill : 1                     //停止 VNC 服务
```

③ 修改 VNC 用户的配置文件。

```
[zz@localhost root]$ vi .vnc/xstartup
//编辑 VNC 用户的配置文件
unset SESSION_MANAGER                                         //取消注释
exec /etc/X11/xinit/xinitrc                                   //取消注释
[ - x /etc/vnc/xstartup ] && exec /etc/vnc/xstartup
[ - r $ HOME/.Xresources ] && xrdb $ HOME/.Xresources
xsetroot - solid grey
vncconfig - iconic &
gnome - session &                                             //gnome
```

④ 客户端测试。

不管是在 Windows 还是 Linux 平台，都有相关的客户端软件以供使用，如 Real VNC 等。在 Windows 下登录界面如图 5-4 所示。

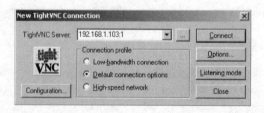

图 5-4　连接 VNC 服务器

6. 实验故障排除与调试

（1）telnet 指令在使用 root 登录时提示登录失败。telnet 配置文件在默认的情况下是不允许远程使用的。若要使用,修改 telnet 配置文件。

（2）使用 VNC 客户端连接失败。先检查防火墙,再检查有没有使用对应用户的端口号。

7. 实验报告要求

结合并参考本次实验范例,撰写实验报告。在报告中要把配置文件的重要内容写出来,还要写出所代表的含义。记录解决遇到的问题的过程,给出实验结果和实验总结。

5.2.2 Samba 服务器配置

1. 实验目的

（1）熟悉 Samba 服务器的工作原理。

（2）掌握 Samba 服务器的配置和管理。

（3）掌握 Samba 服务器的使用。

2. 实验内容

练习搭建 Samba 服务器实现文件和打印机的共享。

3. 实验原理

（1）SMB 协议。

SMB 协议是由 Microsoft 和 Intel 两家公司联合开发出来的一组通信协议,用以实现文件和打印机共享。

（2）smbd 和 nmbd。

Samb 的核心是两个守护进程 smbd 和 nmbd。smbd 负责监听 139TCP 端口,管理 Samba 主机共享目录、文件与打印机等信息;nmbd 负责监听 137TCP 和 137UDP 端口,管理群组和 NetBIOSName 解析。

4. 实验环境与网络拓扑

1 台安装 RHEL 6 操作系统的 PC,假定用户 root 的密码是 123456;1 台安装 Windows XP 系统的 PC。这两台主机在一个局域网内,拓扑结构如图 5-3 所示。

5. 实验步骤

（1）安装 Samba 有关软件。

```
[root@localhost Desktop]# rpm - qa |grep samba
//确认是否已经安装 Samba 有关软件
//如果没有安装,可以从安装光盘找到有关 rpm 软件进行安装
[root@localhost Desktop]# rpm - ivh samba-3.5.4-68.el6.i686.rpm
[root@localhost Desktop]#
rpm - ivh samba - common - 3.5.4 - 68.el6.i686.rpm
[root@localhost Desktop]# rpm - ivh samba - client - 3.5.4 - 68.el6.i686.rpm
[root@localhost Desktop]# samba - winbind - clients - 3.5.4 - 68.el6.i686.rpm
```

（2）配置 Samba。

```
[root@localhost Desktop]# vi /etc/Samba/smb.conf      //编辑配置文件
[global]                                              //全局配置
```

```
    workgroup = Workgroup                        //所属工作组
    server string = Samba Server                 //共享主机名
    log file = /var/log/samba/log. % m
    max log size = 50
    security = user                              //安全级别
    passdb backend = tdbsam
    load printers = yes                          //是否共享打印机
    cups options = raw
[homes]                                          //主目录共享设置
    comment = Home Directories
    browseable = no
    writable = yes
[printers]                                       //打印机共享设置
    comment = All Printers
    path = /var/spool/samba
    browseable = no
    guest ok = no
    writable = no
    printable = yes
[public]                                         //共享公共目录
    comment = Public Stuff
    path = /home/samba
    public = yes
    writable = yes
    printable = no
    write list = + staff
```

smb. conf 文件说明：第一段是[global]段，主要是设置全局参数，设置整个系统的规则；第二段是[home]段，主要是指定共享的主目录；第三段是[printers]段，用来指定如何共享打印机。也可通过图形化的方式完成对 Samba 的设置。

注意：配置文件内有一行 security = user，此处用来设置 Samba 的安全级别。Samba 服务器有 4 个安全级别，分别是 Share、User、Server 和 Domian，它们的安全级别由低到高。其中 Share 级别不需要用户和口令即可访问，User 级别需要设置有关的登录用户。

（3）开放 TCP 端口号 445。

```
[root@localhost Desktop]# iptables - I INPUT - p tcp - dport 445 - j ACCEPT
//开放 TCP 端口号 445
```

（4）Samba 服务的管理。

```
[root@localhost Desktop]# service smb start      //启动 Samba 服务
[root@localhost Desktop]# service smb stop       //停止 Samba 服务
[root@localhost Desktop]# service smb restart    //重启 Samba 服务
```

（5）测试。

如果是 Linux 用户访问 Samba 服务器，可以通过 smbmount 指令实现：

```
[root@localhost Desktop]# smbmount //192.168.1.103/a /mnt/share - U zz
//挂载 192.168.1.1 主机上的 a 共享目录，挂载到/mnt/share 下，
//以用户 zz 进行挂载. 运行后，会要求输入密码进行验证
```

如果是 Windows 用户,可以通过网上邻居访问,输入正确的用户名和密码即可。如果安全级别是 share,则不需要用户名和密码。

6. 实验故障排除与调试

(1) 在使用 Samba 服务时提示权限不够。在 smb.conf 文件中修改共享目录的配置选项。

(2) 使用 Sabma 用户登录时,提示登录失败。检查该用户是否属于计算机用户,属于哪个组,是否属于 Samba 用户。

7. 实验报告要求

结合并参考本次实验范例,撰写实验报告。在报告中要有在安全级别为 share 和 user 的两种配置方式,还要写出在客户端的使用过程。给出实验结果和实验总结。

8. 实验思考

(1) Samba 共享的打印机如何使用?

(2) Samba 的共享级别 Server 和 Domain 如何使用?

5.2.3 DHCP 服务器配置

1. 实验目的

(1) 熟悉 DHCP 服务器的工作原理。

(2) 掌握 DHCP 服务器的配置和管理。

(3) 掌握 DHCP 服务器的使用。

2. 实验内容

练习搭建 DHCP 服务器实现网段内 IP 地址的动态分配与管理。

3. 实验原理

1) DHCP 工作流程

(1) 发现阶段:DHCP 客户端以广播方式寻找 DHCP 服务器。

(2) 提供阶段:DHCP 服务器提供一个可用的 IP 地址。

(3) 选择阶段:DHCP 客户端选择某台 DHCP 服务器提供的 IP 地址。

(4) 确认阶段:DHCP 服务器确认所提供的 IP 地址。

(5) 重新登录阶段:DHCP 客户端每次登录尝试以前使用的 IP 地址。

(6) 更新租约阶段:DHCP 客户端租借期满,DHCP 服务器回收 IP 地址。若 DHCP 客户端要延长租期,必须更新租约。

2) 相关文件

(1) /etc/dhcpd.conf:配置文件。

(2) /usr/sbin/dhcpd:执行文件。

(3) /var/lib/dhcp/dhcpd.leases:租约记录文件。

4. 实验环境与网络拓扑

1 台安装 RHEL 6 操作系统的 PC,假定用户 root 的密码是 123456;1 台安装 Windows XP 系统的 PC;1 台 DNS 服务器。拓扑结构如图 5-5 所示。

5. 实验步骤

(1) 安装 DHCP 服务有关软件。

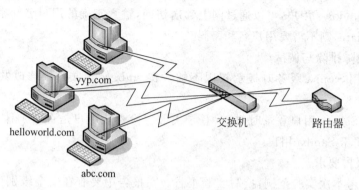

图 5-5　DHCP 服务器配置环境拓扑示意图

```
[root@localhost Desktop]# rpm - ivh dhcp - 4.1.1 - 12.P1.el6.i686.rpm
```

（2）配置 DHCP 服务。

① 假设主机 IP 地址为 192.168.1.103，网段设置为 192.168.1.0/24，网关为 192.168.1.1，DNS 主机的 IP 为 222.85.85.85。

② 每个 DHCP 客户默认租约为 3 天，最长为 6 天。

③ 要分配的 IP 范围是 192.168.1.21～192.168.1.100，其他的 IP 保留。

④ 还有一台主机，MAC 是 00:15:F2:AF:3F:09，主机名为 helloword.com，固定 IP 为 192.168.1.56。

```
[root@localhost Desktop]# cp /usr/share/doc/dhcp - 4.1.1/dhcpd.conf.sample
/etc/dhcp/dhcpd.conf
[root@localhost Desktop]# vi /etc/dhcp/dhcpd.conf              //编辑配置文件
#整体的环境设置,当下面的 subnet 和 host 没有设置时,
ddns - update - style interim;                                //更新 DDNS 的设置
ignore client - updates;
subnet 192.168.1.0 netmask 255.255.255.0                      //动态分配 IP
{option routers        192.168.1.1;                           //默认网关
 option subnet - mask 255.255.255.0;                          //子网掩码
 option domain - name - servers 192.168.1.103; //DNS
 option time - offset - 18000;
 range dynamic - bootp 192.168.1.20 192.168.1.250;            //提供 IP 范围
 default - lease - time 21600;                                //默认租约
 max - lease - time 43200;                                    //最大租约
 host helloworld.com                                          // 绑定 helloworld.com 主机 IP
 {
  hardware Ethernet 00:15:F2:AF:3F:09;                        //MAC 地址
  fixed - address 192.168.1.56;                               //对应 MAC 的 IP 地址
 }
}
```

（3）开放 UDP 端口号 67。

```
[root@localhost Desktop]# iptables - A INPUT - s 192.168.1.0/24
- p udp - - dport 67
- j ACCEPT          //开放 UDP 端口号 67,允许局域网内主机访问
```

（4）启动 DHCP 服务。

```
[root@localhost Desktop]# service dhcpd  start        //启动 DHCP 服务
```

（5）DHCP 客户端的使用。

不管是 Windows 主机还是 Linux 主机，只要与 DHCP 服务器物理联机就能租用到有效的 IP 地址。图 5-6 为绑定 IP 的效果图。

```
Connection-specific DNS Suffix  . :
Description . . . . . . . . . . . : SiS 900 PCI Fast Ethernet Adapter
Physical Address. . . . . . . . . : 00-15-F2-AF-3F-09
Dhcp Enabled. . . . . . . . . . . : Yes
Autoconfiguration Enabled . . . . : Yes
IP Address. . . . . . . . . . . . : 192.168.1.56
Subnet Mask . . . . . . . . . . . : 255.255.255.0
Default Gateway . . . . . . . . . : 192.168.1.1
DHCP Server . . . . . . . . . . . : 192.168.1.103
DNS Servers . . . . . . . . . . . : 192.168.1.103
Lease Obtained. . . . . . . . . . : 2011年3月11日 22:32:33
Lease Expires . . . . . . . . . . : 2011年3月12日 4:32:33
```

图 5-6   Windows 下获取网络参数

6. 实验故障排除与调试

（1）客户端获取不到网络参数。检查端口是否开放。

（2）客户端获取不到正确的 DNS。检查配置文件 DNS 是否配置为有效的 DNS。

7. 实验报告要求

结合并参考本次实验范例，撰写实验报告。在报告中要写出主配置文件，在测试的时候所出现的问题及解决这种问题的方法。给出实验结果和实验总结。

8. 实验思考

局域网内有多个 DHCP 服务器，如何进行中继？

5.2.4   FTP 服务器配置

1. 实验目的

（1）熟悉 FTP 服务器的工作原理。

（2）掌握 vsftpd 服务器的配置和管理。

（3）掌握 vsftpd 服务器的使用。

2. 实验内容

练习搭建 FTP 服务器实现文件共享和使用 FTP 服务器。

3. 实验原理

1）FTP 服务器登录方式

FTP 服务器分为两种：一种是一般的 FTP 服务器，用户访问的时候需要输入账号和密码进行登录；另一种是匿名 FTP 服务器，不需要账号密码即可访问。

2）FTP 连接

一个完整的 FTP 文件传输需要建立两种类型的连接：一种是指令通道，用来传输指令；另一种是数据通道，用来传输文件。

3）相关文件

（1）/etc/vsftpd/vsftpdconf：主要配置文件。

(2) /etc/vsftpd.ftpusers：禁止使用 vsftpd 服务的用户列表文件。

(3) /etc/vsftpd.user_list：禁止或允许访问 vsftpd 服务的用户列表文件。

(4) /var/ftp：vsftpd 的默认匿名用户共享目录。

4．实验环境与网络拓扑

1 台安装 RHEL 6 操作系统的 PC，假定用户 root 的密码是 123456；1 台安装 Windows XP 系统的 PC。这两台主机在一个局域网内，拓扑结构如图 5-3 所示。

5．实验步骤

(1) 安装 vsftpd 软件。

```
[root@localhost Desktop]# rpm - ivh vsftpd - 2.2.2 - 6.el6.i686.rpm
```

(2) 启动 FTP 服务。

```
[root@localhost Desktop]# service vsftpd start          //启动 FTP 服务
```

(3) 开放 TCP 端口号 21。

```
[root@localhost Desktop]# iptables - A INPUT - p tcp - m multiport
- - dport 21 - j ACCEPT                                //开放 TCP 端口号 21
```

(4) 测试。

在/var/ftp/pub 目录下建立一个普通文本文件 test.txt，内容任意。在远程计算机使用 ftp 指令登录 FTP 服务器。

```
C:\> ftp 192.168.1.103
Connected to 192.168.1.103.
220(vsFTP 2.2.2)
User (192.168.1.103:(none)): anonymous          //匿名登录
331 Please specify the password.
Password:                                        //空密码
230 Login successful.
ftp > dir                                        //显示共享根目录的内容
200 PORT command successful. Consider using PASV.
150 Here comes the directory listing.
drwxr - xr - x 2 0 0 4096 May 26 2010 pub
226 Directory send OK.
ftp:61 bytes received in 0.00Seconds 61000.00Kbytes/sec.
ftp > cd pub                                     //切换到 pub 目录
250 Directory successfully changed.
ftp > mget test.txt                              //下载文件
200 Switching to ASCII mode.
mget test.txt? yes                               //输入 yes
200 PORT command successful. Consider using PASV.
150 Opening BINARY mode data connection for test.txt(6 bytes).
226 Transfer complete.
ftp: 6 bytes received in 0.00Seconds 6000.00Kbytes/sec.
ftp > quit                                       //退出登录
221 Goodbye.
```

（5）vsftpd 配置。

vsftpd 的主配置文件是 vsftpd.conf，下面就几个比较重要的选项做个说明。

```
[root@localhost Desktop]# vi /etc/vsftpd/vsftpd.conf     //编辑主配置文件
anonymous - enable = YES                //允许匿名用户登录
local_enable = YES                      //允许本地用户登录
write_enable = YES                      //允许写的权限
local_umask = 022                       //本地用户默认文件权限
dirmessage_enable = YES                 //激活目录访问欢迎词
xferlog_enable = YES                    //激活上传下载日志
connect_from_port_20 = YES              //使用 20 作为数据传输端口
listen = YES                            // vsftpd 以 stand alone 方式启动
pam_service_name = vsftpd               //使用 PAM 认证
userlist_enable = YES                   //是否启用 userlist 功能模块
tcp_wrappers = YES                      //是否经过 tcp warppers 筛选
max_Clients = 0                         //以 stand alone 方式运行,同一时间最大用户数
```

注意：若查看默认设置，可通过 man 5 vsftpd.conf 来查看。

（6）客户端使用。

不管是在 Linux 系统还是 Windows 系统，都可以使用 ftp 指令和有关的 FTP 客户端软件（如资源管理器或浏览器）。图 5-7 是登录成功后的界面。

6. 实验故障排除与调试

配置好后，登录时出现 refusing to run with writable anonymous root 错误。修改共享目录的有关权限。

图 5-7　FTP 测试成功

```
[root@localhost Desktop]# chown root:root /var/ftp
[root@localhost Desktop]# chmod 755 /var/ftp
```

7. 实验报告要求

结合并参考本次实验范例，撰写实验报告。重点写出如何配置文件来设置用户的权限及上传/下载速度的限制，给出实验结果和实验总结。

8. 实验思考

（1）如何限制传输速度？

（2）如何实现匿名用户的上传？

5.3　高级服务

Linux 操作系统不但可以提供常见的、基本的服务，还能提供高级网络服务，如 DNS 服务、Web 服务和 E-mail 服务等。

网络中计算机的标识有两种方式：IP 地址和主机名。DNS（Domain Name System）是一种组织域层次结构计算机和网络服务命名系统，它的主要功能是完成计算机 IP 地址和计算机主机名的相互翻译。BIND 是 DNS 实现中最知名的一个域名系统。

WWW(World Wide Web,全球信息网)可以结合文字、图像和声音等多媒体,使用HTML(Hype Text Marked Language)表示,通过 HTTP(Hype Text Transport Protocol)将信息传播到世界各地。HTTP 在实现上需要服务器端和客户端软件,客户端使用浏览器来解析服务器端提供的数据。在 Linux 下最著名的 Web 服务器就是 Apache 服务器,它占据了世界近 50%的 Web 服务市场。

人们在 Internet 上最常使用的就是电子邮件,很多的企业用户也经常使用电子邮件系统。在类 UNIX 系统的用户中,Sendmail 是应用最广的电子邮件服务器。Sendmail 作为一种免费的邮件服务器软件,已被广泛地应用于各种服务器中,它在稳定性、可移植性及确保没有 bug 等方面具有一定的特色。值得注意的是,在架设 mail 服务器之前,首先保证 DNS 服务器可以正常使用。

5.3.1 DNS 服务器配置

1. 实验目的

(1) 熟悉 DNS 服务器的工作原理。

(2) 掌握 DNS 服务器的配置和管理。

(3) 掌握 DNS 服务器的使用。

2. 实验内容

练习搭建 DNS 服务器实现计算机名称和 IP 的相互查询。

3. 实验原理

1) DNS 工作流程

图 5-8 是对域名 sina.com.cn 的解析过程。

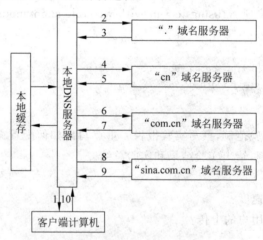

图 5-8 sina.com.cn 域名解析过程

(1) 用户提出域名解析请求,并将该请求发送给本地的域名服务器。

(2) 当本地的域名服务器收到请求后,就先查询本地的缓存,如果有该记录项,则本地的域名服务器就直接把查询的结果返回。

(3) 若本地的缓存中没有该记录,则本地域名服务器就直接把请求发给根域名服务器,然后根域名服务器再返回给本地域名服务器一个所查询域的主域名服务器的地址。

(4) 本地服务器再向第(3)步中所返回的域名服务器发送请求,然后收到该请求的域名服务器查询其缓存,返回与此请求所对应的记录或相关的域名服务器的地址,本地域名服务器将返回的结果保存到缓存。

(5)重复第(4)步,直到找到正确的记录。

(6)本地域名服务器把返回的结果保存到缓存,以备下一次使用,同时还将结果返回给客户端。

2)相关文件

(1)/etc/named.conf:主配置文件。

(2)/var/named/localhost.zone:正向域的区文件。

(3)/var/named/named.local:反向域的区文件。

(4)/var/run/named.ca:高速缓存初始化文件。

4. 实验环境与网络拓扑

1台安装 RHEL 6 操作系统的 PC,假定用户 root 的密码是 123456;1台安装 Windows XP 系统的 PC。这两台主机在一个局域网内,拓扑结构如图 5-3 所示。

5. 实验步骤

(1)安装 DNS 服务有关软件。

```
[root@localhost Desktop]# rpm - ivh bind - 9.7.0 - 5.P2.el6.i686.rpm
[root@localhost Desktop]# rpm - ivh bind - utils - 9.7.0 - 5.P2.el6.i686.rpm
[root@localhost Desktop]# rpm - ivh bind - libs - 9.7.0 - 5.P2.el6.i686
[root@localhost Desktop]# ypbind - 1.20.4 - 29.el6.i686.rpm
```

(2)修改/etc/named.conf 文件。

假设主机名称为 yyp.com,IP 地址为 192.168.1.103。

```
[root@localhost Desktop]#vi /etc/named.conf
options {
    listen - on port 53 { any; };              //改为监听任一主机请求
    directory           "/var/named";          //设置程序目录
    dump - file         "/var/named/data/cache_dump.db";
        statistics - file "/var/named/data/named_stats.txt";
        memstatistics - file "/var/named/data/named_mem_stats.txt";
    allow - query      { any; };
    recursion yes;
    dnssec - enable yes;
    dnssec - validation yes;
    dnssec - lookaside auto;
    bindkeys - file "/etc/named.iscdlv.key";
    allow - transfer { 192.168.1.0/24; };      //解析该网段
        forward first;
        forwarders {                           //如果不能解析,交付给上一级 DNS
            222.85.85.85;
        };
        allow - recursion { 192.168.1.0/24; };
};
logging {                                      //日志有关设置
```

```
                channel default_debug {
                        file "data/named.run";
                        severity dynamic;
                };
};
zone "." IN {                                    //根域名
        type hint;
        file "named.ca";
};
zone "yyp.com" IN {                              //正向解析文件
        type master;
        file "yyp.com.zone";
};
zone "1.168.192.in-addr.arpa" IN {              //逆向解析文件
        type master;
        file "1.168.192.in-addr.arpa.zone";
};
include "/etc/named.rfc1912.zones";
```

（3）配置解析文件。

① 配置正向解析数据文件。

```
[root@localhost Desktop]# vi /var/named/yyp.com.zone
yyp.com.            IN SOA   www.yyp.com.            root.yyp.com. (
                                                     2010032400
                                                     3H
                                                     15M
                                                     1W
                                                     1D )
yyp.com.            IN NS         www.yyp.com.
www                 IN A          192.168.1.103
yyp.com.            IN MX    5    mail.yyp.com.
mail                IN A          192.168.1.104
ftp                 IN A          192.168.1.105
```

② 配置反向解析数据文件。

```
[root@localhost Desktop]# vi /var/named/ 1.168.192.in-addr.arpa.zone
$ TTL    86400
@                  IN SOA   1.168.192.in-addr.arpa. root.yyp.com. (
                                                     2010032400
                                                     3H
                                                     15M
                                                     1W
                                                     1D )
@                  IN NS         www.yyp.com.
103                IN PTR        www.yyp.com.
@                  IN MX    5    mail.yyp.com.
104                IN PTR        mail.yyp.com.
105                IN PTR        ftp.yyp.com.
```

③ 开放 UDP 端口号 67 和 TCP 端口号 67。

```
[root@localhost Desktop]# iptables - I INPUT  - s 192.168.1.0/24 - p udp
- dport 67 - j ACCEPT                          //开放 UDP 端口号 67
[root@localhost Desktop]# iptables - I INPUT  - s 192.168.1.0/24 - p tcp
- dport 67 - j ACCEPT                          //开放 TCP 端口号 67
```

（4）重启 DNS 服务。

```
[root@localhost Desktop]# service named restart
```

（5）客户端测试。

① Linux 下测试。

```
[root@localhost Desktop]# nslookup ftp.yyp.com
Server:          192.168.1.103
Address:    192.168.1.103#53
Name:       ftp.yyp.com
Address: 192.168.1.105
```

② 在 Windows 下测试，效果如图 5-9 所示。

```
C:\Documents and Settings\Administrator>nslookup ftp.yyp.com
Server:    ftp.yyp.com
Address:   192.168.1.103

Name:      ftp.yyp.com
Address:   192.168.1.103
```

图 5-9　DNS 测试成功

③ 其他主机测试。把配置好的 DNS 服务器作为域名服务器使用，看能不能正常通过域名访问 Internet。

6. 实验故障排除与调试

（1）nslookup yyp.com 出现 SERVFAIL 错误。检查正向解析文件和逆向文件。

（2）启动 named 服务出现 rndc：connect failed：connection refused 错误。这类错误基本上是由/etc/named.conf 配置文件书写错误引起的，查看日志，找出具体原因。

7. 实验报告要求

结合并参考本次实验范例，撰写实验报告。理解 DNS 的工作流程和如何实现 IP 地址与 MAC 地址的绑定。给出实验结果和实验总结。

8. 实验思考

（1）如何配置辅助域名服务器？

（2）如何进行 DNS 服务安全访问控制？

5.3.2　Web 服务器配置

1. 实验目的

（1）熟悉 Web 服务器的工作原理。

（2）掌握 Web 服务器的配置。

(3) 掌握 Web 服务器的管理。

2. 实验内容

练习 Web 服务器的搭建和管理。

3. 实验原理

1) Web 服务器的工作流程

(1) 客户端(浏览器)和服务器端建立 TCP 连接,然后客户端向服务器端发出请求。

(2) Web 服务器接收到请求后,将客户端请求的页面返回到客户端。

(3) Web 客户端断开与 Web 服务器端的连接。

2) LAMP 系统

LAMP(Linux +Apache+MySQL+PHP)是指在 Linux 系统上使用 PHP 作为开发网站的服务器端语言,使用 MySQL 作为数据库服务器,使用 Apache 作为 Web 服务器的一种应用。

3) 相关文件

(1) /etc/httpd/conf/httpd.conf:主要配置文件。

(2) /etc/httpd/conf.d/ * .conf:额外的有关配置文件。

(3) /usr/lib/httpd/modules:Apache 支持的模块所在的目录。

(4) /var/www/html/:Web 服务默认的首页所在目录。

(5) /usr/sbin/apcectl:Apache 的主要执行文件。

4. 实验环境与网络拓扑

1 台安装 RHEL 6 操作系统的 PC,假定用户 root 的密码是 123456;1 台安装 Windows XP 系统的 PC。这两台主机在一个局域网内,拓扑结构如图 5-3 所示。

5. 实验步骤

(1) 安装 apache httpd 软件。

```
[root@localhost Desktop]# rpm - ivh httpd - 2.2.15 - 5.el6.i686.rpm
```

(2) 启动 httpd 服务。

```
[root@localhost Desktop]#/etc/init.d/httpd start //启动 Web 服务
[root@localhost Desktop]#/etc/init.d/httpd stop //停止 Web 服务
```

(3) 开放 TCP 端口号 80。

```
[root@localhost Desktop]# iptables - A INPUT - p tcp - s 0/0 - - dport 80
- j ACCEPT          //开放 TCP 端口号 80
```

(4) 测试。

在/var/www/html 目录下建立一个普通文本文件 test.html,内容如下:

```
< html >
< head >
< title >
测试页
</ title >
</ head >
< body >
```

```
欢迎来到测试页面
</body>
</html>
```

打开浏览器,在地址栏中输入 http://www.yyp.com/test.html 后按 Enter 键,观察页面显示内容,如图 5-10 所示。

图 5-10　Web 测试成功

(5) httpd 的详细配置。

下面就 httpd.conf 的部分内容进行说明。

```
[root@localhost Desktop]# vi /etc/httpd/conf/httpd.conf
# 全局环境设置
ServerTokens OS                              //发送服务器版本
ServerRoot "/etc/httpd"                      //设置文件的最顶层目录
//下面的数据使用相对路径时就是该目录的下层目录或文件
PidFIle run/httpd.pid                        //放置 PID 文件的位置,只有相对路径
Timeout 120                                  //定义服务器等待接收和传输的时间
KeepAlive On                                 //是否允许持续性联机,最好设置为 On,默认为 Off
MaxKeepAliveRequests 500                     //设置每个永久连接所能提出请求的最大值
KeepAliveTimeout 15                          //保持连接时,服务器等待多久才断开连接
< IfModule prefork.c >                       //设置使用 Prefork MPM 运行方式的参数
StartServers         8                       //设置服务器启动的进程数
MinSpareServers      5
MaxSpareServers     20
ServerLimit        256
MaxClients         256                       //限制同一时间的连接数不能超过 256
MaxRequestsPerChild  4000
</IfModule>
< IfModule worker.c >                        //worker 的默认配置
StartServers          4
MaxClients          300
MinSpareThreads      25
MaxSpareThreads      75
ThreadsPerChild      25
MaxRequestsPerChild   0
</IfModule>
LoadModule auth_basic_module modules/mod_auth_basic.so
//加载模块,可能会有很多
listen 80                                    //监听端口
Include conf.d/ * .conf                      //其他有关配置文件的位置
```

```
User apache                        //访问 Web 服务的用户
Group apache                       //访问 Web 服务的用户的群组
♯ 主服务配置(略去),参考 http://httpd.apache.org/docs/2.2
♯ 虚拟服务器配置(略去),参考 http://httpd.apache.org/docs/2.2
```

注意：若查看默认设置,可通过 man 5 vsftpd.conf 来查看。

6. 实验故障排除与调试

(1) httpd 服务无法启动。先查看日志,多数是配置文件中的监听端口已经被占用。可以换个端口或结束占用该端口的进程。

(2) 无法打开所访问的页面。请检查该页面的权限,保证该页面的 apache 用户具有访问的权限。

7. 实验报告要求

结合并参考本次实验范例,撰写实验报告。给出实验结果和实验总结。

8. 实验思考

(1) 如何加载 PHP 模块的支持?

(2) 如何通过配置来提高 Web 服务器的安全性?

5.3.3 电子邮件服务器配置

1. 实验目的

(1) 熟悉 E-mail 服务器的工作原理。

(2) 掌握 Sendmail 服务器的配置。

(3) 掌握 Sendmail 服务器的管理。

2. 实验内容

练习搭建 E-mail 服务器。

3. 实验原理

1) E-mail 的工作流程

邮件交换可以分为 5 部分：用户端程序、服务端守护进程、DNS、远程或本地的邮箱、邮件主机。

(1) 用户端程序：发送邮件的指令行或 WWW 浏览器。

(2) 服务端守护进程：邮件服务器后台守护程序通常有两个功能,即接收外面发来的邮件和把邮件传送出去。

(3) DNS：域名系统 (DNS) 及其服务程序 named 在 E-mail 的投递过程当中扮演着很重要的角色,负责将主机名映射为 IP 地址,同时也需要保存递送邮件时所需要的信息。

2) 相关文件

(1) /etc/mail/sendmail.mc：主配置文件。

(2) /etc/mail/access：访问数据库文件。

(3) /etc/mail/aliases：邮箱别名。

(4) /etc/mail/local-host-names：接收邮件主机列表。

(5) /etc/mail/mailer.conf：邮寄配置程序。

(6) /etc/mail/mailertable：邮件分发列表。

（7）/etc/mail/virtusertable：虚拟用户和域名列表。

4. 实验环境与网络拓扑

1 台安装 RHEL 6 操作系统的 PC，假定用户 root 的密码是 123456；1 台安装 Windows XP 系统的 PC；1 台 DNS 服务器。拓扑结构如图 5-5 所示。

5. 实验步骤

（1）安装 Sendmail 相关软件。

```
[root@localhost Desktop]# rpm - qa |grep sendmail
//确认是否已经安装 Sendmail 有关软件
[root@localhost Desktop]# rpm - ivh procmail - 3.22 - 25.1.el6.i686.rpm
[root@localhost Desktop]# rpm - ivh sendmail - 8.14.4 - 8.el6.i686.rpm
[root@localhost Desktop]# rpm - ivh sendmail - cf - 8.14.4 - 8.el6.noarch.rpm.
```

（2）启动 Sendmail 服务。

```
[root@localhost Desktop]# /etc/rc.d/init.d/sendmail start
//启动 Sendmail 服务
[root@localhost Desktop]# /etc/rc.d/init.d/sendmail status
//查看是否正常运行
```

（3）建立 E-mail 账号。

```
[root@localhost Desktop]# useradd - s /sbin/nologin mail_user
//创建了一个 mail_user 的账号,密码为 123
```

经过以上步骤后，就可以用邮件客户端正常发送邮件了，但这时还不能从服务器端收取邮件，因为 Sendmail 默认状态并不具备 POP3 功能，还要安装并启用它。

（4）测试 DNS 服务器。

注意：把 DNS 域名加入到/etc/resolf.conf 文件中。

```
[root@localhost ~]# nslookup - sil mail.yyp.com
Server:          192.168.1.103
Address:         192.168.1.103#53
Name:         mail.yyp.com
Address: 192.168.1.103
[root@localhost ~]# nslookup - sil 192.168.1.103
Server:          192.168.1.103
Address:         192.168.1.103#53
103.1.168.192.in - addr.arpa          name = mail.yyp.com.
```

（5）配置/etc/mail/sendmail.mc。

```
[root@localhost ~]# vi /etc/mail/sendmail.mc
dnl TRUST_AUTH_MECH(`EXTERNAL DIGEST - MD5 CRAM - MD5
LOGIN PLAIN')dnl
dnl define(`confAUTH_MECHANISMS', `EXTERNAL GSSAPI
DIGEST - MD5 CRAM - MD5 LOGIN PLAIN')dnl
```

```
//删除前面两行前面的 dnl,设置 SMTP 的用户认证
DAEMON_OPTIONS('Port = smtp,Addr = 127.0.0.1, )dnl
//修改 127.0.0.1 为 0.0.0.0,监听本机所有网卡 IP 地址
```

(6) 生成/etc/mail/sendmail.cf。

```
[root@localhost ~]#m4  /etc/mail/sendmail.mc >/etc/mail/sendmail.cf
```

(7) 修改/etc/mail/local-host-names。

```
[root@localhost ~]#vi /etc/mail/local-host-names
yyp.com         //增加本服务器可处理的域名
```

(8) 允许接收其他主机发送的邮件。

```
[root@localhost mail]# vi  access
Connect:yyp.com                                    RELAY //加入这一行
[root@localhost mail]# makemap hash access.db < access
//生成 access.db 文件
```

(9) 编辑/etc/dovecot/dovecot.conf 文件。

```
[root@localhost mail]# vi /etc/dovecot/dovecot.conf
# protocols = imap imaps pop3 pop3s //取消前面的注释
```

(10) 启动有关服务。

```
[root@localhost mail]# service dovecot start
[root@localhost mail]# service saslauthd start
[root@localhost mail]# service sendmail start
```

(11) 在 Windows 主机上进行测试。

```
C:>telnet 192.168.1.103 25
220 localhost.localdomain ESMTP Sendmail 8.14.4/8.14.4; Fri, 4 Mar 2011
19:50:57 +0800
ehlo mail.yyp.com
250 - localhost.localdomain Hello localhost.localdomain [127.0.0.1], pleased
to meet you
250 - ENHANCEDSTATUSCODES
250 - PIPELINING
250 - 8BITMIME
250 - SIZE
250 - DSN
250 - ETRN
250 - AUTH GSSAPI LOGIN PLAIN
250 - DELIVERBY
250 HELP
quit
221 2.0.0 localhost.localdomain closing connection
```

6. 实验故障排除与调试

由于 Sendmail 配置比较麻烦,很容易产生错误,可以通过 tail -f /var/log/maillog 查看邮件日志。

7. 实验报告要求

结合并参考本次实验范例,撰写实验报告,给出实验结果和实验总结。

8. 实验思考

(1) 如何设置邮箱别名?

(2) 如何进行垃圾邮件的过滤?

(3) 如何进行邮件的加密传输?

第6章　协议分析

网络协议分析是指通过程序分析网络数据包的协议头和尾,从而了解信息和相关的数据包在产生和传输过程中的行为。包含该程序的软件和设备就是协议分析器。协议分析的功能是:

(1) 用于网络故障诊断和修复,即通过分析各层协议头和尾来识别网络通信过程中可能出现的问题。

(2) 网络的使用和流量分析,如一些协议分析器能将多层协议和数据包从低级数据包编译升级为高级数据包。

(3) 网络管理,如监视网络流量、分析数据包、监视网络资源利用、执行网络安全操作规则,鉴定分析网络数据以及诊断并修复网络问题。

本章实验体系与知识结构如表 6-1 所示。

表 6-1　协议分析实验体系与知识结构

类别	实验名称	实验类型	实验难度	知识点	备注
协议分析	Wireshark 基本操作	验证	★★★	基本工具介绍、基本操作	
	ARP 数据包生成与分析	验证	★★★	ARP、封装	
	IP 数据包生成与分析	验证	★★★	IP 协议	
	ICMP 数据包生成与分析	验证	★★★	ICMP 协议	
	TCP 建立连接 三次握手机制分析	验证	★★★★	TCP 协议、SYN、ACK、连接建立	
	TCP 断开连接 四次握手机制分析	验证	★★★★★	TCP 协议、FIN、连接中断	选做
	其他三方协议分析	验证	★★★★	STP、DTP、CDP、IGMP	选做
	应用层协议分析	验证	★★★	HTTP 等应用层协议	

6.1　协议分析

6.1.1　网络协议

网络协议可定义为计算机网络中进行数据交换而建立的规则、标准或约定的集合。即协议是用来描述进程之间信息交换数据时的规则术语。在计算机网络中,两个相互通信的实体处在不同的地理位置,其上的两个进程相互通信,需要通过交换信息来协调它们的动作和达到同步,而信息的交换必须按照预先共同约定好的过程进行。

一个网络协议至少包括三要素。

(1) 语法：用来规定信息格式；数据及控制信息的格式、编码及信号电平等。

(2) 语义：用来说明通信双方应当怎么做；用于协调与差错处理的控制信息。

(3) 时序：详细说明事件的先后顺序；速度匹配和排序等。

由于网络结点之间联系的复杂性，在制定协议时，通常把复杂成分分解成一些简单成分，然后再将它们复合起来。最常用的复合技术就是层次方式，网络协议的层次结构特征如下：

(1) 结构中的每一层都规定有明确的服务及接口标准。

(2) 把用户的应用程序作为最高层。

(3) 除了最高层外，中间的每一层都向上一层提供服务，同时又是下一层的用户。

(4) 把物理通信线路作为最低层，它使用从最高层传送来的参数，是提供服务的基础。

为了使不同计算机厂家生产的计算机能够相互通信，以便在更大的范围内建立计算机网络，国际标准化组织(ISO)在 1978 年提出了"开放系统互连参考模型"，即著名的 OSI 模型。它将计算机网络体系结构的通信协议划分为 7 层，自下而上依次为物理层、数据链路层、网络层、传输层、会话层、表示层和应用层。其中低四层完成数据传送服务，高三层面向用户。对于每一层，至少制定两项标准：服务定义和协议规范。前者给出了该层所提供服务的准确定义，后者详细描述了该协议的动作和各种有关规程，以保证服务的提供。

常见的协议有 TCP/IP 协议、IPX/SPX 协议和 NetBEUI 协议等。TCP/IP 协议是这三大协议中最重要的一个，作为因特网的基础协议，没有它根本不可能上网，任何和因特网有关的操作都离不开 TCP/IP 协议。不过 TCP/IP 协议也是这三大协议中配置起来最麻烦的一个，单机上网还好，而通过局域网访问因特网的话，就要详细设置 IP 地址、网关、子网掩码和 DNS 服务器等参数。

尽管 TCP/IP 是目前最流行的网络协议，但 TCP/IP 协议在局域网中的通信效率并不高，使用它在浏览"网上邻居"中的计算机时，经常会出现不能正常浏览的现象。此时安装 NetBEUI 协议就能解决这个问题。

NetBEUI(NetBios Enhanced User Interface)是 NetBIOS 协议的增强版本，曾被许多操作系统采用。NetBEUI 协议是一种短小精悍、通信效率高的广播型协议，安装后不需要进行设置，特别适合于在"网络邻居"传送数据。所以建议除了 TCP/IP 协议之外，小型局域网的计算机也可以安上 NetBEUI 协议。

IPX/SPX 协议本来就是 Novell 开发的专用于 NetWare 网络中的协议，现在也非常常用。大部分可以联机的游戏都支持 IPX/SPX 协议，比如星际争霸、反恐精英等。虽然这些游戏通过 TCP/IP 协议也能联机，但显然还是通过 IPX/SPX 协议更省事，因为根本不需要任何设置。除此之外，IPX/SPX 协议在局域网络中的用途似乎并不是很大，如果确定不在局域网中联机玩游戏，那么这个协议可有可无。

网络层协议主要包括 IP、ICMP、ARP 和 RARP。

传输层协议主要包括 TCP、UDP。

应用层协议主要包括 FTP、Telnet、SMTP、HTTP、RIP、NFS 和 DNS。

6.1.2 协议分析工具介绍

协议分析仪将一个有记录的帧中的各种协议层解码,并以一种相对易用的格式呈现这些信息。如 Wireshark 协议分析仪显示的信息包括物理信息、数据链路信息、协议信息以及每一帧的描述。大部分协议分析器都能够过滤满足特定条件的流量以便实现某种目的。例如,记录某台设备收到和产生的所有流量。协议分析仪也有用硬件设备捕获数据,用软件进行分析的。协议分析仪 Protocol Analyzer 的工作从原理上要分为两个部分:数据采集和协议分析。对这两部分的工作,从实现的形式上来说有以下常见的几种形式。

1) 纯软件的协议分析仪

大多数的纯软件协议分析仪是可以使用普通的网卡来完成简单的数据采集工作的,这就是使用率最多的“协议分析软件＋PC 网卡”,如 Fluke 的 OptiView-PE、Wireshark 和 Sniffer 等。这种方式的协议分析仪的主要特征在于:

(1) 简单廉价。

(2) 自由软件,小巧实用。

(3) 功能较弱。

(4) 基于软件分析的工作,因此需要借助计算机平台实现。

2) 便携式协议分析仪

主要基于“笔记本＋数据采集箱”的方式,与“协议分析软件＋PC 网卡”的主要区别就是专用的数据采集系统。在复杂和高速的网络链路上,如果高速捕捉或更有效地进行实时数据过滤,采用专用数据采集方式是必需的。

如图 6-1 所示,便携式网络分析仪用于排除交换网络和 VLAN 的故障。网络工程师只要将网络分析仪插入网络的任何位置,便能够了解该设备连接的交换机端口以及网络的平均利用率和峰值利用率。还可以利用该分析仪来发现 VLAN 配置、查明网络最大流量的来源、分析网络流量以及查看接口详细信息。该设备一般能够向安装有网络监控软件的 PC 输出数据,以做进一步分析和故障排除之用。

图 6-1 便携式协议分析仪

3）手持式综合协议分析仪

从协议分析仪发展的角度来说,网络维护人员越来越需要使用功能强大并能将多种网络测试手段集于一身的综合式测试分析手段,典型的协议分析仪上的功能延展就是加入网管功能、自动网络信息搜集功能、智能的专家故障诊断功能,并且移动性能要有效。这种综合的协议分析仪或者说是综合的网络分析仪成为了当今网络维护和测试仪的主要发展趋势,如 Fluke 的 OptiView 系列在网络现场分析、故障诊断、网络维护方面得到了相当广泛的应用和发展。主要供应商有 Network General 公司、Agilent Technologies 公司和Wildpackets 公司。

4）分布式协议分析仪

随着网络维护规模的加大,网络技术的变化,网络关键数据的采集也越来越困难。有时为了分析和采集数据,必须能在异地同时进行采集,于是将协议分析仪的数据采集系统独立开来,能安置在网络的不同地方,由能控制多个采集器的协议分析仪平台进行管理和数据处理,这种应用模式就诞生了分布式协议分析仪。通常这种方式的造价会非常高的。分布式协议分析仪的主要供应商有 Network General 公司、Netscout 公司等。

此外,网络协议分析器(Network Protocol Analyzer)还被称为网络嗅探器(Sniffer)、数据包分析器(Packet Analyzer)、网络嗅听器(Network Sniffing Tool)和网络分析器(Network Analyzer)等。

6.2　Wireshark 协议分析仪

Wireshark(前称 Ethereal)是一个网络封包分析软件。网络封包分析软件的功能是撷取网络封包,并尽可能显示出最为详细的网络封包资料。在 GNUGPL 通用许可证的保障范围底下,使用者可以以免费的代价取得软件及其源代码,并拥有针对其源代码修改及客制化的权利。Ethereal 是目前全世界最广泛的网络封包分析软件之一。

Wireshark 可以帮助网络管理员检测网络问题,帮助网络安全工程师检查资讯安全相关问题,开发者使用 Wireshark 来为新的通信协议除错,普通使用者使用 Wireshark 来学习网络协议的相关知识。当然,有的人用它来寻找一些敏感信息。

Wireshark 不是入侵侦测软件(Intrusion DetectionSoftware,IDS)。对于网络上的异常流量行为,Wireshark 不会产生警示或是任何提示。然而,仔细分析 Wireshark 撷取的封包能够帮助使用者对于网络行为有更清楚的了解。Wireshark 不会对网络封包产生内容的修改,它只会反映出目前流通的封包信息,它也不会送出封包至网络上。

6.2.1　Wireshark 的基本操作

1. 实验目的

练习 Wireshark 抓包软件的使用,为以后实验打下基础。

2. 实验内容

熟练掌握 Wireshark 的常用操作,并掌握对数据包的分析。

3. 实验原理

Wireshark 可以对网络进行监控并实时捕捉需要的数据包,属于"协议分析软件＋PC

网卡"相结合的工作方式。

4. 实验环境

局域交换网络环境，1 台装有 Wireshark 软件的 PC。

5. 实验步骤

1) 学习捕捉数据包的开始和停止

(1) 启动程序,图 6-2 为启动界面。

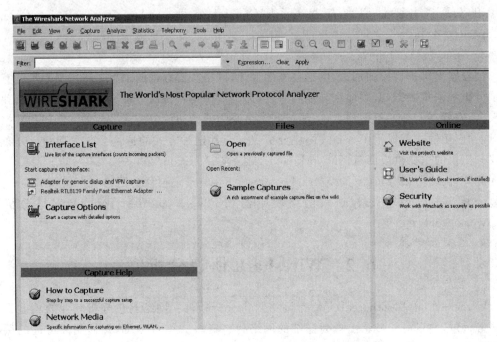

图 6-2　Wireshark 启动界面

(2) 捕捉接口对话框。

单击 File 按钮下方的快捷键,出现如图 6-3 所示的捕捉接口对话框。

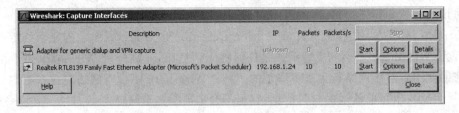

图 6-3　选定捕获网卡接口 Capture Interfaces

下面对图 6-3 中的常见按钮做简单描述。

① Descrption(描述)：显示本机的以太网卡等网路接口信息,一般采用以太网接口进行数据捕捉。

② IP：显示接口的 IP 地址,没有则为 Unkown。

③ Packets：显示打开窗口后一共收到的数据包的个数。

④ Packets/s：显示最近一秒接收的数据包个数。

⑤ Start：以上一次的设置或默认设置开始捕捉数据包。

⑥ Options：打开捕捉选项对话框，对捕捉方式进行设置。

⑦ Details：打开对话框显示接口的详细信息。

⑧ Close：关闭对话框。

（3）捕捉数据包设置。

单击如图 6-3 所示捕捉接口对话框中对应接口右边的 Options 按钮，进行捕捉设置（如不设置，则选择默认配置进行捕捉）。图 6-4 所示为捕获设置。

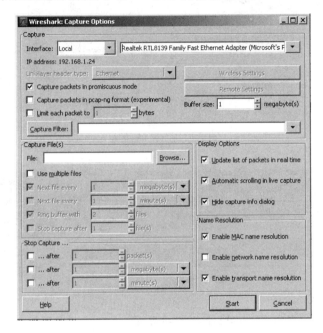

图 6-4　捕获数据包的参数设置

下面对图 6-4 中常见按钮做简单描述。

① Interface：指定进行捕捉的接口。

② IP address：接口的 IP 地址，没有则显示 Unkown。

③ Link-layer header type：除非有特殊设置，否则建议保持默认状态。

④ Capture packets in promiscuous mode：通常所说的"混乱模式"，如果没有指定，则只能捕捉进出 PC 的数据包（不能捕捉整个局域网中的数据包）。

⑤ Limit each packet to N bytes：限制每个数据包的最大字节数，默认值为 65 535，适用于绝大多数协议。

⑥ Capture Filter：对需要抓的数据包的类型进行设置。

通常需要对捕获的大量数据包进行设置，单击 Capture Filter 按钮弹出如图 6-5 所示对话框。

选择需要捕捉的数据包类型，即如图 6-5 所示要捕获的 TCP 数据包。其他为文件的保存设置，可以修改以实现更合理的使用。

（4）开始捕捉数据包。

在进行完捕捉设置之后，就可以对指定类型的数据包进行捕捉了。单击以太网卡后面的 Start 按钮开始捕捉数据包，如图 6-6 所示。

图 6-5　协议过滤设置

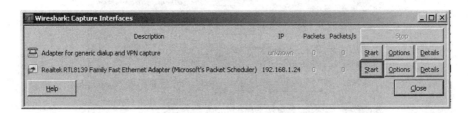

图 6-6　开始捕获数据包

随后出现如图 6-7 所示 Wireshark 抓包主界面。

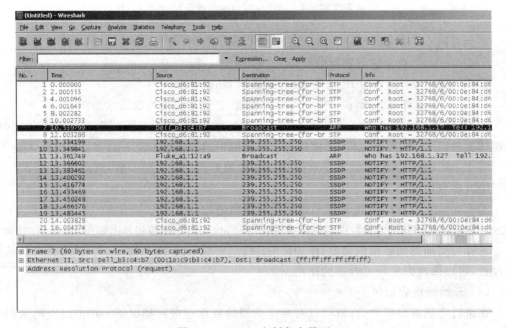

图 6-7　Wireshark 抓包主界面

在图 6-7 中，主窗口显示的信息即为所抓到的包。

（5）停止捕捉数据包。

单击捕捉设置对话框中的 Stop 按钮，如图 6-8 所示。

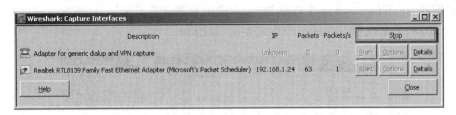

图 6-8　停止捕捉数据包

2）主窗口界面

（1）菜单栏如图 6-9 所示。

图 6-9　Wireshark 菜单栏

（2）信息过滤工具栏。

在 Filter 文本框中输入过滤的内容并进行设置，如图 6-10 所示。

图 6-10　过滤工具栏

例如，只显示 TCP 数据包、ARP 数据包等，从而减少分析数据包时无用信息的干扰。在输入过程中会进行语法检查。如果输入的格式不正确，或者未输入完成，则背景显示为红色。直到输入合法的表达式，背景会变为绿色。

可以通过以下两种方法实现过滤：一方面可以在如图 6-4 所示对话框中选择合适的条目；另外一方面在如图 6-10 所示工具栏的编辑框中输入需要输出的数据包类型。

（3）数据包列表。

图 6-11 为数据包列表，单击任意一项则显示详细的数据包内容。

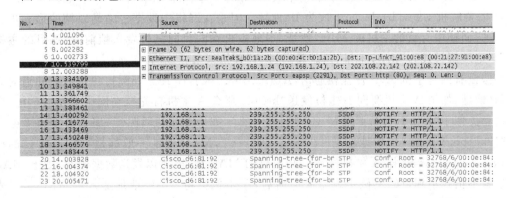

图 6-11　数据包列表

协议分析

单击前面的"十"号可以查看数据包的详细信息,如帧的长度、捕获的时间、数据包中包含的协议等。同时可以对各层协议中添加的封装信息进行查看和分析。

（4）十六进制数据。

"解析器"在 Wireshark 里也被称为"十六进制数据查看面板"。这里显示的内容与封装详细信息相同,只是改为十六进制的格式表示,如图 6-12 所示。

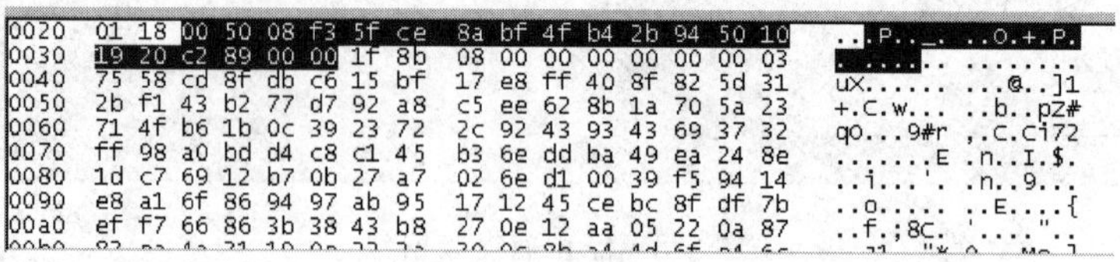

图 6-12　以十六进制显示被捕获数据包

6. 实验故障排除与调试

在实验中尽量关闭一些无用的网络程序,以免捕捉大量的无用数据包给分析带来麻烦。

7. 实验报告要求

结合并参考本次实验范例,撰写实验报告。重点阐述 Wireshark 抓包的工作原理、掌握基本操作要点和信息分析,最后给出实验结果和实验总结。实验思考部分可选做。

8. 实验思考

在用 Wireshark 抓包的过程中是否可以通过一定的设置来减少网络的流量,以便更轻易获得有用的信息？能否通过多抓数据包进行一些设置来保证抓到的完整性呢？

6.2.2　ARP 数据包的生成与分析

1. 实验目的

（1）掌握 Wireshark 抓包软件的使用。

（2）学习抓获 ARP 数据包并分析。

2. 实验内容

使用 Wireshark 抓包软件捕获 ARP 信息并分析。

3. 实验原理

ARP 协议的原理:当访问某个网络或者 ping 某个网址如 ping www. baidu. com 时,DNS 需要解析 www. baidu. com 成为 IP 地址。但是在网络中数据传输是以帧的形式进行传输的,而帧中有目的主机的 MAC 地址,本地主机在向目的主机发送帧前,要将目的主机的 IP 地址解析成为 MAC 地址,这就是通过 APR 协议来完成的。

假设有两台主机 A,B 在互相通信,A(192.168.1.2),B(192.168.1.4)双方都知道对方的 IP 地址,如果 A 主机要向 B 主机发送"hello",那么 A 主机首先要在网络上发送广播,广播信息类似于"192.168.1.4 的 MAC 地址是什么",如果 B 主机听见了,那么 B 主机就会发送"192.168.1.4 的 MAC 地址是 **. **. **. **",MAC 地址一般都是 6Byte 48 位的格式,如 04-a3-e3-3a,这样 A 主机就知道 B 主机的 MAC 地址,所以发送数据帧时,加上 MAC 地址就不怕找不到目的主机了。完成广播后,A 主机会将 MAC 地址加入到 ARP 缓存表(所谓 ARP 缓存表就是一张实现 IP 和 MAC 地址进行一一对应的表,并且存储起来),以备下次再使用。ARP 帧结构如图 6-13 所示。

<table>
<tr><td colspan="2">硬件类型</td><td>协议类型</td></tr>
<tr><td>硬件地址长度</td><td>协议长度</td><td>操作类型</td></tr>
<tr><td colspan="3">发送方的硬件地址(0～3节)</td></tr>
<tr><td colspan="2">源特理地址(4～5字节)</td><td>源IP地址(0～1字节)</td></tr>
<tr><td colspan="2">源IP地址(2～3字节)</td><td>目标硬件地址(0～1字节)</td></tr>
<tr><td colspan="3">目标硬件地址(2～5字节)</td></tr>
<tr><td colspan="3">目标IP地址(0～3字节)</td></tr>
</table>

图 6-13　ARP 帧结构

(1) 两个字节长的以太网帧类型表示后面数据的类型。对于 ARP 请求或应答来说，该字段的值为 0×0806。

(2) 硬件类型字段：指明了发送方想知道的硬件地址的类型，以太网的值为 1。

(3) 协议类型字段：表示要映射的协议地址类型，IP 为 0×0800。

(4) 硬件地址长度和协议地址长度：指明了硬件地址和高层协议地址的长度，这样 ARP 帧就可以在任意硬件和任意协议的网络中使用。对于以太网上 IP 地址的 ARP 请求或应答来说，它们的值分别为 6 和 4。

(5) 操作字段：用来表示这个报文的类型，ARP 请求为 1，ARP 响应为 2，RARP 请求为 3，RARP 响应为 4。

(6) 发送端的以太网地址：源主机硬件地址，6 个字节。

(7) 发送端 IP 地址：发送端的协议地址(IP 地址)，4 个字节。

(8) 目的以太网地址：目的端硬件地址，6 个字节。

(9) 目的 IP 地址：目的端的协议地址(IP 地址)，4 个字节。

4. 实验环境

局域交换网络环境和 Wireshark 网络抓包软件。

5. 实验步骤

(1) 启用 Wireshark 对数据包进行捕获，具体步骤参考 6.2.1 节操作。

(2) 生成数据包。

为了确保实验完整性，在命令行下输入命令 arp -d 删除 ARP 缓存中的所有信息，然后再利用 ping 命令生成数据包。即 ping 一下与自己在同一个网络段的一台主机(这里选择 ping 192.168.1.33)，如图 6-14 所示。

```
C:\Documents and Settings\user>ping 192.168.1.33

Pinging 192.168.1.33 with 32 bytes of data:

Reply from 192.168.1.33: bytes=32 time<1ms TTL=128
Reply from 192.168.1.33: bytes=32 time<1ms TTL=128
Reply from 192.168.1.33: bytes=32 time<1ms TTL=128
Reply from 192.168.1.33: bytes=32 time<1ms TTL=128

Ping statistics for 192.168.1.33:
    Packets: Sent = 4, Received = 4, Lost = 0 (0% loss),
Approximate round trip times in milli-seconds:
    Minimum = 0ms, Maximum = 0ms, Average = 0ms
```

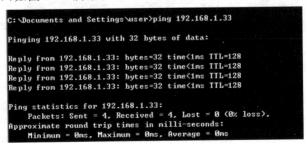

图 6-14　生成 ARP 数据包的 Ping 请求

（3）用 arp 命令过滤出 ARP 协议的数据包，如图 6-15 所示。

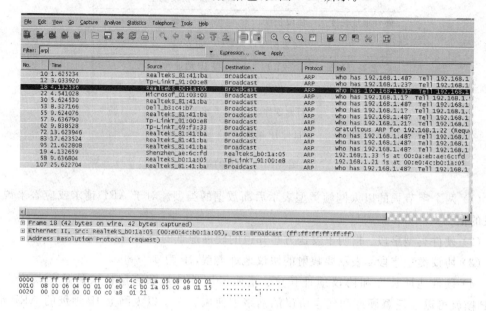

图 6-15　捕获到 ARP 数据包

（4）分析捕获到的 ARP 帧。

随意单击所列举的编号，如图 6-16 所示为 18 号信息，可以看出 Frame 18 显示的是主机发送了询问 192.168.33 的广播。同时还发现捕获多种广播，请读者自行分析原因。进一步还可以得知 Frame18 大小为 42 字节，其中 28 字节的 ARP 数据，14 字节的以太网帧头。请读者自行分析原因。

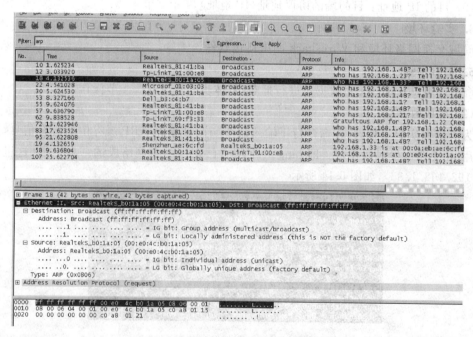

图 6-16　封装 ARP 的数据帧格式

图 6-17 为以太网帧的详细信息，其中显示目的 MAC 地址是 ff：ff：ff：ff：ff：ff，共 48 个 1 表明是通过广播进行询问，目的地址是 00：e0：4c：b0：1a：05，前 24 字节是生产商号，后 24 字节是地址。ARP 类型：0x0806（ARP 的协议类型编号，说明帧是一个 ARP 请求或应答），进一步点开 Address Resolution Protocol，有 opcode request（0x0001）一行，可以判断这是一个 ARP 请求，如图 6-17 所示。进一步可以发现发送者 MAC、IP 信息和目的地的 MAC、IP 地址的信息。

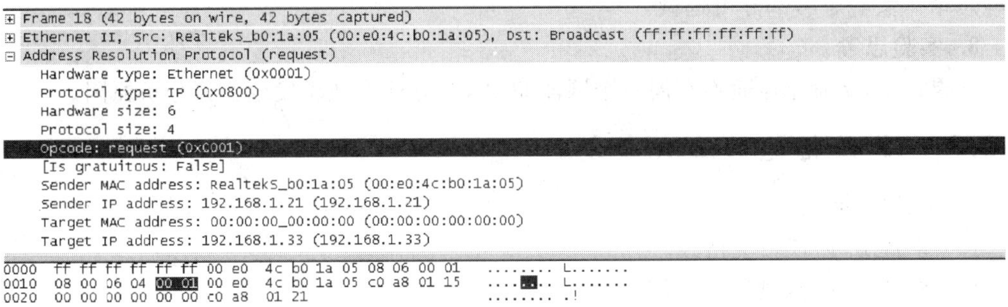

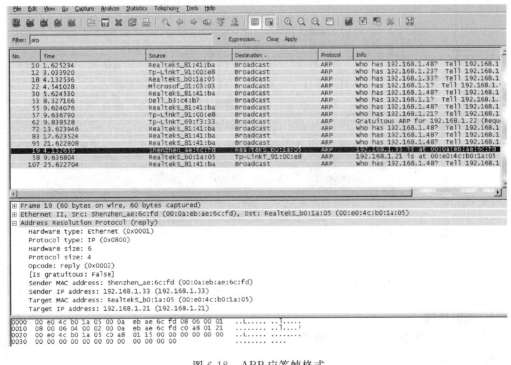

```
⊞ Frame 18 (42 bytes on wire, 42 bytes captured)
⊞ Ethernet II, Src: RealtekS_b0:1a:05 (00:e0:4c:b0:1a:05), Dst: Broadcast (ff:ff:ff:ff:ff:ff)
⊟ Address Resolution Protocol (request)
     Hardware type: Ethernet (0x0001)
     Protocol type: IP (0x0800)
     Hardware size: 6
     Protocol size: 4
     opcode: request (0x0001)
     [Is gratuitous: False]
     Sender MAC address: RealtekS_b0:1a:05 (00:e0:4c:b0:1a:05)
     Sender IP address: 192.168.1.21 (192.168.1.21)
     Target MAC address: 00:00:00_00:00:00 (00:00:00:00:00:00)
     Target IP address: 192.168.1.33 (192.168.1.33)

0000  ff ff ff ff ff ff 00 e0  4c b0 1a 05 08 06 00 01   ........ L.......
0010  08 00 06 04 00 01 00 e0  4c b0 1a 05 c0 a8 01 15   ....█... L.......
0020  00 00 00 00 00 00 c0 a8  01 21                      ........ .!
```

图 6-17 ARP 格式分析

网络中的 192.168.1.33 主机在收到主机的询问时会给出一个回应。如图 6-18 所示，Frame19 显示的是 192.168.1.33 给出的回应，其中 opcode 为 0x0002，表明为应答。图中应答包的源地址是 00：0a：eb：ae：6c：fd，为 IP 地址 192.168.1.33 进行 ARP 解析所获取的地址信息。

图 6-18 ARP 应答帧格式

6. 实验故障排除与调试

本实验中有可能出现 start 后,有大量的数据被捕获,不利于分析。这是由于开启了较多的联网程序,造成大量的流量导致的。解决方法是在 start 前关掉一些联网的软件。

7. 实验报告要求

结合并参考本次实验范例,撰写实验报告。重点阐述 ARP 的工作原理、ARP 协议组成及其字段介绍,掌握借助协议分析工具进行基本操作要点和信息分析,最后给出实验结果和实验总结。实验思考部分可选做。

8. 实验思考

如果用 ping 命令连通不在同一个网段的 IP,会有什么现象发生?请分析原因。

6.2.3 IP 数据包的生成与分析

1. 实验目的

(1) 掌握 IP 协议报文格式。

(2) 对捕捉到的数据包进行 IP 分析。

2. 实验内容

用 Wireshark 过滤出 IP 数据包,查看并分析具体的 IP 包内容。

3. 实验原理

TCP/IP 协议定义了一个在因特网上传输的包,称为 IP 数据包。这是一个与硬件无关的虚拟包,由首部和数据两部分组成。首部的前一部分是固定长度,共 20 字节,是所有 IP 数据包必须具有的。在首部的固定部分的后面是一些可选字段,其长度是可变的。首部中的源地址和目的地址都是 IP 协议地址。IP 数据包格式如图 6-19 所示。

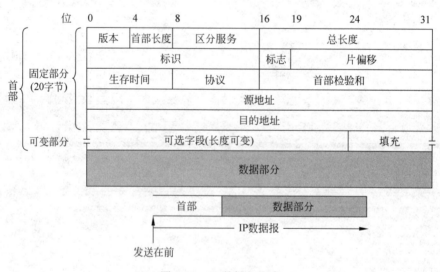

图 6-19 IP 数据包格式

4. 实验环境

局域交换网络环境,Windows 操作系统,Wireshark 网络抓包软件。

5. 实验步骤

(1) 用 Wireshar 捕捉 IP 数据包。

① 在过滤工具栏中输入 IP，如图 6-20 所示。

Filter: ip ▾ Expression... Clear Apply

图 6-20　过滤 IP 数据包

② 生成 IP 数据包。

在 IE 浏览器中访问任何网站。

③ 停止抓数据包。

（2）分析所抓到 IP 数据包的结构。

在 Packet List 面板中单击任意条目，数据包的其他情况将会显示在另外两个面板中。以下面条目为例进行介绍。

| 42 27.500405 | 192.168.1.23 | 202.108.22.5 | HTTP | Ge |

① 流水号：通常作为封包产生的顺序。此封包的流水号为 42。

② 时间：除上述流水号外，此项为该封包产生的时间。此封包产生的时间为 27.500405s。

③ 来源 IP 地址：发出此封包终端的 IP 地址。此封包的源 IP 地址为 192.168.1.23。

④ 目的 IP 地址：所要接收此封包终端的 IP 地址。此封包的目的 IP 地址为 202.108.22.5。

⑤ 通信协议：这个封包所使用的通信协议。此封包使用 HTTP 协议。

⑥ 资讯：此封包的大略信息。

单击流水编号为 42 的信息后，会显示如图 6-21 所示的层层封装信息。

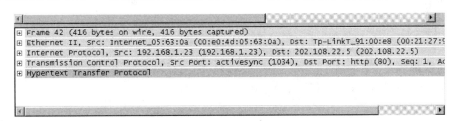

```
⊞ Frame 42 (416 bytes on wire, 416 bytes captured)
⊞ Ethernet II, Src: Internet_05:63:0a (00:e0:4d:05:63:0a), Dst: Tp-LinkT_91:00:e8 (00:21:27:9
⊞ Internet Protocol, Src: 192.168.1.23 (192.168.1.23), Dst: 202.108.22.5 (202.108.22.5)
⊞ Transmission Control Protocol, Src Port: activesync (1034), Dst Port: http (80), Seq: 1, Ac
⊞ Hypertext Transfer Protocol
```

图 6-21　IP 前后相关封装

① Frame：表示为第几个封包，后面括号里的数字表示封包的大小。

② Ethernet Ⅱ：Src 是来源设备网卡名称及网卡位置。源 MAC 地址为 00：e 0：4d：05：63：0a。Dst 是接收端设备的网卡名称（目的 MAC 地址）及网卡位置。

③ Internet Protocol：Src 是来源设备的 IP 地址，Dst 是接收设备的 IP 地址。展开后会看到如图 6-22 所示的 IP 包的更多信息。对照着实验基本原理中的 IP 协议格式，读者大致会清楚该 IP 包的信息。例如，"version：4"是指 IPv4 协议，"Header length：20 bytes"是指 IP 数据包头 20 字节为固定值。

④ Transmission Control Protocol："Src Port(源端口)为 1034，Dst Port(目的端口)为 80。展开后会看到 sequence number、acknowledgement、number、header length、标志位和拥塞窗口大小等有关的信息，具体请参考 6.2.5 节。

```
□ Internet Protocol, Src: 192.168.1.23 (192.168.1.23), Dst: 202.108.22.5 (202.108.22.5)
     Version: 4
     Header length: 20 bytes
  ⊞ Differentiated Services Field: 0x00 (DSCP 0x00: Default; ECN: 0x00)
     Total Length: 402
     Identification: 0x0024 (36)
  ⊞ Flags: 0x04 (Don't Fragment)
     Fragment offset: 0
     Time to live: 128
     Protocol: TCP (0x06)
  ⊞ Header checksum: 0x5711 [correct]
     Source: 192.168.1.23 (192.168.1.23)
     Destination: 202.108.22.5 (202.108.22.5)
```

图 6-22　IP 数据包格式分析

⑤ Hypertext Transfer Protocol：该数据包应用层协议为 HTTP 协议。

6. 实验故障排除与调试

（1）多抓几次，如提供不同访问或下载对象的完整过程数据包至少 3 个。

（2）抓数据包前关闭其他可以访问网络的程序，减少无关的干扰包。

（3）抓数据包后，为方便查看分析，指定文件后缀名为.cap。

（4）确保数据包的完整性，按照正常操作流程操作，即登录→正常→退出。

7. 实验总结

结合并参考本次实验范例，撰写实验报告。重点阐述 IP 协议格式及其字段介绍，IP 封装等，掌握基本操作要点和信息分析，最后给出实验结果和实验总结。

8. 实验思考

由于 IP 协议的开放透明性，往往会受到攻击。如何解决 IP 协议的安全性问题？

6.2.4　ICMP 数据包的生成与分析

1. 实验目的

（1）掌握 ICMP 数据包格式。

（2）掌握 ICMP 数据包的捕捉过程。

2. 实验内容

ICMP 数据包的捕获与分析。

3. 实验原理

ICMP 协议是一种面向连接的协议，用于传输出错报告控制信息。它是 TCP/IP 协议族的一个子协议，属于网络层协议，主要用于在主机与路由器之间传递控制信息，包括报告错误、交换受限控制和状态信息等。当遇到 IP 数据无法访问目标、IP 路由器无法按当前的传输速率转发数据包等情况时，会自动发送 ICMP 消息。它是一个非常重要的协议，对于网络安全具有极其重要的意义。在网络中经常会使用到 ICMP 协议，比如用于检查网络通不通的 ping 命令（Linux 和 Windows 中均有），这个 ping 的过程实际上就是 ICMP 协议工作的过程。还有其他的网络命令，如跟踪路由的 Tracert 命令也是基于 ICMP 协议的。图 6-23 为 ICMP 数据包格式，图 6-24 是 IP 和 ICMP 的关系。

4. 实验环境

局域交换网络环境，Windows 操作系统，Wireshark 网络抓包软件。

5. 实验步骤

（1）开启抓包工具，在过滤工具栏中输入 ICMP，并单击 apply 按钮。

图 6-23 ICMP 数据包格式分析

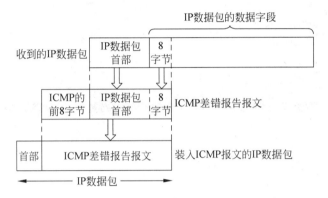

图 6-24 IP 和 ICMP 关系

(2) 单击主工具栏中的第一个图标(接口按钮),弹出接口列表对话框。

(3) 单击接口列表对话框中的 start 按钮,即可捕捉到 ICMP 数据包。

(4) ICMP 数据包的生成与捕获。

执行"开始"→"运行"命令,输入 cmd,进入命令提示符界面,发起一个 ICMP 数据包。以主机地址 192.168.1.35、默认网关 192.168.1.1 为例,"ping 192.168.1.1"的提示信息如图 6-25 所示。

```
C:\Documents and Settings\Administrator>ping 192.168.1.1

Pinging 192.168.1.1 with 32 bytes of data:

Reply from 192.168.1.1: bytes=32 time=22ms TTL=64
Reply from 192.168.1.1: bytes=32 time=3ms TTL=64
Reply from 192.168.1.1: bytes=32 time=4ms TTL=64
Reply from 192.168.1.1: bytes=32 time=3ms TTL=64

Ping statistics for 192.168.1.1:
    Packets: Sent = 4, Received = 4, Lost = 0 (0% loss),
Approximate round trip times in milli-seconds:
    Minimum = 3ms, Maximum = 22ms, Average = 8ms
```

图 6-25 ping 192.168.1.1

同时捕捉到的 ICMP 数据包列表面板如图 6-26 所示。

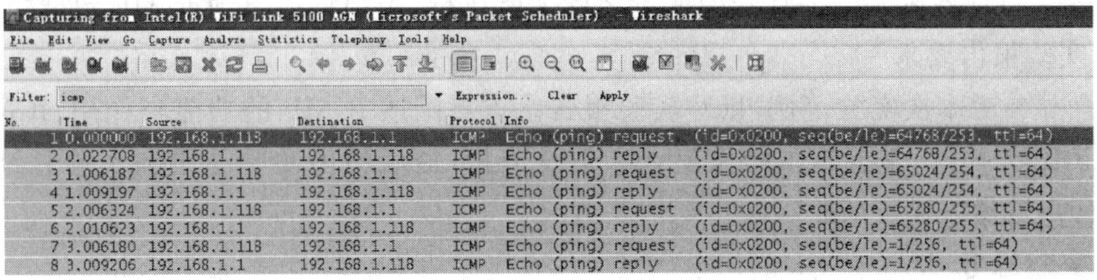

图 6-26 捕捉到的 ICMP 请求和应答包

从图 6-26 中可以看出,ping 命令发出 4 个包,收到 4 个包,无一丢失。单击列表中的某一行,便可得到该数据包的相关信息,如图 6-26 所示。包面板显示列表面板选中包的协议及协议字段,以树状方式组织,单击"十"可以得到更详细的信息。从图 6-27 中可知,ICMP封装在 IP 包中,类型字段为 8(请求/应答),code 为 0 表示请求。

```
⊞ Internet Protocol, Src: 192.168.1.118 (192.168.1.118), Dst: 192.168.1.1 (192.168.1.1)
    Version: 4
    Header length: 20 bytes
  ⊞ Differentiated Services Field: 0x00 (DSCP 0x00: Default; ECN: 0x00)
    Total Length: 60
    Identification: 0x6e11 (28177)
  ⊞ Flags: 0x00
    Fragment offset: 0
    Time to live: 64
    Protocol: ICMP (1)
  ⊞ Header checksum: 0x88e8 [correct]
    Source: 192.168.1.118 (192.168.1.118)
    Destination: 192.168.1.1 (192.168.1.1)
⊟ Internet Control Message Protocol
    Type: 8 (Echo (ping) request)
    Code: 0
    Checksum: 0x4e5b [correct]
    Identifier: 0x0200
    Sequence number: 64768 (0xfd00)
    Sequence number (LE): 253 (0x00fd)
⊞ Data (32 bytes)
```

图 6-27　ICMP 数据包分析及其与 IP 的关系

数据包字节面板以十六进制方式显示当前选择数据包的数据,在十六进制转储形式中,右侧显示数据偏移量,中间栏以十六进制表示,右侧为对应的 ASCII 字符,图 6-27 中不同颜色对应各自的十六进制表示。如果要浏览、比较两个或多个数据包,可使用分离的窗口浏览单独的数据包,双击某一行,弹出新的单独窗口,显示所选数据包的信息,如图 6-28 所示。

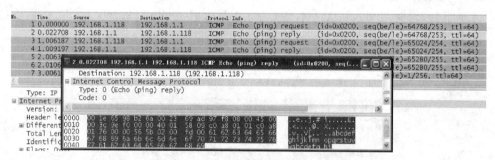

图 6-28　以十六进制和独立窗口方式显示

6. 实验故障排除与调试

实验调试主要表现是在过滤窗口中输入要过滤的数据包类型后,一定要记得单击apply 按钮,同时要在抓包工具开始抓包之后才能执行,否则将抓不到 ICMP 数据包。

7. 实验报告要求

结合并参考本次实验范例,撰写实验报告。重点阐述 ICMP 的功能与作用、ICMP 协议格式、ICMP 分类等,掌握基本操作要点和信息分析,最后给出实验结果和实验总结。实验思考部分可选做。

8. 实验思考

请尝试捕获 ICMP 其他类型的数据包。

6.2.5 TCP 建立连接三次握手机制分析

1. 实验目的

（1）掌握 TCP 建立连接的工作机制。

（2）掌握借助 Wireshark 捕捉 TCP 三次握手机制。

（3）掌握 SYN、ACK 标志的使用。

2. 实验内容

用 Wireshark 软件捕捉 TCP 三次握手机制。

3. 实验原理

TCP 报文段格式如图 6-29 所示。

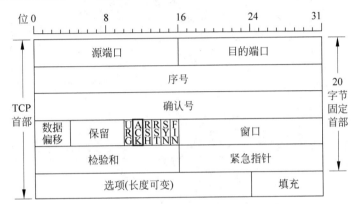

图 6-29　TCP 报文段格式

三次握手机制的实验原理如图 6-30 所示。

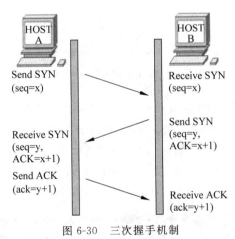

图 6-30　三次握手机制

4. 实验环境

局域交换网络环境，Windows 操作系统，Wireshark 网络抓包软件。

5. 实验步骤

（1）开启 Wireshark 软件。

在捕捉接口对话框中选中网卡接口，然后单击 Optinos 按钮进行包过滤。

（2）过滤 TCP 数据包。

在随后出现的对话框中的 Capture Filter 文本框中输入 tcp，从而捕捉到 TCP 包，进而获得 TCP 三次握手的建立机制，然后单击 Start 按钮，如图 6-31 所示。

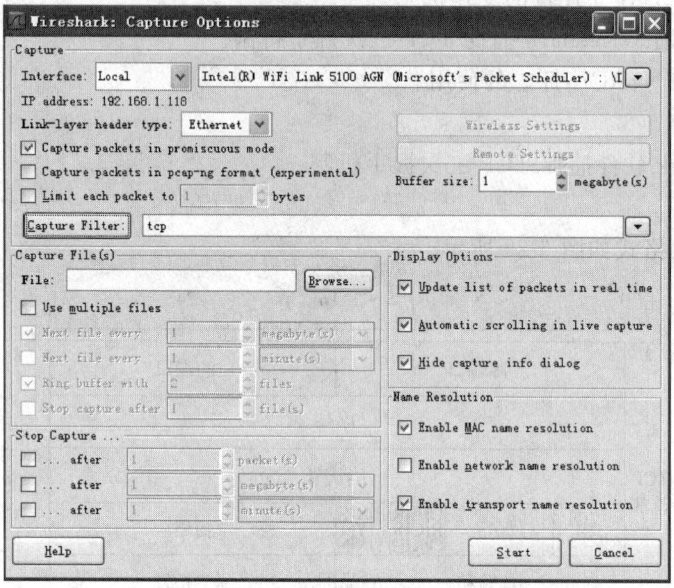

图 6-31　TCP 过滤设置

（3）TCP 三次握手机制的生成与分析。

访问某一网站，则 Wireshark 捕捉到的 TCP 三次握手的信息如图 6-32 所示，以前三行为例作如下解析。

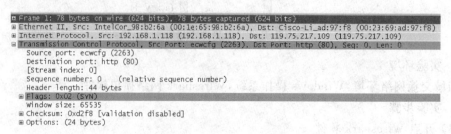

图 6-32　捕获到的三次握手通信包

① 第一行对应的是第一次握手，其中［SYN］表明为三次握手的开始标志。

ecwcfg 向 http 发送一个标志为 SYN＝1 且含有初始化序列值 seq＝0 的数据包，开始建立会话。在初始化会话过程中，通信双方还在窗口大小（Win）、最大报文段长度（MSS）等方面进行协商。同时，Source port 为 2263，Destination port 为 80。打开编号为 1 所示的下拉菜单，会出现对应项的更加详细的解析，如图 6-33 所示。

图 6-33　SYN 第一次握手

② 第二行对应的[SYN,ACK]表明为二次握手,是对建立的确认。

http向ecwcfg发送包含确认值的数据段,如图6-34所示,其值等于所收到的序列值加一,即ACK=1,其自身的序列号为0,并将MSS更改为1452。源端口号Src Port为80,目的端口号Dst Port为2263。

```
⊞ Frame 2: 78 bytes on wire (624 bits), 78 bytes captured (624 bits)
⊞ Ethernet II, Src: Cisco-Li_ad:97:f8 (00:23:69:ad:97:f8), Dst: IntelCor_98:b2:6a (00:1e:65:98:b2:6a)
⊞ Internet Protocol, Src: 119.75.217.109 (119.75.217.109), Dst: 192.168.1.118 (192.168.1.118)
⊟ Transmission Control Protocol, Src Port: http (80), Dst Port: ecwcfg (2263), Seq: 0, Ack: 1, Len: 0
    Source port: http (80)
    Destination port: ecwcfg (2263)
    [Stream index: 0]
    Sequence number: 0    (relative sequence number)
    Acknowledgement number: 1    (relative ack number)
    Header length: 44 bytes
  ⊞ Flags: 0x12 (SYN, ACK)
    Window size: 65535
  ⊞ Checksum: 0xd2ec [validation disabled]
  ⊞ Options: (24 bytes)
  ⊞ [SEQ/ACK analysis]
```

图 6-34　SYN、ACK 第二次握手

③ 第三行对应的是第三次握手。

ecwcfg向http发送确认值Seq=1、Ack=1(ecwcfg接收到的序列值加1),这便完成了三次握手的建立。图6-35为第三次握手。

```
⊞ Frame 3: 54 bytes on wire (432 bits), 54 bytes captured (432 bits)
⊞ Ethernet II, Src: IntelCor_98:b2:6a (00:1e:65:98:b2:6a), Dst: Cisco-Li_ad:97:f8 (00:23:69:ad:97:f8)
⊞ Internet Protocol, Src: 192.168.1.118 (192.168.1.118), Dst: 119.75.217.109 (119.75.217.109)
⊟ Transmission Control Protocol, Src Port: ecwcfg (2263), Dst Port: http (80), Seq: 1, Ack: 1, Len: 0
    Source port: ecwcfg (2263)
    Destination port: http (80)
    [Stream index: 0]
    Sequence number: 1    (relative sequence number)
    Acknowledgement number: 1    (relative ack number)
    Header length: 20 bytes
  ⊞ Flags: 0x10 (ACK)
    Window size: 65535
  ⊞ Checksum: 0x47c1 [validation disabled]
  ⊞ [SEQ/ACK analysis]
```

图 6-35　ACK 第三次握手

6. 实验故障排除与调试

在做这个实验的过程中,例如从打开某一网页获得TCP数据包,从而分析TCP的三次握手机制过程中,容易犯先打开网页再开始抓数据包的错误。正确的做法是先在Wireshark软件中设置TCP抓数据包,然后再打开一个网页。

7. 实验总结

结合并参考本次实验范例,撰写实验报告。重点阐述标志位功能与作用、SYN序号的变化、协商机制,掌握三次握手机制的基本操作要点和信息分析,最后给出实验结果和实验总结。实验思考部分可选做。

8. 实验思考

仔细观察TCP数据包中Sequence number、Window size的大小变化情况,如果发生丢数据包、流量拥塞时,会产生什么现象?

6.2.6　TCP断开连接四次握手机制分析

1. 实验目的

(1) 掌握TCP数据包格式。

（2）掌握 TCP 四次握手机制。

（3）对捕捉到的 TCP 数据包进行分析。

2. 实验内容

用 Wireshark 过滤 TCP 数据包，分析 TCP 数据包格式和断开连接时四次握手机制的工作过程。

3. 实验原理

TCP 在断开连接时，通过来往共计 4 次交互完成连接的断开，相对于 TCP“三次握手”表示连接的建立，TCP“四次握手”表明连接的断开。图 6-36 为其工作示意图。

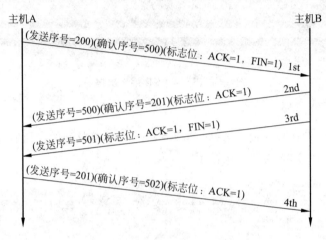

图 6-36　TCP 中断连接时四次握手机制

4. 实验环境

局域交换网络环境，Wireshark 网络抓包软件。

5. 实验步骤

（1）设置过滤 TCP 数据包。

Filter: tcp

（2）开始抓数据包。

单击 start 按钮开始抓数据包。访问某网站后关闭，Wireshark 主界面如图 6-37 所示。

（3）分析所抓到 TCP 数据包的结构。

在 Packet List 面板中单击任意条目，数据包的其他情况将会显示在另外两个面板中。下面以流水编号 264 条目为例进行 TCP 数据包的结果分析。

264 89.055124　　　　　192.168.1.39　　　　121.31.127.160　　　TCP　　　udrawgraph > telnet [ACK] Seq=58 Ack=9503

① 流水号（No）：通常作为封包产生的顺序。此封包的流水号为 264。

② 时间（Time）：除上述流水号外，此项为该封包产生的时间。此封包产生的时间为 89.055124s。

③ 来源 IP 地址（Source）：发出此封包的终端 IP 地址。此封包的源 IP 地址为 192.168. 1.39。

④ 目的 IP 地址（Destination）：所要接收此封包的终端 IP 地址。此封包的目的 IP 地

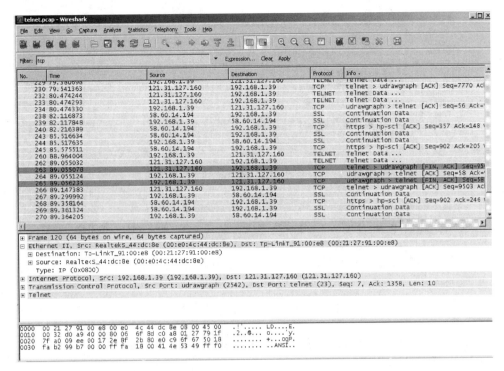

图 6-37 捕获到的 TCP 数据包

址为 121.31.127.160。

⑤ 通信协议（Protocol）：这个封包所使用的通信协议。此封包使用 TCP 协议。

⑥ 资讯（Info）：此封包的大略信息。是应答源主机发送的 FIN 请求，Seq＝58，Ack＝9503。

从上面内容可以看出，流水编号为 264 的数据包是针对 FIN 请求的应答。那么流水编号为 263 是发送一个 FIN 请求的数据包，图 6-38 为该数据包的具体信息。

```
⊞ Frame 263 (60 bytes on wire, 60 bytes captured)
⊟ Ethernet II, Src: Tp-LinkT_91:00:e8 (00:21:27:91:00:e8), Dst: RealtekS_44:dc:8e (00:e0:4c:44:dc:8e)
  ⊞ Destination: RealtekS_44:dc:8e (00:e0:4c:44:dc:8e)
  ⊞ Source: Tp-LinkT_91:00:e8 (00:21:27:91:00:e8)
    Type: IP (0x0800)
    Trailer: 000000000000
⊞ Internet Protocol, Src: 121.31.127.160 (121.31.127.160), Dst: 192.168.1.39 (192.168.1.39)
⊞ Transmission Control Protocol, Src Port: telnet (23), Dst Port: udrawgraph (2542), Seq: 9502, Ack: 58, Len: 0
```

图 6-38 FIN 第一次握手分析

⑦ Frame：表示为第几个封包的概要信息，展开后可以获取该帧大小、到达时间、捕获时间和包含协议等。

⑧ Ethernet Ⅱ：主要含源 MAC 和目的 MAC 地址，以及封装的协议类型。

⑨ Internet Protocol：从 IP 协议包的协议字段中得出 0x06 表明封装的是一个 TCP 包，如图 6-39 所示。

⑩ Transmission Control Protocol（TCP）：从图 6-40 中 TCP 数据包中可以看出 Source Port＝23，表明一个源主机进行的是 telnet 操作。Destination Port＝2542，Sequence number＝9502，

```
Internet Protocol, Src: 121.31.127.160 (121.31.127.160), Dst: 192.168.1.39 (192.168.1.39)
        Version: 4
        Header length: 20 bytes
    Differentiated Services Field: 0x00 (DSCP 0x00: Default; ECN: 0x00)
        Total Length: 40
        Identification: 0x4bb0 (19376)
    Flags: 0x04 (Don't Fragment)
        Fragment offset: 0
        Time to live: 50
        Protocol: TCP (0x06)
    Header checksum: 0x4291 [correct]
        Source: 121.31.127.160 (121.31.127.160)
        Destination: 192.168.1.39 (192.168.1.39)
```

图 6-39　TCP 和 IP 数据包的封装关系

```
Transmission Control Protocol, Src Port: telnet (23), Dst Port: udrawgraph (2542), Seq: 9502, Ack: 58, Len: 0
        Source port: telnet (23)
        Destination port: udrawgraph (2542)
        [Stream index: 4]
        Sequence number: 9502    (relative sequence number)
        Acknowledgement number: 58    (relative ack number)
        Header length: 20 bytes
    Flags: 0x11 (FIN, ACK)
        Window size: 49680
    Checksum: 0x5eeb [validation disabled]
```

图 6-40　FIN、ACK 第二次握手分析

Acknowledgement number＝58,标志位是一个捎带 ACK 应答的 FIN 请求包。

（4）四次握手机制分析。

图 6-41 中编号 263～266 表明为一个完整的 TCP 四次握手机制。编号 263 表明 121.31.127.39 发送 FIN 请求给 192.168.1.39,编号 264 表明 192.168.1.39 发送针对 FIN 的 ACK 应答,编号 265 表明 192.168.1.39 终止连接发送一个 FIN 请求,编号 266 表明 121.31.127.39 回复一个 ACK 应答,则终止会话,完成 4 次连接。

	Time	Source	Destination	Protocol	Info
263	89.035078	121.31.127.160	192.168.1.39	TCP	telnet > udrawgraph [FIN, ACK] Seq=9502 A
264	89.055124	192.168.1.39	121.31.127.160	TCP	udrawgraph > telnet [ACK] Seq=58 Ack=9503
265	89.056235	192.168.1.39	121.31.127.160	TCP	udrawgraph > telnet [FIN, ACK] Seq=58 Ack
266	89.147383	121.31.127.160	192.168.1.39	TCP	telnet > udrawgraph [ACK] Seq=9503 Ack=59

图 6-41　四次握手序列图

6. 实验故障排除与调试

在实验中要注意四次握手一定要在打开一个网页后开始,稍等片刻再把这个网页关闭,从而能够再现完整过程。

7. 实验报告要求

结合并参考本次实验范例,撰写实验报告。重点阐述 TCP 断开连接的工作机制、FIN 标志位功能,掌握基本操作要点和信息分析,最后给出实验结果和实验总结。实验思考部分可选做。

8. 实验思考

请尝试抓起一个半连接的 TCP 数据包。

6.2.7　STP、DTP、CDP 和 IGMP 协议分析

1. 实验目的

（1）掌握三方协议的数据包格式。

（2）掌握 STP、DTP、CDP 和 IGMP。

（3）对捕捉到的三方协议数据包进行分析。

2. 实验内容

了解并掌握三方协议数据包的内容与字段信息。

3. 实验原理

STP(Spanning Tree Protocol)是交换机上为了避免逻辑环路而默认开启的生成树协议。DTP(Dynamic Trunking Protocol，中继协议)是不同交换机上相同 VLAN 通信的协议。CDP(CISCO Discovery Protocol，邻居发现协议)是邻居互相感知的一种协议。IGMP(Internet Group Management Protocol)是组播管理协议。

4. 实验环境

有 CISCO 的局域交换网络环境，将安装 Wireshark 软件的 PC 接入交换机某个端口。

5. 实验步骤

（1）打开 Wireshark，按照默认方式操作。

（2）STP 协议分析。

图 6-42 为捕获到的 STP 数据包，可以看到协议版本、BPDU 类型、Root ID、ROOT 优先级、Port ID 以及各种时间信息。

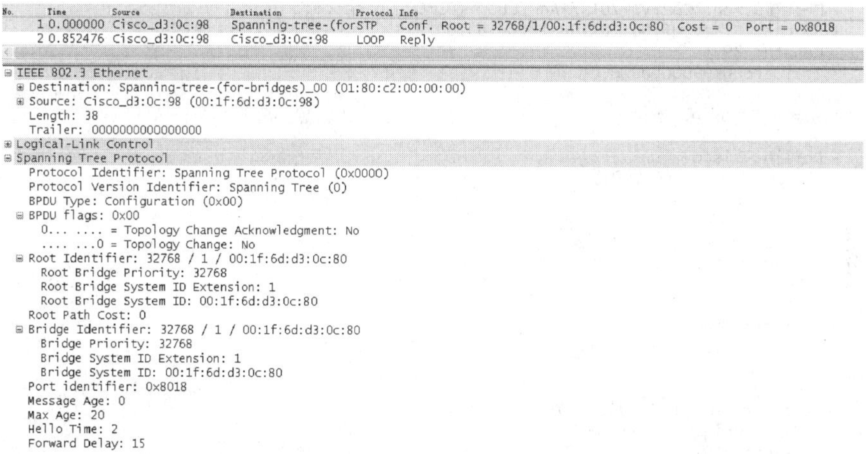

图 6-42　STP 数据包分析

① Protocol ID：恒为 0。

② Version：恒为 0。

③ Type：决定该帧中所包含的两种 BPDU 格式类型（配置 BPDU 或 TCN BPDU）。

④ Flags 标志活动拓扑中的变化，包含在拓扑变化通知(Topology Change Notifications)的下一部分中。

⑤ Root BID：包括有根网桥的网桥 ID。会聚后的网桥网络中，所有配置 BPDU 中的该字段都应该具有相同值（单个 VLAN）。可以细分为两个 BID 子字段：网桥优先级和网桥 MAC 地址。

⑥ Root Path Cost：通向有根网桥(Root Bridge)的所有链路的积累资本。

⑦ Sender BID：创建当前 BPDU 的网桥 BID。对于单交换机（单个 VLAN）发送的所

有 BPDU 而言,该字段值都相同;而对于交换机与交换机之间发送的 BPDU 而言,该字段值不同。

⑧ Port ID:每个端口值都是唯一的。端口 1/1 值为 0×8001,而端口 1/2 值为 0×8002。

⑨ Message Age:记录 Root Bridge 生成当前 BPDU 起源信息所消耗的时间。

⑩ Max Age:保存 BPDU 的最长时间,也反映了拓扑变化通知(Topology Change Notification)过程中的网桥表生存时间情况。

⑪ Hello Time:指周期性配置 BPDU 间的时间。

⑫ Forward Delay:用于在 Listening 和 Learning 状态的时间,也反映了拓扑变化通知(Topology Change Notification)过程中的时间情况。

(3) DTP 协议分析。

如图 6-43 所示,可以看到 DTP 封装在 LLC 中,包含的信息主要有 DTP 的版本、域名、状态、类型和邻居等信息。请读者自行分析。

图 6-43　DTP 数据包分析

(4) CDP 协议分析。

图 6-44 为思科邻居发现协议,通过该协议可以得到邻居的设备类型、软件版本、平台、地址、端口和端口工作模式,同时还包含 CDP 版本、VTP 域名信息等。

(5) IGMP 协议分析。

如图 6-45 所示,可以看出该组播地址为 224.0.0.22。同时还涉及 IGMP 版本、类型等信息。

① Version:第 3 版本的 IGMPv3。

② Type:0x22 信息类型,表示第 3 版本的会员报告。

③ Checksum:信息差错的校验和。

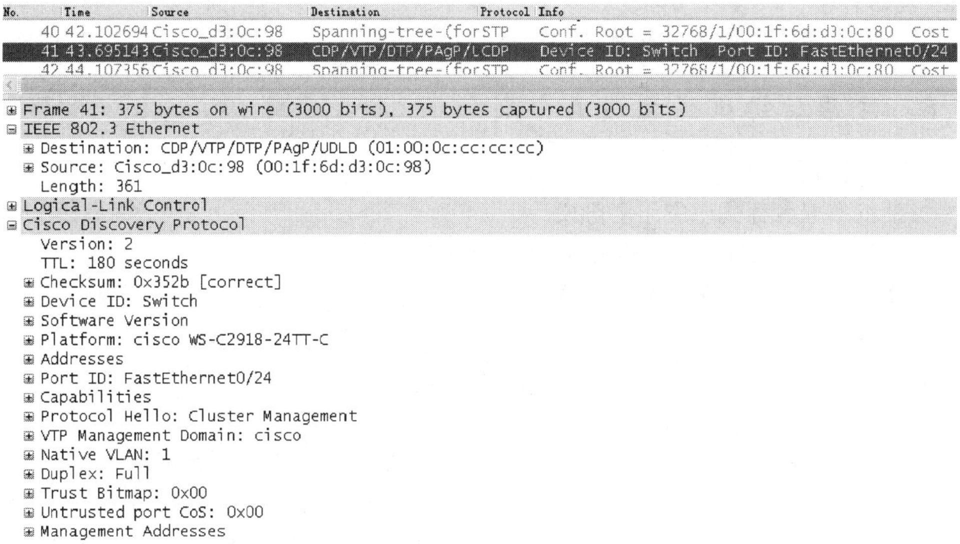

```
No.     Time      Source          Destination        Protocol Info
  40 42.102694 Cisco_d3:0c:98   Spanning-tree-(forSTP    Conf. Root = 32768/1/00:1f:6d:d3:0c:80  Cost
  41 43.695143 Cisco_d3:0c:98   CDP/VTP/DTP/PAgP/LCDP    Device ID: Switch   Port ID: FastEthernet0/24
  42 44.107356 Cisco_d3:0c:98   Spanning-tree-(forSTP    Conf. Root = 32768/1/00:1f:6d:d3:0c:80  Cost
```

⊞ Frame 41: 375 bytes on wire (3000 bits), 375 bytes captured (3000 bits)
⊟ IEEE 802.3 Ethernet
  ⊞ Destination: CDP/VTP/DTP/PAgP/UDLD (01:00:0c:cc:cc:cc)
  ⊞ Source: Cisco_d3:0c:98 (00:1f:6d:d3:0c:98)
    Length: 361
⊟ Logical-Link Control
⊟ Cisco Discovery Protocol
    Version: 2
    TTL: 180 seconds
  ⊞ Checksum: 0x352b [correct]
  ⊞ Device ID: Switch
  ⊞ Software Version
  ⊞ Platform: cisco WS-C2918-24TT-C
  ⊞ Addresses
  ⊞ Port ID: FastEthernet0/24
  ⊞ Capabilities
  ⊞ Protocol Hello: Cluster Management
  ⊞ VTP Management Domain: cisco
  ⊞ Native VLAN: 1
  ⊞ Duplex: Full
  ⊞ Trust Bitmap: 0x00
  ⊞ Untrusted port CoS: 0x00
  ⊞ Management Addresses

图 6-44　CDP 数据包分析

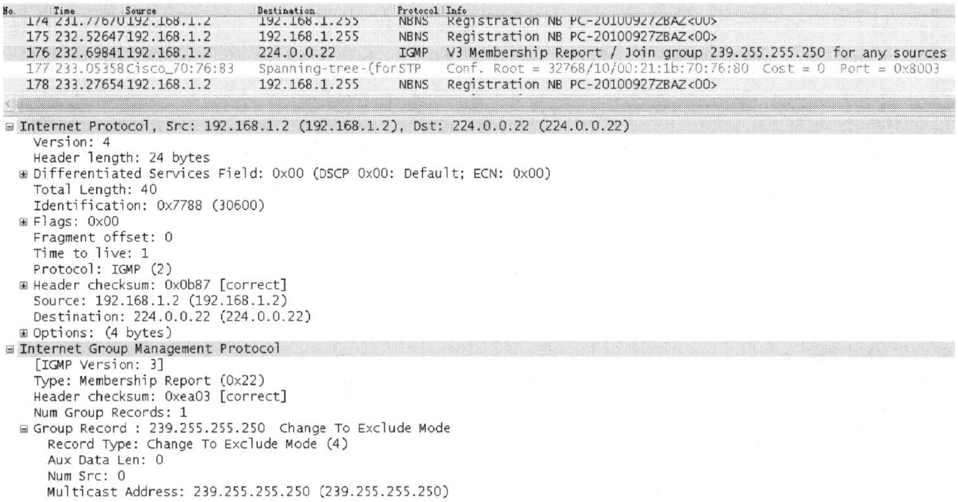

```
No.    Time     Source          Destination      Protocol Info
 174 231.77670 192.168.1.2     192.168.1.255     NBNS  Registration NB PC-20100927ZBAZ<00>
 175 232.52647 192.168.1.2     192.168.1.255     NBNS  Registration NB PC-20100927ZBAZ<00>
 176 232.69841 192.168.1.2     224.0.0.22        IGMP  V3 Membership Report / Join group 239.255.255.250 for any sources
 177 233.05358 Cisco_70:76:83  Spanning-tree-(forSTP  Conf. Root = 32768/10/00:21:1b:70:76:80  Cost = 0  Port = 0x8003
 178 233.27654 192.168.1.2     192.168.1.255     NBNS  Registration NB PC-20100927ZBAZ<00>
```

⊟ Internet Protocol, Src: 192.168.1.2 (192.168.1.2), Dst: 224.0.0.22 (224.0.0.22)
    Version: 4
    Header length: 24 bytes
  ⊞ Differentiated Services Field: 0x00 (DSCP 0x00: Default; ECN: 0x00)
    Total Length: 40
    Identification: 0x7788 (30600)
  ⊞ Flags: 0x00
    Fragment offset: 0
    Time to live: 1
    Protocol: IGMP (2)
  ⊞ Header checksum: 0x0b87 [correct]
    Source: 192.168.1.2 (192.168.1.2)
    Destination: 224.0.0.22 (224.0.0.22)
  ⊞ Options: (4 bytes)
⊟ Internet Group Management Protocol
    [IGMP Version: 3]
    Type: Membership Report (0x22)
    Header checksum: 0xea03 [correct]
    Num Group Records: 1
  ⊟ Group Record : 239.255.255.250 Change To Exclude Mode
    Record Type: Change To Exclude Mode (4)
    Aux Data Len: 0
    Num Src: 0
    Multicast Address: 239.255.255.250 (239.255.255.250)

图 6-45　IGMP 数据包分析

④ Group Record：组编号，用于保存将要报告或离开的组播组地址。图 6-45 中的组播
地址为 239.255.255.250。

6. 实验故障排除与调试

主要问题表现在实验环境所具备的交换机是否支持上述协议。

7. 实验报告要求

结合并参考本次实验范例，撰写实验报告。重点阐述实验环境，实验设备支持的三方协
议，并对抓取到的三方协议给出信息分析，最后给出实验结果和实验总结。实验思考部分可
选做。

8. 实验思考

请尝试捕获本实验未涉及的其他三方协议。

6.2.8 应用层协议的生成与分析

1. 实验目的

(1) 熟练掌握各种典型应用层协议。

(2) 掌握 Wireshark 抓包软件的使用。

(3) 应用层协议数据包的捕获与分析。

2. 实验内容

使用 Wireshark 软件捕获数据包,并分析数据包。

3. 实验原理

HTTP(HyperText Transfer Protocol,超文本转移协议)用于传送 WWW 方式的数据。HTTP 协议采用了请求/响应模型。客户端向服务器发送一个请求,请求头包含请求的方法、URL、协议版本,以及包含请求修饰符、客户信息和内容的类似于 MIME 的消息结构。服务器以一个状态行作为响应,相应的内容包括消息协议的版本,成功或者错误编码加上包含服务器信息、实体元信息以及可能的实体内容。

通常 HTTP 消息包括客户端向服务器的请求消息和服务器向客户端的响应消息。这两种类型的消息由一个起始行,一个或者多个头域,一个指示头域结束的空行和可选的消息体组成。HTTP 的头域包括通用头、请求头、响应头和实体头 4 个部分。每个头域由一个域名、冒号和域值三部分组成。域名是大小写无关的,域值前可以添加任何数量的空格符,头域可以被扩展为多行,在每行开始处使用至少一个空格或制表符。

4. 实验环境

与因特网连接的计算机网络系统,操作系统为 Windows,应用软件为 Wireshark、IE 等。

5. 实验步骤

(1) 启用 Wireshark 网络抓包软件进行抓数据包。

(2) HTTP 数据包生成。

打开新浪网页进行抓数据包,如图 6-46 所示,其中第 3~7 行 DNS 进行域名 DNS 解析,第 8~10 行使用三次握手建立通信。

No.	Time	Source	Destination	Protocol	Length Info
1	0.000000	Cisco_88:c2:06	Spanning-tree-(for-STP		60 Conf. Root = 32768/1/00:1f:6d:d3:0c:80 Cost = 4 Port =
2	2.007127	Cisco_88:c2:06	Spanning-tree-(for-STP		60 Conf. Root = 32768/1/00:1f:6d:d3:0c:80 Cost = 4 Port =
3	2.121775	202.196.36.29	202.196.32.1	DNS	75 Standard query A www.sina.com.cn
4	2.123686	202.196.32.1	202.196.36.29	DNS	366 Standard query response CNAME jupiter.sina.com.cn CNAME
5	2.611676	fe80::1140:8c13:3c6ff02::1:2		DHCPv6	148 Solicit XID: 0xe7e7b3 CID: 0001000114fead41001d099fba39
6	3.103531	202.196.36.29	202.196.32.1	DNS	75 Standard query A www.sina.com.cn
7	3.104534	202.196.32.1	202.196.36.29	DNS	370 Standard query response CNAME jupiter.sina.com.cn CNAME
8	3.105707	202.196.36.29	121.194.0.210	TCP	66 mentaclient > http [SYN] Seq=0 Win=65535 Len=0 MSS=1460
9	3.118473	121.194.0.210	202.196.36.29	TCP	62 http > mentaclient [SYN, ACK] Seq=0 Ack=1 Win=8192 Len=0
10	3.118505	202.196.36.29	121.194.0.210	TCP	54 mentaclient > http [ACK] Seq=1 Ack=1 Win=65536 Len=0
11	3.118846	202.196.36.29	121.194.0.210	HTTP	439 GET / HTTP/1.1
12	3.133274	121.194.0.210	202.196.36.29	TCP	1514 [TCP segment of a reassembled PDU]
13	3.133303	121.194.0.210	202.196.36.29	TCP	1514 [TCP segment of a reassembled PDU]
14	3.133323	202.196.36.29	121.194.0.210	TCP	54 mentaclient > http [ACK] Seq=386 Ack=2921 Win=65536 Len=
15	3.144897	121.194.0.210	202.196.36.29	TCP	1514 [TCP segment of a reassembled PDU]
16	3.144932	121.194.0.210	202.196.36.29	TCP	1514 [TCP segment of a reassembled PDU]
17	3.144952	202.196.36.29	121.194.0.210	TCP	54 mentaclient > http [ACK] Seq=386 Ack=5841 Win=65536

图 6-46　HTTP 协议工作流程

图 6-47 为 DNS 数据格式。一个 DNS 报文(不管是请求包还是应答包)可以分为两大部分:不可变部分与可变部分(指长度是否可变)。其中不可变部分有 6 个定长域:Transaction ID、Flags、Questions、Anwser RRS、Authority RRs 和 Additional RRs,每个域长为 2 个字节。可变部分分为 4 个小部分:问题部分、回答部分、管理机构部分和附加信息部分。

```
⊟ User Datagram Protocol, Src Port: 64936 (64936), Dst Port: domain (53)
      Source port: 64936 (64936)
      Destination port: domain (53)
      Length: 41
   ⊟ Checksum: 0x2bb7 [validation disabled]
      [Good Checksum: False]
      [Bad Checksum: False]
⊟ Domain Name System (query)
      [Response In: 7]
      Transaction ID: 0x7bab
   ⊟ Flags: 0x0100 (Standard query)
      0... .... .... .... = Response: Message is a query
      .000 0... .... .... = Opcode: Standard query (0)
      .... ..0. .... .... = Truncated: Message is not truncated
      .... ...1 .... .... = Recursion desired: Do query recursively
      .... .... .0.. .... = Z: reserved (0)
      .... .... ...0 .... = Non-authenticated data: Unacceptable
      Questions: 1
      Answer RRs: 0
      Authority RRs: 0
      Additional RRs: 0
   ⊟ Queries
      ⊟ www.sina.com.cn: type A, class IN
         Name: www.sina.com.cn
         Type: A (Host address)
         Class: IN (0x0001)
```

图 6-47　DNS 数据包分析

① Flags:16 位标志字段的取值。

• Response:0 表示查询报文,1 表示响应报文。

• Opcode:通常值为 0(标准查询),其他值为 1(反向查询)和 2(服务器状态请求)。

• Truncated:表示可截断的。

• Recurion desired:表示期望递归。

② Qname:询问域名(比如说 www.sina.com),由一个或者多个标示符序列组成。每个标示符以首字节数的计数值来说明该标示符长度,每个名字以 0 结束。计数字节数必须在 0~63 之间。该字段无需填充字节。

③ Qtype:询问类型,表示希望得到什么类型的回答,通常设为 A,表示是由域名获得该域名的 IP 地址。

④ Qclass:询问类,此处一般为 IN,表示为 Internet 名字空间。

(3) HTTP 数据包分析。

图 6-46 中的第 11 行表示 HTTP 中的 GET 请求,GET 请求包的具体格式如图 6-48 所示。

Request-URI 遵循 URI 格式。Request Version 表示支持的 HTTP 版本,例如为 HTTP/1.1。请求头域通常包含字段 Accept、Accept-Charset、Accept-Encoding、Accept-Language、Authorization、From、Host、If-Modified-Since、If-Match、If-None-Match、If-Range、If-Range、If-Unmodified-Since、Max-Forwards、Proxy-Authorization、Range、Referer 和 User-Agent。

```
⊟ Hypertext Transfer Protocol
  ⊟ GET / HTTP/1.1\r\n
    ⊟ [Expert Info (Chat/Sequence): GET / HTTP/1.1\r\n]
       [Message: GET / HTTP/1.1\r\n]
       [Severity level: Chat]
       [Group: Sequence]
    Request Method: GET
    Request URI: /
    Request Version: HTTP/1.1
  Host: www.sina.com.cn\r\n
  Connection: keep-alive\r\n
  Accept: application/xml,application/xhtml+xml,text/html;q=0.9,text/plain;q=0.8,image/png,*/*;q=0.5\r\n
  User-Agent: Mozilla/5.0 (Windows; U; Windows NT 5.1; en-US) AppleWebKit/531.0 (KHTML, like Gecko) Chrome/5.0.195.
  Accept-Encoding: gzip,deflate\r\n
  Accept-Language: zh-CN\r\n
  Accept-Charset: iso-8859-1,*,utf-8\r\n
  \r\n
  [Full request URI: http://www.sina.com.cn/]
```

图 6-48　GET 数据包分析

图 6-49 为设置过滤 HTTP 协议后的数据包。其中 86 行和 88 行是一对请求 GET 和应答 OK。其中 OK 应答数据包的包格式如图 6-50 所示。请读者自行分析。

```
Filter: http                                    ▾  Expression...  Clear   Apply
No.   Time       Source          Destination     Protocol Length Info
   11 3.118846  202.196.36.29   121.194.0.210    HTTP      439 GET / HTTP/1.1
   39 3.164668  202.196.36.29   121.194.0.103    HTTP      402 GET /dy/deco/2010/0527/headwww.js HTTP/1.1
   49 3.174170  202.196.36.29   121.194.0.208    HTTP      419 GET /pfpnew/merge/res_PGLS000022_FP.js HTTP/1.1
   65 3.187643  121.194.0.208   202.196.36.29    HTTP     1422 HTTP/1.0 200 OK  (application/javascript)
   86 3.199591  202.196.36.29   202.205.3.22     HTTP      423 GET /iplookup/iplookup.php?format=js HTTP/1.1
   88 3.199778  121.194.0.103   202.196.36.29    HTTP      684 HTTP/1.0 200 OK  (application/javascript)
  101 3.212899  202.205.3.22    202.196.36.29    HTTP      843 HTTP/1.1 200 OK  (text/html)
  198 3.326985  121.194.0.210   202.196.36.29    HTTP      185 HTTP/1.0 200 OK  (text/html)
  206 3.414082  202.196.36.29   121.194.0.209    HTTP      407 GET /pfpnews/js/libweb.js HTTP/1.1
  210 3.453196  121.194.0.209   202.196.36.29    HTTP      356 HTTP/1.0 200 OK  (application/javascript)
  214 3.527394  202.196.36.29   121.194.0.103    HTTP      399 GET /unipro/pub/suda_m_v619.js HTTP/1.1
  227 3.539410  121.194.0.103   202.196.36.29    HTTP      771 HTTP/1.0 200 OK  (application/x-javascript)
```

图 6-49　HTTP 过滤

```
⊟ Hypertext Transfer Protocol
  ⊟ HTTP/1.0 200 OK\r\n
    ⊟ [Expert Info (Chat/Sequence): HTTP/1.0 200 OK\r\n]
       [Message: HTTP/1.0 200 OK\r\n]
       [Severity level: Chat]
       [Group: Sequence]
    Request Version: HTTP/1.0
    Status Code: 200
    Response Phrase: OK
  Date: Thu, 30 Dec 2010 13:35:29 GMT\r\n
  Server: Apache/2.0.63 (Unix)\r\n
  Last-Modified: Thu, 27 May 2010 11:45:50 GMT\r\n
  Accept-Ranges: bytes\r\n
  Cache-Control: max-age=86400\r\n
  Expires: Fri, 31 Dec 2010 13:35:29 GMT\r\n
  Vary: Accept-Encoding\r\n
  Content-Encoding: gzip\r\n
  ⊟ Content-Length: 11899\r\n
     [Content length: 11899]
  Content-Type: application/javascript\r\n
  Age: 231\r\n
  X-Cache: HIT from cernet194-103.sina.com.cn\r\n
  Connection: keep-alive\r\n
  \r\n
  Content-encoded entity body (gzip): 11899 bytes -> 40453 bytes
⊟ Media Type
  Media Type: application/javascript (40453 bytes)
```

图 6-50　HTTP 应答 OK 数据包分析

6. 实验故障排除与调试

建议在实验时关掉不必要的软件,在较为纯净的网络环境下做实验;抓数据包时不要开着其他的软件,减少无关的干扰数据包;同时在抓数据包时多抓几次,对比分析。

7. 实验报告要求

结合并参考本次实验范例,撰写实验报告。重点阐述所抓应用层协议的格式及其字段介绍、协议功能与作用、协议常见类型等,掌握基本操作要点和信息分析,最后给出实验结果和实验总结。实验思考部分可选做。

8. 实验思考

尝试捕获本实验中未涉及的其他应用层协议,如 DNS、FTP 等。

第 7 章 网 络 测 量

网络系统与人体系统一样,会出现各种故障。因此,需要了解网络的运行环境、网络应用和服务的实际工作状况,为应用和技术的改进提供参考,以此提高网络服务及应用的效率和效果。这就需要网络测量,即实时查看网络、协议、性能指标的当前运行情况。

本章实验体系与知识结构如表 7-1 所示。

表 7-1　网络测量实验体系与知识结构

类别	实验名称	实验类型	实验难度	知识点	备注
网络测量	Fluke 协议分析仪的基本操作	验证	★★★	基本工具介绍、基本操作	
	响应时间性能测量	验证	★★★	响应时间、Ping、统计	
	吞吐量性能测量	验证	★★★★★	吞吐量、带宽、统计	选做
	网络协议分布量化性能测量	验证	★★★	常见以太网协议分布、统计	
	链路带宽利用率性能测量	验证	★★★★	带宽、统计	
	以太网流量分析	验证	★★★	组播、广播、单播、统计	

7.1　网 络 测 量

7.1.1　简介

测量是按照某种规律,用数据来描述观察到的现象,即对事物作出量化描述。测量是对非量化实物的量化过程。根据测量的方式,分为主动测量和被动测量。

被动测量和主动测量的区别在于前者是被动地在网络上接收流经的数据包,而不会对网络造成任何的负载;后者则是主动地向对方发出测试数据包,根据数据包在网络上的传输情况来判断网络的性能。被动测量提供了单独连接或者结点的性能描述,而主动测量则是针对位于一条路径上的几个连接和结点的性能。

被动测量组件包括了报文 sniffer 工具、边缘路由器所生成的流级别的流量统计表,以及另外一台用于查询路由信息的空闲的顶级路由器。主动测量组件则包括了由那些被置于主路由器中心的测量机器组成的网络。这些机器交换测试流量,并收集全天的丢包率、延迟和连通性统计,然后将这些测量数据存入一个高性能数据仓库。这些数据可以被用于流量工程、性能调试、网络操作和以性能为目的所进行的测试。

比如,RTT(Round-Trip Time,往返时延,在计算机网络中它也是一个重要的性能指标,表示从发送端发送数据开始,到发送端收到来自接收端的确认,总共经历的时延)测量是通过类似 ping 的程序,每隔一定时间进行一次。该程序对每台主机发送 ICMP 响应包,然后等待 ICMP 的回应包,记录每个站点的测量延迟。发现或者诊断一个站点故障的方法之一就是查看 RTT 图标的起伏状况。这些起伏表明了路由或者配置上的变化所引起两个站点间 RTT 的改变情况。另外一点就是要查看丢包率。如果一个站点的丢包率过高,那么它可能出现硬件损坏,这种分析是非常基本的。如果要对一个站点的性能有进一步理解,就要通过比较它同其他站点的连通性来获得。

7.1.2 网络测量仪厂商介绍

网络测量仪主要由国外公司垄断,在国内从事网络测试仪器的研制与生产的企业很少。

1. Agilent(安捷伦)

通信测试产品包括为下列类型的网络和系统提供的产品:光线网络、传输网络、宽带和数据网络、无线通信和微波网络。安捷伦还对安装、维护和运营支持系统提供帮助。综合测试产品包括综合仪器、模块仪器和测试软件、数字设计产品、参数测试产品、高频电子设计工具、电子制造测试设备和薄膜电晶体阵列测试设备。

2. Fluke(福禄克)

Fluke 网络测量工具之一为 OneTouch,它能够为维护人员提供快速解决网络故障的能力。OneTouch 具有:测试服务器、交换机和路由器等设备间连通性能力,测试网卡、集线器和电缆性能的能力,量化以太网利用率、冲突率和错误率的能力。OneTouch 还可以将测试仪放在故障现场,通过网页浏览器来排除网络故障。另外一个工具为 OptiView,它集成了 RMON2、SNMP 设备管理、协议分析和 VLAN 分析等功能,且具有查看网络信息、支持千兆网络、支持多用户等能力。读者将会在 7.2 节中详细了解其相关操作。

3. Spirent(思博伦)

思博伦通信是一家通信测试仪表及测试方案提供商,致力于帮助世界更快、更好、更频繁地通信。思博伦通信提供性能分析与服务保证解决方案,从有线到无线再到卫星通信,拥有对应的测试解决方案,这些解决方案能够帮助客户顺利地开发和部署下一代网络技术,是以太网网络、IP 电话和 VoIP、VPNs、Triple Play、Web 应用与安全、CDMA 应用与定位服务以及卫星定位测试领域的佼佼者。

4. NetTest

NetTest 是多层网络测试解决方案的厂商,在全球为光网络、无线网络和固定网络的厂商提供测试与测量系统、设备和器件。NetTest 的解决方案能够帮助管理者了解网络的性能,从而作出决策,提高收益。

7.2 Fluke 协议分析仪

Fluke 协议分析仪主要具备如下功能与特色。

1. 全面的七层测试

综合协议分析仪从根本上解决了长期困扰网管人员的问题。它可以从物理层一直测试到应用层。也就是实现了从电缆测试开始直至信息包捕捉和解码。

2. 集成几乎所有的网络测试工具

网络综合协议分析仪将客户所想到的网络监测和故障诊断功能集成在一个手持式的仪器中。它可以完成电缆测试、网络流量测试、网络设备搜寻等原来福禄克网络公司网络测试仪的功能。同时它还具有协议分析仪的功能,可以对信息包进行捕捉、解码以及滤波。

3. 以太网的全面支持

网络综合分析仪可以测试 10Mbps、100Mbps 双绞线以太网,可以测试 100Mbps 光缆网络。它还可以支持千兆以太网,同时可以支持 TCP/IP、Net BIOS 和 Novell 等多种类型的网络。

4. 操作简单,易学易用

协议分析仪基于 Windows 的图形用户界面和触摸屏的操作方式,显示直观,易于使用,还可以减少培训的时间,提高工作效率。测试仪可以根据用户的级别和技术水平来设置安全的等级。

5. 强大的线缆测试功能

测试仪会自动进行电缆测试并显示连接位置至所连接设备的长度,线缆接线图,特性阻抗以及至端点的长度,至反射点的长度和状态或异常(短路、开路、串绕)并以图表格式来显示。

6. 网络设备搜寻

测试仪通过对站点查询和流量的监测来搜寻网络设备,并对所有搜寻到的设备提供最佳的可能信息,如 DNS 名、Net BIOS 名、SNMP 名、IPX 名以及地址。测试仪还将不同的网络设备按照站点设备和网络互连设备区分开,例如交换机和路由器、服务器、打印机以及 SNMP 设备自动分类。

7. 常见问题查询

测试仪显示所有可能有问题的网络站点。问题的报告是按照严重错误、警告和提示的等级来显示的,解决的方法也会显示出来。

8. 优良的网络测试报告能力

良好的网络文档备案是网络管理和故障诊断的基础。分析仪本身就可以完成网络的设备搜寻和报告生成。如果通过测试报告生成软件,还可以利用已有的 Visio 来完成网络关键设备的连接图和更丰富的测试报告内容。

7.2.1 Fluke 协议分析仪的基本操作

1. 实验目的

(1) 掌握 Fluke 协议分析仪的基本操作与流程。

(2) 熟悉协议分析仪的界面。

2. 实验内容

实验环境介绍,协议分析仪界面和操作。

3. 实验环境

协议分析仪 OptiView 1 台,交换机 1 台,直通网线数根。实验拓扑如图 7-1 所示。

4. 实验步骤

(1) 认识分析仪。

图 7-2 为标准型 OptiView 协议分析仪和附件等信息。

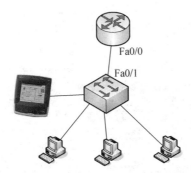

图 7-1　Fluke 实验环境拓扑示意图

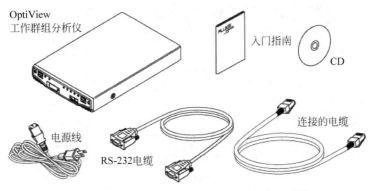

图 7-2　标准型 OptiView 工作群组分析仪和附件

（2）安装好驱动程序（如 OVRemote），打开桌面上的快捷方式，图 7-3 为界面组成和相应功能的介绍。

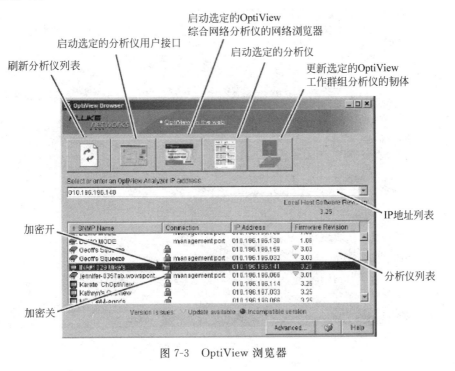

图 7-3　OptiView 浏览器

（3）打开选中的分析仪，Front Page 选项卡的功能如图 7-4 所示。

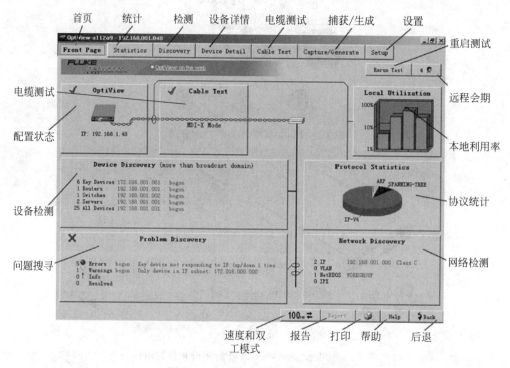

图 7-4　OptiView 用户接口主界面

（4）IP 地址配置界面如图 7-5 所示。

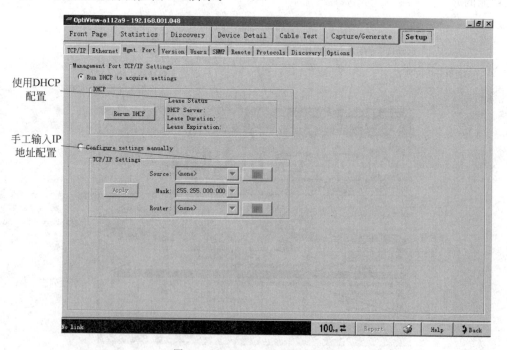

图 7-5　OptiView IP 地址配置

（5）子菜单中的各选项卡及功能。通过单击对应的按钮可以查看对应的功能，在后继的实验中进行具体介绍。图 7-6 为设备检测界面。

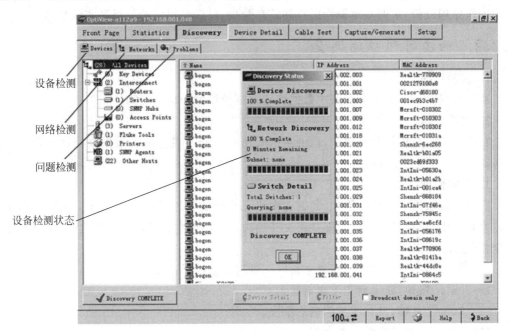

图 7-6　OptiView 设备检测主界面

（6）用户启用及属性设置。图 7-7 为用户账号安全设置。

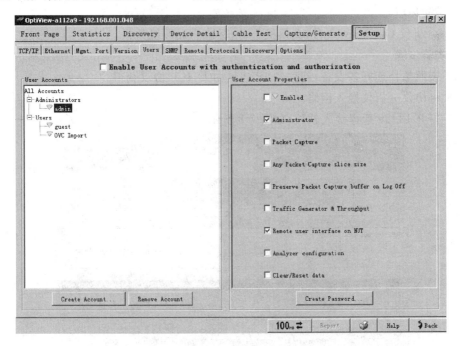

图 7-7　OptiView 用户账号设置

5. 实验报告要求

结合并参考本次实验范例,撰写实验报告。重点阐述 Fluke 背景信息、基本操作及其对应的工作原理分析,掌握基本操作要点和信息分析,最后给出实验结果和实验总结。

7.2.2 响应时间性能测量

1. 实验目的

通过协议分析仪来衡量线路中数据传输速度及机器的响应时间。

2. 实验内容

在接入协议分析仪的网络中,借助主机间相互 ping 的往返时间数据来测试机器的响应时间。

3. 实验原理

因为在局域网的小型网络中,数据在网络上传输的延迟可以忽略不计。网络延迟是指在传输介质中传输所用的时间,即从报文开始进入网络到它开始离开网络之间的时间,单位为毫秒(ms)。

如何定义网络延迟程度?通常来讲网络延迟的值越低速度越快。

1~30ms:极快,几乎察觉不出有延迟。

11~50ms:良好,没有明显的延迟情况。

51~100ms:普通感觉出明显延迟,稍有停顿。

100ms 以上:差,可能存在丢包并掉线现象。

所以借助利用 ping 发送的数据包时延来测试机器的响应时间。

4. 实验环境

协议分析仪 OptiView 1 台,交换机 1 台,标准直通网线数根。

5. 实验步骤

(1) 按照拓扑连好各设备,网关和 IP 地址由 DHCP 协议获得。

(2) 将协议分析仪接入网络。

(3) 打开 Fluke 远程接入软件,如图 7-8 所示。

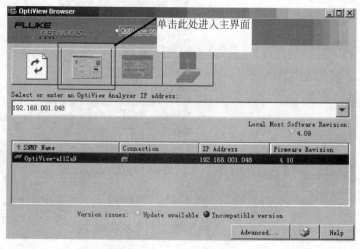

图 7-8 OptiView Browser 界面

（4）响应时间测试。主要是通过 PC 间的 ping 命令实现。进入如图 7-4 所示界面后，单击 Device Detail 按钮，则进入响应时间测试界面，如图 7-9 所示。

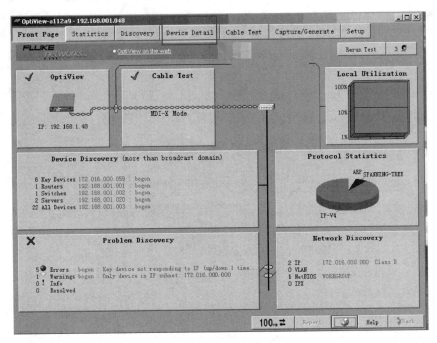

图 7-9　Device Detail 入口界面

（5）Ping 参数设置。进入 Ping 模式下，并根据实际需要对参数调整后，进行响应时间测试，如图 7-10 所示。

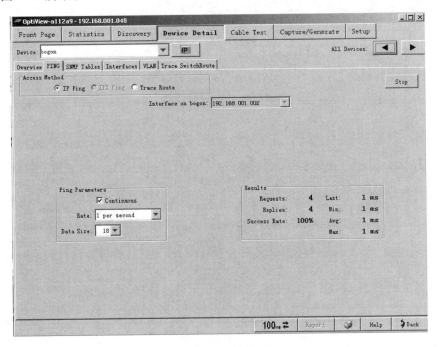

图 7-10　Ping 参数配置

（6）响应时间性能测试结果。

① 主机不可达测试结果如图 7-11 所示。

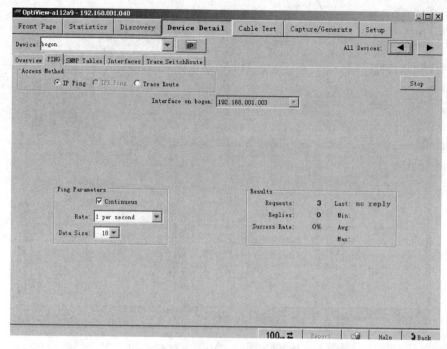

图 7-11　主机不可达响应时间性能结果

② 主机响应时间相对较长的测试结果如图 7-12 所示，可能还会存在丢数据包现象。

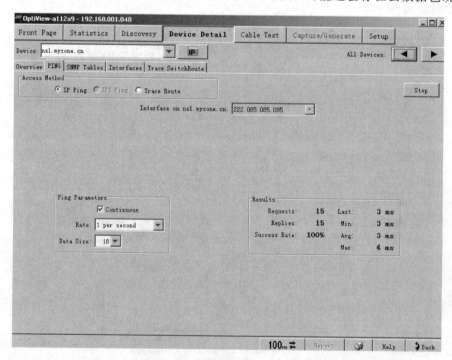

图 7-12　主机响应时间较长测量结果

③ 主机响应时间相对较短的测量结果如图 7-13 所示，丢包率较低。

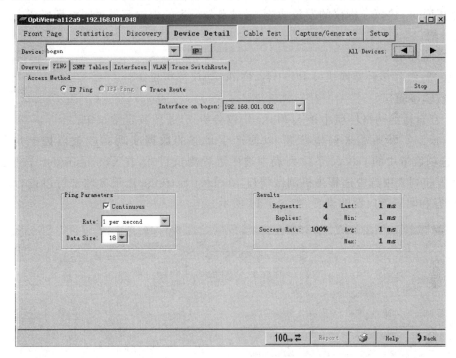

图 7-13　主机响应时间较短测量结果

6. 实验报告要求

结合并参考本次实验范例，撰写实验报告。重点阐述 ping 的工作原理、ping 在连通性测试方面的应用、RTT 的基本概念等，掌握基本操作要点和信息分析，最后给出实验结果和实验总结。

7.2.3　吞吐量性能测量

1. 实验目的

通过对网络中数据类型的观察及吞吐量的分析，能够及时感知网络中的通信压力。

2. 实验内容

通过 Fluke 协议分析仪自身发出各种类型的包，然后对网络中不同吞吐量情况下的性能和通信状态进行记录分析。

3. 实验原理

网络中的数据是由一个个数据包组成，对每个数据包的处理要耗费资源。吞吐量是指在不丢帧/包的情况下单位时间内通过的数据包数量，如果吞吐量太小，就会成为网络瓶颈，给整个网络的传输效率带来负面影响。吞吐量的大小主要与防火墙内网卡，程序算法的效率、报文转发率有关。

吞吐量的测试方法是在测试中以一定速率发送一定数量的帧，并计算待测设备传输的帧，如果发送的帧与接收的帧数量相等，那么就将发送速率提高并重新测试；如果接收帧少于发送帧，则降低发送速率重新测试，直至得出最终结果。吞吐量测试结果的单位以 bps 或

Bps 来表示。

利用 Fluke 协议分析仪的发包功能,通过自身产生的数据流量对网络环境产生影响,从而进行分析。

4. 实验环境

路由器(级联多台交换机及 PC)1 台,Fluke 协议分析仪 1 台。

5. 实验步骤

(1) 在合适的网络环境中接入 Fluke 协议分析仪,并使其正常工作。

(2) 根据实际所需来调整参数,以便产生足够的数据实现吞吐量监控。在 Remote Device 选项区域中的 Device 下拉列表中选中远程测试目标,在 Configuration 选项区域中的 port 下拉列表中选中远程主机测试端口,在 Test Settings 选项区域中可以进行速度、帧大小、内容和间隔等内容的设置,如图 7-14 所示。

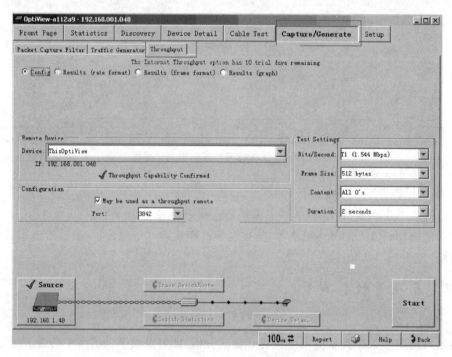

图 7-14 吞吐量测量主界面

(3) 三种吞吐量分析模式。Fluke 通过 rate format、frame format 和 graph 三种方式对流量做进一步分析。图 7-15 为通过 graph 方式进行吞吐量分析。

6. 实验报告要求

结合并参考本次实验范例,撰写实验报告。重点阐述吞吐量的基本概念、工作机制、测试方法,掌握基本操作要点和信息分析,最后给出实验结果和实验总结。

7.2.4 网络协议分布量化性能测量

1. 实验目的

通过协议分析仪来找出在网络中常用的协议及其分布情况。

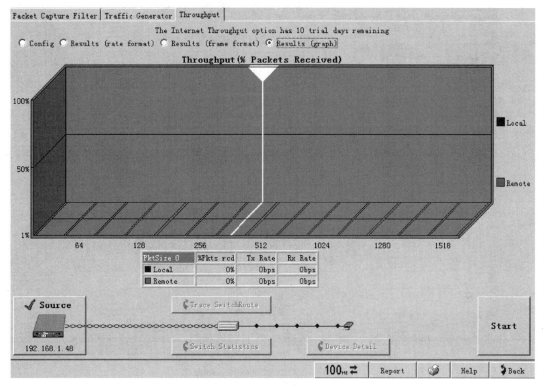

图 7-15　以 graph 方式进行的吞吐量分析

2. 实验内容

借助协议分析仪查看网络中不同层次的协议分布。

3. 实验原理

利用 Fluke 协议分析仪的包统计功能实现网络协议分布的量化。

4. 实验环境

交换机 2 台，路由器 2 台，PC 2 台，Fluke 和 PC 连至交换机，路由器充当 DHCP 服务器。

5. 实验步骤

（1）将协议分析仪接入网络中，并使其正常工作。

（2）进入协议分析仪的 Statics 界面中的 Protocols，此页面包含所有网络中运行的各种协议。

（3）二层 MAC 协议族分布情况如图 7-16 所示。MAC 协议主要封装 CDP、LOOPBACK、ARP、SPANNING-TREE 和 IPv4 协议等。

（4）查看 IPv4 族协议分布情况，如图 7-17 所示。

（5）查看 TCP 族协议相关分布情况，如图 7-18 所示。

（6）查看 UDP 族协议分布情况，如图 7-19 所示。

6. 实验报告要求

结合并参考本次实验范例，撰写实验报告。重点阐述不同层上面的典型协议，分析协议分布的工作原理，掌握基本操作要点和信息分析，最后给出实验结果和实验总结。

240

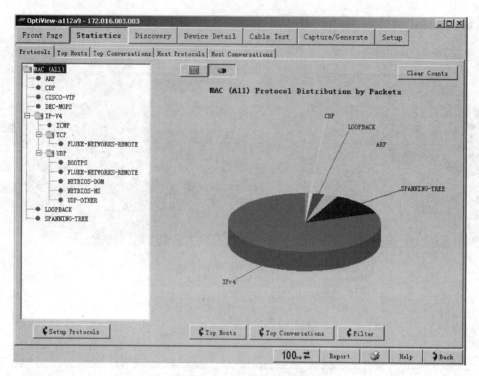

图 7-16　MAC 层协议分布情况

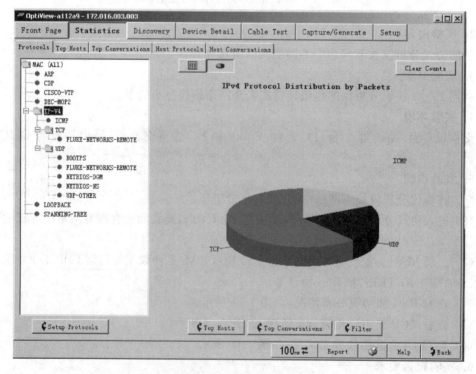

图 7-17　IP 层协议分布

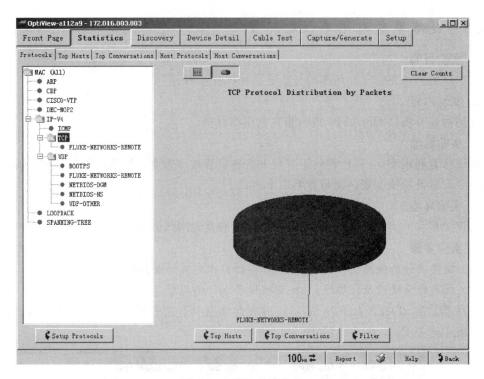

图 7-18　TCP 协议分布

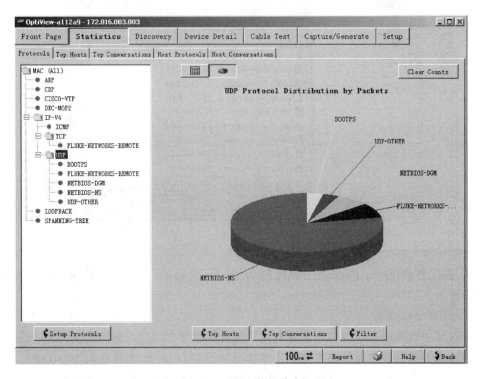

图 7-19　UDP 协议分布

7.2.5 链路带宽利用率性能测量

1. 实验目的

掌握以太网链路带宽利用率的分析方法和操作步骤。

2. 实验内容

使用协议分析仪 OptiView 进行带宽利用率分析。

3. 实验原理

网络带宽利用率＝(每秒收到字节数＋发送字节数)/带宽。利用协议分析仪 OptiView 的包捕获和统计功能实现链路带宽利用率测试。

4. 实验环境

协议分析仪 OptiView 1 台,交换机 1 台,标准直通网线数根。

5. 实验步骤

(1) 将协议分析仪与交换机连接好,并将计算机连接至交换机。

(2) 配置好交换机及计算机,观察交换机各端口的流量。

选择通信对,单击 Statistics 选项卡,并在此选项卡下选中 Top Hosts 子选项卡,之后在下拉列表中选中 Packets Sent,如图 7-20 所示。

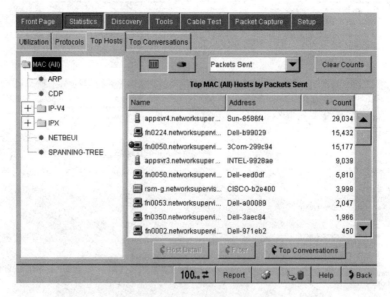

图 7-20 Top N 主机间通信统计

(3) 在主界面 Front Page 右上侧找到 Local Utilization,单击进入利用率监控界面,如图 7-21 所示。

(4) 分析实验结果。

① 网络中单播较多时的链路带宽利用率情况如图 7-22 所示,单播比例为 99.8％。

② 网络中组播较多时链路带宽利用率情况如图 7-23 所示,组播比例为 99.1％。

③ 网络中广播较多时链路带宽利用率情况如图 7-24 所示,广播比例为 99％。

(5) 链路带宽利用率历史信息。单击 History 按钮查看历史情况,如图 7-25 所示。

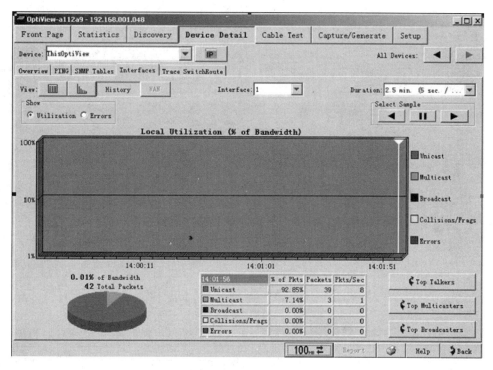

图 7-21　链路本地带宽利用率及其分布情况

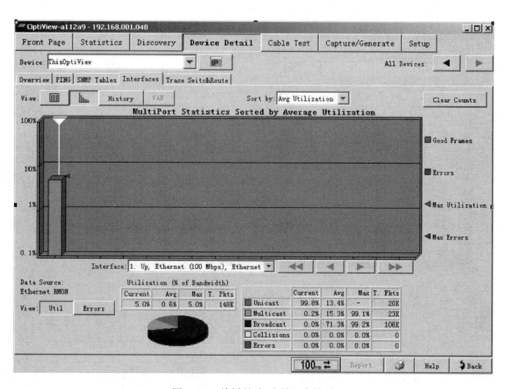

图 7-22　单播较多时利用率统计

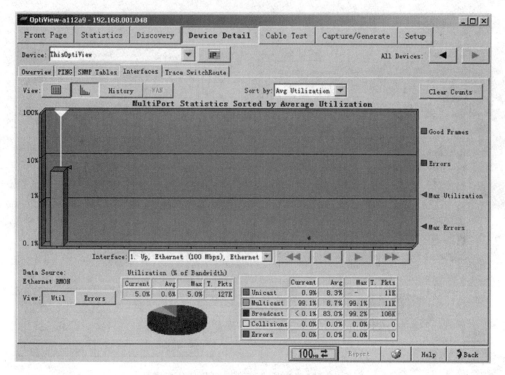

图 7-23　组播较多时利用率统计

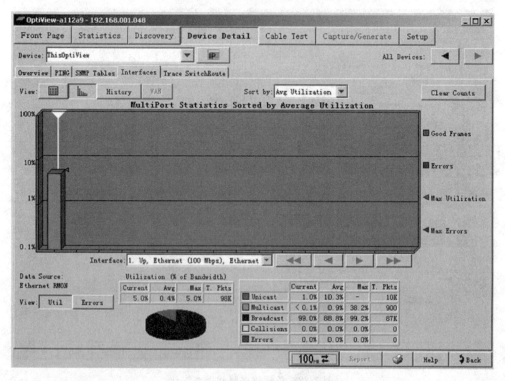

图 7-24　广播较多时利用率统计

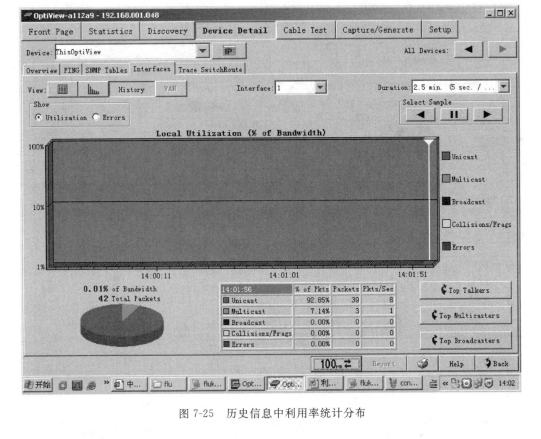

图 7-25　历史信息中利用率统计分布

6. 实验报告要求

结合并参考本次实验范例，撰写实验报告。重点阐述以太网链路带宽的基本概念、利用率统计原理，掌握基本操作要点和信息分析，最后给出实验结果和实验总结。

7.2.6　以太网流量分析

1. 实验目的

对网络中的单播、组播和广播数据包流量进行分析。

2. 实验内容

使用协议分析仪 OptiView 进行广播组播比率分析。

3. 实验原理

利用协议分析仪 OptiView 的包捕获和统计功能实现广播组播流量。

4. 实验环境

协议分析仪 OptiView 1 台，交换机 1 台，标准直通网线数根。

5. 实验步骤

(1) 产生、定制广播数据并分析。

产生广播数据主要通过选定 All Devices 来实现，广播定制所需参数主要由 Presets、Protocols、TTL、TOS、Frame Size、Rate 和 Utilization 来实现，如图 7-26 所示。

单击 Start 按钮后，通过图 7-27 可以较容易地分析广播流量。

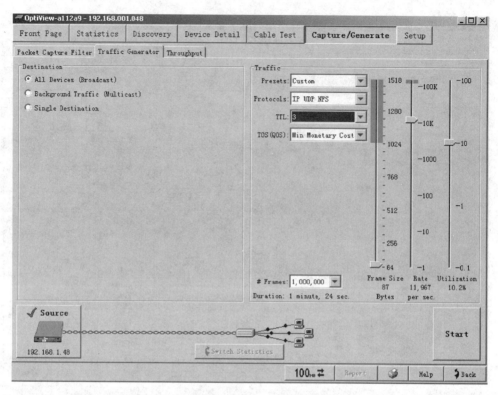

图 7-26　广播定制配置

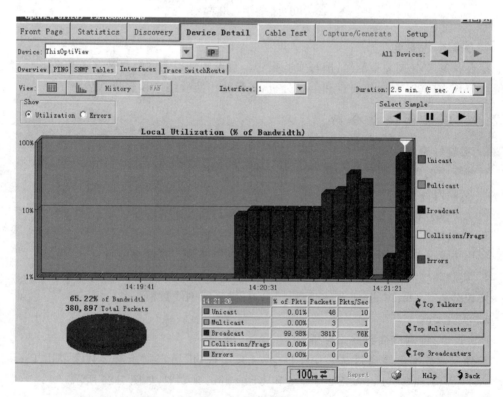

图 7-27　广播流量分析

（2）产生、定制组播包并分析。

产生组播数据主要通过选定 Background Traffic 来实现，定制的参数主要由 Presets、Protocols、TTL、TOS、Frame Size、Rate 和 Utilization 组成，如图 7-28 所示。

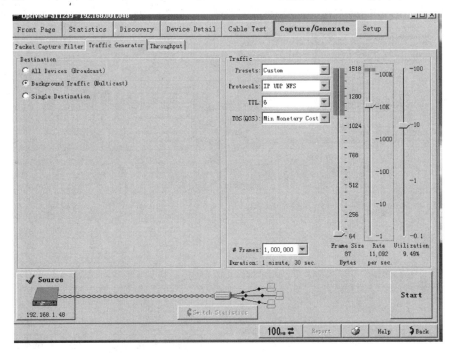

图 7-28　组播定制配置

单击 Start 按钮后，通过图 7-29 可以较容易地分析组播流量。

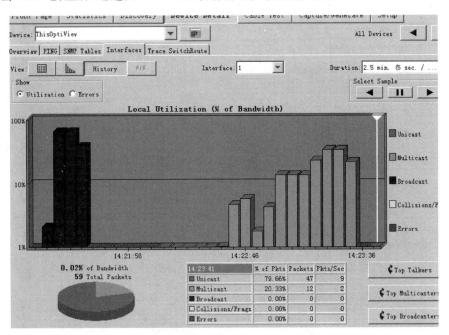

图 7-29　组播流量分析

（3）生成、定制单播包并分析。

生成单播数据主要通过选定 Single Destination 来实现，然后输入特定的 IP，如图 7-30 中 IP 为 192.168.1.32。定制的参数主要由 Presets、Protocols、TTL、TOS、Frame Size、Rate 和 Utilization 组成。

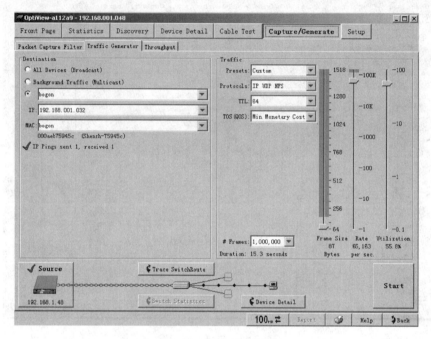

图 7-30　单播定制配置

单击 Start 按钮后，通过图 7-31 可以较容易地分析单播流量。

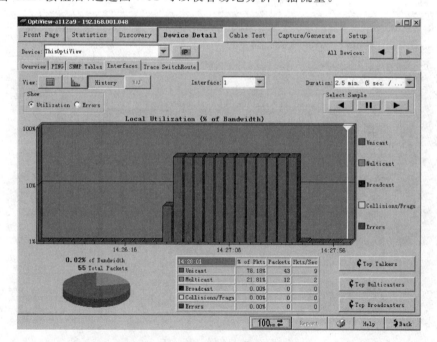

图 7-31　单播流量分析

（4）分析网络中实时的广播、组播、单播情况，如图 7-32 所示。

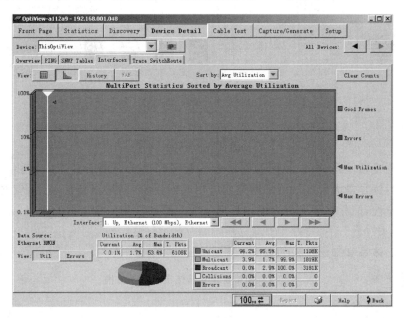

图 7-32　实时流量分析

（5）分析网络中历史信息的广播、组播、单播情况，如图 7-33 所示，可以对网络性能有一个纵向的对比。Duration 可以设定采集间隔，Select Sample 可以查看前后采集到的数据分析情况。

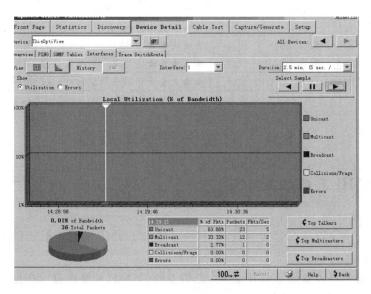

图 7-33　历史流量分析

6. 实验报告要求

结合并参考本次实验范例，撰写实验报告。重点阐述广播、组播、单播生成技术，统计分析原理，掌握基本操作要点和信息分析，最后给出实验结果和实验总结。

第8章 网络管理

网络管理是指监督、组织和控制网络通信服务和信息处理所必需的各种活动的总称。网络管理的目标是最大限度地增加网络的可用时间,提高网络设备的利用率、网络性能、服务质量和安全性,简化多厂商混合网络环境下的管理和控制网络运行的成本,并提供网络的长期规划。

本章实验体系和知识结构如表 8-1 所示。

表 8-1 网络管理实验体系与知识结构

类别	实验名称	实验类型	实验难度	知识点	备注
SNMP	SNMP 配置实验	验证	★★★	工作模式、基本配置	
	MIB 基本结构实验	验证	★★★	MIB 树状结构、对象组织结构	
	SNMP 基本操作实验	验证	★★★	三个基本操作格式与功能	
	SNMP 报文格式分析实验	综合	★★★★	BER 编码规则分析	
网络管理	网络设备在线状态监控	设计	★★★★★	拓扑管理、SolarWinds	
	网络设备数据流量监控	设计	★★★★★	流量管理、MRTG	
	网络认证与授权	设计	★★★★★	AAA、RADIUS、NAS	选作
网络管理开发	SNMP 配置管理编程实验	设计	★★★★★	SNMP++类库使用	
	SNMP 性能管理编程实验	设计	★★★★★	性能参数加工处理、图形化显示	选作
	拓扑发现编程实验	设计	★★★★★	发现算法设计、发现结果显示	选作

8.1 网络管理基本原理

8.1.1 SNMP 基本配置

1. 实验目的

通过对常见网络设备 SNMP 的配置,进一步理解 SNMP 的配置框架和体系结构。

2. 实验内容

配置常见的网络设备的 SNMP 功能,包括主机、交换机和路由器。在配置过程中,了解不同厂商对 SNMP 支持的程度和形式的不同,掌握配置方法和配置命令,理解 SNMP 的工作模式,为进一步实验做好准备工作。

3. 实验原理

网络管理模型中的主要构件如图 8-1 所示。

从图 8-1 中可以看出,SNMP 体系结构是非对称的,即 Manager 实体和 Agent 实体被

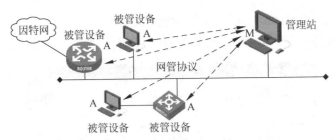

图 8-1　网络管理的一般模型

注：M——管理程序(运行 SNMP 客户端程序)，A——代理程序(运行 SNMP 服务器程序)

分别配置。配置 Manager 实体的系统被称为管理站，配置 Agent 实体的系统称为代理。每个代理管理若干被管设备，并且与管理站建立团体(Community)关系，团体名作为团体的全局标识符，是一种简单的身份认证手段。一般来说，代理进程不接受没有团体名认证的报文，这样可以防止假冒的管理命令，同时在团体内部也可以实行专用的管理策略。管理站可以向代理下达操作命令、访问代理所在系统的管理对象。因此，在配置网络管理环境时，首先要开启在该网络管理范围内所有网络设备的 SNMP 功能，并且配置相应的团体名。

图 8-2 是 SNMP 管理框架的典型配置。整个系统必须有一个管理站，管理进程和代理进程利用 SNMP 报文进行通信。图中有两个主机和一个路由器，这些协议栈中带有阴影的部分是原来这些主机和路由器所具有的，而没有阴影的部分则是为实现网络管理而增加的。SNMP 是应用层协议，它依赖于传输层的 UDP 数据报服务进行通信。

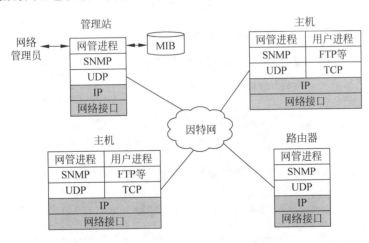

图 8-2　SNMP 的典型配置

4. 实验环境

(1) 普通 PC 1 台，安装 Windows 系列操作系统。

(2) CISCO 路由器、交换机各 1 台，或者安装有 CISCO Packet Tracer 模拟软件的普通 PC 1 台。

(3) Windows 系统安装光盘 1 套。

5. 实验步骤

首先开启普通 PC 的 SNMP 网络管理功能，步骤如下：

（1）在"控制面板"窗口中双击"添加或删除程序"图标。

（2）单击弹出窗体左边的"添加/删除 Windows 组件"按钮，弹出如图 8-3 所示对话框。

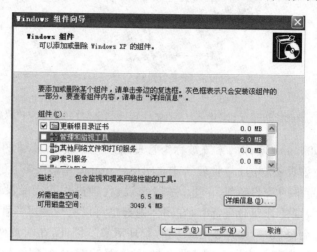

图 8-3　"Windows 组件向导"对话框 1

（3）查看"管理和监视工具"是否被选中，如果已被选中，说明该主机已经开启了 SNMP 功能；如果没有被选中，则按照以下步骤安装该组件，从而开启主机 SNMP 功能。

（4）选中该组件，单击"下一步"按钮，将指定的 Windows 安装光盘放入主机光驱，单击"确定"按钮。

（5）弹出如图 8-4 所示对话框，选择正确的文件路径。

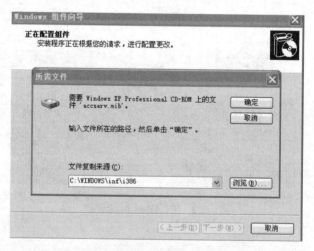

图 8-4　"Windows 组件向导"对话框 2

（6）单击"确定"按钮，系统会自动读取 Windows 安装光盘上面的文件，对该组件进行安装工作，单击"完成"按钮完成安装。至此，普通 PC 上的 SNMP 功能已开启，可以再次打开"控制面板"中的"添加或删除程序"窗体，单击左边的"添加/删除 Windows 组件"按钮查看，该组件左边的方框已被选中。

接下来开启路由器的网络管理功能，步骤如下：

（1）按照如图 8-5 所示的拓扑结构，用 Console 线将路由器和主机连接起来。

（2）进入主机的超级终端，对路由器进行 SNMP 配置，参考命令为"Router(config)♯ snmp-server community public rw"，其中 public 表示系统默认团体名，rw 表示系统管理权限为可读写。交换机的配置命令类似，在此忽略。

6. 实验报告要求

（1）上网搜索 Windows 操作系统自带的网络管理组件的功能和特征。

（2）在实际物理环境下选择一种配置方式，对支持 SNMP 协议的 CISCO 路由器或者交换机配置 SNMP 功能，并写出详细的配置命令。

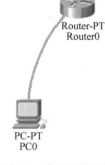

图 8-5　实验环境拓扑示意图

（3）上网搜索其他操作系统有没有提供自带的网络管理功能以及它们的特征。

（4）了解华为品牌交换机和路由器中开启 SNMP 功能的命令，写出它们的命令格式。

7. 实验思考

（1）为什么 SNMP 协议采用管理者和代理这种非对称的体系结构？这种配置方式有什么好处和缺点？

（2）大多数厂商生产的网络设备都支持 SNMP 协议，那么有哪些厂商或哪些型号设备不支持 SNMP 协议？如果不支持，它们是否不能接受 SNMP 管理？对这种设备要如何实现有效管理呢？

8.1.2　MIB 的基本结构

1. 实验目的

进一步深化理解理论课学习内容，熟悉 MIB(Management Information Base，管理信息库)中对象的组织结构、功能组以及组中各个管理对象的含义和功能。

2. 实验内容

使用 MIB 对象浏览软件浏览 MIB 的树状结构，读取 MIB 中各对象的值，深入了解 MIB 的存在意义，针对各个对象的值理解管理对象所代表的含义和功能。

3. 实验原理

1）管理信息结构(SMI)

管理信息结构是 SNMP 的基础部分，定义了 SNMP 框架所使用的信息的组成、结构和表示，为描述 MIB 对象和协议如何交换信息奠定了基础。RFC1155 与 RFC1442 分别定义了 SNMPv1 版的管理信息结构和 SNMPv2 的管理信息结构。无论哪个版本的管理信息结构都由三部分组成：对象标识符(Object Identifier，OID)、对象信息描述和对象信息编码。

（1）对象标识符。

对象标识符也就是被管对象的命名。ISO 与 CCITT 提供了一个全局命名树，为需要命名的被管对象分配树上的一个结点。被管对象占有全局命名的一棵子树，这棵树通常称为 MIB 树，如图 8-6 所示。对于 SNMP 来说，树状结构的命名方式最大的好处是便于加入新的网络管理对象，具有良好的可扩展性，新加入的被管对象只是其父结点子树的延伸，对其他结点不会产生影响。

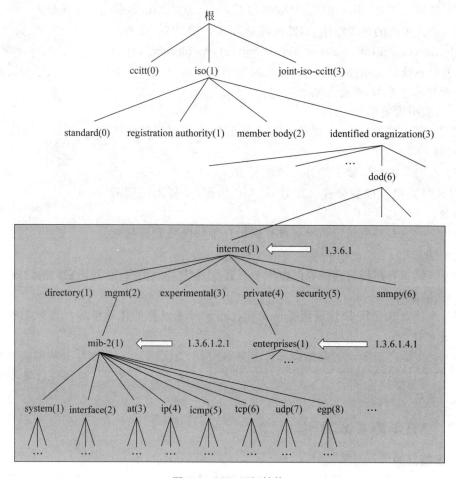

图 8-6　MIB 组织结构

SMI 为 MIB 树上的每个结点分配了一个数字标识,同时为了便于记忆和理解,又为每个结点提供了一个文本方式的对象描述符。一个完整的对象标识符是从 MIB 的根开始到此被管对象所对应的结点沿途上所有结点的数字标识或名字标识,中间以".".间隔。例如 mib-2 中的一个被管对象 sysName 的对象标识符表示如下:

用名字表示:

iso. org. dod. internet. mgmt. mib－2. system. sysname

用数字表示:

1.3.6.1.2.1.1.5

(2) 对象信息描述。

RFC1155 详细定义了 MIB 中被管对象的组成结构,规定了被管对象必须使用抽象语法表示法 ASN.1(Abstract Syntax Notation One)。ASN.1 提供了一种表示数据的标准方法,是一种高级的对象类型定义语言,它描述了网络管理进程和代理进程之间传输的 SNMP 报文的格式,SNMP 使用的仅是 ASN.1 的一个子集。SMI 规定被管对象的描述必须包括 4 个方面的属性：对象类型（Syntax）、存取方式（Access）、状态（Staus）和对象说明（Description）。

① SMI 规定的数据类型分为两类：通用数据类型（Universal Data Type）和泛用数据类型（Application-Wide Data Type）。

② 对象的存取权限分为 4 类：只读（Read-Only）、只写（Write-Only）、读写（Read-Write）和不可访问（Not-Accessible）。

③ 对象的状态有三种：必备（Mandatory）、可选（Option）和过期（Obsolete）。

④ 对象的说明是对此对象的意义的一般性文字描述。

（3）对象信息编码。

网络管理系统和代理进程之间的通信必须对对象信息进行统一编码，ASN. 1 规定了对各种数据值都采用基本编码规则（Basic Encoding Rules，BER），即所谓的 TLV 方法进行编码，这种方法把各种数据元素表示为以下三个字段组成的 8 位位组序列，如图 8-7 所示。

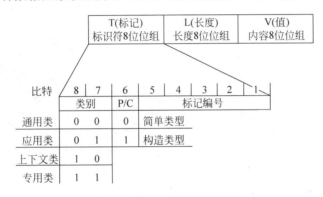

图 8-7 用 TLV 方法进行编码

① T 字段：标识符用 8 位位组（Identifier Octet），用于标识标记。

② L 字段：长度用 8 位位组（Length Octet），用于标识后面 V 字段的长度。

③ V 字段：内容用 8 位位组（Content Octet），用于标识数据元素的值。

2）MIB

MIB 是管理对象的集合，管理对象在 MIB 中按照 SMI 的规定定义，并按树状结构组织起来，反映被管资源的状态，通过读取或设置这些对象的值可以监视或控制网络资源。MIB 中有两种对象：标量对象和表对象。当对一个 MIB 对象进行访问时，目标是特定的对象实例而不是对象类型。SNMP 规定标量对象类型只有一个对象实例，标量对象的标识符后面加上 .0 就构成了对象实例；表对象由若干个列对象组成，一个列对象有多个实例，列对象的 OID 后面加上 .x（x 代表一个顺序的整数序列）构成列对象的多个实例。目前获得最广泛支持的标准 MIB 是 mib-2，它定义了 10 个功能组，包括了 10 类非常典型的网络信息。mib-2 功能组如图 8-8 所示。

10 个功能组分别是：

（1）系统组（System Gruop）：提供了系统的一般信息。

（2）接口组（Interface Group）：包括了关于主机接口的配置信息和统计信息，它是必须实现的，接口组中的对象可用于故障管理和性能管理。

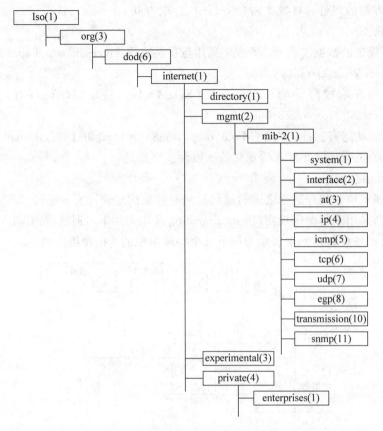

图 8-8 mib-2 功能组

（3）地址转换组（Address Translation Gruop）：包含一个表，该表的每一行对应系统的一个物理接口，表示网络地址到物理地址的映像关系。

（4）IP 组（IP Group）：提供了与 IP 协议有关的信息。

（5）ICMP 组（ICMP Group）：提供了有关 ICMP 实现和操作的有关信息。

（6）TCP 组（TCP Group）：提供了有关 TCP 协议的实现和操作的信息。

（7）UDP 组（UDP Group）：提供了关于 UDP 数据报和本地接收端点的详细信息。

（8）EGP 组（EGP Group）：提供了关于 EGP 路由器发送和接收的 EGP 报文的信息，以及关于 EGP 邻居的详细信息等。

（9）传输组（Transmission Group）：有关每个系统接口的传输模式和访问协议的信息。

（10）SNMP 组（SNMP Group）：提供关于系统中 SNMP 的实现和运行信息。

这 10 个功能组的有些对象已经废弃或者没有定义，所以在实际应用中只对部分对象操作进行网络管理。

3）WinAgents MIB Browser 软件介绍

WinAgents MIB Browser 可以检查和配置支持 SNMP 协议的设备，该软件可以读取和修改 SNMP 变量的值，还可以随时监视这些值的变化。该软件提供了一个方便的界面以及一个可以自动地在局域网上扫描可以使用的 SNMP 设备的网络搜索向导。其他功能包括一个带有语法突出显示的 MIB 编辑器、设备分组、用户定义的书签以及被专业用户所赏识的其他方便的工具。WinAgents MIB Browser 支持 SNMP 1、SNMP 2 和 SNMP 3 版本。

4. 实验环境

采用开源软件 WinAgents MIB Browser ,PC 1 台(安装 Windows 操作系统)。

5. 实验步骤

浏览普通主机 MIB 对象信息。

(1) 开启主机的 SNMP 功能,开启方法参考 8.1.1 节中步骤。

(2) 打开 WinAgents MIB Browser 软件,选择 Actions→Register new device 命令。

(3) 在弹出窗口中选择默认设置,单击 OK 按钮。这时在左边 MIB Tree 功能框中出现 IP 地址为 127.0.0.1 的新增设备,也就是本主机。

(4) 参考实验原理部分,查看系统描述对象的值,结果如图 8-9 所示。

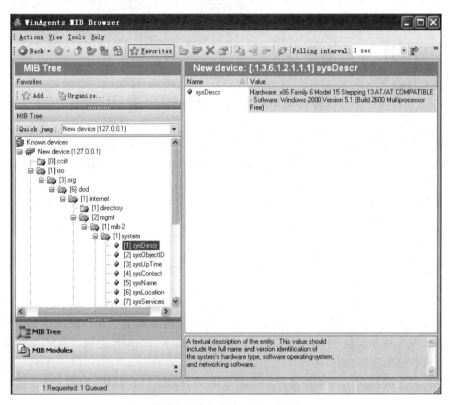

图 8-9　MIB 信息对象读取

(5) 与此类似,可以查看所有本主机所支持的 MIB 功能组中所有对象的值。浏览路由器(或交换机)中 MIB 对象信息。

(6) 按照 8.1.1 节实验中图对主机和路由器进行连接和配置,开启路由器 SNMP 功能,配置主机 IP 地址为 192.168.0.1,和主机相连的路由器接口 IP 地址为 192.168.0.2。

(7) 打开主机端 WinAgents MIB Browser 软件,按照步骤(1)和步骤(2)新增加路由器设备,注意步骤(2)中的设备地址设置为 192.168.0.2,即路由器连接主机接口的 IP 地址。

(8) 成功将路由器添加到设备列表中,可以查看路由器所支持的所有 MIB 功能组对象的值,查看步骤与主机设备查看步骤类似。

6. 实验报告要求

(1) 掌握 mib-2 所在树状结构,该树状结构不同层次都有哪些分支,各个分支所代表的不同机构和组织含义。

(2) 分别查看 MIB 中标量对象和表对象的值,将查看结果打印出来,比较标量对象和表对象的区别。

(3) 在实验过程中,是否所有 mib-2 中的对象值都可以取到,如果可以,请说明对象值类型;如果不能,请说明原因。

7. 实验思考

(1) 试查看 mgmt 下第 4 个子结点 private 中的各对象值是否能读出,思考该子结点下对象的功能和含义。

(2) SNMP 的管理信息结构为什么要定义为树状结构? 这种层次化的定义方法有什么好处?

8.1.3 SNMP 的基本操作

1. 实验目的

熟悉 SNMP 协议操作的特点和功能,SNMP 协议的报文类型和作用。

2. 实验内容

通过练习使用 SNMP 协议对 MIB 中对象值进行操作,进一步深入了解 SNMP 协议报文的类型和功能。熟悉 SNMP 的 BetRequest、GetNextRequest、SetRequest 等操作,通过配置文件熟悉 SNMP 协议视图的概念。

3. 实验环境

(1) 采用开源软件 monitor.exe。

(2) Windows 操作系统。

4. 实验原理

1) SNMP 协议的发展

SNMP(Simple Network Management Protocol,简单网络管理协议),是管理进程和代理进程之间的通信协议。SNMP 是由 Internet 体系结构委员会(IAB)所制定的,目前大多数厂商的网络产品如交换机、路由器和 Modem 等都支持 SNMP 协议,SNMP 已经成为网络管理领域中的工业标准。

SNMP 的发展经历了三个版本:SNMPv1、SNMPv2c 和 SNMPv3,如表 8-2 所示。

表 8-2 SNMP 的三个版本比较

	Snmpv1	Snmpv2c	Snmpv3
支持的 PDU	GetRequest、GetNextRequest、GetResponse、SetRequest 和 Trap 共 5 种	GetRequest、 GetNextRequest、 GetResponse、 SetRequest、 Get-BulkRequest、 InformRequest、 Trap 和 Report 共 8 种	GetRequest、 GetNextRequest、 GetResponse、SetRequest、Get-BulkRequest、InformRequest、 Trap 和 Report 共 8 种
安全性	使用明文传输的团体名进行安全机制管理,安全性低	使用明文传输的团体名进行安全机制管理,安全性低	基于用户的安全模型(认证和加密),基于视图的访问控制模型,安全性很高
复杂性	简单,使用广泛	简单,使用广泛	开销大,比较烦琐

2）SNMP 操作

SNMP 协议是 SNMP 网络管理框架的核心部分。SNMP 不允许增加或删除对象实例来改变 MIB 的结构,只能通过 SNMP 基本操作来获取或修改相应对象的值,并且只可以访问 MIB 中的叶子结点。

在 SNMPv1 中定义了 4 种基本的协议操作方法:

(1) Get:用于获取简单的标量对象的值。可以向绑定列表中追加多个标量对象,一次操作可获取多个标量对象的值。

(2) GetNext:可以检索给定变量 OID 的下一个对象实例的值,主要用于检索表对象和遍历未知对象。其中对于表对象是按列向量遍历,而不是按行遍历。

(3) Set:用于设置和更新对象实例的值。

(4) Trap:由代理向管理站发出的异步事件报告,不需要应答报文。

在 SNMPv2 中增加了两种协议操作 GetBulk 和 Inform,前者用来获取大批数据,获取表格对象时可代替 GetNext;后者提供了管理者与管理者之间传递随机通报的途径。

3）SNMP 报文的发送与接收

网络管理站通过协议交换 SNMP 报文来实现通信。为了确保 SNMP 协议的简单性目标,传输协议使用 UDP,并规定代理进程开放 UDP 161 端口接收请求报文,管理站规定使用 UDP 162 端口接收 Trap 报文与 Response 报文。

当一个 SNMP 协议实体发送报文时,执行过程如图 8-10 所示。

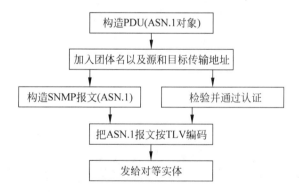

图 8-10　生成和发送 SNMP 报文

当一个 SNMP 协议实体接收到报文时,执行过程如图 8-11 所示。

5. 实验步骤

对普通主机 MIB 中的对象进行如下操作:

(1) 开启主机的 SNMP 功能,开启方法参考 8.1.1 节中步骤。

(2) 使用 Get 操作和 GetNext 操作获取标量对象的值。打开 monitor. exe 应用程序,弹出软件主界面,双击系统组中 sysName 对象,则该对象标识符会自动出现在 OID 文本框中,Agent 编辑框选用默认 IP 地址 127.0.0.1 表示管理对象为本地主机,Community 编辑框选用默认值 public,选择 Get 操作并单击"执行"按钮,这时可以获取到本主机 MIB 中系统组对象 sysName 的值,表示主机名称,如图 8-12 所示。

(3) 双击系统组中的 sysName 对象,保持步骤(2)中的其他设置不变,选择 GetNext 操

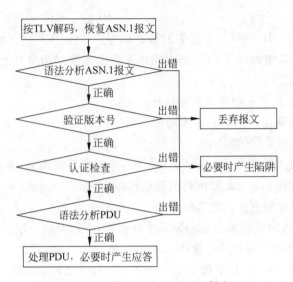

图 8-11　接收和处理 SNMP 报文

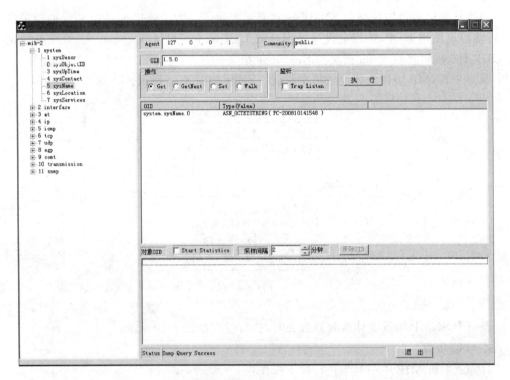

图 8-12　Get 报文

作，然后单击"执行"按钮，则会得到字典顺序中的下一个对象：系统组中 sysLocation 的值。

（4）使用 GetNext 操作和 GetBulk 操作获取表对象的值。双击接口组中接口表的 ifIndex 对象，保持步骤（2）中的其他设置不变，选择 GetNext 操作，然后单击"执行"按钮，得到接口表中第一个接口的接口索引值，如图 8-13 所示。

（5）双击接口组中接口表的 ifIndex 对象，保持步骤（2）中的其他设置不变，选择 Walk 操作，然后单击"执行"按钮，在该软件中，Walk 操作相当于 GetBulk 操作，得到接口表中所

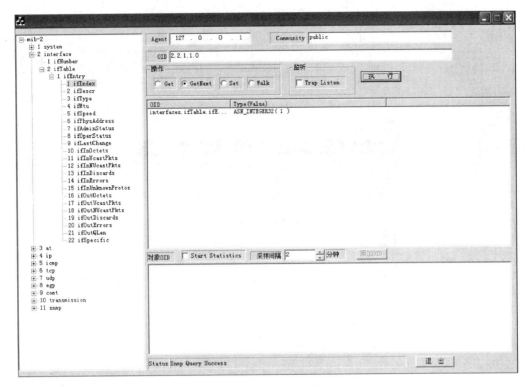

图 8-13　GetNext 报文

有接口的接口索引值。

（6）选择步骤（5）中所得到的结果栏中最后一行接口的 OID 值 interfaces. ifTable. ifEntry. ifIndex. 1. 0，将其复制到 OID 文本框中，选择 GetNext 操作，然后单击"执行"按钮，这时得到的结果是按照字典顺序的下一个对象的值，也就是接口表中第一个接口的接口描述对象 ifDescr 的值。

（7）使用 Set 命令更改 MIB 中对象的值。双击系统组中的对象 sysContact，表示系统联系人。选择 Set 操作，然后单击"执行"按钮，这时软件会弹出如图 8-14 所示对话框。

（8）在对话框的 Value 文本框中输入修改后的对象的值，单击 OK 按钮，完成操作。但实际上，大多数主机系统出于安全考虑，不允许随便修改 MIB 中对象的值。

（9）对路由器（或交换机）MIB 中的对象进行操作。

（10）按照图 8-2 对主机和路由器进行连接和配置，开启路由器 SNMP 功能，配置主机 IP 地址为 192.168.0.1，和主机相连的路由器接口 IP 地址为 192.168.0.2。

（11）打开主机端的 monitor. exe 应用程序，注意 Agent 编辑框中的设备地址设置为 192.168.0.2，即路由器连接主机接口的 IP 地址。其他设置和操作可参考对主机 MIB 对象操作的步骤。

练习使用 Get、GetNext、Set 和 GetBulk 对路由器 MIB 中的对象进行操作，操作步骤与主机设备操作步骤类似。

6. 实验报告要求

（1）使用 Get 和 GetNext 操作至少检索两个被检索对象，其中一个为标量对象，一个为

网络管理

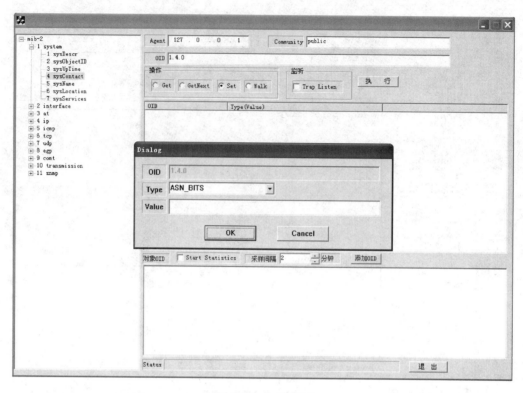

图 8-14　Set 报文

表对象的一行。

(2) 使用 Set 操作设置 system 组的几个对象。

(3) 使用 GetBulk 获取某一设备 Tcp 组的所有对象。

7. 实验思考

(1) 如在步骤(3)中选择的是 interface 组中的 ifNumber 对象执行 GetNext 操作,得到的结果会是什么?

(2) 按照字典顺序对表对象进行遍历是按列遍历而不是按行遍历,请用实验证明。

8.1.4　SNMP 报文格式分析

1. 实验目的

理解管理信息结构(SMI)及其基本编码规则(BER)。加深对 SNMP 报文格式以及工作原理的理解。

2. 实验内容

通过捕获分析 SNMP 协议的数据包,详细分析 SNMP 各种类型数据包的结构和功能原理,熟悉 SMI 中的基本编码规则。

3. 实验环境

路由器 1 台,以太网交换机 2 台,PC 4 台,网线若干根。

4. 实验原理

在 SNMP 管理中,管理站和代理之间交换的管理信息构成了 SNMP 报文。SNMP 报文由三部分组成,即版本号(Version)、团体名(Community)和协议数据单元(PDU)。报文头中的版本号是指 SNMP 的版本,0 代表 SNMPv1,1 代表 SNMPv2;团体名用于身份认证;SNMPv1 中有 5 种 PDU 类型,但只有三种 PDU 格式。SNMPv1 报文格式如图 8-15 所示,关于 PDU 中各个字段的含义解释如下:

SNMP报文

版本号	团体名	SNMP PDU		

GetRequestPDU、GetNextRequest和SetRequestPDU

PDU类型	请求标识	0	0	变量绑定列表

GetResponsePDU

PDU类型	请求标识	错误状态	错误索引	变量绑定列表

TrapPDU

PDU类型	制造商ID	代理地址	一般陷入	特殊陷入	时间戳	变量绑定列表

变量绑定列表

Oid变量1	值1	Oid变量2	值2	…	Oid变量n	值n

图 8-15　SNMPv1 报文格式

（1）PDU 类型：5 种 PDU 之一（GetRequestPDU、GetNextRequestPDU、SetRequestPDU、GetResponsePDU 和 TrapPDU）。

（2）请求标识：赋予每个请求报文唯一的整数,用于区分不同的请求。

（3）错误状态：表示代理在处理管理站的请求时可能出现的各种错误,如表 8-3 所示。

表 8-3　请求报文错误类型

差错状态	名　称	描　述
0	noError	没有错误
1	tooBig	代理进程无法把响应放在一个 SNMP 消息中发送
2	noSuchName	操作一个不存在的变量
3	badValue	Set 操作的值或语义有错误
4	readOnly	管理进程试图修改一个只读变量
5	genErr	其他错误

（4）错误索引：当错误状态非 0 时指向出错的变量。

（5）变量绑定列表：变量名和对应值的表,说明要检索或设置的所有变量及其值,在检索请求报文中变量的值为 0。

在 SNMPv2 中报文的结构与 SNMPv1 的一样,只增加了几种 PDU 类型,但 PDU 格式仍为三种,PDU 格式如图 8-16 所示。GetRequest、GetNextRequest、SetRequest、InformRequest 和 Trap 等 PDU 与 Response PDU 具有相同的格式,减少了 PDU 格式的种类。

5. 实验步骤

（1）配置路由器的 SNMP 功能,配置步骤参考 8.1.1 节的实验。

（2）在 Windows 环境下启动 Quidview RouterManager 路由器网管软件。

PDU 类型	请求标识	0	0	变量绑定列表	
PDU 类型	请求标识	错误状态	错误索引	变量绑定列表	
PDU 类型	请求标识	非重复数 N	最大后续数 M	变量绑定列表	
Oid 变量 1	值 1	Oid 变量 2	值 2	⋯ Oid 变量 n	值 n

图 8-16　SNMPv2 PDU 格式

（3）启动 Ethereal 准备捕获报文，单击 RouterManager 快捷菜单中的"打开设备"按钮，在弹出对话框的 IP 地址栏中填入路由器的 IP，如 192.168.0.6。此时可以看到路由器的状态图。

（4）在路由器状态图中右击所要控制的端口，从弹出的快捷菜单中选择"端口 Up/Down 配置"命令。在弹出的对话框中设置路由器某端口 down。

（5）观察主机超级终端上的显示，之后恢复被 Shutdown 的端口。

（6）停止报文的截获，进行 SNMP 协议分析。

6. 实验报告要求

（1）打开上面截获的报文，选中一条 Get 报文，回答下面的问题：报文的类型字段值是什么？它表示此报文属于 SNMP 定义的哪一种协议数据单元？此报文的请求标识符字段的值是什么？它的作用是什么？并找到与其对应的相应报文，其报文编号是什么？

（2）分析网管程序读取被管设备信息的过程。网络站通过向被管设备发送 SNMP 报文请求信息，被管设备通过共同体名的验证后做出响应。SNMP 协议通过一对一对的请求和响应报文，在管理站和被管设备之间传递信息。观察截获的报文，请分析网管程序向被管设备所请求的第一个参数是什么？它在 MIB 中的标识符是什么？在所截获的报文中找到对象 ifindex，它在 MIB 中的对象标识符是什么？

（3）分别找到 SNMP 定义的各 PDU 类型，进行详细分析。

（4）找到 trap 报文，并对其首部进行分析。trap 报文中企业字段的值是什么？它的作用是什么？

（5）找到"打开设备"时 RouterManager（网管程序）向路由器（被管设备）请求信息的报文，这些报文是在 MIB 树上检索信息的过程，仔细分析其检索过程。

（6）ASN.1 基本编码规则的分析。以第一条 get 报文为例，选中此报文用 TLV 方法进行编码。各数据元素的 V 字段是可多重嵌套的，根据以上 ASN.1 的编码过程理解 SNMP 的报文结构。

7. 实验思考

（1）当配置了 E1 或 E0 为 down 时，是否还能通过此管理软件把 E1 或 E0 改回成 up？请简要写出配置方法。

（2）本实验使用最多的 PDU 类型是什么？在检索过程中起了什么作用？

8.2　网络管理基本功能演示

8.2.1　网络管理功能简介

网络管理功能包括了很多方面。OSI 网络管理标准定义了网络管理的 5 大功能：故障管理、计费管理、配置管理、性能管理和安全管理。

1. 故障管理

故障管理是网络管理中最基本的功能之一。当网络中某个部分的设备或链路失效时，必须迅速查找到故障点并及时排除。分析网络故障原因对于防止类似故障的发生相当重要。网络故障管理包括故障检测、隔离和纠正三个方面，主要包括以下典型功能：

（1）维护并检查错误日志。

（2）接受错误检测报告并作出响应。

（3）跟踪、辨认错误。

（4）执行诊断测试。

（5）纠正错误。

2. 计费管理

计费管理记录网络资源的使用情况，目的是控制和监测网络操作的费用和代价。网络管理员可以通过规定用户可使用的最大费用，控制用户过多地占用网络资源，从而提高网络的运行效率。计费管理主要包括以下典型功能：

（1）计费数据采集。

（2）数据管理与维护。

（3）计费政策制定。

（4）数据分析与费用计算。

（5）数据查询。

3. 配置管理

配置管理对网络进行初始化并配置网络，以使其提供网络服务。配置管理是一组对辨别、定义、控制和监视组成一个通信网络的对象所必要的相关功能，目的是为了实现某个特定功能或使网络性能达到最优。配置管理主要包括以下典型功能：

（1）配置信息的自动获取。

（2）自动配置、自动备份及相关技术。

（3）配置一致性检查。

（4）用户操作记录功能。

4. 性能管理

性能管理主要是收集、分析有关网络系统当前状况的数据信息，维持和分析性能日志，对网络系统资源的运行状况和通信效率等性能指标进行评估。评估的结果可能会触发某个诊断测试过程或重新配置网络以维持网络的性能。一些典型的功能包括：

（1）网络性能监测。

（2）阈值控制。

（3）网络性能分析。

（4）可视化的性能报告。

5. 安全管理

安全管理一直是网络系统的薄弱环节之一，而用户对网络安全的要求又相当高。和以上网络管理功能的区别在于：安全管理的对象往往不是设备，而是人。网络安全问题主要包括网络数据的私有性、授权和访问控制。相应地，网络安全管理包括：

（1）网络授权机制管理。

（2）数据完整性和加密管理。

（3）系统日志分析。

（4）安全漏洞检测。

除了上述 5 大基本功能外，网络管理还包括其他一些功能，如网络规划、网络操作人员的管理等。这些网络管理功能都与具体的网络实际条件有关。

不同的网络系统，其网络结构和功能各有不同。网络设备品牌众多，不同品牌的设备，其功能和配置也各有特点。很少能有一款网络管理软件能够实现以上所有的网络管理功能，解决所有的网络管理问题。不同的网络管理软件都各有特色，在实际工作中往往是搭配使用，以发挥其自身的优势。下面将以几款常用的网络管理软件为例，介绍网络管理功能的具体实现过程。

8.2.2　网络设备在线状态的监控

1. 实验目的

（1）学习配置网络设备在线状态监控软件。

（2）学习配置交换机的 SNMP 协议。

（3）学习绘制网络设备在线状态拓扑图。

2. 实验内容

安装配置 SolarWinds Network Performance Monitor 软件，进行网络设备在线状态的监控。

3. 实验原理

SolarWinds Network Performance Monitor 是基于 Windows 平台的一款网络系统监控和故障管理软件，能监控并收集来自路由器、交换机、服务器和其他 SNMP 设备中的数据。网络管理员可以直接从 Web 浏览器上观察网络信息的实时统计表，还能监控 CPU 负载、内存利用率和可用硬盘空间。

故障管理和实用工具：可以在一个单独的 Web 页面上浏览上千个结点和接口的状态；选择向上/向下操作、带宽利用率、接口流量、错误和终止、信噪比（宽带网络），每一个元素都允许直接查看警告，并探寻路由器、转换器或服务器的问题。

CPU、内存和硬盘空间监控：对设备的 CPU 负载、内存利用率进行监控和设置警告，包括 CISCO 路由器、Windows 2000 服务器、Windows XP 服务器和其他支持主机源 MIB 的设备。

Syslog Server：接收并处理来自任何类型设备的 SysLog 消息。

网络图：从已有的网表、拓扑图甚至是世界或城市地图中导图，并拖动结点到图形上；通过所添加结点的当前状态对图形即时更新。可以将网络按照区域、范围、子网或特定位置进行分组。

事件和警告管理工具：允许设置警告门限、带宽占用百分比、内存、CPU 和硬盘利用率等。可将信息发送邮件给所有兼容设备（包括手机）。

用户定制账号：为每个部门定义一个全体登录账号，也可以为个体客户创建专门账号。每个账号都有自己的页面布局、内容和自定义工具条。

账号限制：账号限制程序能够创建和定义用户限制，用户只能根据授权来浏览结点、接口或卷。

4. 实验环境与网络拓扑

局域网环境，安装 Windows 2003 操作系统和 SQL Server 2000 数据库的联网计算机 1台，支持 SNMP 协议的交换机若干台，SolarWinds Network Performance Monitor 软件。

5. 实验步骤

(1) 安装 SolarWinds Network Performance Monitor 软件。

首先检查计算机是否联网，Windows 2003 操作系统是否安装有 SP3 补丁及 IIS 服务器，SQL Server 2000 数据库是否安装有 SP4 补丁，否则可能会出现安装错误。

运行 SolarWinds Network Performance Monitor 安装程序，选择安装路径，系统会自动安装，并生成 Orion System Manager 图标，如图 8-17 所示。

图 8-17　安装 SolarWinds Network Performance Monitor 软件

(2) 设置 SolarWinds Network Performance Monitor 关联的 SQL Server 数据库，如图 8-18 所示。

双击 Orion System Manager 图标，进入 SolarWinds Network Performance Monitor 的设置程序，选择 SQL Server 数据库服务器（在此选择本机数据库）。

定义数据库的名称和库文件存储的位置，在此选择系统默认的名称和路径。完成关联后，还需要设置 SolarWinds Network Performance Monitor 访问 SQL Server 数据库的用户名和密码，如图 8-19 和图 8-20 所示。

(3) 设置 SolarWinds Network Performance Monitor 网站发布。

在 SolarWinds Network Performance Monitor 网站发布设置程序中设置网站的 IP 地址、发布端口和主页所在目录，如图 8-21 所示。设置完成后，Windows 2003 操作系统的 IIS 管理器中会新建一个名为 SolarWinds NetPerfMon 的网站。

把 IIS 的默认网站停掉，防止对新建的 SolarWinds NetPerfMon 网站造成干扰，如图 8-22 所示。

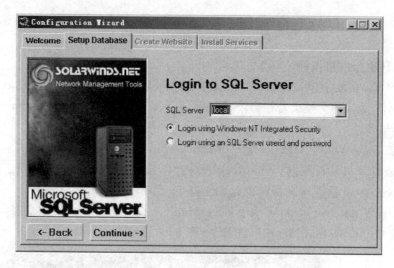

图 8-18　设置数据库

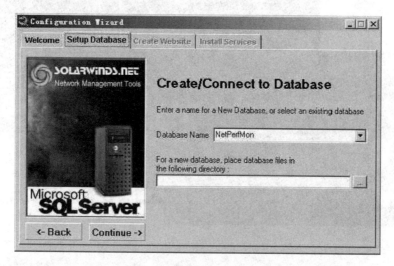

图 8-19　定义数据库的名称

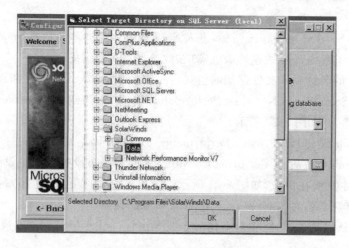

图 8-20　库文件存储的位置

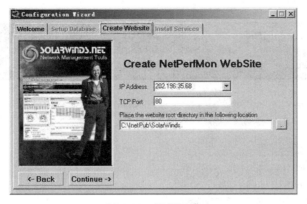

图 8-21　设置网站

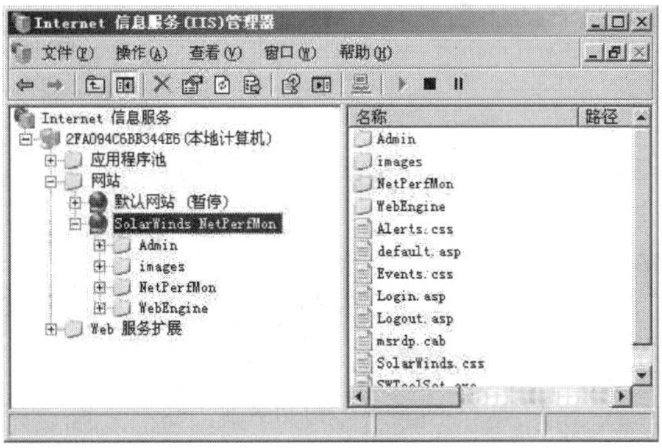

图 8-22　把 IIS 的默认网站停掉

网站发布设置完成后，向导程序会进入最后一步，把 SolarWinds Network Performance Monitor 安装到 Windows 系统服务中去。系统每次重新启动时，SolarWinds Network Performance Monitor 都会自行启动其监控程序。

（4）第一次通过网络访问 SolarWinds Network Performance Monitor 网站。

第一次通过网络访问 SolarWinds Network Performance Monitor 网站需要用户名和密码。第一次登录时的系统管理员用户名为 admin，密码为空，如图 8-23 所示。第一次登录时，因为还没有添加任何监控结点，所以监控页面还没有任何信息，如图 8-24 所示。

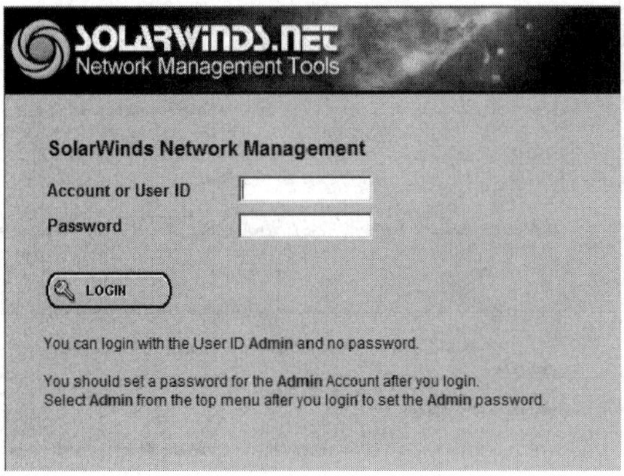

图 8-23　第一次登录

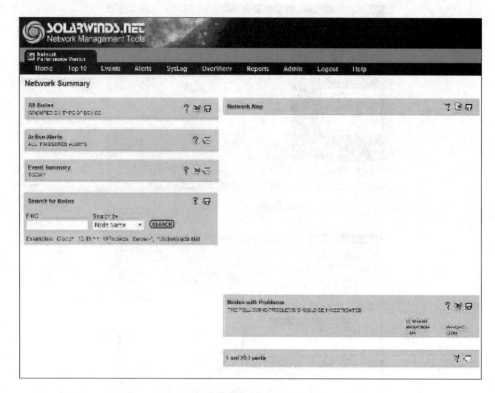

图 8-24　初始页面

登录后可以在 Admin 菜单的 Account Manager 选项下修改系统管理员用户密码；也可以添加、删除和配置不同权限的管理用户，限制非授权用户对系统的非法访问，如图 8-25～图 8-28 所示。

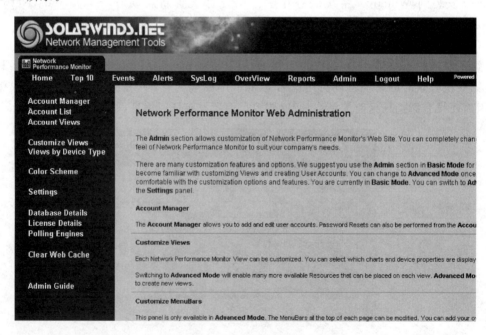

图 8-25　Admin 菜单

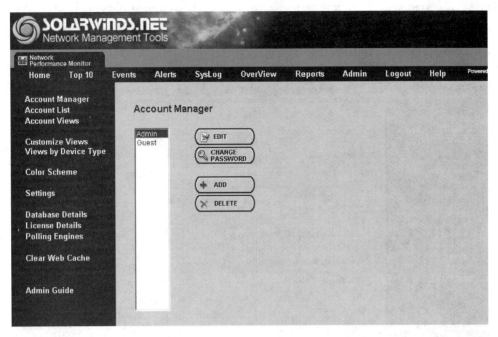

图 8-26　Account Manager 选项

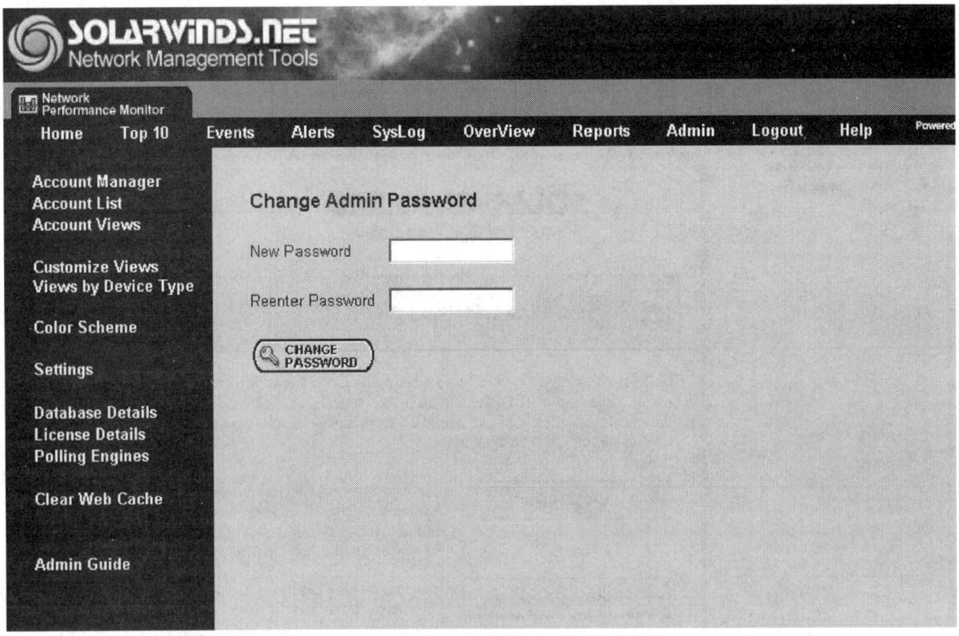

图 8-27　修改系统管理员用户密码

（5）在服务器端进行 SolarWinds Network Performance Monitor 的设置。

在服务器端单击 Orion System Manager 图标，进入 SolarWinds Network Performance Monitor 设置页面，如图 8-29 所示。在该页面中，可以对 Network Performance Monitor 进行各种操作，包括 Add Node（添加结点）、Network Discovery（网络发现）、Events（查看事

件)和 Alerts(配置警报)等。下面将重点介绍 Add Node 的基本操作和功能。

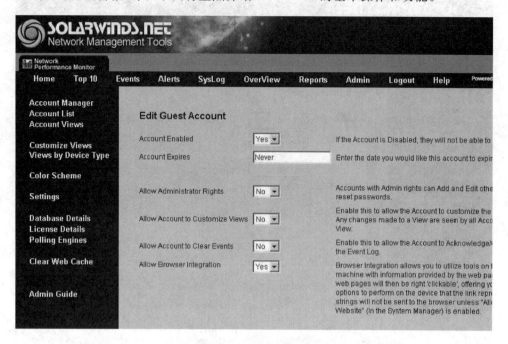

图 8-28　配置管理用户

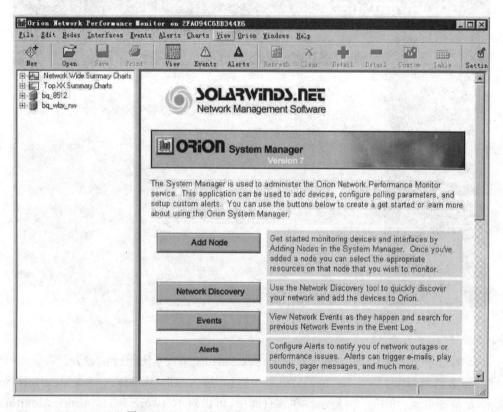

图 8-29　Network Performance Monitor 设置页面

单击 Add Node 按钮,会弹出 Add Node or Interface to Monitor 对话框。在对话框的 Hostname or IP Address of Server,Router,etc. 文本框中输入被监控结点的 IP 地址或域名,在 SNMP Community String 下拉列表框中输入监控结点的 SNMP Community 字符串,如图 8-30 所示。设备 SNMP 默认字段通常都是 Public,建议更改以增加安全性。这一项是可选的,但如果使用则必须和监控设备上所设置的 SNMP Community read 字段一致,否则会出现添加监控结点失败,同时还应注意 SNMP 版本的限制。

如果测试设备不支持 SNMP 协议,则可以选择“Node does not support SNMP,Monitor Response Time and Packet Loss only.”复选框,如图 8-31 所示。这样,Network Performance Monitor 就只对选择结点发送 ICMP 数据包,只测试设备是否在线、响应时间和丢包率等一些简单的统计信息。

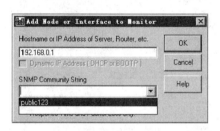

图 8-30　设置 SNMP Community String

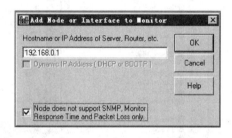

图 8-31　选中“Node does not support SNMP,Monitor Response Time and Packet Loss only.”复选框

下面是在华为 8512 交换机上配置 SNMP 协议的一个实例。

```
< quidview8512 > disp cur | include snmp
    snmp－agent
    snmp－agent local－engineid 800007DB00E0FC3E13426877
    snmp－agent community read public
    snmp－agent sys－info location BeiJing China
    snmp－agent sys－info version all
    snmp－agent target－host trap address udp－domain ***.***.***.***
    udp－port 5000 params securityname public
    snmp－agent trap enable standard
    snmp－agent trap enable vrrp
    snmp－agent trap enable bgp
```

如果添加结点成功,会在 Network Performance Monitor 设置页面左侧的目录树中列出添加的设备。单击添加的设备,则能够显示出设备的在线状态:绿点代表正常;黄点代表 ICMP 回包响应时间过长,有可能是设备发生拥塞或病毒引起的设备工作异常等;红点代表设备没有响应、不在线或者发生故障。若测试设备对 SNMP 协议支持较好,还能显示出 CPU 和内存使用率等参数。添加测试设备如果是交换机或路由器,并且配置有 SNMP trap,则还能显示出设备上各端口的使用情况。

图 8-32 是一台支持标准 SNMP 协议的 24 口交换机添加成功后显示的信息,可以查看其 CPU 利用率、内存利用率和端口的使用情况。在测试结点上右击后从快捷菜单中选择

查看详细信息,可以查看和更改一些更详细的信息、版本信息和轮循时间等。

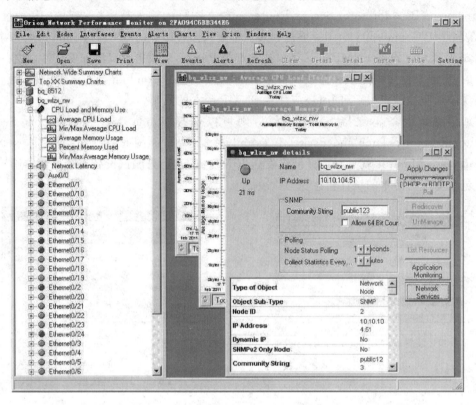

图 8-32　标准 SNMP 协议 24 口交换机显示信息

（6）绘制 SolarWinds Network Performance Monitor 拓扑图。

设备正确添加后,SolarWinds Network Performance Monitor 就会正常进行轮循监控,但是网络管理员不可能随时随地都登录服务器端进行监控操作,所以还要配置好 SolarWinds Network Performance Monito 的 Web 监控页面,以便在网络上远程监控网络系统的运行状况。

输入用户名和密码,进入 SolarWinds Network Performance Monito 的 Web 监控页面,可以在监控页面左侧的列表中看到添加的设备结点。如果能够根据网络中实际的拓扑结构画图监控,就能帮助管理员更快速定位网络中的故障结点。在初始状态下,监控页面右边 Network MAP 中显示地图图片的位置就是默认的网络拓扑图,如图 8-33 所示。

打开 SolarWinds Network Performance Monitor 软件的菜单列表,选择 Map Maker 进行网络拓扑图的绘制,如图 8-34 所示。选择新建地图文件,把左侧列表中显示的设备拖动进右边区域,利用系统提供的绘图工具按照实际的拓扑结构进行绘制,并可以根据需要选择不同的图标和标注等参数。需要注意的是,添加的结点必须是在服务器端的 SolarWinds Network Performance Monitor 中已经添加过的设备才行,图中的结点也会保持和系统轮循相一致的在线状态,如图 8-35 所示。

绘制完成网络拓扑图后,选择合适的名称保存拓扑图文件,如图 8-36 所示。在 SolarWinds Network Performance Monitor 中,可以保存多个拓扑图文件。但在 Web 监控页面

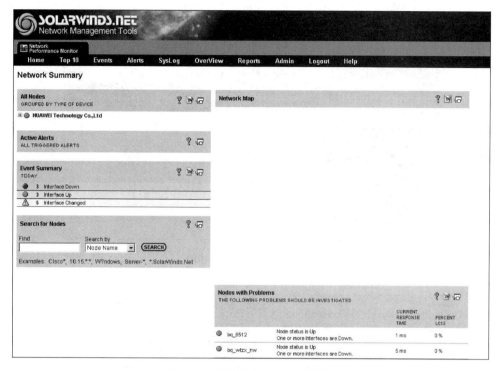

图 8-33　初始状态 Web 监控页面

图 8-34　选择 Map Maker

中,同一时间内只能显示一幅拓扑图。设置拓扑图的显示可以选择 Web 监控页面 Network MAP 右上角的 Edit Resource 图标,单击后进入 Edit Network Map 页面,如图 8-37 所示。

在 Edit Network Map 页面中选择需要显示的网络拓扑图名称,单击 SUBMIT 按钮即可。管理员还可以指定该拓扑图的标题和显示比例大小。

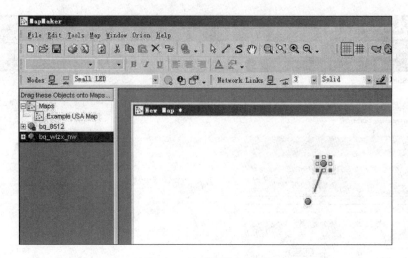

图 8-35　绘制网络拓扑图

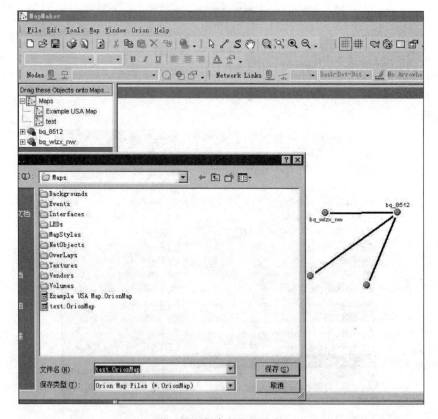

图 8-36　保存拓扑图文件

　　设置完成后,可在 SolarWinds Network Performance Monitor 的 Web 监控页面中显示所选择的网络拓扑图及各个被监控网络设备的状态和日志情况等内容,如图 8-38 所示。

　　(7) SolarWinds Network Performance Monitor Web 监控页面的其他功能。

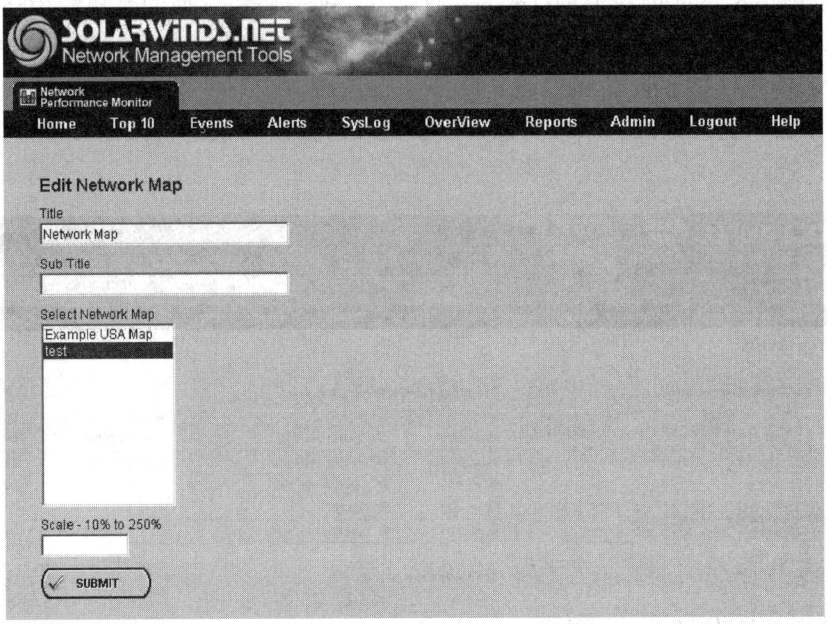

图 8-37　选择要显示的拓扑图

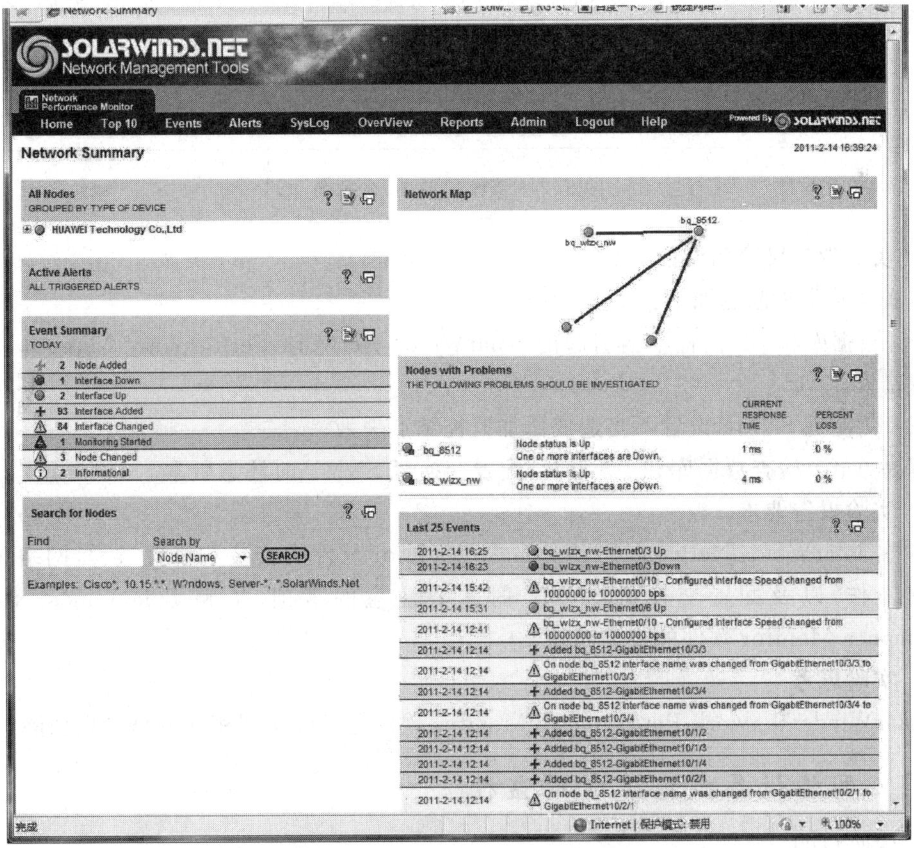

图 8-38　设置完成后的 Web 监控页面

在 SolarWinds Network Performance Monitor Web 监控页面的菜单栏中还有一系列的系统菜单,包括系统的前 10 名排名(记录的是系统轮循结果中 CPU、内存利用率、流量大小、响应时间等统计排名前 10 的结点),Events 和 Syslog(记录的是系统统计的设备故障和恢复的时间,添加和更改记录等系统日志),以及报表的输出和系统权限的管理等,如图 8-39 所示。

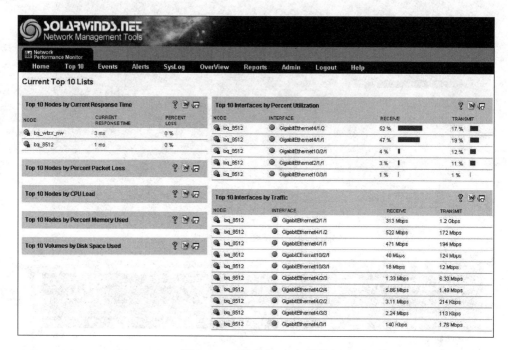

图 8-39 系统的前 10 名排名

6. 实验故障排除与调试

本次实验常见问题如下:

(1) 数据库和 IIS 设置不当引起的 SolarWinds Network Performance Monitor 安装过程出现错误。

(2) 交换机 SNMP 设置不当造成添加监控结点失败。

解决方式:检查数据库和 IIS 设置,配置交换机 SNMP 时注意版本。

7. 实验报告要求

熟悉 SolarWinds Network Performance Monitor 软件的安装和设置过程,网络拓扑图的绘制操作,以及配置交换机 SNMP 时需要注意的事项,了解 SolarWinds Network Performance Monitor 软件的主要功能。

8. 实验思考

SolarWinds Network Performance Monitor 软件还可以实现哪些网络管理功能?

8.2.3 网络设备数据流量的监控

1. 实验目的

(1) 学习安装配置网络设备数据流量监控软件。

（2）学习配置交换机的 SNMP 协议。

2．实验内容

安装配置 MRTG(Multi Router Traffic Grapher)软件，进行网络设备数据流量的监控。

3．实验原理

MRTG 是一款监控网络链路流量信息的软件，它通过 SNMP 协议读取网络设备(路由器及交换机)和网络服务器上的流量数据信息，将流量负载以 PNG 格式绘制成图形图表，并最终直接生成一幅 HTML 格式的 Web 页面，用户可以通过浏览器在网络中访问安装 MRTG 的服务器，以非常直观的形式监控到网络上各条链路的流量负载情况。

MRTG 可以使用其自身的配置工具套件进行自动配置，使得配置过程非常简单；能够以 IP 地址、设备描述、SNMP 对接口的编号及 Mac 地址来标识被监控设备的接口，其产生的 Web 页面完全可由用户自己定制；使用了独特的数据合并算法，使其产生的日志文件不会变大；能够读取 SNMPv2c 的 64 位计数器，大大减少了计数器回转次数，并且时间敏感的部分使用 C 代码编写，因此具有很好的性能。

MRTG 是用 Perl 开发编写，并且源代码完全开放，因此具有较好的可移植性，既支持大多数的 UNIX 和 Linux 系统，也支持各种 Windows 版本。本实验主要介绍 Windows 版本的 MRTG 软件的安装和配置。

4．实验环境与网络拓扑

局域网环境，安装 Windows 2003 操作系统的联网计算机一台，Windows 版本的 MRTG 软件安装文件，支持 SNMP 协议的交换机若干台，通过浏览器监控 MRTG 软件读取的交换机端口流量负载数据。

5．实验步骤

1）前期准备和相关软件的下载

首先检查计算机是否联网，能否和需要管理的网络交换机正常通信，安装 Windows 2003 操作系统并更新 SP3 补丁，在服务器的添加和删除 Windows 组件中安装好 IIS 服务器，并确认默认网站发布正常。

下载相关的软件：

（1）下载 MRTG。

下载地址是 http://www.mrtg.org，目前的最新版本是 2.17.0。Windows 版本的安装文件下载完成后是一个 zip 压缩包：mrtg-2.17.0.zip，大小是 1.574KB。

（2）下载 ActivePerl。

因为 MRTG 是用 Perl 开发编写的，所以要安装 Windows 下的 Perl 环境支持，下载地址是 http://www.activestate.com/Products/Download/Download.plex?id＝ActivePerl。下载完成后是一个 22.684KB 的 Windows Installer 软件包 ActivePerl-5.8.9.829-MSWin32-x86-294280.msi。

（3）下载 Windows 服务安装工具：instsrv.exe 和 srvany.exe。

MRTG 安装完成后，需要把其作为 Windows 的系统服务，每次开机自动运行，所以还需要 Windows 服务安装工具，可以到 http://www.electrasoft.com/srvany 下载，也可以从 Windows 2003 安装盘 Windows 2003 Resource Kits Tool 中获取。

2）ActivePerl 的安装

双击下载的 ActivePerl-5.8.9.829-MSWin32-x86-294280.msi，则自动启动 ActivePerl 安装过程，选择同意软件使用权协议，单击"下一步"按钮，选择默认的安装组件和默认的安装路径（否则系统自动设置 Path 环境变量和 IIS 上的 CGI 设定可能会出错），然后按照系统提示单击"下一步"按钮，直至 ActivePerl 安装成功，如图 8-40 和图 8-41 所示。

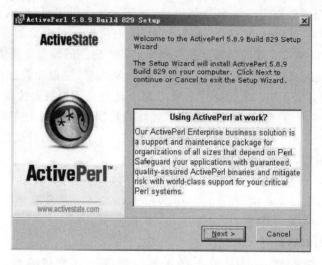

图 8-40　ActivePerl 安装

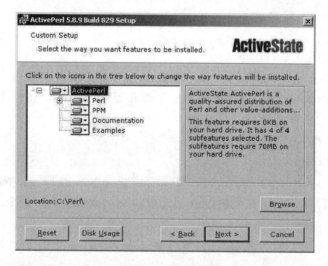

图 8-41　安装组件

安装完成后，右击"我的电脑"图标，从弹出的快捷菜单中选择"属性"命令，在打开对话框的"高级"选项卡中单击"环境变量"按钮，在打开的"环境变量"对话框中查看系统变量 Path 是否已经自动设置无误。在"IIS 信息服务管理器"中右击"默认网站"，从弹出的快捷菜单中选择"属性"命令，在打开对话框的"主目录"选项卡中单击"应用程序配置"按钮，在打开的"应用程序配置"对话框中查看应用程序扩展是否支持 Perl 环境，如图 8-42 和图 8-43 所示。

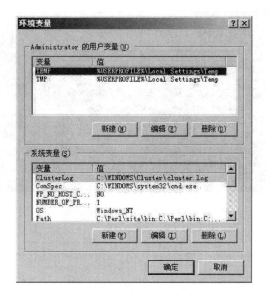

图 8-42　查看环境变量

图 8-43　查看应用程序扩展

3）MRTG 的安装

MRTG 程序是由 Perl 语言编写的，不需要常见 Windows 程序的安装过程，只需把 mrtg-2.17.0.zip 软件压缩包解压缩即可。本实验将压缩包解压缩到 C:\mrtg-2.17.0 目录下。完成后可以到 C:\mrtg-2.17.0\mrtg-2.17.0\bin 目录下执行 perl mrtg 命令，测试 MRTG 程序执行是否正确。执行完毕，如果没有错误应该返回如图 8-44 所示信息。

4）配置 MRTG 监控交换机数据流量信息

以监控一台华为 3526 交换机数据流量为例，首先在交换机上配置好 SNMP 协议。

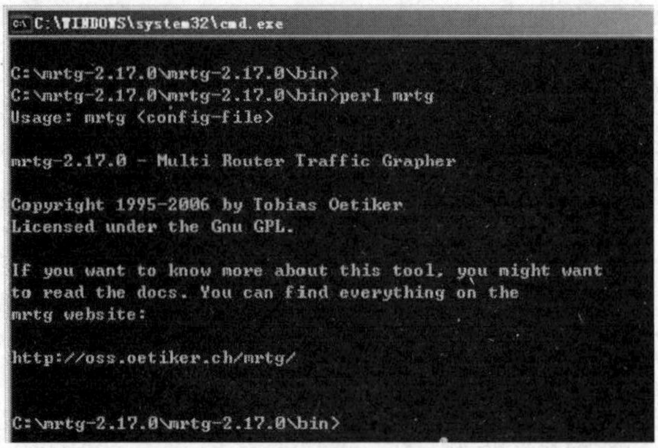

图 8-44　测试 MRTG 程序执行

```
< bq_wlzx_nw > display current - configuration | include snmp
snmp - agent
snmp - agent local - engineid 800007DB00E0FC401F406877
snmp - agent community read   public123
snmp - agent sys - info location BeiJing China
snmp - agent sys - info version all
```

配置好交换机上的 SNMP 协议后,在 MRTG 服务器的命令行窗口中输入以下命令:

```
C:\Documents and Settings\Administrator > cd C:\mrtg - 2.17.0\mrtg - 2.17.0\bin
C:\mrtg - 2.17.0\mrtg - 2.17.0\bin > perl cfgmaker public123@10.10.10.51 -- global "WorkDir:
C:\www\mrtg3526" -- output mrtg3526.cfg
```

命令参数定义如下:

① public123 是预先在华为 3526 交换机上设置好的 SNMP 字符串。

② 10.10.10.51 是华为 3526 交换机的 IP 地址。

③ C:\www\mrtg3526 为 MRTG 软件读取数据后生成 HTML 报表和图形文件的目录,需要在 Windows 系统中预先建立好。

④ cfgmaker 生成 MRTG 监控华为 3526 交换机的配置文件,文件名称为 mrtg3526.cfg,默认存储在 MRTG 安装目录的 bin 目录下,如图 8-45 所示。

图 8-45　配置文件输出结果

当有多个设备要监控时，需要用到下面的命令：

```
C:\mrtg-2.17.0\mrtg-2.17.0\bin>perl cfgmaker caacnetwork@IP1 caacnetwork@IP2
community@IP3 --global "WorkDir: C:\www\mrtg" --output caacnetwork.cfg
```

为了便于管理，最好把不同的设备配置文件放置在不同的目录中。

为了让 MRTG 每隔 5 分钟读取一次设备的流量信息，还需要运行以下命令：

```
C:\mrtg-2.17.0\mrtg-2.17.0\bin>echo runasdaemon:yes >> mrtg3526.cfg
C:\mrtg-2.17.0\mrtg-2.17.0\bin>echo Interval:5 >> mrtg3526.cfg
```

在早期的 MRTG 版本中，还需要手动在 mrtg3526.cfg 文件中添加一些配置字段。在
2.17.0 的版本中，MRTG 已经可以通过配置工具自动添加这些条目了，如图 8-46 所示。

图 8-46　配置文件条目

完成以上步骤后，在命令行窗口执行：

```
C:\mrtg-2.17.0\mrtg-2.17.0\bin>Perl mrtg --logging=mrtg3526.log mrtg3526.cfg
```

注意：这一步骤要执行多次。在前几次执行过程中，因为没有原始的 log 文件，系统会
报很多错误。每一次停止后（显示假死状态），可以按 Ctrl+C 组合键终止，再次执行，直
到没有报错信息并出现 Do Not close this window，Or MRTG will die 为止，如图 8-47
所示。

此时查看 C:\www\mrtg3526 目录，其下会生成很多 html 网页文件和 png 图像文件。
这些文件就是 MRTG 读取流量信息后生成的华为 3526 交换机各个端口的、不同时间的流
量信息图表，如图 8-48 所示。

经过一段时间的数据采集后，就可以通过浏览器查看华为 3526 交换机各个端口的
MRTG 流量信息图表了。此时，每个端口生成的 html 流量数据页面都是独立的文件，浏览
起来非常不便。通过生成设备索引页面，可以在一个索引页面中浏览该设备的所有端口的
流量信息图表。

生成索引页面的命令如下：

```
C:\mrtg-2.17.0\mrtg-2.17.0\bin>perl indexmaker mrtg3526.cfg>C:\www\mrtg3526\index.htm
```

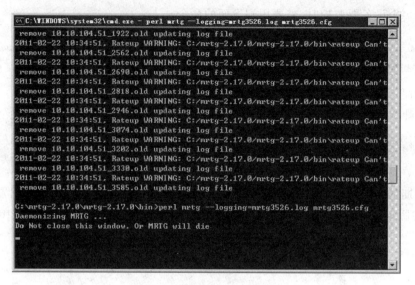

图 8-47   执行配置文件

图 8-48   生成网页和图像

运行完毕后,在 C:\www\mrtg3526 目录下会生成一个 index. htm 文件,该文件会把监控交换机所有端口的当前实时流量统一排列在一起,以方便管理人员查看。在 IIS 信息管理器中,把默认 Web 站点的主目录指定到 C:\www\mrtg3526,即可通过浏览器查看该设备各个端口的流量信息图表页面了,如图 8-49 所示。

单击交换机的某一端口,进入该端口的详细流量信息页面。在该页面中,可以看到该交换机的设备信息、端口信息和最大传输速率等。MRTG 生成的流量信息图表分为天报表(每 5 分钟更新一次)、周报表(每 30 分钟更新一次)、月报表(每 2 小时更新一次)和年报表(每天更新一次)。通过长期的流量数据积累,网络管理员可以对某些端口的数据流量特点更加了解,采取更有针对性的技术处理措施,如图 8-50 和图 8-51 所示。

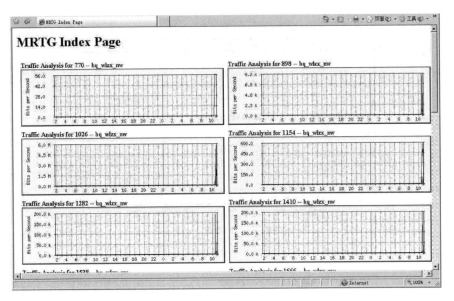

图 8-49 索引页面

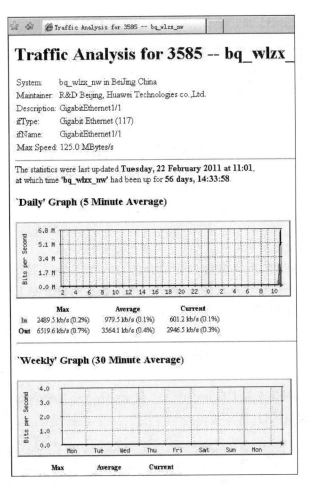

图 8-50 详细流量信息页面 1

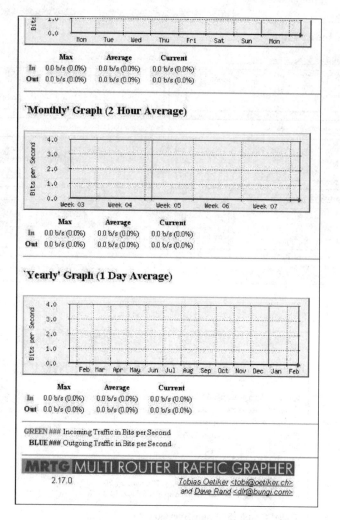

图 8-51　详细流量信息页面 2

5）MRTG 的后台配置

上述操作过程均是在系统前台执行的。作为一个需要长期运行的后台监控服务，MRTG 需要能够在后台自行启动服务进程进行网络数据流量监控工作。下面介绍 MRTG 后台自启动服务的配置过程。

由于 MRTG 需要由 Perl 来编译执行，不能直接添加为系统服务，每次系统重新启动后不能自动运行。可以将 Windows 服务安装工具 instsrv.exe 和 srvany.exe 添加为系统服务，操作如下：

（1）将 Windows 服务安装工具 instsrv.exe 和 srvany.exe 复制到 mrtg 安装目录\bin 下。

（2）在命令行窗口执行：

```
C:\mrtg-2.17.0\mrtg-2.17.0\bin>instsrv MRTG C:\mrtg-2.17.0\mrtg-2.17.0\bin\srvany.exe
```

执行完毕即将 srvany.exe 添加为系统服务，如图 8-52 所示。

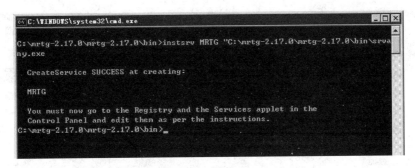

图 8-52 添加系统服务

在注册表 HKEY _ LOCAL _ MACHINE \ SYSTEM \ CurrentControlSet \ Services \ MRTG 中添加一个 parameters 子项,再在 parameters 子项中添加以下键值:

① Application 的字符串值,内容为 C:\Perl\bin\perl.exe。

② AppDirectory 的字符串值,内容为 C:\mrtg-2.17.0\mrtg-2.17.0\bin。

③ AppParameters 的字符串值,内容为 Perl mrtg --logging＝mrtg3526.log mrtg3526.cfg ,mrtg3526.log 会自动生成到 C:\mrtg-2.17.0\mrtg-2.17.0\bin 下。

添加好后如图 8-53 所示。

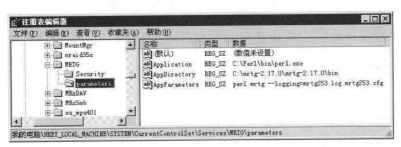

图 8-53 添加注册表

(3) 选择"控制面板"→"管理工具"→"服务"命令,在"服务"窗口中找到 MRTG 服务,将启动类型设为"自动",MRTG 服务就可以在操作系统启动过程中自动启动服务进程进行网络数据流量监控工作了,如图 8-54 所示。

6. 实验故障排除与调试

本次实验常见问题如下:

(1) 安装 ActivePerl 时,组件和安装路径的选择导致 Path 环境变量错误。

(2) 执行 perl mrtg 过程中系统报错。

解决方式:检查 Path 环境变量的设置(建议按照默认设置进行安装);执行 perl mrtg 报错时按 Ctrl＋C 组合键终止,再次执行,直到不再报错。

7. 实验报告要求

了解 MRTG 软件的安装和设置过程,以及 MRTG 软件的主要功能和特点。熟悉如何配置 MRTG 后台自启动服务的过程。

8. 实验思考

(1) MRTG 软件实现了哪些网络管理功能?

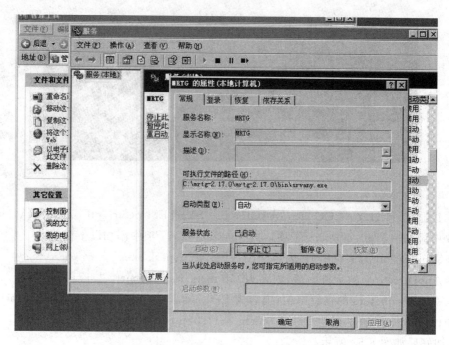

图 8-54　设置 MRTG 服务启动类型

（2）在 Linux 环境下安装、配置 MRTG 软件操作会有何不同？

8.2.4　网络认证和授权

1. 实验目的

（1）学习安装 RADIUS 服务器，配置 RADIUS 服务功能。

（2）学习使用 RADIUS 协议实现网络认证和授权功能。

（3）学习 NAS 设备的配置。

2. 实验内容

安装、配置 RADIUS 服务器和 NAS 设备，使用 RADIUS 协议实现网络认证和授权功能。

3. 实验原理

RADIUS 是一种 C/S 结构的协议，它的客户端最初就是 NAS(Net Access Server)服务器，现在任何运行 RADIUS 客户端软件的计算机都可以成为 RADIUS 的客户端。RADIUS 协议认证机制灵活，并且具有良好的可扩展性，因此得到了广泛的应用。

RADIUS 协议是目前应用最广泛的 AAA 协议。AAA 指的是 Authentication(认证)、Authorization(授权)和 Accounting(计费)。

（1）认证：验证用户的身份与可使用的网络服务。

（2）授权：依据认证结果开放网络服务给用户。

（3）计费：记录用户对各种网络服务的用量。

用户接入 NAS，NAS 向 RADIUS 服务器使用 Access-Require 数据包提交用户信息，包括用户名、密码等相关信息，其中用户密码是经过 MD5 加密的，双方使用共享密钥，这个密钥不经过网络传播。RADIUS 服务器对用户名和密码的合法性进行检验,必要时可以提出一个 Challenge,要求进一步对用户认证,也可以对 NAS 进行类似的认证。如果合法,给 NAS 返回 Access-Accept 数据包,允许用户进行下一步工作,否则返回 Access-Reject 数据包,拒绝用户访问。如果允许访问,NAS 向 RADIUS 服务器提出计费请求(Account-Require),RADIUS 服务器响应 Account-Accept,对用户的计费开始,同时用户可以进行自己的相关操作。

RADIUS 服务器和 NAS 服务器通过 UDP 协议进行通信,RADIUS 服务器的 1812 端口负责认证,1813 端口负责计费工作。考虑采用 UDP 是因为 NAS 和 RADIUS 服务器大多在同一个局域网中,使用 UDP 更加快捷方便,而且 UDP 是无连接的,会减轻 RADIUS 的压力,也更安全。图 8-55 是一个典型的 RADIUS 认证过程。

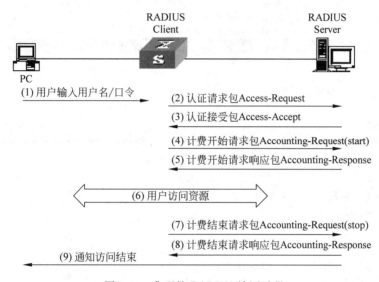

图 8-55　典型的 RADIUS 认证过程

4. 实验环境与网络拓扑

安装 RH-Linux-AS4 操作系统和 freeradius 软件包的服务器 1 台(IP 为 202.196.1.1),支持 radius 协议的交换机(NAS)1 台,Console 配置线 1 根,用于设置的计算机 1 台,用户计算机 1 台。实验网络拓扑如图 8-56 所示。

图 8-56　实验网络拓扑图

5. 实验步骤

1) freeradius 服务器的安装

在 RH-Linux-AS4 操作系统安装盘中,网络服务器组件中有 freeradius 的安装软件包,需要选择安装。安装完成后，在系统服务中将其设置为自启动，如图 8-57 所示。

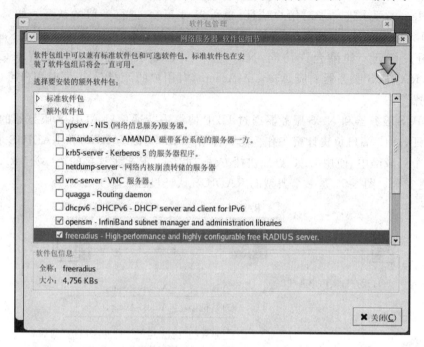

图 8-57　选择 freeradius 安装

freeradius 服务器安装完成后即生成一个 test 用户（密码为 test，共享密钥为 testing123），可用于测试 freeradius 服务器是否工作正常。

```
[root@localhost test]# radtest test test localhost 0 testing123
Sending Access - Request of id 49 to 127.0.0.1:1812
        User - Name = "test"          //用户名
        User - Password = "test"      //密码
        NAS - IP - Address = localhost.localdomain
        NAS - Port = 0
Re - sending Access - Request of id 49 to 127.0.0.1:1812
        User - Name = "test"
        User - Password = "\302!m\301?\366\211\277\255\240\211\300\216\215m\200"
        NAS - IP - Address = localhost.localdomain
        NAS - Port = 0
rad_recv: Access - Reject packet from host 127.0.0.1:1812, id = 49, length = 20
```

以上返回信息显示出 freeradius 服务器默认端口为 1812，以及发送和接收数据包的情况。说明 freeradius 服务器工作正常。

2) freeradius 服务器的配置

freeradius 服务器的配置包括 radius 服务器配置、NAS 客户端配置和用户的配置。freeradius 服务器的配置文件通常位于/etc/raddb 文件夹下。

（1）radius 服务器配置。

radiusd.conf 文件是 freeradius 服务器的核心配置文件，其中设置了 freeradius 服务器的各项基本信息、配置文件、日志文件、环境变量、模块信息和配置等。在本次实验中，需要修改 radiusd.conf 文件中关于日志的配置,以便于 freeradius 服务器的调试和排错。

需要修改 radiusd.conf 文件中的下列选项:

```
log_auth = yes                        //允许生成日志文件
log_auth_badpass = yes                //如果认证失败进行记录
log_auth_goodpass = yes               //如果认证成功进行记录
```

原选项为 no,修改为 yes。

(2) NAS 客户端配置。

client.conf 文件在 freeradius 服务器端定义了需要连接的 NAS 客户端的各项配置信息,包括客户端的类型、名称、分组、IP 地址和共享密钥等。在本次实验中,NAS 客户端就是支持 radius 协议的交换机(以华为 S3500 系列交换机为例),需要指定其 IP 地址(需要和 freeradius 服务器在同一网段)、共享密钥、交换机类型和名称等信息。

需要指定 client.conf 文件中的下列选项:

```
client 202.196.1.10 {                 //交换机 IP 地址
        secret      = netkey          //共享密钥
        shortname   = Quidway3500     //交换机名称
        nastype     = other           //交换机类型
}
```

在 client.conf 文件中有多个类似的配置模板,选择其中一个,去掉注释,修改即可。

(3) 用户配置。

在 freeradius 服务器中,认证用户和密码的存储有两种方式:文件存储和数据库存储。freeradius 服务器支持多种数据库存储,包括 MySQL 和 Oracle 等。在本次实验中,主要测试 RADIUS 协议的网络认证和授权功能,用户数据量不大,所以采用文件存储方式。

users 文件定义了认证用户的信息,在本次实验中,定义的认证用户名为 user,密码为 user123456,用户服务类别为远程登录。

需要指定 users 文件中的下列选项:

```
user    Auth-Type := Local, User-Password == "user123456"  //用户名和密码
        Service-Type = Login-User,                          //服务类别
        Login-Service = Telnet,                             //登录服务
        Login-TCP-Port = Telnet                             //登录端口
```

在 users 文件中有多个类似的配置模板,选择其中一个,去掉注释,修改即可。

配置完成后,需重启 freeradius 服务器进程。

3) 配置 NAS 交换机的 radius 协议

本次实验中,在 freeradius 服务器端定义的 NAS 客户端就是支持 radius 协议的交换机,该交换机的类型、名称、分组、IP 地址和共享密钥等信息均已在 freeradius 服务器的 client.conf 文件中定义过。配置该交换机,就是要将上端服务器和下端客户端(交换机)的各项关键信息一一对应起来。

在本次实验中,以华为 S3500 系列交换机为例,说明如何配置其 IP 地址、共享密钥、交换机类型和名称等关键信息。使用配置计算机和 Console 配置线连接到华为 S3500 交换机

的 Console 配置端口进行配置。

配置好的华为 S3500 交换机配置文件如下：

```
sysname Quidway3500                          //设置交换机名称
super password level 3 simple super3         //设置(超级)3 级权限口令
radius scheme wlzx                           //设置名为"wlzx"的 radius 方案
primary authentication 202.196.1.1 1812      //设置认证服务器的 IP 地址及端口
key authentication netkey                    //设置认证共享密钥
user－name－format without－domain
domain system                                //设置系统域
radius－scheme wlzx                           //启用名为"wlzx"的 radius 方案
access－limit disable
state active                                 //域状态激活
vlan－assignment－mode integer
idle－cut disable
self－service－url disable
messenger time disable
domain default enable system                 //设置系统域为默认
vlan 1
interface Vlan－interface1
ip address 202.196.1.10 255.255.255.0         //设置交换机 IP 地址
interface Aux0/0
interface Ethernet0/1
//…                                          交换机 2 端口至 23 端口,此处省略
interface Ethernet0/24
user－interface vty 0 4                       //设置用户终端接口
authentication－mode scheme                   //启用 radius 认证模式
```

不同品牌支持 radius 协议的交换机,其配置各有不同,但关键是要将上端 freeradius 服务器 client.conf 文件中定义的客户端信息和下端实体交换机的配置信息对应起来。

4) 网络认证和授权功能的实现

freeradius 服务器和 NAS 交换机都配置好以后,需要按照实验网络拓扑图检查一下各个设备的连通性。可以使用 ping 命令,检查用户计算机(需要和 NAS 交换机在同一网段)到 NAS 交换机、NAS 交换机到 freeradius 服务器的网络连通性如何。还要检查一下 NAS 交换机的 radius 方案是否启用。

使用配置计算机从交换机 Console 配置端口查看其 radius 认证方案的情况：

```
< Quidway > disp radius
SchemeName    = wlzx                             Index = 1      Type = standard
 //方案名称(wlzx)
Primary Auth IP   = 202.196.1.1        Port = 1812        State = active
 //认证服务器 IP 地址        //端口(1812)   //状态(激活)
Auth Server Encryption Key = netkey    //认证共享密钥
TimeOutValue( in second) = 3 RetryTimes = 3 RealtimeACCT( in minute) = 12
Permitted send realtime PKT failed counts        = 5
Retry sending times of noresponse acct－stop－PKT = 500
Username format                                  = without－domain
Data flow unit                                   = Byte
Packet unit                                      = 1
```

通过检查,确认各个设备连接正常,NAS 交换机 radius 认证方案已启用,可以开始测试网络认证和授权功能。

5)测试方案

在该网络环境中,NAS 交换机没有用户名和密码,但启用了 radius 认证方案,对指定认证服务器(freeradius 服务器)上有管理权限的用户(users 文件中定义的用户)采取信任的策略。当某网络管理员在某计算机上远程登录该 NAS 交换机时,需要输入认证服务器上有管理权限的用户名和密码。NAS 交换机收到用户名和密码后,转发到认证服务器上进行验证:如果验证通过,则接受此次远程登录的请求;验证不通过,则拒绝该请求。

首先,网络管理员从用户计算机上远程登录 NAS 交换机。

```
C:\Documents and Settings\Administrator > telnet 202.196.1.10    //远程登录 NAS 交换机
********************************************************
*            All rights reserved (1997—2004)           *
*        Without the owner's prior written consent,     *
* no decompiling or reverse - engineering shall be allowed. *
********************************************************
Login authentication                                    //登录模式为认证模式
Username:wlzx                                           //输入用户名
Password:                                               //输入密码
< Quidway > su                                          //转入超级用户模式
Password:                                               //输入密码
Now user privilege is 3 level, and just commands which level is
equal to or less than this level can be used.          //获得 3 级权限
Privilege note: 0 - VISIT, 1 - MONITOR, 2 - SYSTEM, 3 - MANAGE
```

从上述操作中可见,该 NAS 交换机采用的是认证(服务器)模式,验证的用户名和密码也是 freeradius 认证服务器上 users 文件中定义的用户和密码。通过 freeradius 服务器的认证和授权,网络管理员获得了远程登录 NAS 交换机的操作权限。

此时登录 NAS 交换机,可以查看到交换机,转发 radius 报文信息如下:

```
< Quidway > disp radius statistics
state statistic(total = 1288):
DEAD = 1288        AuthProc = 0          AuthSucc = 0
AcctStart = 0      RLTSend = 0           RLTWait = 0
AcctStop = 0       OnLine = 0            Stop = 0
StateErr = 0
Receive and Send packets statistic:
Send PKT total    :18        Receive PKT total:15
Resend Times       Resend total
1                     3
Total                 3
RADIUS received packets statistic:
Code =  2, Num = 12       , Err = 0
Code =  3, Num = 3        , Err = 0
Code =  5, Num = 0        , Err = 0
Code = 11, Num = 0        , Err = 0
Code = 22, Num = 0        , Err = 0
```

```
Running statistic:
RADIUS received messages statistic:
Normal auth request          , Num = 17      , Err = 2      , Succ = 15      //认证请求
EAP auth request             , Num = 0       , Err = 0      , Succ = 0
Leaving request              , Num = 17      , Err = 0      , Succ = 17      //释放请求
PKT auth timeout             , Num = 3       , Err = 0      , Succ = 3       //超时认证包
PKT acct_timeout             , Num = 0       , Err = 0      , Succ = 0
PKT response                 , Num = 15      , Err = 0      , Succ = 15      //响应包
EAP reauth_request           , Num = 0       , Err = 0      , Succ = 0
PORTAL access                , Num = 0       , Err = 0      , Succ = 0
Update ack                   , Num = 0       , Err = 0      , Succ = 0
PORTAL access ack            , Num = 0       , Err = 0      , Succ = 0
Session ctrl pkt             , Num = 0       , Err = 0      , Succ = 0
RADIUS send messages statistic:
Normal auth accept           , Num = 12                                     //认证被接受
Normal auth reject           , Num = 5                                      //认证被拒绝
EAP auth accept              , Num = 0
EAP auth reject              , Num = 0
EAP auth replying            , Num = 0
EAP reauth accept            , Num = 0
EAP_reauth_reject            , Num = 0
Update request               , Num = 0
Leaving ack                  , Num = 17
Cut req                      , Num = 0
Server message notify        , Num = 0
RecError_MSG_sum:0           SndMSG_Fail_sum :0
Timer_Err        :0          Alloc_Mem_Err      :0
State Mismatch   :0          Other_Error        :0
No - response - acct - stop packet = 0
Discarded No - response - acct - stop packet for buffer overflow = 0
```

在 freeradius 服务器的/var/log/radius 目录下,可以在 radius. log 日志文件中查看到有关用户认证的情况。

radius. log 部分内容节选如下:

```
…
17:11:11: Auth: Login incorrect: [user/user] (from client Quidway3500 port 32769 cli)
17:11:21: Auth: Login OK: [user/user123456] (from client Quidway3500 port 32769 cli )
21:08:17: Auth: Login OK: [user/user123456] (from client Quidway3500 port 32769 cli )
21:35:35: Auth: Login OK: [user/user123456] (from client Quidway3500 port 32769 cli )
21:45:17: Auth: Login OK: [user/user123456] (from client Quidway3500 port 32769 cli )
22:04:41: Info: rlm_exec: Wait = yes but no output defined. Did you mean output = none?
22:04:41: Info: Ready to process requests.
…
```

在以上认证日志条目中,有用户密码输错导致认证失败的记录;有用户密码正确从而认证成功的记录;还有等待输入时间太长而导致超时的记录。

6. 实验故障排除与调试

本次实验常见问题如下:

（1）freeradius 服务器 client.conf 文件和 users 文件配置错误。

（2）配置完成后未重启 freeradius 服务器进程。

（3）配置交换机 radius 协议错误或配置后未启用 radius 方案。

解决方式：注意核对配置文件细节；更改配置后重启设备或服务进程。

7. 实验报告要求

熟悉 RADIUS 服务器与 NAS 设备的安装与配置过程，以及使用 RADIUS 协议实现网络认证、授权功能的原理和操作。

8. 实验思考

（1）NAS 客户端除了交换机设备外还有哪些设备？

（2）如何使用 RADIUS 服务器管理多台 NAS 设备？

8.3 SNMP 开发

8.3.1 SNMP＋＋简述

SNMP＋＋是 HP 公司提供的开发基于简单网络管理协议（SNMP）的网络管理应用软件的编程接口，是为开发者提供 SNMP 服务的一系列 C++类，如图 8-58 所示。SNMP＋＋不是协议的附加层，也不是现有 SNMP 引擎的封装，而是最小限度地使用现存的 SNMP 库使开发工作更加方便高效。同时，它是免费的且源代码公开。使用 SNMP＋＋开发网管软件有如下优点：使用方便、具有良好的程序安全性、程序可移植性好、程序可扩展性好。

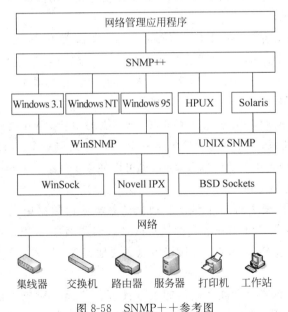

图 8-58　SNMP＋＋参考图

8.3.2 SNMP＋＋核心类

根据 SNMP 的格式和内容，SNMP＋＋封装了如下几个类：对象标识符类 Oid、字符串类 OctetStr、时钟类 TimeTicks、32 位计数器 Counter32、64 位计数器 Counter64、量规类

Gauge32、地址类 Address、变量绑定类 Vb、协议数据单元类 Pdu、目标类 Target 和 Snmp 消息类。SNMP++类之间的关系如图 8-59 所示。

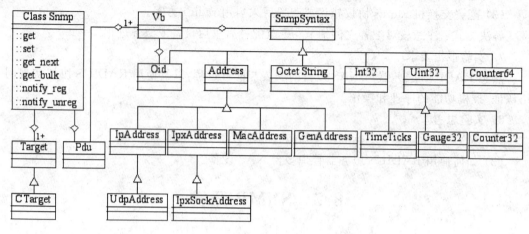

图 8-59　SNMP++类库框架图

下面介绍开发网络管理应用程序必需的几个 SNMP++核心类。

1. 对象标识符类 Oid

SMI 中的对象标识符(Object Identifier)是为 MIB 中每个特定对象指定的唯一标识符，Oid 类就是对 SMI 中对象标识符的封装。Oid 类重载了赋值操作符及各种比较操作符和构造函数，并定义了获取长度、输出字符串、判断有效性的成员函数。

2. 地址类 Address

Address 类实际上是一系列 C++ 类的集合，这些类包括 IpAddress、IpxAddress、MacAddress 和 GenAddress，这些类提供了简单、安全、具有可移植性的网络地址的使用。Address 是一个抽象类，通过纯虚函数定义了统一的接口，在其派生类中实现。

3. 变量绑定类 Vb

变量绑定就是一系列对象标识符 Oid 和 SMI 值的组合。Vb 类就是对变量绑定的封装，可以表示成一个关系，一个 Vb 对象包括一个 Oid 对象和一个 SMI 值，通过 Vb 提供的接口，可以方便地为 Oid 和 Value 部分赋值，也可以从 Vb 对象中取出 Oid 和 Value 的值。

4. 协议数据单元类 Pdu

Pdu 是管理者和代理之间进行 SNMP 通信的基本协议数据单元。Pdu 类是对 SMI 协议数据单元的封装，主要用于 Snmp 类的请求或者以回调函数(callback)的参数形式用于异步的请求和通告。通过 Pdu 类提供的接口可以方便地将 Vb 导入或导出 Pdu。

5. 目标类 Target

Target 对象表示将要与管理者通信的被管代理。Target 对象不仅包括代理的网络地址，同时还包括重传次数、超时信息和 SNMP 协议版本等。Target 是一个抽象类，它只有一个子类 CTarget，CTarget 类使用 SNMP 基本的共同体信息定义 SNMP 代理，这些基本的共同体信息包括读、写共同体名以及代理地址等。

6. Snmp 类

Snmp 类是 SNMP++中最重要的类，它是对 SNMP 会话的封装。SNMP++会话的过程包括 Pdu 的构造、传输和接收，开发者定义 Snmp 类的对象来完成会话的管理。Snmp 类提供了 6 种基本的方法来完成网络管理应用：get( )、set( )、get_next( )、get_bulk( )、inform( )和 trap( )。如函数名所示，这些方法完成了 SNMP 协议的基本功能，通过访问和修改被管理代理上面的 MIB 信息来完成网络管理。

8.3.3 SNMP 配置管理编程

1. 实验目的

通过使用 SNMP＋＋提供的类库，获取 MIB 中对象的值，掌握 SNMP＋＋编程的方法和步骤，初步了解网络管理系统的设计开发工作。

2. 实验内容

在学习并掌握了 Microsoft Visual C++ 6.0 开发工具的基础上，了解 SNMP＋＋网络管理编程框架，熟悉使用 SNMP＋＋获取 MIB 中对象值的方法和步骤，实现简单的配置管理功能。

3. 实验环境

（1）HP SNMP＋＋源代码。

（2）Microsoft Visual C++6.0 开发环境。

（3）Windows 操作系统。

4. 实验原理

1）SNMP＋＋编程步骤

使用 SNMP＋＋获取多个标量对象值的过程可以使用 Snmp 的 Get( )函数编程实现：首先创建变量绑定列表 vbs[N]，为每个变量绑定对象标识符 OID；创建 Pdu 对象 pdu，并把变量绑定列表附加到 pdu 对象上；使用代理的 IP 地址来生成 CTarget 类对象 ctarget；创建 Snmp 对象并调用 Get( )函数。最后 Get( )函数调用成功后从 pdu 对象中读取变量绑定列表，进一步从变量绑定列表中读取与各 OID 对象实例相对应的值。其流程如图 8-60 所示。

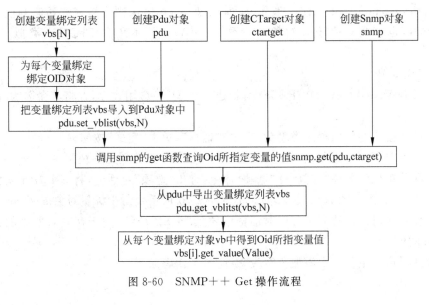

图 8-60　SNMP＋＋ Get 操作流程

2) 标量对象的读写

MIB 中标量对象的读写对应于 SNMP 的 Get 与 Set 操作。标量对象只有一个实例,标量对象的 Oid 后面加上".0"就构成了它的实例,例如 sysName 的 Oid 为"1.3.6.1.2.1.1.5",其实例为"1.3.6.1.2.1.1.5.0",可以根据其实例构造 Oid,创建绑定变量 vb,然后加载到 Pdu,用 SNMP 的 get 操作就可以获取其值。也可以通过一次 get 操作获取多个标量对象的实例,在 8.3.2 节中已经描述。

3) 表格对象的访问

MIB 中存在着大量的表格对象,表格对象又由若干个列对象组成。本系统中涉及性能管理的 MIB 对象大部分都是表格对象。表格对象与标量对象的访问有很大的不同,部分标量对象可以通过 Set 进行设置,而表格对象都是只读的,不能进行修改。另外,标量对象只有一个实例,可以直接根据其 Oid 获取,而表格对象的每个列对象包含多个行记录,且每条行记录的 Oid 值是不可知的,例如一个列对象的 Oid 为"A.B.C.D.E.F",则其行记录的 Oid 形式为"A.B.C.D.E.F.x"或"A.B.C.D.E.F.x.x.x.x",其后缀有多少位无法事先得知,且后缀的值也不一定是连续的,所以不能用 Get 操作来获取。

SNMP 协议定义了 GetNext 操作来获取下一个未知对象 Oid 的值,首先可以根据列对象的 Oid 构造 Pdu 进行 GetNext 操作,在返回的 Pdu 中可以读出第一条行记录的 Oid 值,再以第一条记录 Oid 构造 Pdu 进行 GetNext 继续获取下一条记录,依次类推,可以获取整个列对象的每一行。对于一般的列对象,也是无法事先获得它有多少条行记录的,在判断何时应该结束 GetNext 操作时,根据返回 Pdu 中的 Oid 来判断,如果当前 Oid 的前缀与列对象的 Oid 不一致,而是大于列对象的 Oid,则说明列对象所有行已经遍历过,否则继续 GetNext 操作。类似于 Get 操作,GetNext 操作也可以一次获取多个列对象的行记录,这样每次 GetNext 操作就可以获取一个表对象的一行,减少管理站与代理的通信次数。

GetNext 操作可以适用于 SNMPv1 和 SNMPv2,而在 SNMPv2 中又增加了一个 GetBulk 操作,它可以一次性获取一大块数据,比较适合于表格对象的访问,更大程度上减少了管理站与代理的通信次数。GetBulk 操作有两个比较重要的参数 non-repeaters 和 max-repetitions,non-repeaters 一般置 0,而 max-repetitions 则设置成要访问当前 Oid 后面的记录数目,也就是对应于表对象的行数。GetBulk 的用法和 GetNext 类似,这里不再赘述。

5. 实验步骤

(1) 打开 Visual C++ 6.0 开发环境,新建一个 MFC 应用程序,并将其命名为"配置管理实验"。

(2) 选择创建的应用程序类型为"基本对话框",单击"完成"按钮。

(3) 将 SNMP++提供的源文件.cpp 和头文件.h 添加到文件视图中。

(4) 在菜单栏中选择"工具"→"选项"命令,弹出"选项"对话框,将 SNMP++源文件的路径加入到工程中,并编译通过,如图 8-61 所示。获取系统组中标量对象 sysName 的值。

(5) 在新建对话框的应用程序对话框中添加"编辑"控件,用于存放获取到的标量对象 sysName 的值。

(6) 在对话框主程序中添加所需头文件,参考代码如下:

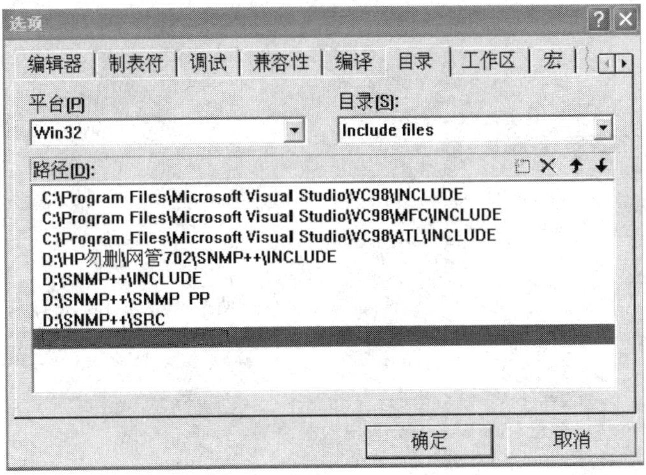

图 8-61　添加 SNMP++源程序

```
# include "stdafx.h"
# include "Router.h"
# include "address.h"
# include "snmp_pp/snmp_pp.h"
# ifdef SNMP_PP_NAMESPACE
using namespace Snmp_pp;
# endif
```

（7）使用 SNMP++提供的类库构造 SNMP 的 get 数据包，获取对象 sysName 的值，并将其显示在对话框"编辑"控件中，关键代码如下：

```
Snmp::socket_startup();                 // Initialize socket subsystem
Oid oid("1.3.6.1.2.1.1.5.0");           //声明 sysName 的对象标识符
IpAddress Ip("192.168.0.6");            //声明 IP 地址对象
Pdu pdu;                                //构造 pdu
Vb vb(oid);                             //创建变量绑定对象
pdu + = vb;                             //加载 vb 对象到 Pdu 对象
CTarget ctarget(Ip);                    //构造 CTarget 对象,以目标 IP 地址为参数
int status;                             //声明一个整型变量,存放操作返回状态
Snmp snmp(status);
status = snmp.get(pdu, ctarget);        //通过状态值判断返回结果类型
pdu.get_vb(vb,0);
sysname = vb.get_printable_value();     //从变量绑定列表中获取 sysname 的值赋给变量 sysname
Snmp::socket_cleanup();
```

获取接口组中表对象 ifIndex 的值。

（8）重复步骤（5）和步骤（6）。

（9）使用 SNMP++提供的类库构造 SNMP 的 getnext 数据包，获取对象 ifIndex 的值，并将其显示在对话框"编辑"控件中，关键代码如下：

```
Snmp::socket_startup();
```

```
Oid oid("1.3.6.1.2.1.2.2.1.1"),oidd;          //声明接口索引的对象标识符
Pdu pdu;
Vb vb(oid);
pdu + = vb;
IpAddress Ip("192.168.0.6");
CTarget ctarget(Ip);
int status;
int i = 0;
Snmp snmp(status);
CString ifIndex[50];                          //声明一个数组用于存储获取到的接口索引的值
for(;;)
{
    status = snmp.get_next(pdu, ctarget);          //GetNext 操作实现表对象的遍历
    pdu.get_vb(vb,0); oidd = vb.get_printable_oid();
    CString m = vb.get_printable_value();
    if(oidd.nCompare(10,oid) == 0)
    //将获取到的 oid 和接口索引的列对象的 oid 进行比较,判断该列所有行是否遍历完
    {
        ifIndex[i] = vb.get_printable_value();
        i++;
    }
    clsc break;
}
Snmp::socket_cleanup();
```

6. 实验报告要求

(1) 练习获取 MIB 中其他标量对象和表对象的值,将源代码保存下来。

(2) 如果无法获取到相应变量的值,根据错误代码分析错误原因。

(3) 练习使用 SNMP++提供的 set 操作和 getbulk 操作,分析它们的功能。

7. 实验思考

SNMP++提供给编程人员一系列的类库,以提高编程人员开发网络管理程序的效率,它封装了底层的编程细节和协议步骤。试分析:如果不使用 SNMP++提供的类库,而使用原始的 Winsock 编程,如何实现本实验功能?

8.3.4 SNMP 性能管理编程

1. 实验目的

通过实验进一步理解网络性能管理的原理和功能,在获取网络大量原始数据的基础上,分析计算能够体现网络性能的各项参数,并能够将它们以图形化界面的形式显示出来。

2. 实验内容

在 8.3.3 节实验的基础上,使用 SNMP++类库并采用轮询方式获取大量的原始数据,这些原始数据是反映当前网络运行状态的基本变量,对原始数据进行加工处理,提取出能够直接反映网络各方面性能的参数并将它们以图形化形式显示出来,可以提供直观的方式查看网络最近一段时间的运行性能状况,为下一步调整网络不合理利用提供参考。

3. 实验环境

(1) HP SNMP++源代码。

（2）Microsoft Visual C++ 6.0 开发环境。

（3）Windows 操作系统。

4．实验原理

1）数据采集的实现

与性能管理相关的 MIB 对象较多，并且需要定时轮询所有代理设备相关的 MIB 对象，所以数据的采集量较大。

2）数据采集间隔

由于数据采集和数据分析本身都要消耗一定的网络带宽和设备资源，因而采集间隔必须控制在一个合理的范围内。

数据采集对于网络通信的影响程度公式为：

$$D = 2L \times N \times 8T$$

其中，D 为所占用的带宽，单位为位/秒（bps）；L 为对每个查询和响应需要的平均数据报长度，单位为字节；N 为同时查询的代理设备的数目；T 为查询时间间隔，单位为秒（s）；乘 8 是因为每个字节有 8 位二进制数，单位为位/字节（Bps）。

综合考虑以上因素，可以确定一个初始的时间间隔。如果每次采集都记录下来上次数据采集时的 D 值，记为 $D1$，然后获取本次采集的 L 和 N 的值，将公式变形为：

$$T = 2L \times N \times 8 \, D1$$

将 $D1$、L 和 N 代入公式，就可以算出本次采集最合理的时间间隔 T。同理，利用本次采集的时间间隔还可以算出下一次数据采集的间隔。依次类推，便可以动态地设定数据的采集间隔了。动态设定的时间间隔更接近这段时间的采集特点，更能合理地利用网络资源，提高系统的性能。

3）性能参数的计算与分析

在系统接口表界面中可以看到接口索引所对应的接口流量、接口描述等信息。这种直接采集到的数据一般不能直接反映网络的性能，通过采集数据计算各种性能参数才能反映网络的性能。根据本系统采集的接口组和 IP 组数据可以计算出接口流量和 IP 协议流量。下面以接口组、IP 组为例，给出与接口流量和 IP 协议流量相关的性能参数计算公式及意义。

接口组性能参数如下：

> 输入速率 = $\triangle$ifInOctets × 8/$\triangle$T bps
> 输出速率 = $\triangle$ifOutOctets × 8/$\triangle$T bps
> 带宽利用率 = ($\triangle$ifInOctets + $\triangle$ifOutOctets) × 8/($\triangle$T * ifSpeed)

接口的输入输出速率和带宽利用率反映了网络信道的利用情况。若值较低，则说明网络信道有空余；若值较高，则说明信道资源得到充分利用。如果网络的利用率过高，就预示着存在潜在的网络"瓶颈"。若利用率超过 60%～70%，则可考虑升级主干带宽。

> 输入错误率 = $\triangle$ifInErrors/($\triangle$ifInUcastPkts + $\triangle$ifInNUcastPkts)
> 输出错误率 = $\triangle$ifOutErrors/($\triangle$ifOutUcastPkts + $\triangle$ifOutNUcastPkts)

网络连接的错误可能导致拥塞、降低吞吐量和网络的响应时间，通过实时地观测网络连接的错误，有助于发现网络所存在的问题，了解接口错误和故障类型。接口输入输出错误率反映了出错报文占总报文的百分比,如果错误率过高,则可能接口的运行不正常,或设备的缓冲空间存在问题,那么网络管理员应着手检查相应结点的运行状态,及时排除噪声源,最终达到降低错误率的目的。

$$输入丢包率 = \triangle ifInDiscards/(\triangle ifInUcastPkts + \triangle ifInNUcastPkts)$$
$$输出丢包率 = \triangle ifOutDiscards/(\triangle ifOutUcastPkts + \triangle ifOutNUcastPkts)$$

接口的输入输出丢包率反映了被丢弃报文所占总报文的百分比,查看网络的丢包率可以有效了解接口处是否存在拥塞问题,从而了解网络接口的拥挤程度。长期的高丢包率说明没有充分的资源处理报文,应增大缓冲区;短期的高丢包率说明网络出现了拥塞。

IP 组性能参数:
$$IP 数据报输入速率 = \triangle ipInReceives/\triangle T$$
$$IP 数据报转发速率 = \triangle ipForwDatagrams/\triangle T$$
$$IP 数据包丢弃率 = \triangle ipInDiscards/\triangle ipInReceives$$
$$无路由率 = \triangle ipOutNoRoutes/(\triangle ipForwDatagrams + \triangle ipOutRequests)$$
$$重组失败率 = \triangle ipReasmFails/\triangle ipReasmReqds$$

性能管理的目标是衡量和呈现网络特性的各个方面,是网络管理最重要的部分,用到的管理对象也是最多的,在这里只列出了 mib-2 中的接口组、IP 组和 Host Resource MIB 中的运行软件组、运行消耗组。

5. 实验步骤

计算路由器接口的输入速率。

(1) 参考 8.3.3 节,新建 MFC 应用程序,并将其命名为"性能管理实验"。

(2) 加入所需的头文件,配置"选项"对话框中的源文件路径。

(3) 参考 8.1.1 节中的实验获取所需计算的原始数据,根据公式计算出接口输入速率,将计算出来的接口输入速率以曲线图的形式动态显示出来,核心代码如下:

```cpp
void inSpeed::OnPaint()
{
    CPaintDC dc(this);
    CRect rc;
    CPen pen1,pen2;                              //声明一个画笔对象,用来绘制速率曲线
    pen1.CreatePen(PS_SOLID,1,RGB(255,0,0));
    GetWindowRect(rc);
    int width = rc.Width();
    int height = rc.Height();
    int centiwidth = (width - 80 - 50)/40;       //获取画布的中心点位移
    int centiheight = (height - 80 - 40)/40;
    //画入流量
    dc.MoveTo(pointx[0].x,pointy[0].y);          //将坐标点移动到原点位置
    for(i = 0; i <= 40; i++)
    {
        Snmp::socket_startup();
        IpAddress Ip("192.168.0.6");
        Oid oid("1.3.6.1.2.1.2.2.1.1"),oidd;     //声明接口索引的对象标识符
```

```
            Vb vb(oid);
            Pdu pdu;
            pdu + = vb;
            CTarget ctarget(Ip);
            int status;
            Snmp snmp(status);
            Oid oid1("1.3.6.1.2.1.2.2.1.10");            //声明输入字节数的对象标识符
            Vb vb1(oid1);
            Pdu pdu1;
            pdu1 + = vb1;
            Snmp snmp1(status);
            for(;;)
            {
                status = snmp. get_next(pdu,ctarget);
                status = snmp1. get_next(pdu1,ctarget);
                pdu. get_vb(vb,0);
                oidd = vb. get_printable_oid();
                if(oidd. nCompare(10,oid) == 0)
                //根据接口索引列对象标识符判断该表是否遍历完
                {
                    CString index = vb. get_printable_value();
                    if(strcmp(index,ifIndex) == 0)
                    {
                        pdu1. get_vb(vb1,0);
                        in1 = fabs(atol(vb1. get_printable_value()));
                        in2 = fabs(in1 − in);
                        pointy[i]. inspeed = in2/500;
                        //将坐标点置为所获取到的接口输入速率的值
                            in = in1;
                    }
                }
                else break;
            }
            Snmp::socket_cleanup();
            //将得到的值画在窗体中
            for(j = 0;j <= 40;j++)
            {
                if(pointy[i]. inspeed > = pointy[j]. speed&&pointy[i]. inspeed < pointy[j + 1].
speed)
                {
                        dc. SelectObject(&pen2);
                        dc. LineTo(pointx[i]. x,pointy[j]. y);
                        dc. MoveTo(pointx[i]. x,pointy[j]. y);
                }
            }
            Sleep(50);                                   //每间隔 50 个时钟滴答采样一次
        }
```

6. 实验报告要求

（1）练习计算网络利用率的编程实现，并以直观图形式显示出网络的动态利用率。

（2）练习计算路由器 IP 组性能参数，并以直观图形式显示出路由器 IP 动态性能。

（3）更改实验中的轮询间隔，查看计算结果有何差异，分析原因，指出对于性能管理的影响。

7. 实验思考

一个综合的性能管理系统能够体现一个网络历史的性能状态和当前的性能状态，并且可以根据历史参数估计将来某个时刻的性能趋势，为管理员预防网络可能出现的性能问题提供良好的参考价值，试结合概率统计知识指出哪些方法可以进行性能预测，并编程实现一个具有性能预测功能的管理工具。

8.3.5 拓扑发现编程

1. 实验目的

了解拓扑发现的原理，结合理论课学习进一步深入理解拓扑发现在网络管理中的作用，使用现有 SNMP 技术实现简单拓扑发现功能。

2. 实验内容

了解现有的拓扑发现技术，理解并掌握使用 SNMP 协议实现简单的拓扑发现的算法，通过获取网络中能够反映网络拓扑的原始参数，计算分析获取网络设备的存在和连接关系，并将拓扑发现的结果以图形化界面的形式显示出来，方便管理员查看。

3. 实验环境

（1）HP SNMP＋＋源代码。

（2）Microsoft Visual C++ 6.0 开发环境。

（3）Windows 操作系统。

4. 实验原理

1）基于 SNMP 协议的网络层拓扑发现

基于 SNMP 协议的算法实际上是提取 MIB 中 ipRouteTable（路由表）中的对象，类似于图论中的广度优先遍历算法实现网络拓扑的自动搜索。

广度优先遍历算法的基本思想是：选定图 G(V,E) 中的某一点 v0 为起始点，依次访问与 v0 邻接的所有结点 v1,v2,v3,…,vi，然后再依次访问与 v1,v2,v3,…,vi 邻接的所有结点（已经被访问过的结点不再访问），依次类推，直到所有的结点都被访问过为止。

设计路由发现算法时主要用到了三条链表：待检路由设备链表、拓扑信息链表和子网信息链表。基于 SNMP 的拓扑发现算法通常是使用一个种子路由器，获取其路由表内记录的所有可达网段，以及到达该网段所经由的下一跳路由器的端口 IP 地址及相关路由信息，然后它将继续扩展其搜索，一直达到用户指定的深度为止。同时它还可以获取到每个路由设备上所有端口的直连子网及其相应的子网掩码，根据这些信息，进而获取到这些子网中的所有活动主机。如果这些设备支持 SNMP，则还可以进一步收集系统和 IP 地址信息。总之，只要给出一个路由设备任意端口的 IP 地址作为种子路由器（通常使用本地网关的 IP 地址作为种子路由器的地址），即可获取到指定深度内的所有路由设备及活动主机的网络拓扑结构信息。

与拓扑发现相关的 MIB 信息可以分为三组：系统组（system）、接口组（interface）和 IP 组。

系统组(代码为 1.3.6.1.2.1.2)包括 7 个简单变量,其中 sysService 可用于判断设备类型,从其二进制形式最低位到第 7 位如果某位为 1,则提供对应网络层次的服务。第 2 位为 1,则其为交换机或网桥。第 3 位为 1,则说明该结点提供路由功能,是路由器设备。

接口组(代码为 1.3.6.1.2.1.2)提供被管理设备硬件接口信息。定义一个设备数量的简单变量 ifNumber 和一个接口表 ifTable,表格每行对应一个接口的系列特征参数。

IP 组(代码为 1.3.6.1.2.1.4)定义了许多简单变量,其中 ipForward 为 4 表示该结点具有转发功能,可作为路由器的判定依据。本组还定义三个十分有用的表格变量:地址表 ipAddrTable、IP 路由表 ipRouteTable 和 ARP 地址转换表 ipNetToMediaTable,它们是第三层网络层拓扑发现的重要信息来源。访问路由器的地址表,可得到其各个接口的地址信息。ARP 地址转换表提供了结点所在子网内设备地址到物理地址的对应转换。路由表、地址解析表与地址表结构定义在 RFC-1213 中。

2) 算法的详细设计

路由器与子网的发现过程描述如下:

```
Procedure FindRouter()
Begin
初始化 RouterList、SubnetList、InterfaceList、ConnectList 为空;
gw = GetDefaultGateway();
//得到管理站点默认网关把该网关路由器添加到 RouteList 链表的末尾
for(RouteList 中的每一个路由器 CurrentRouter)
{for(CurrentRouter 的地址表的每一项)              //遍历路由器地址表
{把 ipAdEntAddr 与 ipAdEntMask 所表示的接口添加到 InterfaceList 中; }
for(CurrentRouter 的路由表的每一项)              //遍历路由器的路由表
{if (ipRouteType 为 direct)
{if (ipRouteMask 为 255.255.255.255)     ①
{把 IpRouteNextHop 所代表的路由器添加到 RouteList 尾部,同时保证链表中的路由器不重复;
把当前路由器 CurrentRouter 和 IpRouteNextHop 代表的路由器之间的连接添加到链表 ConnectList 中; }
else{把 ipRouteDest 和 ipRouteMask 所代表的子网添加到 SubnetList 中;把该子网与当前路由器 CurrentRouter 的连接添加到 ConnectList 中; }}
if (ipRouteType 为 indirect)
{把 IpRouteNextHop 所代表的路由器添加到 RouteList 尾部,同时保证链表中的路由器不重复; }}}
End
```

说明: 在①处,如果 ipRouteMask 为 255.255.255.255,那么该路由为到主机的路由。也就是说,以该路由的 ipRouteNextHop 为地址的路由器和当前路由器通过一根电缆直接连接。

为了保证链路中路由器插入不重复和提高算法的效率,采用二叉排序树算法对新发现路由器进行插入。

3) 遇到的问题及解决方案

(1) 默认网关的获取。

拓扑发现算法首先是从网络管理站的默认网关开始,逐步遍历默认网关的路由表和地址解析表,最终发现整个网络的拓扑结构。本系统获取默认网关的方法:首先,访问拓扑发现程序所在计算机的 SNMP MIB 中的 ipRouteTable,如果发现有 ipRouteDest 值为 0.0.0.

0 的记录,则说明程序所在的计算机设置了默认网关,该记录的 ipRouteNextHop 值即为默认网关的地址。检查默认网关的 ipForwarding 值,如果为 1,则表明该默认网关确实是路由设备,否则不是。获取默认网关的流程如图 8-62 所示。

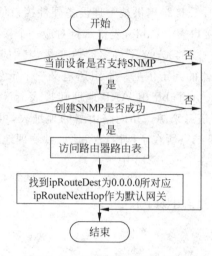

图 8-62　获取默认网关流程图

(2) 设备类型判断问题。

一般网络中有多种设备,包括路由器、交换机、SNMP 工作站(配置 SNMP 的工作站)、一般工作站(未配置 SNMP 的工作站)、集线器、网桥和中继器等。如何判断设备类型是一个需要解决的问题。本文采取如下方法:

利用 SNMP 协议,提取 MIB 中的 sysServices 对象实例值,然后根据返回的值判断类型。如果目的设备不返回 SNMP 响应报文或响应超时,则认为设备没有配置 SNMP,类型为一般工作站。

对于路由设备的判定,一般是通过 MIB 中 system 组中的 sysServices 值来判定的。如果设备的第 i 层提供了服务,则 L^i 被赋予相应的层数 $sys_{services} = \sum_{(i=1)}^{L_i} 2^{(L_i-1)}$。

对于路由器提供的是网络层的服务,故其 $sys_{services} = 2^{(1-1)} + 2^{(2-1)} + 2^{(3-1)} = 7$。如果取得 $sys_{services}$ 的值为 7,则证明它是路由设备。

(3) 路由器多 IP 地址问题。

由于路由器可以连接多个子网,具有多个接口,即一个路由器可能含有多个 IP 地址,因此,对于 ipRouteTable 中不同的 ipRouteNextHop 地址可能表示同一路由器。为了准确标识具有多个接口的路由器,避免重复,仅靠存在于 MIB 中的识别标志如 SYSTEMID 或 SYSLOCATION 等无法保证与先前遍历过的设备的区别。本算法通过访问路由器的地址表获得路由器的所有接口,这样可以根据当前路由器的 IP 是否在已经遍历过的路由器接口列表中来判断。

4) 拓扑发现结果的存储与显示

如何正确地采用图形方式显示拓扑发现结果也是网络拓扑自动发现技术中的一项关键技术。

拓扑图形显示算法：

获取当前画布尺寸大小,获取宽 width,高 height。
计算出画布的中心点 O(x,y)。
把路由器队列中的 N 个路由器平均地分布在以 O(x,y) 为圆心,以 Min(width,height)/2 为半径的圆周上。
遍历路由器队列中每一个路由器,获取与其相连子网数。
将与该路由器相连子网平均分布在以该路由器被分配坐标为中心,圆心角为 360/N° 的扇面上。
遍历路由器队列,根据连接关系,连接具有相连关系的网络对象。

以上算法可以把主拓扑中的路由器和子网比较平均地分布在一定尺寸的画布上。

5. 实验步骤

找出网络中的路由器和子网以及它们之间的连接关系：

(1) 参考 8.3.3 节,新建 MFC 应用程序,并将其命名为"拓扑发现实验"。

(2) 加入所需的头文件,配置"选项"对话框中的源文件路径。

(3) 参考 8.3.3 节,获取拓扑发现所需的原始数据,根据拓扑发现算法得出路由器列表、子网列表以及它们之间的连接关系列表,核心代码如下：

```
for(int i = 0;i < r;i++)
{
    Snmp::socket_startup();
    Oid oid1("1.3.6.1.2.1.4.20.1.2");
    Oid  oid2("1.3.6.1.2.1.4.20.1.1");
    Oid  oid3("1.3.6.1.2.1.4.20.1.3");
    Oid oid;                          //oid 表示地址表接口索引
    Pdu pdu1;
    Vb vb1(oid1),vb2(oid2), vb3(oid3);   //创建变量绑定对象
    pdu1 + = vb1,pdu1 + = vb2,pdu1 + = vb3;  //加载 vb 对象到 pdu 对象
    CTarget ctarget(CurrentRouter. Ip);
    int status;
    Snmp snmp1(status);
    for(;;)
    {
        status = snmp1.get_next(pdu1, ctarget);
            if(status! = 0) break;
        pdu1.get_vb(vb1,0); oid = vb1.get_printable_oid();
            pdu1.get_vb(vb2,1);
            pdu1.get_vb(vb3,2);
        if(oid.nCompare(10,oid1) == 0)
            {
                if(status3 == 0)
                {
                    InterfaceList[ in]. ifIndex = atoi(vb1.get_printable_value());
                    InterfaceList[ in]. Ip = vb2.get_printable_value();
                    InterfaceList[ in]. IpNetMask = vb3.get_printable_value();
                    in++;
                }
            }
```

```
            else break;
        }
Snmp::socket_cleanup();
//以下程序为遍历路由器路由表,并对每条路由条目做相应处理,
//分别存入 router,subnet,connect 列表中
Snmp::socket_startup();
 Oid oid4("1.3.6.1.2.1.4.21.1.1");
 Oid     oid5("1.3.6.1.2.1.4.21.1.2");
 Oid     oid6("1.3.6.1.2.1.4.21.1.7");
 Oid     oid7("1.3.6.1.2.1.4.21.1.8");
 Oid     oid8("1.3.6.1.2.1.4.21.1.11");
 Oid oidd;    //oid 表示地址表接口索引
Pdu pdu2;
Vb vb4(oid4),vb5(oid5),vb6(oid6),vb7(oid7),vb8(oid8);    //创建变量绑定对象
pdu2 + = vb4,pdu2 + = vb5,pdu2 + = vb6,pdu2 + = vb7,pdu2 + = vb8;
 //加载 vb 对象到 pdu 对象
CTarget ctarget1(CurrentRouter.Ip);
Snmp snmp2(status);
for(;;)
  {
        status = snmp2.get_next(pdu2, ctarget1);          //GetNext 操作
        if(status! = 0) break;
        pdu2.get_vb(vb4,0); oidd = vb4.get_printable_oid();
        pdu2.get_vb(vb5,1);
        pdu2.get_vb(vb6,2);
        pdu2.get_vb(vb7,3);
        pdu2.get_vb(vb8,4);
         if(oidd.nCompare(10,oid4) == 0)
            {
                routertable.ipRouteIfIndex = atoi(vb5.get_printable_value());
                routertable.ipRouteDest = vb4.get_printable_value();
                routertable.ipRouteNextHop = vb6.get_printable_value();
                routertable.ipRouteMask = vb8.get_printable_value();
                routertable.ipRouteType = atoi(vb7.get_printable_value());
                if(routertable.ipRouteType == 3)
                {
                    if(strcmp(routertable.ipRouteMask,"255.255.255.255") == 0)
                    {
                        RouterList[r].Ip = routertable.ipRouteNextHop;
                        RouterList[r].RouterID = r + 1;
                        r++;
                        ConnectList[c].RouterID1 = CurrentRouter.RouterID;
                        ConnectList[c].ConnectRouter1 = CurrentRouter.Ip;
                        ConnectList[c].RouterID2 = r;
                     ConnectList[c].ConnectRouter2 = routertable.ipRouteNextHop;
                        c++;
                    }
                    else
                    {
```

```
                                    SubNetList[s].SubNetAddress = routertable.ipRouteDest;
                                    SubNetList[s].SubNetMask = routertable.ipRouteMask;
                                    s++;
                                    ConnectList[c].RouterID1 = CurrentRouter.RouterID;
                              ConnectList[c].ConnectRouter1 = routertable.ipRouteNextHop;
                                    ConnectList[c].RouterID2 = 0;
                              ConnectList[c].ConnectSubNetIp = routertable.ipRouteDest;
                              ConnectList[c].ConnectSubNetMask = routertable.ipRouteMask;
                                    c++;
                              }
                        }
                        if(routertable.ipRouteType == 4)
                        {
                                    RouterList[r].Ip = routertable.ipRouteNextHop;
                                    RouterList[r].RouterID = r + 1;
                                    r++;
                                    ConnectList[c].RouterID1 = CurrentRouter.RouterID;
                                    ConnectList[c].ConnectRouter1 = CurrentRouter.Ip;
                                    ConnectList[c].RouterID2 = r;
                              ConnectList[c].ConnectRouter2 = routertable.ipRouteNextHop;
                                    c++;
                        }
                  }
                  else break;
            }
      }
      Snmp::socket_cleanup();
}
```

（4）将拓扑发现结果以直观图的形式显示出来,核心代码如下：

```
for(int i = 1; i <= r; i++)
{
      int x1 = r1 * cos((float)(i * 360/r)/180.0f * PI);
      int y1 = r1 * sin((float)(i * 360/r)/180.0f * PI);
      int helen = i * 360/r;
      double helen2 = cos((float)(i * 360/r)/180.0f * PI);         //30.0f / 180.0f * PI
      double helen1 = sin((float)(i * 360/r)/180.0f * PI);
      CPoint point1_i(centerpoint.x + x1, centerpoint.y - y1);
      RouterList[i - 1].point_x = point1_i.x;
      RouterList[i - 1].point_y = point1_i.y;
      CBitmap bitmap1;
      bitmap1.LoadBitmap(IDB_BITMAP1);
      CString RouterIp = RouterList[i - 1].Ip;
      dc.DrawState(point1_i, 20, bitmap1, 20);
      dc.TextOut(point1_i.x - 20, point1_i.y + 20, RouterIp);
      for(int j = 1; j <= c; j++)
      {
      if(ConnectList[j - 1].RouterID1 == RouterList[i - 1].RouterID&&ConnectList[j - 1].
```

```
                RouterID2 == 0)
                    subnet++;
        }
        for(j = 1;j <= c;j++)
        {
        if(ConnectList[j - 1].RouterID1 == RouterList[i - 1].RouterID&&ConnectList[j - 1].
            RouterID2 == 0)
                {
                    int x2 = r2 * cos((float)(j * 180/subnet)/180.0f * PI);
                    int y2 = r2 * sin((float)(j * 180/subnet)/180.0f * PI);
                    int helen3 = j * 180/subnet;
                    double helen4 = cos((float)(j * 180/subnet)/180.0f * PI);
                    double helen5 = sin((float)(j * 180/subnet)/180.0f * PI);
                    CPoint point2_j(point1_i.x + x2,point1_i.y - y2);
                    CBitmap bitmap2;
                    bitmap2.LoadBitmap(IDB_BITMAP2);
                    CString ConnectSubNetIp = ConnectList[j - 1].ConnectSubNetIp;
                    CString ConnectSubNetMask = ConnectList[j - 1].ConnectSubNetMask;
                    dc.DrawState(point2_j,20,bitmap2,20);
                    dc.TextOut(point2_j.x - 20,point2_j.y + 20,ConnectSubNetIp);
                    dc.MoveTo(point1_i.x,point1_i.y);
                    dc.LineTo(point2_j.x,point2_j.y);
                }
        }
        for(j = 1;j <= r;j++)
            for(int k = 1;k <= c;k++)
            {
            if(ConnectList[k - 1].RouterID1 == RouterList[i - 1].RouterID&&ConnectList[k - 1].
                RouterID2 == RouterList[j - 1].RouterID)
                {
                    dc.MoveTo(RouterList[i - 1].point_x,RouterList[i - 1].point_y);
                    dc.LineTo(RouterList[j - 1].point_x,RouterList[j - 1].point_y);
                }
            }
}
```

6. 实验报告要求

（1）编写完整的拓扑发现代码，并编译运行。

（2）除了使用 SNMP 协议的方法进行拓扑发现之外，还有哪些方法可以进行拓扑发现？尝试编码实现。

（3）拓扑发现的显示方法有很多，试举出还有哪些其他的显示方法可以将拓扑发现结果以直观图的形式显示出来，供管理员方便查看。

7. 实验思考

本实验给出了工作在网络层设备即路由器的拓扑发现方法，对于局域网来说，存在大量的交换机和主机设备，如何找出网络中存在的交换机和主机设备以及它们之间的连接关系是现在拓扑发现领域的又一个研究热点，试给出你的想法。

第9章 网络安全

网络得到空前的广泛应用的同时,计算机和网络的安全正遭受到严重威胁。网络安全实训就是通过了解和掌握端口扫描、网络嗅探、分布式拒绝服务攻击等手段以及防火墙入侵检测等安全解决方案,从而促使从根源的终端安全出发解决网络安全问题,并建立主动的安全防御体系,实施有效的系统安全风险识别与规避。

本章实验体系与知识结构如表 9-1 所示。

表 9-1 网络测量实验体系与知识结构

类别	实验名称	实验类型	实验难度	知识点
网络安全	CA 的安装和证书申请	必做验证	★★★	CA 安装、基本操作
	HTTPS 配置与应用	必做验证	★★★	证书设置、HTTPS 访问
	用证书发送安全电子邮件	选做验证	★★★★	安全邮件、加密、签名
	网络扫描实验	必做验证	★★★	端口扫描、漏洞扫描
	Windows 防火墙实验	必做验证	★★★	防火墙规则、配置
	Linux 防火墙实验	必做验证	★★★	Linux 防火墙原理、规则设置
	入侵检测系统实验	必做验证	★★★★	Snort 安装

9.1 PKI 的配置和使用

9.1.1 PKI 简介

PKI(Public Key Infrastructure,公钥基础设施)是一种运用公钥的概念与技术,实施并提供安全服务的具有普遍适用性的网络安全基础设施。PKI 是为适应网络开放状态应运而生的一种技术,目前许多的网络安全技术,如防火墙、入侵检测和防病毒等基本上都是解决网络安全某一方面的问题,而 PKI 则是比较完整的网络安全解决方案,能够全面保证信息的真实性、完整性、机密性和不可否认性。

PKI 技术以公钥技术为基础,以数字证书为媒介,结合对称加密技术,将个人、组织、设备的标识身份信息与各自的公钥捆绑在一起,其主要目的是通过自动管理密钥和证书,为用户建立一个安全、可信的网络运行环境,使用户可以在多种应用环境下方便地使用加密和数字签名技术,在 Internet 上验证用户的身份,从而保证所传输信息的机密性、完整性和不可否认性。PKI 是目前为止既能实现用户身份认证,又能保证在因特网上所传数据安全的唯一技术。

PKI 在实际应用中是一套软硬件系统和安全策略的集合,它提供了一套安全机制。使用户在不知道对方身份或分布地很广的情况下,以数字证书为基础,通过一系列的信任关系来实现信息的保密性、完整性和不可否认性。

一个典型的 PKI 系统包括 PKI 策略、软硬件系统、认证中心(Certification Authorities,CA)、注册机构(Registration Authority,RA)、证书签发系统和 PKI 应用等几个基本部分。PKI 系统结构如图 9-1 所示。

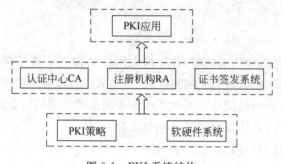

图 9-1　PKI 系统结构

1) PKI 策略

PKI 策略是一个包含如何在实践中增强和支持安全策略的一些操作过程的详细文档,它建立和定义了一个组织信息安全方面的指导方针,同时也定义了密码系统使用的处理方法和原则。它包括一个组织怎样处理密钥和有价值的信息,根据风险的级别,定义安全控制的级别。一般情况下,在 PKI 中有两种类型的策略:一种是证书策略,用于管理证书的使用,比如,可以确认某一 CA 是在因特网上的公有 CA,还是某一企业内部的私有 CA;另一种是证书的实行声明(Certificate Practice Statement,CPS),一些由可信的第三方(Trusted Third Part,TTP)运营的 PKI 系统需要的 CPS,CPS 是一个详细的文档,包括在实际应用中如何执行和维持安全方针。它包括下列说明:如何建立和执行 CA;如何发行、接受和废除证书;如何生成、注册和鉴定密钥;以及确立证书的存放位置和如何让用户使用。

PKI 策略的内容一般包括认证政策的制定、遵循的技术规范、各 CA 之间的上下级或同级关系、安全策略、安全程度、服务对象、管理原则和框架、认证规则、运作制度的规定、所涉及的法律关系以及技术的实现。

2) 软硬件系统

软硬件系统是 PKI 系统运行所需硬件和软件的集合,主要包括认证服务器、目录服务器和 PKI 平台等。

3) 认证中心

认证中心是 PKI 的信任基础,它负责管理密钥和数字证书的整个生命周期。在 PKI 体系中,为了确保用户身份及他所持有密钥的正确匹配,PKI 系统通常采用可信第三方充当认证中心来确认公钥拥有者的真正身份,签发并管理用户的数字证书。CA 是 PKI 体系的核心。CA 的主要功能有证书审批、证书签发、证书更新、证书查询、证书撤销、证书归档和各级 CA 管理。

4) 注册机构

注册机构是 PKI 信任体系的重要组成部分,是用户(个人或团体)和认证中心之间的一个接口,是认证机构信任范围的一种延伸。RA 接受用户的注册申请,获取并认证用户的身份,主要完成收集用户信息和确认用户身份的功能。因此,RA 可以设置在直接面对客户的业务部门,如银行的营业部、机构认证部门等。对于一个规模较小的 PKI 应用系统来说,可把注册管理的职能由 CA 来完成,而不设立独立运行的 RA。

RA 可以认为是 CA 的代表处、办事处,负责证书申请者的信息录入、审核及证书发放等具体工作;同时,对发放的证书完成相应的管理功能。RA 的具体职能包括自身密钥的管理、审核用户的信息、登记黑名单、业务受理点(LRA)的全面管理、接收并处理来自受理点的各种请求。

5) 证书签发系统

证书签发系统负责证书的发放,例如可以通过用户自己或通过目录服务器进行发放。目录服务器可以是一个组织中现有的,也可以是由 PKI 方案提供的。

6) PKI 应用

PKI 的应用非常广泛,包括在 Web 服务器和浏览器之间的通信、电子邮件、电子数据交换(EDI)、在因特网上的信用卡交易和虚拟专用网(VPN)等方面。

7) PKI 应用程序接口系统

一个完整的 PKI 必须提供良好的应用接口系统(API),以便各种应用都能够以安全、一致、可信的方式与 PKI 交互,确保所建立起来的网络环境可信,降低管理和维护的成本。

9.1.2　CA 的安装和证书申请

1. 实验目的

(1) 学习 CA 的安装过程以及 CA 的管理。

(2) 理解数字证书的结构,学习 CA 的申请过程。

(3) 加深对 PKI 理论的理解。

2. 实验内容

以 Windows Server 2008 为例,掌握 CA 的安装、使用过程,以及证书的申请过程。

3. 实验原理

证书服务是 Windows Server 2008 中的组件,用于创建和管理证书的颁发机构(CA)。CA 负责建立和担保证书持有者的身份,还会在证书失效时撤销并发布证书撤销列表(CRL)。最简单的 PKI 体系只有一个 CA,实际上大多数配置 PKI 体系的组织使用多个CA,并将其有组织地形成分层结构。Windows Server 2008 的 CA 类型分为企业根 CA、企业从属 CA、独立根 CA 和独立从属 CA。因而,Windows Server 2008 既可以提供根 CA,也可以提供层次型 CA 中的从属 CA,还可以提供独立的 CA。证书服务结合 IIS 6.0,提供用户申请证书的注册、安装 CA 等服务的同时安装注册网页。证书用户使用 Web 浏览器通过IIS 注册,申请证书。

4. 实验步骤

1) CA 的安装

(1) 使用 Administrator 身份登录到 Windows Server 2008。安装 CA 时,要求Windows Server 2008 服务器必须提供 IIS 服务,并且必须是某一个域的成员。如果不是某一个域的成员,Windows Server 2008 可以自己建立域控制器,并需要提供 DNS 服务。

（2）单击"控制面板"窗口中的"添加或删除程序"，在"Windows 组件向导"对话框中选中"证书服务"复选框，在弹出的对话框中单击"是"按钮，如图 9-2 所示。这时会弹出对话框，提示"安装证书服务后，计算机名和域成员身份都不能更改……"，单击"确定"按钮。

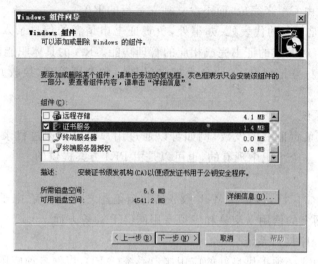

图 9-2　选择证书服务

（3）在弹出的"CA 类型"对话框中选择 CA 类型。有 4 种 CA 类型可选，如果安装为没有从属关系的 CA，只能选择"企业根 CA"或"独立根 CA"。这里选择"企业根 CA"单选按钮，并选中"用自定义设置生成密钥对和 CA 证书"复选框，如图 9-3 所示。设置根证书机构的"有效期限"至少要比从属证书机构的有效时间长。

注意：选择"企业根 CA"，则会出现证书模板，而选择"独立根 CA"则不会有证书模板。

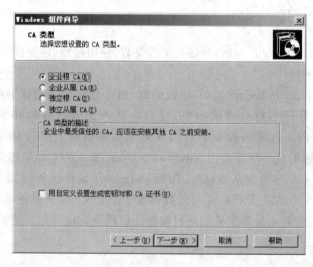

图 9-3　选择企业根

（4）在出现的"公钥/私钥对"中保持默认值，单击"下一步"按钮。

（5）在"CA 识别信息"对话框中输入 CA 的名称"test_PKI"，如图 9-4 所示，单击"下一步"按钮，其他选择默认值。

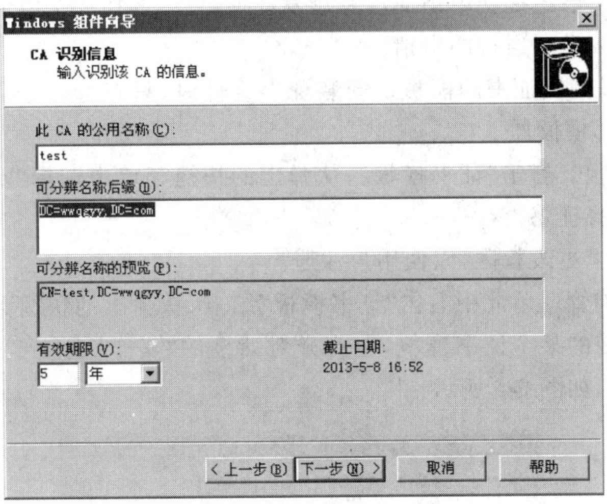

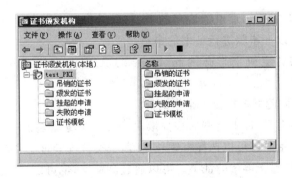

图 9-4　填写 CA 的名称

（6）保持证书数据库及其日志信息的保存位置默认值，单击"下一步"按钮，在随后出现的停止 Internet 信息服务的对话框中单击"是"按钮。

（7）系统在确定停止 IIS 服务的运行后，便会开始安装证书服务器相关的组件以及程序，在出现的安装完成窗口中单击"完成"按钮。至此，已经成功地安装了证书服务。

2）证书管理

证书安装完成后，可以通过控制台管理证书。

启动管理证书控制台的方法为：

（1）在系统菜单运行处输入 mmc 命令，启动一个控制台。

（2）选择"文件"→"添加/删除管理单元"命令。

（3）选择添加"证书颁发机构"单元。

这时证书颁发机构下就会出现刚才安装的 CA：test_PKI，如图 9-5 所示。CA 中包括以下子树：

图 9-5　管理证书

① 吊销的证书：由于密钥泄密等原因已经吊销的证书。

② 颁发的证书：由客户端申请并已经颁发，而且处于有效期可用的证书。颁发的证书可以选中并改变为吊销的证书。

③ 挂起的申请：已经提交申请而没有颁发证书，可以选择一个申请颁发。

④ 失败的申请：没有通过的申请。

证书模板：可以颁发证书的模板。安装证书组件时，只有选择企业根才可以管理证书模板。可以管理证书模板如下：

- 添加证书模板。右击"证书模板"，从弹出的快捷菜单中选择"新建"命令，在弹出的对话框中选择证书。
- 在证书模板上更改权限，以便用户注册。

在证书颁发机构管理单元中右击"证书模板"结点，从弹出的快捷菜单中选择"管理"命令。双击要更改权限的某个证书模板，在打开对话框的"安全"选项卡上选中"读取"和"注册"的"允许"复选框，如图 9-6 所示。

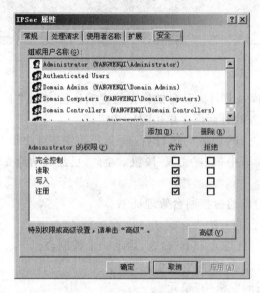

图 9-6　更改证书模板权限

3）证书申请

在申请证书之前，需要知道申请证书的类型，以及保证申请证书的计算机可以通过 IE 访问证书服务器。按以下步骤进行证书的申请：

（1）在申请证书的主机上打开网址"http：//CA 主机域名或 IP 地址/certsrv"，申请证书。

（2）选择创建并向此 CA 提交一个申请。

可以选择证书的类型，证书类型的多少取决于 CA 服务器端证书模板目录下的证书类型以及证书的属性。用户还可以选择密钥长度等，提交并安装证书，如图 9-7 所示。

这时，客户端就得到所申请的证书。可以通过浏览器，也可以通过控制台命令 MMC 查看所申请的证书。以 IE 浏览器为例：

（1）启动 IE 浏览器，选择"工具"→"Internet 选项"命令。

（2）选择"内容"选项卡，单击"证书"按钮。这时会弹出"证书"对话框，一般在"个人"选项卡中会看到所申请证书，进而可以选择证书，并查看证书内容，如图 9-8 所示。

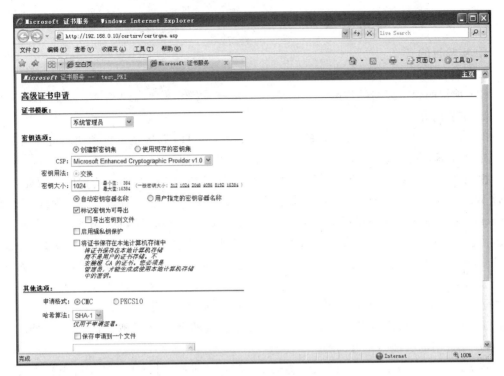

图 9-7 申请证书

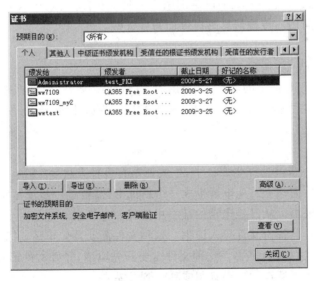

图 9-8 "证书"对话框

5. 实验报告要求

提交实验报告,分析申请证书的流程,并分析所申请数字证书的结构。

6. 实验思考

查看 CA 所能发放证书的种类,这些证书分别起什么作用?

9.1.3　HTTPS 配置与应用

1. 实验目的

（1）学习 HTTPS 的配置方法。

（2）加深的数字证书的理解。

2. 实验内容

以 Windows Server 2008 提供的 IIS 服务为例了解 HTTPS 的配置和使用过程。

3. 实验原理

根据 TCP/IP 协议，基于 HTTP 协议的 Web 服务在网络中是明文传输的。因此，如果通过 Web 服务器进行网上银行、网上交易等电子商务活动，其安全性就得不到保障。为此，Netscape 基于安全传输协议（Transport Layer Security Protocol，TLS）开发了安全超文本传输协议（Secure Hypertext Transfer Protocol，HTTPS）。HTTPS 是基于 HTTP 协议开发的安全通信通道，用于在客户计算机和服务器之间安全交换信息，目前该协议被嵌入到了当前大多数浏览器中。HTTPS 应用了 Netscape 的安全套接字层（SSL）作为 HTTP 应用层的子层。HTTPS 一般使用端口 443，SSL 使用 40 位关键字作为 RC4 流加密算法。HTTPS 和 SSL 支持使用 X.509 数字认证，服务器端的证书必须被发送到客户端并被验证，客户端证书的验证则是可选的。

Windows Server 2008 的 IIS 服务提供了 HTTPS 服务，利用证书服务和 SSL 协议可以实现安全的信息传输。当用户访问 Web 站点时，服务器会向用户返回服务器的证书，服务器也可以要求用户提供合法的证书以鉴别用户的身份（可选），利用服务器证书所提供的公钥，根据 SSL 协议向用户传输信息时提供加密服务。

4. 实验步骤

1）选择 IIS 网站

右击需要申请 SSL 证书的网站，从弹出的"默认网站 属性"对话框中选择"目录安全性"选项卡，在"安全通信"选项区域中单击"服务器证书"按钮，开始证书申请向导，如图 9-9 所示。

2）选择证书

证书向导的第一步是选择生成证书，生成证书有多种方法：

（1）新建证书。向建立 CA 申请生成一个新证书，需要进一步填写相关信息。

（2）分配现有证书。从已经申请的证书中选择一个证书。

（3）从密钥管理器备份文件导入证书。这种文件需要预先申请，并以文件形式保存。

（4）从 *.pfx 文件导入证书。这种文件需要预先申请，并以文件形式保存。

（5）将远程服务器站点的证书复制或移动到此站点。

对于还没有申请证书的情况，可以选择"新建证书"单选按钮，如图 9-10 所示。

3）申请证书

需申请证书时，选择立即将证书请求发送到联机证书颁发机构，并需要填写一些相关信息，包括名称、加密程序选择、单位部门、站点公用名称、地理信息、通信端口和证书颁发机构等。通信端口一般不需要修改，注意一定要设置防火墙开放 443 端口。

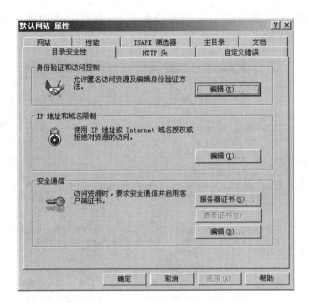

图 9-9　开始证书申请向导

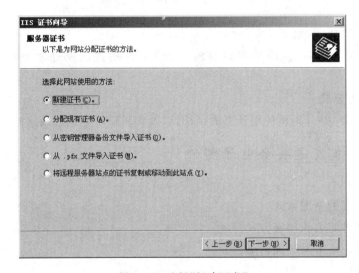

图 9-10　选择"新建证书"

4）提交证书请求

设置相关信息后，弹出对话框显示刚才设置的信息，单击"完成"按钮，显示服务器已经成功安装了证书的信息。

5）设置有关参数

证书安装成功后，网站即可以提供 HTTPS 服务，同时也可以提供 HTTP 服务，还可以进一步设置。在"目录安全性"选项卡中单击"编辑"按钮，弹出"安全通信"对话框，如图 9-11 所示，选中"要求安全通道（SSL）"复选框，也就是访问此网站必须使用 HTTPS 协议，还可以设置"要求 128 位加密"。对于"客户端证书"选项区域，一般情况下都是选中"忽略客户端证书"单选按钮。如果网站要求用户使用客户端证书实现强身份认证，则选中"要求客户端证书"单选按钮。如果网站既可以不使用客户端证书,也可以使用客户端证书,则选中"接受客户端证书"单选按钮。

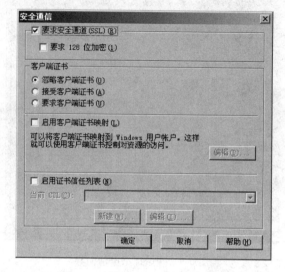

图 9-11   设置 HTTPS 相关参数

6)测试 HTTPS 网站

通过 IE 浏览器访问,这时用户只有输入 HTTPS 格式的网址才能访问原来的 Web 网站。

5. 实验报告要求

提交实验报告,并分析所使用证书的结构,以及 HTTPS 方式访问网站的流程。

9.1.4   用证书发送安全电子邮件

1. 实验目的

(1)了解证书的使用方式。

(2)了解邮件签名和加密方式。

(3)掌握使用证书发送加密邮件。

2. 实验内容

使用 OutLook 2007 发送加密签名邮件。

3. 实验原理

目前,成熟的端到端的安全电子邮件技术标准主要有 PGP 和 S/MIME。PGP(Pretty Good Privacy)是目前广泛使用的安全邮件标准;另一种应用广泛的应用标准是 S/MIME (Secure Multipurpose Internet Mail Extensions),目前得到大部分电子邮件客户端软件(如 Outlook、Foxmail)的支持,S/MIME 是从 PEM(Privacy Enhanced Mail)和 MIME(Internet 邮件的附件标准)发展而来的。S/MIME 也基于单向散列算法和公钥算法的加密体系。与 PGP 不同的主要有两点:

(1)它的认证机制是基于 PKI 体系,依赖于层次结构的证书认证机构,CA 对其颁发的证书负责认证,上级 CA 负责认证其下一级 CA。发送和接收双方都信任根 CA 及其颁发的证书。

（2）S/MIME 将信件内容加密签名后作为特殊的附件传送。

S/MIME 的证书格式采用 PKI 技术的 X.509 标准，其特点是必须使用安全邮件格式的数字证书，也称为 S/MIME 电子邮件证书、安全电子邮件证书或安全 E-mail 证书。Outlook 2007 以及 Express 6 是用户常用的客户端电子邮件收发软件，能够自动将电子邮件的证书和邮件账户相关联，并自动将他人发来的数字证书添加到通讯簿中。可使用数字证书对邮件进行签名和加密。加密邮件的方法是利用接收者数字证书上的公钥对发送的邮件内容进行加密，只有收信人的私钥才能解密，因此只有接收者才能阅读该邮件的内容。因此，为了发送签名邮件，发送者必须随信发送自己的数字证书；为了加密邮件，发送者必须有接收者的数字证书。

4. 实验步骤

（1）向 CA 服务器申请数字证书，注意类型必须是电子邮件保护证书。并且申请邮件证书时，填写的邮件名是随后要使用证书的邮件地址。

（2）启动 Outlook，添加要使用的电子邮件账户（账户与刚申请证书中填写的邮件地址相同），并设置相应服务器。

（3）选择菜单栏中的"工具"→"选项"命令，弹出"选项"对话框，如图 9-12 所示。

图 9-12　"选项"对话框

（4）在"安全"选项卡中单击"设置"按钮，弹出"更改安全设置"对话框，如图 9-13 所示。填写名称，单击"选择"按钮选择刚才申请的证书，并选择哈希算法和加密算法。

（5）选择一个通信联系人发送邮件（这里最好是相互发送），查看对方是不是收到了一个带证书的电子邮件。

注意： 这时只能发送签名电子邮件，因为不知道对方的公钥无法加密。发送加密带签名的电子邮件需要知道收信人的公钥才能加密，因此需要导入收信人的证书。

图 9-13 "更改安全设置"对话框

（6）导出发信人的证书。

添加刚才收到信的发信人到通讯簿，然后从刚才收到的信中导出证书。进行以下操作：在信的右边单击红色飘带，在弹出的对话框中单击"详细信息"按钮，在弹出对话框中选择"签字人：****"，并单击"查看详细信息"按钮，如图 9-14 所示，在弹出对话框中单击"查看证书"按钮，在弹出的"查看证书"对话框中选择"详细信息"选项卡，单击"复制到文件"按钮，如图 9-15 所示，把证书复制到文件。

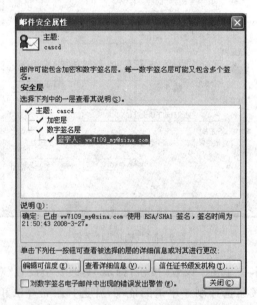

图 9-14 "邮件安全属性"对话框

（7）向通讯簿中联系人添加证书。

选择"工具"→"通讯簿"命令，选择上述接收到邮件的发件人作为联系人，选择"证书"选项卡，如图 9-16 所示，单击"导入"按钮，导入刚才导出的文件。

图 9-15 "查看证书"对话框

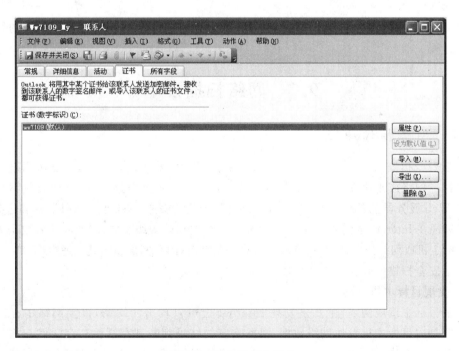

图 9-16 导入发信人证书

（8）发送带签名和加密的电子邮件。

选择"工具"→"选项"命令，在弹出的"选项"对话框中选择"安全"选项卡，选中"加密电子邮件"选项区域中的"加密待发邮件的内容和附件"、"给待发邮件添加数字签名"和"以明文签名发送邮件"复选框，如图 9-17 所示。

向对方发送一个电子邮件，收信人查看是否收到加密并带签名的邮件。

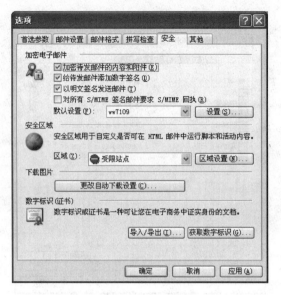

图 9-17 "选项"对话框

5. 实验报告要求

提交实验报告,分析数字证书的结构,分析发信人加密签名过程,以及收信人的解密验证签名过程。

9.2 网络扫描技术

9.2.1 网络扫描原理

网络安全扫描技术是一种基于 Internet 利用 TCP/IP 协议,通过远程发送网络数据包来检测目标网络或主机安全性脆弱点的技术。通过网络安全扫描,系统管理员能够发现所维护的 Web 服务器的各种 TCP/IP 端口的分配、开放的服务、Web 服务软件版本和这些服务及软件呈现在 Internet 上的安全漏洞,并客观评估网络风险等级。同样,黑客或者攻击者也能发现目标主机或网络的各种信息,进而进行进一步攻击,因此网络扫描是一把"双刃剑"。

网络安全扫描一般分为三个阶段:

1. 发现目标主机或网络

发现目标主机或网络,主要是发现 Internet 上可以攻击的网络,以及网络中存活的主机。主要是向目标主机发送网络数据,根据响应的结果判断其存活性。存活性扫描一般利用 ICMP 协议扫描,或者利用正常的 ICMP 协议数据包,探测单个主机存活性或网络存活的主机,或者利用异常的 ICMP 数据包规避防火墙和入侵检测设备探测目标主机与网络。ping 命令就是最原始的主机存活扫描技术,利用 ICMP 的 ECHO 字段,发出的请求如果收到回应的话代表主机存活。

2. 搜集目标信息

搜集目标信息,包括操作系统类型、运行的服务以及服务软件的版本等。如果目标是一个网络,还可以进一步发现该网络的拓扑结构、路由设备以及各主机的信息。这一阶段最常用的扫描软件就是基于开源的 Nmap,Nmap 被称为扫描器之王,几乎能够使用所有常见的扫描技术。常见的扫描技术包括端口扫描技术以及操作系统识别等。

端口扫描技术就是查询目标主机上开放的端口,直接利用端口与服务对应的关系,可以判断目标主机开发的服务,如 23 号端口对应 telnet,21 号端口对应 ftp,80 号端口对应 http。端口号与对应的服务只是一种约定,没有严格的约束力,也不存在严格的一一对应关系。常见流行的端口扫描技术通常有 TCP 扫描和 UDP 扫描。

1) TCP 扫描

利用传输层的 TCP 协议发送网络数据包,通过应答信息来判断开放的端口,包括全连接扫描、半连接(SYN)扫描、Reverse-ident 扫描、Fin 扫描和 Xmas 扫描等。

(1) 全连接扫描:利用 TCP 协议中的三次握手技术,正常会话建立时所必须实现的协议。扫描主机发送一个 SYN 标志位的报文,如果目标主机的端口是开放的,就会返回 SYN+ACK 报文,表示目标主机的端口开放,扫描主机要再向目标主机发送一个 ACK 位的报文,实现三次握手。实现全连接扫描一般是使用系统调用 connect()。如果端口开放,则连接将建立成功;否则,返回−1 表示端口关闭。

(2) 半连接扫描:不同于全连接扫描,半连接扫描只完成了前两次握手,直接根据目标主机的应答判断端口是否开放。SYN 扫描的优点在于消耗的资源少,扫描速度快且方法隐蔽。缺点在于需要扫描软件构造数据 IP 包,通常情况下需要超级用户的权限。

2) UDP 扫描

这种扫描方式的特点是利用 UDP 端口关闭时返回的 ICMP 信息,其隐蔽性好,但这种扫描使用的数据包在通过网络时容易被丢弃,从而产生错误的探测信息。

搜集操作系统信息主要采用指纹识别技术,利用 TCP/IP 协议栈实现上的特点来辨识一个操作系统。不同操作系统实现 TCP/IP 协议时总是存在不同的细微差别,利用这种细微的差别信息可辨识操作系统的种类,甚至操作系统的版本号。指纹技术有主动和被动两种。

(1) 主动识别技术:采用主动发包,多次发送试探数据包,利用应答信息的细微差别综合判断操作系统信息,比如根据 ACK 值判断,有些系统会发送回所确认的 TCP 分组的序列号,有些会发回序列号加 1;有些操作系统会使用一些固定的 TCP 窗口;某些操作系统还会设置 IP 头的 DF 位来改善性能。

(2) 被动识别技术:不是向目标系统发送分组,而是被动捕获监测的网络通信数据包,以确定所用的操作系统。利用对报头内 DF 位,TOS 位,窗口大小,TTL 的嗅探判断。

3. 测试目标主机的攻击方法

测试攻击方法主要采用漏洞扫描技术,就是对计算机系统或者其他网络设备进行安全相关的检测,以找出安全隐患和可被攻击者利用的漏洞。

漏洞扫描以 Nessus 为免费产品代表,Nessus 的安装应用程序、脚本语言都是公开的,但从版本 3 开始它就转向一个私有的授权协议,其扫描引擎仍然免费,延迟一定的时间之后,其大部分插件都将是免费插件。

9.2.2 网络扫描实验

1. 实验目的

(1) 了解网络扫描的基本原理。

（2）掌握常用网络扫描工具的基本使用方法。

2．实验内容

（1）学习使用 Nmap 的方法。

（2）学习使用漏洞扫描工具 Nessus 的方法。

3．实验环境

（1）硬件 PC 1 台。

（2）系统配置：操作系统 Windows XP 以上。

（3）所需软件：

① 端口扫描软件 Nmap，下载地址为 http：//www. insecure. org/nmap。

② 漏洞扫描软件 Nessus，下载地址为 http：//www. nessus. org/nessus。

③ 补包工具 Winpcap，下载地址为 http：//www. Winpcap. org。

4．实验步骤

1）端口扫描

解压 nmap-4.00-win32. zip（版本号在不断更新），安装 Winpcap，运行 cmd. exe，熟悉 nmap 命令。

试图做以下扫描：

（1）PING 扫描。

分别利用 ICMP、TCP 协议对局域网内的机器进行 PING 扫描。由于-sP 参数在默认情况下并行地使用 ICMP 回应请求和 TCP 的 ACK 扫描技术，因此需要组合-P0 参数。记录一次完整的扫描过程，并比较两种方式的不同点。命令格式：

Nmap -sP 目标主机 IP 地址

（2）TCP connect 扫描。

对网关或服务器使用-sT 参数进行端口扫描，记录并分析扫描结果。命令格式：

Nmap -sT 目标主机 IP 地址

（3）秘密扫描。

分别利用-sF、-sX 和-sN 参数实现秘密扫描过程，记录并分析扫描结果。命令格式：

Nmap -sF -sX sN 目标主机 IP 地址

（4）UDP 扫描。

试着利用-sU 参数扫描网关或服务器的 UDP 端口，记录并分析扫描结果。命令格式：

Nmap -sU 目标主机 IP 地址

（5）操作系统扫描。

利用-O 参数扫描对方的操作系统。命令格式：

Nmap -O 目标主机 IP 地址

（6）试图使用 Nmap 的其他扫描方式扫描分析，伪源地址、隐蔽扫描等。

2) 漏洞扫描

(1) 安装 Nessus。从 http://www.nessus.org/download 下载 Windows 版本的 Nessus,按照默认的选项安装。

(2) 启动 Nessus 管理程序 nessussvrmanager.exe,并单击获得激活码按钮,从 Nessus 网站选择使用类型及自己的邮箱,并从邮箱获得激活码注册,如图 9-18 所示。

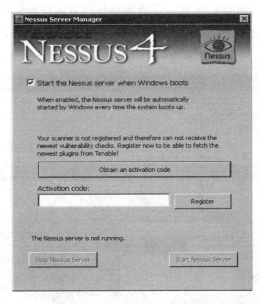

图 9-18　获得 Nessus 激活码

(3) 这时 Nessus 管理程序变成如图 9-19 所示界面,单击 Manage Users 按钮,增加使用用户,分别设置密码。

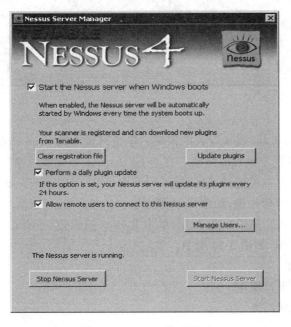

图 9-19　Nessus 管理界面

（4）启动客户端程序，启动 Web 浏览器，输入网址"https://localhost:8834"，选择继续浏览网站，并导入证书。

注意：不同的浏览器选项有细微不同。端口号 8834 可以在配置文件 nessusd.conf 中设置，配置文件位于"安装目录\Nessus\conf"下。

（5）设置扫描策略。在网页中单击 Policies 按钮，在弹出页面中单击增加策略按钮 Add，弹出设置策略页面，如图 9-20 所示。在设置策略页面中填写策略名称，并对扫描策略进行设置，设置选项可以参考 Nessus 提供的官方用户使用导向文档 nessus _4.2_user_ guide.pdf（http://www.nessus.org/documentation/nessus_4.2_user_guide.pdf）。

图 9-20 Nessus 扫描策略

（6）单击 Submit 按钮，提交设置的策略。单击网页中的 Scan 选项，并单击 Add 按钮，在 Policy 选项中选择刚才设置的策略。在 Scan Target 中设置扫描目标，这里可以设置单台主机的 IP 地址，也可以设置局域网，局域网采用 CIDR 方法标记，如 192.168.0.0/24。单击 Launch Scan 按钮开始扫描，如图 9-21 所示。

（7）查看扫描结果。如图 9-22 所示，单击 Report 按钮，选择刚才扫描的结果，查看并分析扫描目标的漏洞情况，如图 9-23 所示。

5．实验报告要求

（1）说明程序的设计原理。

（2）提交运行测试结果。

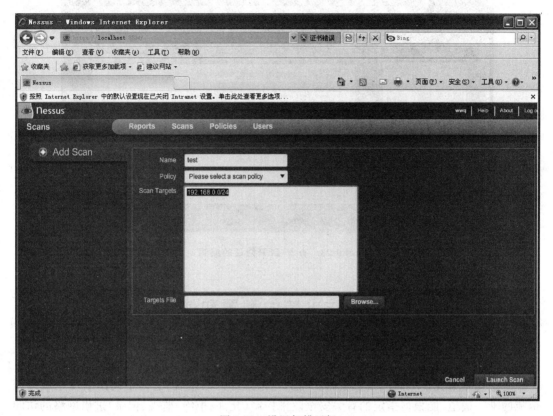

图 9-21　设置扫描目标

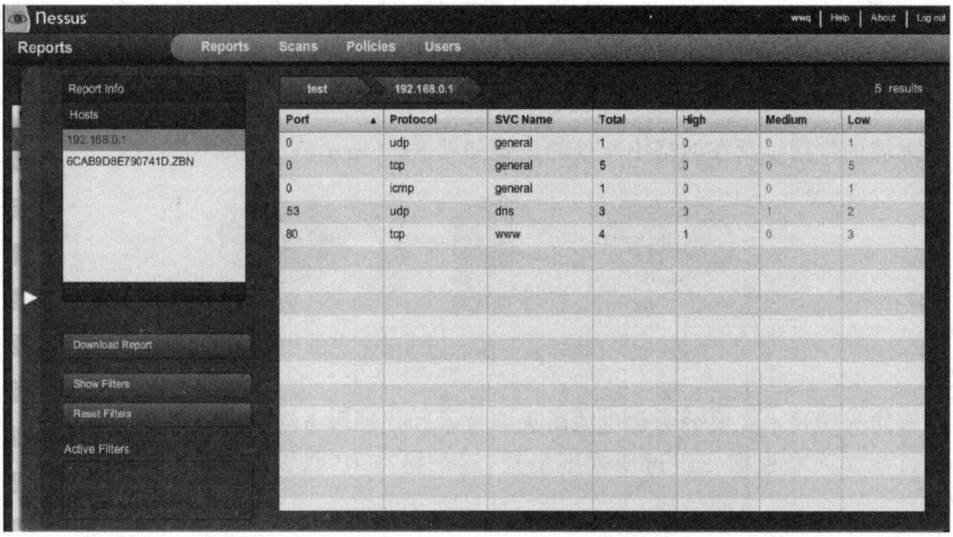

图 9-22　查看扫描结果

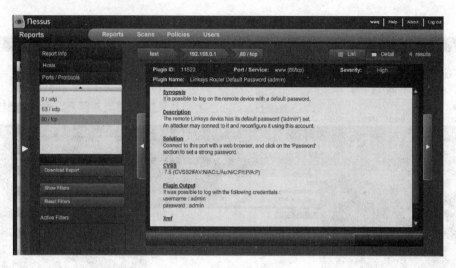

图 9-23　查看 TCP 协议的漏洞

9.3　防火墙的配置和使用

9.3.1　防火墙的原理

防火墙是指置于不同网络安全域之间的一系列部件的组合,它是不同网络安全域间通信流的唯一通道,能根据指定的有关安全政策控制(允许、拒绝、监视、记录)进出网络的访问行为。

防火墙是企业网络安全的屏障,它可以强化网络安全策略,对网络访问和内部资源使用进行监控审计,防止敏感信息的泄露。防火墙是一种综合性技术,涉及计算机网络技术、密码技术、软件技术、安全协议、安全操作系统以及 ISO 标准化组织的安全标准、规范等多个方面。

防火墙的作用以及在网络中所处的位置如图 9-24 所示。

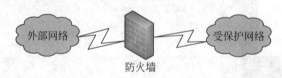

图 9-24　防火墙的位置

现有防火墙技术主要分为包过滤防火墙技术和代理服务防火墙技术两大类。

包过滤防火墙根据一组过滤规则集合,逐个检查 IP 数据包,确定是否允许该数据包通过。

防火墙技术主要包含以下技术:

1. 简单包过滤技术

简单包过滤技术也称作静态包过滤。如图 9-25 所示,简单包过滤防火墙在检查数据包报头时,只是根据定义好的过滤规则集来检查所有进出防火墙的数据包报头信息,并根据检查结果允许或者拒绝数据包,并不关心服务器和客户端之间的连接状态。简单包过滤防火墙也不支持用户身份认证,不提供日志功能。

2. 状态检测包过滤技术

状态检测包过滤技术也称作动态包过滤。状态检测包过滤防火墙除了有一个过滤规则集外,还要跟踪通过自身的每一个连接,提取有关的通信和应用程序的状态信息,构成当前连接的状态列表。该列表中至少包括源和目的 IP 地址、源和目的端口号以及与该特定会话相关的每条 TCP/UDP 连接的附加标记。当一个会话经过防火墙时,数据包将与状态表、规则集进行对比,只允许与状态表和规则集匹配的项通过。使用状态表后,防火墙就可以利用更多的信息来决定是否允许数据包通过。

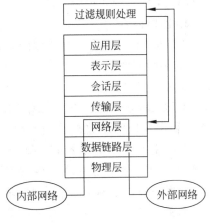

图 9-25　包过滤路由器的逻辑位置

3. 代理服务防火墙技术

代理服务(Proxy Service)是指运行于内部网络与外网之间主机(堡垒主机)上的一种应用。当用户需要访问代理服务器另一侧主机时,代理服务器对于符合安全规则的连接,会代替主机响应访问请求,并重新向主机发出一个相同的请求。当此连接请求得到回应并建立起连接之后,内部主机同外部主机之间的通信将通过代理程序的相应连接映射来实现。代理既是客户端(Client),也是服务器端(Server)。代理服务防火墙的工作原理如图 9-26 所示。

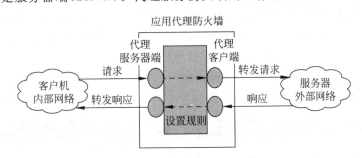

图 9-26　应用代理防火墙的原理图

代理服务限制了内部主机和外部主机之间的直接通信,但代理服务对用户和服务都是透明的,代理服务器给用户以直接使用真正服务器的假象;而对于服务器来说,它也并不知道用户的存在,自己在和代理服务器通信。缺点是由于引入代理服务,网络访问的处理性能较低;用户所需的应用必须具有代理服务程序的支持,否则无法正常使用。

防火墙实验以个人防火墙实验为主,这样所有的网络就是外部安全域,个人主机属于内部安全域。由于主流的操作系统有 Windows 和 Linux,两种操作系统实现防火墙的机制不同,本书分别以两种操作系统为例,实现防火墙的应用。

9.3.2　Windows 防火墙实验

1. 实验目的

(1) 掌握防火墙的基本原理。

（2）掌握防火墙的使用及规则的设置。

（3）了解实现防火墙的基本原理。

2. 实验内容

Windows 防火墙设置，规则的设置，检验防火墙的使用。

3. 实验原理

在实现方式上，Windows 下的个人防火墙主要有两种，分别是用户级和内核级。其中，用户级防火墙采用的技术主要有 Winsock 2 服务提供者接口（Service Provider Interface，SPI），利用发送网络数据的函数钩子等；内核级防火墙主要采用的技术有 TDI 过滤驱动程序、NDIS 中间层过滤驱动程序、NDIS 过滤钩子驱动程序等，它们都是利用网络驱动来实现的。本文以 Windows 系统自带的防火墙为例说明防火墙的使用。

4. 实验步骤

（1）右击"网络邻居"，从弹出的快捷菜单中选择"属性"命令，选择计算机的网络连接的网卡右击，从弹出的快捷菜单中选择"属性"命令，弹出"本地连接 2 属性"对话框，如图 9-27 所示。

（2）选择"高级"选项卡，单击"Windows 防火墙"选项区域中的"设置"按钮。这时如果 Windows Firewall /Internet Connection Sharing (ICS)服务没有启动，则会弹出启动服务的对话

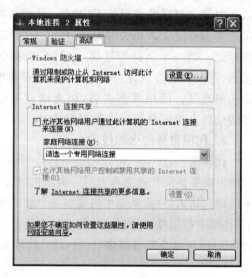

图 9-27 "本地连接 2 属性"对话框

框，选择启动服务，最后弹出"Windows 防火墙"对话框，如图 9-28 所示。

（3）选择"例外"选项卡，可以选择、添加并编辑对外提供服务的程序，如图 9-29 所示。

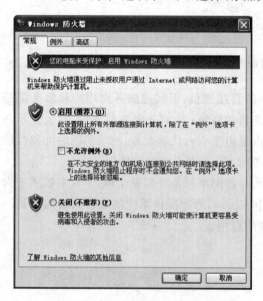

图 9-28 "Windows 防火墙"对话框

图 9-29 "例外"选项卡

（4）对数据包过滤设置。选择"高级"选项卡，在"网络连接设置"选项区域中选择使用的网络连接，如图 9-30 所示，并单击右边的"设置"按钮，弹出"高级设置"对话框，如图 9-31 所示。可以设置对外提供的服务，不同的服务开放不同的端口，可以增加新的规则，如图 9-32 所示。还可以设置对 ICMP 类型的数据包屏蔽，如图 9-33 所示。

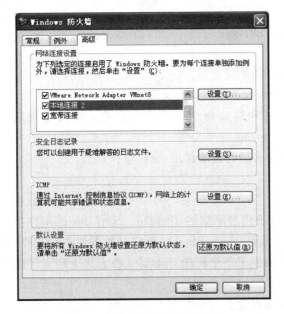

图 9-30　选择设置的网络连接

图 9-31　"高级设置"对话框

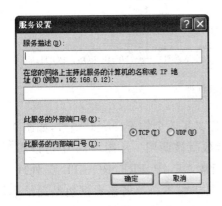

图 9-32　增加新建规则

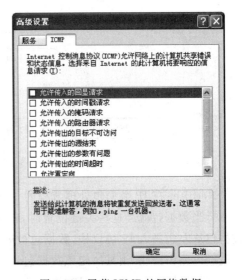

图 9-33　屏蔽 ICMP 的网络数据

5. 实验报告要求

（1）说明包过滤防火墙的工作原理。

（2）提交防火墙指定功能测试结果。

9.3.3 Linux 防火墙实验

1. 实验目的

(1) 进一步掌握防火墙的基本原理和通常的防火墙部署及配置步骤。

(2) 了解 Linux 防火墙的基本原理。

(3) 熟悉一种 Linux 环境下的防火墙软件的使用。

2. 实验内容

(1) 了解 Linux 的基本原理以及 Iptable 的配置规则。

(2) 完成 Linux 环境下的防火墙软件 Firestarter 的安装及基本配置。

(3) 分别使用 Firestarter 图形界面模式和终端命令行模式完成防火墙安全规则的设置。

(4) 内外网之间的终端互相访问,观察防火墙的过滤作用,分析审计日志。

3. 实验原理

Linux 从内核版本 2.4 开始,提供了一个 Netfilter 框架,Netfilter 是 Linux 用于数据包过滤、数据包处理和 NAT 等的功能框架,用于代替早期的 IPchain。Netfilter 的用户空间管理工具是著名的 iptables 工具套件,iptables 使用 Netfilter 框架将对数据包执行操作(如过滤)的函数挂接进网络栈,因此,Netfilter 提供了一个框架,iptables 在它之上建立了防火墙功能。

Netfilter 框架嵌入 Linux 内核,但其并没有改变内核协议栈代码,而是将防火墙功能引入 IP 层,从而实现防火墙代码和 IP 协议栈代码的完全分离。Netfilter 模块的结构如图 9-34 所示。

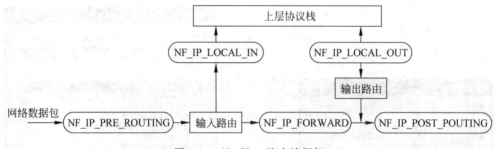

图 9-34 Netfilter 防火墙框架

Netfilter 在 IP 数据包处理流程的 5 个关键位置定义了 5 个钩子(hook)函数,如图 9-34 所示。当数据包流经这些关键位置时,相应的钩子函数就被调用。从图 9-34 中可以看到,数据包从左边进入 IP 协议栈,数据包被第一个钩子函数 NF_IP_PRE_ROUTING 处理,然后就进入路由模块,由其决定该数据包是转发出去还是送给本机。若该数据包是送给本机的,则要经过钩子函数 NF_IP_LOCAL_IN 处理后传递给本机的上层协议;若该数据包应该被转发,则它将被钩子函数 NF_IP_FORWARD 处理,然后还要经钩子函数 NF_IP_POST_ROUTING 处理后才能传输到网络。本机进程产生的数据包要先经过钩子函数 NF_IP_LOCAL_OUT 处理后,再进行路由选择处理,然后经钩子函数 POST_ROUTING 处理后再发送到网络。

对用户而言，可以根据 Netfilter 提供的编程规范，利用 Linux 内核编程的方法编写自己的钩子函数。当这些函数注册到内核之后，Netfilter 框架就会调用这些钩子函数，因此用户可以在钩子函数中对数据包进行相应的处理，如 NAT、包过滤等，甚至可以对网络数据进行任意的修改。

IPtables 是位于用户空间的管理工具，用于配置 IPv4 包过滤规则集的命令行程序。IPtables 在 Netfilter 框架的几个钩子点注册了过滤函数，因此使用它可以方便地对包过滤表中的规则进行插入、修改和删除等操作。

IPtables 定义了 4 张表（raw、nat、filter 和 mangle），每张表可以包含若干条规则链，通过 IPtables 可以自定义规则链，系统为上文提到的检查点定义了相应的规则链：INPUT、FORWARD、OUTPUT、PREROUTING、POSTROUTING。4 张表分别如下：

（1）Raw：为数据包作标记，以指示数据包是否需要被连接跟踪系统处理。

（2）Nat：用于对数据包进行网络地址转换（NAT），包括 SNAT（源地址转换）、DNAT（目的地址转换）和 MASQUERADE（IP 伪装）。不要将它用于过滤数据包，否则会出错。

（3）Filter：用于数据包过滤，可以以任何方式过滤数据包。

（4）Mangle：用于对数据包整形，更改数据包中的 TOS（Type of Service）、TTL（Time to Live）等字段。

因此，用户可以直接输入 IPtable 命令对防火墙中的规则进行管理。IPtable 命令相当复杂，具体格式如下所示：

```
iptables [-t 表名] <命令> [链名] [规则号] [规则] [-j 目标]
```

-t 选项用于指定所使用的表，IPtables 防火墙默认有 Filter、Nat 和 Mangle 三张表，也可以是用户自定义的表。表中包含了分布在各个位置的链，iptables 命令所管理的规则就是存在于各种链中的。该选项不是必需的，如果未指定一个具体的表，则默认使用的是 Filter。

如命令 IPtable：

```
iptables - A INPUT - i eth0 - s 192.138.64.179 - j DROP
```

丢弃来自 Internet，源 IP 被设置成 192.138.64.179 的非法分组。

在 IPtables 之上有许多免费开源的防火墙应用软件，这些软件一般基于 X-Windows 界面，著名的免费软件有 Firewall Builder、Firestarter 和 Shorewall 等。本实验以 Firestarter 为例，练习 Linxu 环境下防火墙的操作。

4. 实验步骤

（1）安装并运行 Firestart。

在 Ubuntu 主菜单上选择"系统"→"系统管理"命令，打开"新立得软件包管理器"。搜索到 Firestarter 软件包，管理器便开始下载及自动安装过程，安装成功后，可以看到已安装的版本信息以及最新的软件包版本等。在 Ubuntu 主界面的"系统"→"系统管理"菜单运行 Firestarter 软件，单击后执行该软件，弹出主窗口如图 9-35 所示。

（2）完成基本配置。

在 Firestarter 主窗口选择"防火墙"→"运行向导"命令，可以通过简单的步骤完成防火

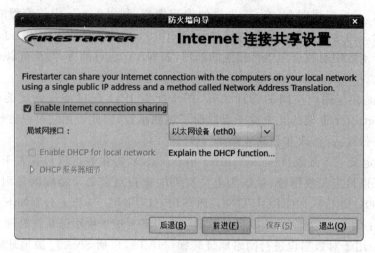

图 9-35　防火墙设置向导

墙的基本配置。完成内部网络接口设备配置、外部连接到 Internet 的网络接口设备配置,系统自动检测出已有的网络接口设备,用户不需要修改。对于内外网应该有两个网络接口设备,不能是同一个设备。对于连接内、外网的防火墙,需要选择 Enable Internet connection sharing 功能,使防火墙保护内部局域网。

（3）Firestarter 安全策略配置。

单击 Firestarter 主窗口中的"首选项"功能,如图 9-36 和图 9-37 所示。在这里可以完成对防火墙中安全策略的所有配置。在"事件"选项中,对于被阻塞的连接可以定义是否跳过(忽略)重复的侵入,以及是否跳过(忽略)目标不是防火墙的侵入。并且可以维护特定主机、特定端口下的事件日志的记录。

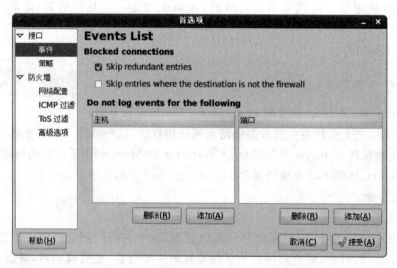

图 9-36　"首选项"对话框中的"事件"选项

（4）安全策略配置及事件浏览。

Firestarter 主窗口中有"状态"、"事件"和"策略"三个主要选项卡。对于"状态"选项卡,

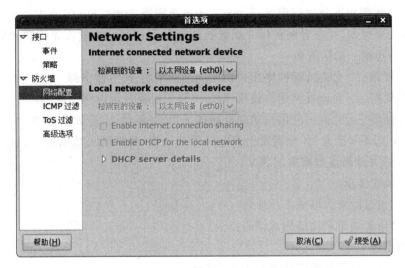

图 9-37　"首选项"对话框中的"网络配置"选项

可以了解防火墙当前的运行情况（启用、失效或锁定）；对于后两个选项卡，可以浏览被过滤连接的事件日志，以及通过配置流入（Inbound）、流出（Outbound）的通信量策略，从而实现复杂的、自定义安全策略，如图 9-38 和图 9-39 所示。

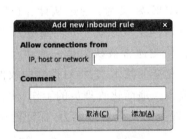

图 9-38　流入策略——主机选项

图 9-39　流入策略——服务选项

这里，用户可以灵活地自定义流出政策及默认许可（黑名单）和默认受限（白名单）两种模式。下面分别是针对流入、流出策略定义允许或拒绝主机（网络）、服务（端口）的设置，这些安全规则集共同保障了内网主机的安全，如图 9-40 和图 9-41 所示。

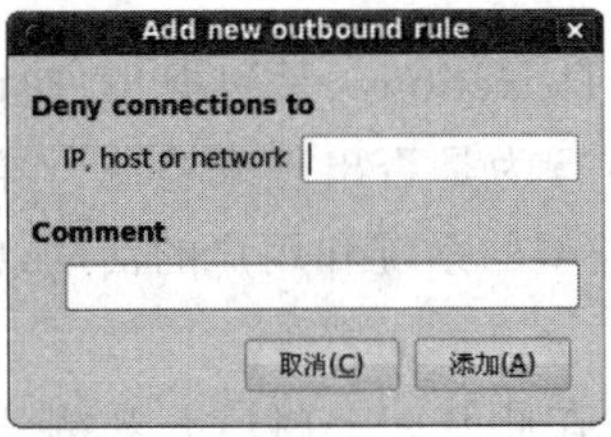

图 9-40　流出策略——黑名单

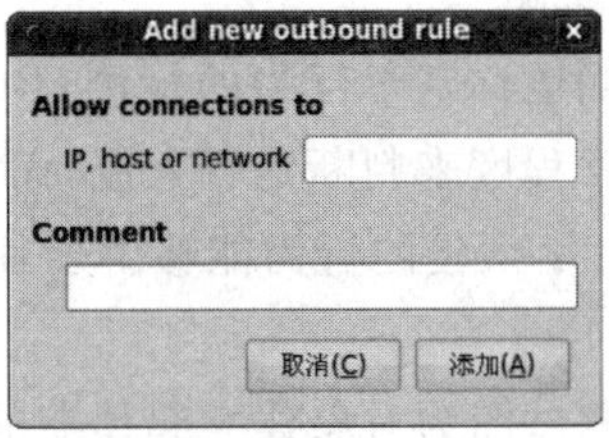

图 9-41　流出策略——白名单

网络安全

（5）在 root 用户下分别使用 Firestarter 图形界面模式和 Ubuntu 终端命令行模式配置以下防火墙安全规则，并查看两种模式配置的结果是否一致。这里首先将防火墙系统的默认策略设置为拒绝一切数据包。

① 安全规则一：允许外部网络用户访问内部网络的 Web 服务器。

② 安全规则二：允许外网用户使用 Telnet 服务远程登录内网主机。

③ 安全规则三：允许内网用户访问外网的 FTP 服务器，上传数据文件。

针对以上三条安全规则，分别发出相应的请求动作，观察防火墙的包过滤作用，以及日志的详细记录，并分析这些数据的含义。

5. 实验报告要求

（1）说明包过滤防火墙的工作原理。

（2）提交防火墙指定功能测试结果。

6. 实验思考

（1）从网络上下载其他的免费防火墙进行练习。

（2）如果自己编写防火墙软件，应该遵循怎样的规范？设计一个简单防火墙软件。

9.4 入侵检测系统

9.4.1 入侵检测系统简介

国际计算机安全协会（International Computer Security Association，ICSA）入侵检测系统论坛将入侵检测系统（Intrusion Detection System，IDS）定义为：通过从计算机网络或计算机系统中的若干关键点收集信息进行分析，从中发现网络或系统中是否有违反安全策略的行为和遭到攻击的迹象。相对于防火墙来说，入侵检测通常被认为是一种动态的防护手段。与其他安全产品不同的是，入侵检测系统需要较复杂的技术，它将对得到的数据进行分析，并得出有用的结果。一个合格的入侵检测系统能大大地简化管理员的工作，使管理员能够更容易地监视、审计网络和计算机系统，扩展了管理员的安全管理能力，保证网络和计算机系统的安全运行。

根据不同的网络环境和系统的应用，入侵检测系统在具体实现上也有所不同。从系统构成上看，入侵检测系统至少包括数据提取、入侵分析、响应处理三个部分，其中入侵分析技术是核心技术。

分析技术可以分为异常检测和误用检测分析。

1. 异常检测

异常检测也称基于行为的检测（Behavior-based Detection），是根据用户行为或资源使用状况的正常程度来判断是否入侵，而不依赖于具体行为是否出现来检测。异常检测技术基于以下假设：入侵的行为能够由于其偏离正常或期望的系统和用户的活动规律而被检测出来。

异常检测试图为对象建立起预期的行为模型，并在此基础上将所有观测到的行为和对象相关的活动与模型进行比较，然后再根据比较的结果将那些与预期行为不相符合的活动判定为可疑或入侵行为。其中，行为模型的对象可以是用户、主机或其他一些能够反映系统变化并且需要被监测的目标,而对象正常和合法行为的确定以及将其描述成行为模型则是这类技术的核心所在。目前,比较有代表性的异常检测技术主要有统计分析(Statistical Measure)、神经网络(Neural Network)和数据挖掘(Data Mining)等,其中最为典型的是统计分析方法。

异常检测的关键问题:

(1) 特征量的选择。异常检测首先是要建立系统或用户的"正常"行为特征轮廓,这就要求在建立正常模型时,选取的特征量既能准确地体现系统或用户的行为特征,又能使模型最优化,即以最少的特征量就能涵盖系统或用户的行为特征。

(2) 参考阈值的选定。参考阈值是异常检测的关键因素,阈值定得过大,漏报率可能会升高;阈值定的过小,则误报率就会提高,因而合适的参考阈值选定是影响这一检测方法准确率的至关重要的因素。

异常检测的优点是可以检测出未知的和复杂的入侵行为,且检测速度比较快。其缺点是存在较高的误警率,尤其采用的训练数据包含入侵行为时,可能得到错误的训练模型或阈值。它一般不能解释异常事件,从而无法采取正确的响应措施。入侵行为和异常行为往往不是一对一的等价关系,可能会出现如下情况:某一行为是异常行为,而它并不是入侵行为;同样存在某一行为是入侵行为,而它却并不是异常行为。异常检测一般属于事后分析,不能针对攻击行为提供实时的检测和响应。

2. 误用检测

误用入侵检测是指根据已知的入侵模式来检测入侵。首先建立已知各种攻击的特征库,然后将用户的当前行为依次同库中的各种攻击特征进行比较,如果匹配,则可以确定发生入侵行为,因此又称为特征检测(Signature-based Detection)。误用检测基于以下假设:入侵的行为是能够被识别和表示的,即可以用一种模式来表示攻击模型。入侵检测的过程主要是模式匹配过程。入侵特征描述了安全事件或其他误用事件的特征、条件、排列和关系。特征构造方式有多种,因此误用检测方法也多种多样。

误用检测技术的核心是要用恰当的方法提取和表示隐藏在某种入侵行为内的代表性特征,形成相应的入侵规则或模式库,并以此为依据实现对目标的有效检测和行为发现。根据匹配模式的构造和表达方式不同,形成了不同的误用检测模型。目前,比较有代表性的误用检测技术主要有以下模型:基于规则的专家系统模型、专家系统、状态转移分析等。

对于已知的攻击,误用检测可以详细、准确地报告出攻击类型,但是对未知攻击却效果有限,而且入侵模式库必须不断更新。由于可以知道攻击的类型,从而可以采用相应的响应手段。相对异常检测而言,误用检测的准确率和效率都比较高,因此也是入侵检测的主流技术。

但是误用检测有以下弱点:

(1) 如果入侵特征与正常的用户行为匹配,则系统会发生误报;如果没有特征能与某种新的攻击行为匹配,则系统会发生漏报。误用检测能明显降低误报率,但漏报率随之增加。攻击特征的细微变化会使得误用检测无能为力。

(2) 误用检测强烈依赖于模式库,如果构建的入侵模型不是足够好,则可能漏掉大多数的攻击。

(3) 系统的相关性很强,对于不同的操作系统,由于其实现机制不同,对其攻击的方法也不尽相同,很难定义出统一的模式库。

(4) 没有能力检测那些没有明显特征的入侵。

入侵检测系统中,最著名的就是开源的入侵检测系统 Snort,Snort 是一个功能强大、跨平台、轻量级的网络入侵检测系统。从入侵检测分类上来看,Snort 应该是一个基于网络和误用的入侵检测软件。它可以运行在 Linux、OpenBSD、FreeBSD、Solaris,以及其他 UNIX 系统、Windows 等操作系统之上。Snort 是一个用 C 语言编写的开放源代码软件,符合 GPL(GNU General Public License,GNU 通用公共许可证)的要求。由于其是开源且免费的,许多研究和使用入侵检测系统都是从 Snort 开始,因而 Snort 在入侵检测系统方面占有重要地位。Snort 的网站是 http://www.snort.org。用户可以登录网站得到源代码,在 Linux 和 Windows 环境下安装可执行文件,并可以下载描述入侵特征的规则文件。

Snort 对系统的影响小,管理员可以很轻易地将 Snort 安装到系统中去,并且能够在很短的时间内完成配置,方便地集成到网络安全的整体方案中,使其成为网络安全体系的有机组成部分。虽然 Snort 是一个轻量级的入侵检测系统,但是它的功能却非常强大:

(1) 可以支持 Linux、Solaris、UNIX 和 Windows 系列等平台。

(2) 具有实时流量分析的能力,能够快速地监测网络攻击,并能及时地发出警报。使用协议分析和内容匹配的方式,提供了对 TCP、UDP 和 ICMP 等协议的支持,对缓冲区溢出、隐蔽端口扫描、CGI 扫描、SMB 探测、操作系统指纹特征扫描等攻击都可以检测。

(3) 方便管理员根据需要调用各种插件模块。包括输入插件和输出插件,输入插件主要负责对各种数据包的处理,通过输出插件可以输出到 MySQL、SQL 等数据库中,还可以以 XML 格式输出,用户甚至可以自己编写插件,自己来处理报警的方式并进而作出响应,从而使 Snort 具有非常好的可扩展性和灵活性。

(4) Snort 基于规则的检测机制十分简单和灵活,可以迅速对新的入侵行为做出反应,发现网络中潜在的安全漏洞。甚至许多商业的入侵检测软件直接就使用 Snort 的规则库。

9.4.2 入侵检测系统实验

1. 实验目的

在 Windows 环境下安装并运行一个 Snort 系统,了解入侵检测系统的作用和功能。

2. 实验内容

安装并配置 Appahe,安装并配置 MySQL,安装并配置 Snort;服务器端安装配置 PHP 脚本,通过 IE 浏览器访问 IDS。

3. 实验环境

(1) 硬件 PC 1 台。

(2) 系统配置:操作系统 Windows XP 以上。

(3) 所需软件:

① Appache:Web 服务器软件,下载网址为 http://httpd.apache.org。

注意:Appache 是 Windows 下的安装文件,文件名称一般为 apache_2.a.b-win32-x86-no_ssl.msi。这里 a、b 分别为版本号。

② PHP 软件:PHP 支持软件,下载网址为 http://www.php.net/downloads.php。

注意:PHP 是 Windows 下的安装文件,文件名称一般为 php-5.2.a-Win32.zip。a 为版本号。

③ MySQL：数据库软件，下载网址为 http://www.mysql.com。

注意：MySQL 是 Windows 下的安装文件，文件名称一般为 mysql-5.a.b-win32.msi。a、b 为版本号。目前最高版本为 5.0 版本系列。

④ ACID：基于 PHP 的入侵检测数据库分析控制台软件，下载网址为 http://sourceforge.net/projects/acidlab。

⑤ ADODB：ADODB(Active Data Objects Data Base)库 for PHP，下载网址为 http://sourceforge.net/projects/adodb/files/adodb-php-4-and-5。

⑥ Jpgraph：基于 PHP 的图形库绘图软件，下载网址为 http://www.aditus.nu/jpgraph/jpdownload.php。下载时注意选择与安装的 PHP 对应版本的软件。

⑦ Winpcap：基于 Windows 的抓包驱动程序，下载网址为 http://www.winpcap.org/install/default.htm。

⑧ Snort：入侵检测软件，下载网址为 http://www.sort.org。

注意：Snort 是 Windows 下的安装文件，文件名称一般为 Snort_2_8_a_b_Installer.exe。a、b 为版本号。

⑨ Snortrules：Snort 规则集，下载网址为 http://www.sort.org。

注意：需要用户注册后方能下载。

4. 实验步骤

(1) 安装 Apache 服务器。

按照安装软件的提示安装，安装的时候注意本机的 80 号端口是否被占用，如果被占用，则关闭占用端口的程序。选择定制安装，安装路径修改为 c:\apache，安装程序会自动建立 c:\apache2 目录，继续完成安装。

下面添加 Apache 对 PHP 的支持。

① 解压缩 php-5.a.b-Win32.zip 至 c:\php。

② 复制 php5ts.dll 文件到％systemroot％\system32。

③ 复制 php.ini-dist 至％systemroot％，并修改文件名 php.ini。

修改 php.ini：

```
extension = php_gd2.dll
extension = php_mysql.dll
```

同时复制 c:\php\extension 下的 php_gd2.dll 与 php_mysql.dll 至％systemroot％\ 。

④ 添加 gd 库的支持。在 C:\apache\Apache2\conf\httpd.conf 中添加：

```
LoadModule php5_module "c:/php5/php5apache2.dll"
```

⑤ 在 AddType application 下加入下面两行：

```
AddType application/x-httpd-php .php .phtml .php3 .php4
AddType application/x-httpd-php-source .phps
```

⑥ 添加好后，保存 http.conf 文件，并重新启动 Apache 服务器。

下面测试 PHP 脚本。

① 在 c:\apache2\htdocs 目录下新建 test.php,test.php 文件内容如下:

```
<?phpinfo();?>
```

② 使用 http://localhost/test.php 测试 PHP 是否安装成功。

(2) 安装配置 Snort。

① 安装程序 Winpcap_4_0_2.exe,默认安装即可。

② 安装 Snort_2_8_1_Installer.exe,默认安装即可。

③ 将 Snortrules-snapshot-CURRENT 目录下的所有文件复制(全选)到 c:\Snort 目录下。

④ 将文件压缩包中的 Snort.conf 覆盖 C:\Snort\etc\Snort.conf。

(3) 安装 MySQL,配置 MySQL。

① 解压 mysql-5.a.b-win32.zip,并安装。

② 采取默认安装,注意设置 root 账号和其密码。

③ 检查是否已经启动 MySQL 服务。

④ 在安装目录下运行命令(一般为 c:\mysql\bin):

```
mysql - u root -p
```

⑤ 输入刚才设置的 root 密码,运行以下命令:

```
c:\> mysql - D mysql - u root - p < c:\Snort_mysql
c:\mysql\bin\mysql - D Snort - u root - p < c:\Snort\schemas\create_mysql
c:\mysql\bin\mysql - D Snort_archive - u root - p < c:\Snort\schemas\create_mysql
```

(4) 安装其他工具。

① 安装 ADODB,解压缩 adodb497.zip 到 c:\php\adodb 目录下。

② 安装 Jpgraph 库,解压缩 jpgraph-1.22.1.tar.gz 到 c:\php\jpgraph,并且在文件 C:\php\jpgraph\src\jpgraph.php 中添加如下一行:

```
DEFINE("CACHE_DIR","/tmp/jpgraph_cache/");
```

③ 安装 ACID,解压缩 acid-0.9.6b23.tar.gz 到 c:\apache\htdocs\acid 目录下,并将 C:\Apache\htdocs\acid\acid_conf.php 文件的如下各行内容修改为:

```
$ DBlib_path = "c:\php\adodb";
$ alert_dbname = "Snort";
$ alert_host =' "localhost";
$ alert_port = "3306";
$ alert_user = "acid";
$ alert_password = "acid";
$ archive_dbname = "Snort_archive";
$ archive_host = "localhost";
$ archive_port = "3306";
$ archive_user = "acid";
$ archive_password = "acid";
$ ChartLib_path = "c:\php\jpgraph\src";?>
```

④ 通过浏览器访问 http:/127.0.0.1/acid/acid_db_setup.php,在打开页面中单击 Create ACID AG 按钮,让系统自动在 MySQL 中建立 ACID 运行必需的数据库,如图 9-42 所示。

图 9-42 ACID 入侵检测设置

(5) 启动 Snort。

① 测试 Snort 是否正常:

```
c:\> Snort - dev
```

② 查看本地网络适配器编号:

```
c:\> Snort - W
```

③ 正式启动 Snort(假设补包的网络适配器编号为 2):

```
Snort - c "c:\Snort\etc\Snort.conf" - i 2 - l "c:\Snort\logs" - deX
```

其中"-i"后的参数为网卡编号,由 Snort -W 查看得知。

这时通过 http://localhost/acid/acid_main.php 可以查看入侵检测的结果。

（6）利用扫描实验的要求扫描局域网,查看检测的结果。

5. 实验报告要求

（1）简单分析网络入侵检测 Snort 的分析原理。

（2）分析所安装的入侵检测系统对攻击的检测结果。

第 10 章　网　络　编　程

网络编程技术是实现各种网络应用的前提，也是程序员的基本功之一。掌握并熟练应用各种网络编程技术，不但有助于学生了解网络通信的原理，实现各种网络应用，而且有助于提高学生的编程能力，有助于提高学生的核心竞争力。本章从基本的套接字开始，由易到难，由低级到高级阐述了 Windows 的各种网络编程技术，最后给出网络抓包分析的各种常用编程方法，从而形成了一个网络安全应用的完整解决方案。

本章实验体系与知识结构如表 10-1 所示。

表 10-1　网络测量实验体系与知识结构

类别	实验名称	实验类型	实验难度	知识点
网络编程	利用伯克利基本函数实现 TCP 协议编程	设计	★★	套接字、基本函数
	利用伯克利基本函数实现 UDP 协议编程	设计	★★★	套接字、基本函数
	利用多线程技术实现服务器端多任务编程	选做设计	★★★★	多线程
	利用 select 技术实现服务器端多任务编程	选做设计	★★★	select 技术
	利用 C/S 实现一个简单的聊天程序	选做设计	★★★★	综合设计
	利用异步选择实现 TCP 协议服务器端编程	选做设计	★★★	异步选择
	利用事件选择实现 TCP 协议服务器端编程	选做设计	★★★★	事件、多线程
	利用重叠式 I/O 实现 TCP 协议服务器端编程	选做设计	★★★★	重叠、多线程
	利用完成端口模型实现 TCP 协议服务器端编程	选做设计	★★★★	完成端口
	利用 CAsyncSocket 实现 TCP 协议服务器端编程	必做设计	★★★	CAsyncSocket、消息
	利用 CSocket 类实现 TCP 协议服务器端编程	必做设计	★★★	CSocket 类、序列化
	利用 WinInet 类实现 FTP 客户端程序	必做设计	★★★	WinInet、网络应用
	利用原始套接字编程实现网络抓包	必做设计	★★★	原始套接字、数据包分析
	利用 Winpcap 实现网络抓包	选做设计	★★★★	Winpacp、数据包分析

10.1　基本伯克利套接字编程技术

10.1.1　概述

套接字（Socket）是网络编程的基本技术，是网络计算机与应用程序之间发送和接收数据的方式的一种抽象描述。它描述了(可能在不同的计算机上,也可能在同一台计算机内)两个通信点之间的连接。套接字起源于 20 世纪 70 年代加州大学伯克利分校版本的 UNIX,即人们所说的 BSD UNIX,后来逐渐为各个主流操作系统支持,成为网络编程的规范,因此通常称为伯克利套接字(Berkeley Sockets)。

套接字是编程接口规范,如图 10-1 所示,一般由操作系统和驱动程序实现底层的 TCP/IP 协议栈,并提供一套标准的 API 函数,用户在进行网络编程时,不必了解底层协议实现的细节,只需进行网络通信即可。另外,通过原始套接字,用户也可以直接在底层(IP 层)进行网络通信。

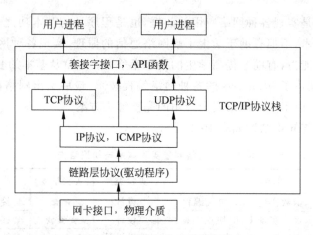

图 10-1 套接字接口编程规范

Berkeley Sockets 在 Windows 平台上的移植版本称为 Winsock。除了支持伯克利套接字的标准函数外,为能够充分利用 Windows 的消息机制以及 Win32 平台下的高性能 I/O 模型,Winsock 还提供了一组扩展函数(通常以字母 WSA 开头)。最初,Winsock 版本是 16 位的 Winsock 1.1,由动态链接库 winsock.dll 提供支持。目前为 32 位的 Winsock 2.2,由动态链接库 wsock32.dll 提供支持,同时在 2.0 版本中整个框架结构也做了很大改进。

用户目前可以使用三种套接口,即流套接口、数据报套接口和原始套接口。

(1) 流套接口(SOCK_STREAM)。流套接口提供了一个面向连接、可靠的数据传输服务,数据无差错、无重复地发送,且按发送顺序接收。内设流量控制,避免数据流超限。数据被看作是字节流,无长度限制。流套接口提供了双向的、有序的、无重复并且无记录边界。对应于传输层的 TCP 协议。

(2) 数据报套接口(SOCK_DGRAM)。数据报套接口提供了一个无连接服务。数据包以独立包形式被发送,不提供无错保证,数据可能丢失或重复,并且接收顺序混乱。数据报套接口支持双向的数据流,它的一个重要特点是保留了记录边界。对于这一特点,数据报套接口采用了与现在许多包交换网络(例如以太网)非常类似的模型。对应于传输层的 UDP 协议。

(3) 原始套接口(SOCK_RAM)。原始套接口允许对低层协议如 IP 或 ICMP 直接访问,主要用于新的网络协议实现的测试等。

用户编程时,可以使用基本 Socket API 函数进行编程。目前几乎所有操作系统在实现网络通信时都采用 Berkeley 套接字网络编程技术,然后在此基础上,结合各自操作系统的特点,开发了不同的网络编程技术。因此,了解和掌握 Berkeley 编程技术是掌握不同操作系统网络编程的基础。利用 Berkeley 套接字进行网络编程的最大优点就是程序的可移植性比较好,但是各操作系统在实现 Berkeley 套接字编程细节上可能存在细微的差别。

网络编程采用客户端/服务器(Client/Server,C/S)架构,由一个服务器端同时和多个客户端通信的方式。所以客户端和服务器端实现通信方式不同,同时利用 TCP 和 UDP 协议进行网络通信时,其实现方式也不同。

10.1.2 利用伯克利基本函数实现 TCP 协议编程

1. 实验目的

(1) 掌握 C/S 编程的基本框架。

(2) 掌握伯克利编程的基本函数。

(3) 掌握利用基本的伯克利套接字实现 TCP 编程。

2. 实验内容

利用伯克利编程基本函数编写一个具有基本通信功能的服务器端程序和客户端程序。

3. 实验环境

Visual C++ 6.0 版本以上。

4. 实验原理

如果采用伯克利套接字进行 TCP 协议编程,一般流程如图 10-2 所示。其中,客户端相对简单,初始化套接字后,连接服务器端就可以发送和接收数据了;服务器端相对复杂,初始化套接字后,绑定端口,然后开始侦听,如果收到客户端建立连接请求,产生一个新的套接字和该客户端进行通信,同时原套接字还要继续侦听端口等待新的连接。对于服务器端,有两种解决方案:

(1) 服务器需要采用多线程技术,可以采用主线程侦听端口,和客户端建立连接后,建立一个线程维护该链接与该客户端通信,如图 10-2 所示。

(2) 将每个套接字加入 I/O 队列,由 select 函数检查队列的状态并与之通信。

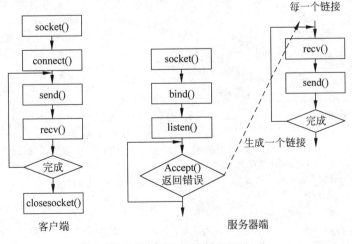

图 10-2 TCP 协议通信框架

5. 实验步骤

1）客户端编程

客户端主要完成以下工作：

（1）初始化 Winsock 编程环境，主要函数为 WSAStartup。

（2）填充服务器 IP 地址和端口信息，主要结构为 struct sockaddr_in。

（3）创建套接字，主要函数为 socket。函数中需要指定第二个参数为 SOCK_STREAM。

（4）和服务器建立连接，主要函数为 connect。

（5）和服务器通信，发送函数为 send，接收函数为 recv。

（6）结束通信时，关闭套接字和退出 Winsock 环境，函数为 closesocket、closesocket。

编写程序的主要过程如下：

（1）在 Visual C++ 中建立一个控制台程序。在主程序文件中添加头文件：

```
#include<Winsock2.h>          //包含 Windows socket 的头文件
#pragma comment(lib, "ws2_32.lib")  // 添加链接库
```

（2）主要程序如下：

```
#define DEFAULT_PORT   2010          //侦听的端口号
#define DATA_BUFFER    1500          //缓冲区长度
void main(int argc,char * argv[ ])
{
WSADATA    wsaData;
SOCKET        sClient;
int   iPort = DEFAULT_PORT;
int   iLen;                          //从服务器端接收的数据长度
char buf[DATA_BUFFER];               //接收数据的缓冲
struct sockaddr_in    ser;           //保存服务器端地址结构
if(argc<2)                           //判断输入的参数是否正确
{
    printf("Usage:client  [server IP address]\n"); //提示输入服务器 IP 地址
    return;
}
memset(buf,0,sizeof(buf));                    //接收数据的缓冲区初始化
if(WSAStartup(MAKEWORD(2,2),&wsaData)!= 0)    //完成 Winsock 服务的初始化
{    printf("Failed to load Winsock. \n");
    return;}
    ser.sin_family = AF_INET;                    //填写要连接的服务器地址信息
    ser.sin_port = htons(iPort);
    ser.sin_addr.s_addr = inet_addr(argv[1]);    //将命令行的点分 IP 地址转化
             //为用二进制表示的网络字节顺序的 IP 地址
    sClient = socket(AF_INET,SOCK_STREAM,0);     //建立客户端流式套接口
    if(sClient == INVALID_SOCKET)                //初始套接字失败
    {    printf("socket( ) Failed: % d\n", WSAGetLastError( ));
        return;}
    if(connect(sClient,(struct sockaddr * )&ser,
        sizeof(ser)) == INVALID_SOCKET)          //请求与服务器端建立 TCP 连接
    {    printf("connect( ) Failed: % d\n", WSAGetLastError( ));
```

```
        return;}
    else
    {
      char a1[ ] = " how do you do";
      send(sClient,a1,sizeof(a1),0);                //发送 a1 中的网络数据
      iLen = recv(sClient,buf,sizeof(buf),0);        //接收网络数据到缓冲区 buf
      if(iLen == 0) return;                          // 如果没有数据
      else if(iLen == SOCKET_ERROR)                  //接收错误,给出可能错误
      {
          printf("recv( ) Failed: % d\n", WSAGetLastError( ));
          return;
      }
      printf("recv( ) data from server,i = % d,that is:\n % s\n",iLen,buf);
    }
    closesocket(sClient);                            //关闭套接字
    WSACleanup( );                                   //注销 Winsock 服务
```

2) 服务器端编程

服务器端除了要完成程序开始时初始化 Winsock 环境,结束时退出 Winsock 环境之外,还要完成以下工作:

(1) 创建主套接字,主要函数为 socket。

(2) 绑定指定端口,主要函数为 bind。

(3) 设置侦听队列用于设置最多的客户连接请求,主要函数为 listen。

(4) 阻塞等待客户端连接,主要函数为 accept。当接收到客户端建立请求时,该函数返回一个和客户端通信的套接字。

(5) 利用返回的套接字和客户端通信。

创建控制台程序,并在主程序中添加如下核心代码:

```
# include < Winsock2. h>                        //包含 Windows socket 的头文件
# pragma comment(lib, "ws2_32.lib")
# define DEFAULT_PORT   2010                     // 端口号
void main( )
{
    int         iPort = DEFAULT_PORT;
    WSADATA     wsaData;
    SOCKET      sListen;                          //主套接字
    SOCKET      sAccept;                          //客户地址长度
    int     iLen;                                 //发送的数据长度
    int     iSend;
    char buf[ ] = "Hello! I am a server.";        //要发送给客户的信息
    struct sockaddr_in     ser,cli;              //用于服务器和客户的地址
    printf(" --------------------------------- \n");
    printf("Server waiting\n");
    printf(" --------------------------------- \n");
    if(WSAStartup(MAKEWORD(2,2),&wsaData)! = 0)
    {                                             //完成 Winsock 服务的初始化
        printf("Failed to load Winsock.\n ");
```

```
        return;
    }
    sListen = socket(AF_INET,SOCK_STREAM,0);              //创建服务器端套接口
    if(sListen == INVALID_SOCKET)
    {                                                     //无法创建则退出
        printf("socket( )Failed: % d\n", WSAGetLastError( ));
        return;
    }
    //以下建立服务器端地址
    ser.sin_family = AF_INET;
    //htons( )把一个双字节主机字节顺序的数转换为网络字节顺序的数
    ser.sin_port = htons(iPort);
    //htonl( )把一个四字节主机字节顺序的数转换为网络字节顺序的数
    //使用系统指定的 IP 地址 INADDR_ANY
    ser.sin_addr.s_addr = htonl(INADDR_ANY);
    if(bind(sListen,(LPSOCKADDR)&ser,sizeof(ser)) == SOCKET_ERROR)
    {                                                     //绑定端口。绑定失败则退出
        printf("bind( ) Failed: % d\n", WSAGetLastError( ));
        return;
    }
    if(listen(sListen,5) == SOCKET_ERROR)                 //设置侦听队列
    {
        printf("listen( ) Failed: % d\n",WSAGetLastError( ));
        return;
    }
    iLen = sizeof(cli);                                   //初始化客户地址长度参数
    //进入一个无限循环,等待客户的连接请求
    while(1)
    {
        sAccept = accept(sListen,(struct sockaddr * )&cli,&iLen);   //阻塞方式下等待连
            //接,如果有客户端发送链接请求则返回,cli 中保存了客户端的地址
            if(sAccept == INVALID_SOCKET)
        {                                                 //无效链接则退出循环
            printf("accept( ) Failed: % d\n", WSAGetLastError( ));
            break;
        }
        printf("Accepted client IP:[ % s],port:[ % d]\n",    //输出客户 IP 地址和端口号
        inet_ntoa(cli.sin_addr), ntohs(cli.sin_port));
        memset(buf,0,DATA_BUFFER);
        iLen = recv(sAccept,buf,DATA_BUFFER,0);           //接收客户发送的信息
        if(iLen == SOCKET_ERROR)
        {                                                 //读取失败,返回响应的错误信息
            printf("recv( ) Failed. : % d\n", WSAGetLastError( ));
            break;
        }
        else    if(iLen == 0)
            break;
        else
        {
```

```
        printf("receive client: % sd\n",buf);
        printf(" ----------------------------- \n");
    }
    iLen = send(sAccept,Sendbuf,sizeof(Sendbuf),0);      //向客户发送的信息
    if(iLen == SOCKET_ERROR)
    {
        printf("send( ) Failed.: % d\n", WSAGetLastError( ));
        break;
    }
    else     if(iLen == 0)  break;
    else
    {
        printf("send( ) byte: % d\n",iLen);
        printf(" ----------------------------- \n");
    }
    closesocket(sAccept);                 //关闭和客户端建立链接的套接字
    }
    closesocket(sListen);                 //关闭主套接字
    WSACleanup( );
}
```

6. 实验报告要求

结合示例代码,编写自己的网络通信程序。分析 TCP 通信的原理,给出通信程序,提交实验报告。

10.1.3 利用伯克利基本函数实现 UDP 协议编程

1. 实验目的

(1) 掌握 C/S 编程的基本框架。

(2) 掌握伯克利编程的基本函数。

(3) 掌握 Windows 环境下伯克利编程技术。

(4) 掌握利用基本的伯克利套接字实现 UDP 编程。

2. 实验内容

利用伯克利编程基本函数编写一个具有基本通信功能的服务端程序和客户端程序。

3. 实验环境

Visual C++ 6.0 版本以上。

4. 实验原理

由于 UDP 是面向无连接的协议,不需要保持每一个连接的状态,其客户端和服务器端通信相对简单。采用基本的套接字编程函数程序框架如图 10-3 所示。代码实现也相对简单。

5. 实验步骤

1) 客户端编程。

客户端主要完成以下工作:

(1) 初始化 Winsock 编程环境,主要函数为 WSAStartup。

(2) 填充服务器 IP 地址和端口信息,主要结构为 struct sockaddr_in。

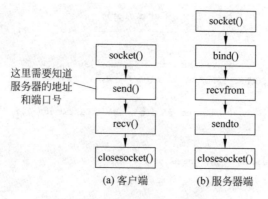

图 10-3　UDP 协议的通信框架

（3）创建套接字,主要函数为 socket,函数中需要指定第二个参数为 SOCK_DGRAM。

（4）服务器通信时,发送数据函数为 sendto,接收数据函数为 recvfrom。

注意：这里不必和服务器建立连接,发送和接收函数中包含了服务器地址和端口信息。

（5）结束通信时,关闭套接字和退出 Winsock 环境,函数为 closesocket、closesocket。

主要代码如下：

```c
# include < Winsock2.h >                //包含 Windows socket 的头文件
# pragma comment(lib, "ws2_32.lib")     // 目的是链接 Ws2_32.lib 库,
        //这样可以不在工程环境中设置,便于程序的可移植
# define DEFAULT_PORT   2010
# define DATA_BUFFER    2000
void main( int argc, char * argv[ ])
{
    WSADATA       wsaData;
    SOCKET        sClient;
    int           iPort = DEFAULT_PORT;
    int           iLen;                  //从服务器端接收的数据长度
    char          buf[DATA_BUFFER];      //接收数据的缓冲
    struct sockaddr_in    ser;           //接收数据的缓冲
    if(argc < 2)                         //判断输入的参数是否正确
    {
        printf("Usage:client   [server IP address]\n");
        //提示在命令行中输入服务器 IP 地址
        return;
    }
    memset(buf, 0, sizeof(buf));          //接收数据的缓冲区初始化
    if(WSAStartup(MAKEWORD(2,2),&wsaData)! = 0)
    {
        printf("Failed to load Winsock. \n");
        return;
    }
    ser.sin_family = AF_INET;             //填写要连接的服务器地址信息
    ser.sin_port = htons(iPort);
    ser.sin_addr.s_addr = inet_addr(argv[1]);
```

```
    sClient = socket(AF_INET, SOCK_DGRAM, 0);                //建立客户端流式套接口
    if(sClient == INVALID_SOCKET)
    {
        printf("socket( ) Failed: % d\n", WSAGetLastError( ));
        return;
    }
    char a1[ ] = "how do you do I am client ";
    sendto(sClient, a1, sizeof(a1), 0, (SOCKADDR * ) &ser, sizeof(ser));
    int SenderAddrSize = sizeof(ser);
    iLen = recvfrom(sClient, buf, sizeof(buf), 0, (SOCKADDR * ) &ser,
                &SenderAddrSize);
    //从服务器端接收数据
    if(iLen == 0) return;
    else if(iLen == SOCKET_ERROR)
    {
        printf("recv( ) Failed: % d\n", WSAGetLastError( ));
        return;
    }
    printf("recv data from server, Len = % d, test is:\n % s\n", iLen, buf);
    closesocket(sClient);
    WSACleanup( );
}
```

2) 服务器端编程

UDP 服务器端除了要完成程序开始时初始化 Winsock 环境,结束时退出 Winsock 环境之外,还要完成以下工作:

(1) 创建主套接字,主要函数为 socket。

(2) 绑定指定端口,主要函数为 bind。

(3) 等待接收客户端数据,接收数据函数为 recvfrom,返回的参数中包含了客户端信息。向客户端发送数据,函数为 sendto。

(4) 利用返回的套接字和客户端通信。

核心代码如下:

```
# define DEFAULT_PORT   2010
# define DATA_BUFFER    2000
void main( )
{
    int        iPort = DEFAULT_PORT;
    WSADATA    wsaData;
    SOCKET     sListen;
    int        iLen;                        //客户地址长度
    char Sendbuf[ ] = "Hello! I am a server.";    //发送的数据
    char buf[DATA_BUFFER];
    struct sockaddr_in     ser, cli;             //服务器和客户的地址
    printf("-------------------------------- \n");
    printf("Server waiting\n");
    printf("-------------------------------- \n");
```

```
if(WSAStartup(MAKEWORD(2,2),&wsaData)! = 0)
{
    printf("Failed to load Winsock.\n ");
    return;
}
sListen = socket(AF_INET,SOCK_DGRAM,0);          //创建服务器端套接口
if(sListen == INVALID_SOCKET)
{
    printf("socket( )Failed: % d\n", WSAGetLastError( ));
    return;
}
//以下建立服务器端地址
ser.sin_family = AF_INET;
ser.sin_port = htons(iPort);
ser.sin_addr.s_addr = htonl(INADDR_ANY);
if(bind(sListen,(LPSOCKADDR)&ser,sizeof(ser)) == SOCKET_ERROR)
{
    printf("bind( ) Failed: % d\n", WSAGetLastError( ));
    return;
}
while(1)                                 //进入一个无限循环
{
    int SenderAddrSize = sizeof(cli);
    memset(buf,0,DATA_BUFFER);
    iLen = recvfrom(sListen,buf,sizeof(buf),0,(SOCKADDR * )
                    &cli, &SenderAddrSize);
    if(iLen == SOCKET_ERROR)
    {
        printf("send( ) Failed.: % d\n", WSAGetLastError( ));
        break;
    }
    else   if(iLen == 0) break;
    else
    {
        printf("recvfrom: % s\n",buf);
        printf("------------------------------- \n");
    }
    iLen = sendto(sListen,Sendbuf,sizeof(Sendbuf),0,
                    (SOCKADDR * ) &cli,sizeof(cli));
    if(iLen == SOCKET_ERROR)
    {
        printf("send( ) Failed.: % d\n", WSAGetLastError( ));
        break;
    }
    else
    {
        printf("send( ) byte: % d\n",iLen);
        printf("------------------------------- \n");
    }
```

```
        }
    closesocket(sListen);
    WSACleanup( );
}
```

6. 实验报告要求

结合示例代码,编写自己的网络通信程序。分析 UDP 通信的原理,思考和 TCP 通信有何异同,给出程序清单,提交实验报告。

7. 实验思考

UDP 协议的网络编程的客户端和服务器端分别与 TC 协议网络编程有什么不同?

10.1.4 利用多线程技术实现服务器端多任务编程

1. 实验目的

(1) 掌握伯克利编程的基本函数。

(2) 掌握 Windows 环境下多线程实现服务器端编程技术。

2. 实验内容

利用多线程技术编写一个能够同时和多个客户通信的服务端程序。

3. 实验环境

Visual C++ 6.0 版本以上。

4. 实验原理

利用 TCP 协议通信时,一般服务器端程序会和相应多个客户进行通信。单纯伯克利套接字编程时有两种实现方法:一种就是多线程技术,当一个客户端发来连接请求时,建立一个线程与该客户进行通信;另外一种方法则是利用 select 系统调用的方式。由于建立线程需要消耗较多的资源,因此这一方法只适合小规模的服务器端编程。

5. 实验步骤

主要包括以下步骤:

(1) 创建主套接字,主要函数为 socket。

(2) 绑定指定端口,主要函数为 bind。

(3) 设置侦听队列用于设置最多的客户连接请求,主要函数为 listen。

(4) 阻塞等待客户端连接,主要函数为 accept。

(5) 当接收到客户端建立请求时,accept 函数返回一个和客户端通信的套接字,创建线程,创建线程时可以将与客户端通信的套接字作为线程参数。

(6) 在线程中和对应的客户端通信,当需要关闭该链接或获得客户端关闭连接请求时,关闭套接字,退出线程。

主程序中添加如下核心代码:

```
#define DEFAULT_PORT   2010              //服务器端口号
#define DATA_BUFFER    1500              //接收缓冲区长度
char Sendbuf[ ] = "Hello! I am a server.";
DWORD WINAPI ThreadClient(void * Par);      //线程函数
void main( )
{
```

```
int          iPort = DEFAULT_PORT;
WSADATA      wsaData;
SOCKET       sListen,sAccept, * pSaccept;
struct sockaddr_in   ser,cli;                        //服务器和客户的地址
printf(" -------------------------------- \n ");
printf("Server waiting\n");
printf(" -------------------------------- \n ");
if(WSAStartup(MAKEWORD(2,2),&wsaData)! = 0)
{
    printf("Failed to load Winsock. \n ");
    return;
}
sListen = socket(AF_INET,SOCK_STREAM,0);             //创建服务器端套接口
if(sListen == INVALID_SOCKET)
{
    printf("socket( )Failed: % d\n", WSAGetLastError( ));
    return;
}
//以下建立服务器端地址
ser.sin_family = AF_INET;
//htons( )把一个双字节主机字节顺序的数转换为网络字节顺序的数
ser.sin_port = htons(iPort);
//htonl( )把一个四字节主机字节顺序的数转换为网络字节顺序的数
//使用系统指定的 IP 地址 INADDR_ANY
ser.sin_addr.s_addr = htonl(INADDR_ANY);
if(bind(sListen,(LPSOCKADDR)&ser,sizeof(ser)) == SOCKET_ERROR)
{
    printf("bind( ) Failed: % d\n", WSAGetLastError( ));
    return;
}
//进入监听状态
if(listen(sListen,5) == SOCKET_ERROR)
{
    printf("listen( ) Failed: % d\n",WSAGetLastError( ));
    return;
}
Int Len = sizeof(cli);          //初始化客户地址长度参数
//进入一个无限循环,等待客户的连接请求
while(1)
{
    sAccept = accept(sListen,(struct sockaddr * )&cli,&Len);
    if(sAccept == INVALID_SOCKET)
    {
        printf("accept( ) Failed: % d\n", WSAGetLastError( ));
        break;
    }
    //输出客户 IP 地址和端口号
    printf("Accepted client IP:[ % s],port:[ % d]\n",
        inet_ntoa(cli.sin_addr),
        ntohs(cli.sin_port));
```

```
            pSaccept = new SOCKET;
            * pSaccept = sAccept;
            DWORD dwThreadId;
            CreateThread(NULL, 0, ThreadClient, pSaccept, 0, &dwThreadId);
                    //创建线程,pSaccept 为传递的参数
        }
    closesocket(sListen);
    WSACleanup( );
}
//功能:与客户端通信的线程
// 参数: Par 线程传递参数,这里为与客户端通信的套接字
DWORD WINAPI ThreadClient(void * Par)
{
    SOCKET * pSocket;
    pSocket = (SOCKET * )Par;                            //转换成套接字指针
    SOCKET &sAccept = * pSocket;                         //定义一个引用,指向指针
    char buf[DATA_BUFFER];
    while(1)
    {
        memset(buf, 0, DATA_BUFFER);
        int iLen = recv(sAccept, buf, DATA_BUFFER, 0);      //接收客户发送的信息
        if(iLen == SOCKET_ERROR)
        {   //读取失败,返回相应的错误信息
            printf("recv( ) Failed. : % d\n", WSAGetLastError( ));
            break;
        }
        else  if(iLen == 0)
                break;
        else
        {
            printf("receive client: % sd\n", buf);
            printf(" ----------------------------------- \n");
        }
        iLen = send(sAccept, Sendbuf, sizeof(Sendbuf), 0);  //向客户发送的信息
        if(iLen == SOCKET_ERROR)
        {
            printf("send( ) Failed. : % d\n", WSAGetLastError( ));
            break;
        }
        else  if(iLen == 0)
                break;
        else
        {
            printf("send( ) byte: % d\n", iLen);
            printf(" -------------------------------- \n");
        }
    }
    closesocket(sAccept);
    delete pSocket;
    return 0;
}
```

6. 实验报告要求

结合示例代码,编写自己的网络通信程序。分析多线程通信的原理,思考多线程编程需要解决哪些关键问题,给出程序清单,提交实验报告。

7. 实验思考

UDP 协议可以不使用多线程而直接同时和多个客户端通信,select 系统调用也可以实现多个客户端的通信,为什么?

10.1.5 利用 select 技术实现服务器端多任务编程

1. 实验目的

(1) 掌握伯克利编程的基本函数。

(2) 掌握 Windows 环境下 select 技术实现服务器端多任务编程。

2. 实验内容

利用 select 技术编写一个能够同时响应多个客户请求的服务器端程序。

3. 实验环境

Visual C++ 6.0 版本以上。

4. 实验原理

多线程一般采用阻塞方式(阻塞方式是指网络通信的函数在被调用后可能不会立即返回,而是直到所请求的操作完成后才返回),select 则支持非阻塞方式(非阻塞方式是指即使所请求的操作并没有完成,通信函数也会立即返回,根据函数返回值确定函数执行情况)。由于通信一般是异步方式,阻塞方式必须等待函数返回后才能做其他事情,效率较低;非阻塞方式的函数则立即返回,可以继续做其他事情,效率较高。同时,Linux 操作系统也支持 select 方式,且用法几乎相同,因而可移植性也比较好。

select() 机制中主要使用了文件描述符集的机制,采用 fd_set 数据结构与之对应,并提供了以下 4 个宏对该文件描述符集操作:

```
fd_set set;                        //定义字符集
   FD_ZERO(&set);                  //将字符集清空
   FD_SET(fd, &set);               //将文件描述符 fd 加入字符集 set
   FD_CLR(fd, &set);               //将文件描述符 fd 从字符集 set 中删除
   FD_ISSET(fd, &set);             //判断文件描述符 fd 集是否在字符集 set 中
```

网络通信的套接字也可以作为文件描述符,将套接字加入字符集后,利用 select 函数判断字符集中是否有可读的套接字,如果有,则返回判断是哪个套接字。如果是主套接字,一般是客户端建立连接的请求;如果是和客户端通信的套接字,则接收数据。

5. 实验步骤

主要包括以下步骤:

(1) 创建主套接字,主要函数为 socket。

(2) 绑定指定端口,主要函数为 bind。

(3) 设置侦听队列用于设置最多的客户连接请求,主要函数为 listen。

(4) 将主套接字加入字符集。

(5) 利用 select 函数等待字符集中可读的套接字。

（6）字符集中有可读的套接字时，判断是哪个套接字可读。

（7）如果是主套接字，则使用 accept 函数接收连接请求，并将返回的套接字加入字符集。然后返回第（5）步。

（8）如果是和客户端通信的套接字，利用 recv 函数接收数据，接收数据长度为 0 时，表示客户端断开，将套接字从字符集中删除。然后返回第（5）步。

核心代码如下：

```
#define DEFAULT_PORT    2010                //服务器端口号
#define DATA_BUFFER     1500                //接收缓冲区长度
char Sendbuf[ ] = "Hello! I am a server.";
void main( )
{
    int         iPort = DEFAULT_PORT;
    WSADATA     wsaData;
    SOCKET      sListen,sClient;
    struct sockaddr_in  ser,cli;            //服务器和客户的地址
    printf(" ----------------------------- \n");
    printf("Server waiting\n");
    printf(" ----------------------------- \n");
    if(WSAStartup(MAKEWORD(2,2),&wsaData)! = 0)
    {
        printf("Failed to load Winsock.\n ");
        return;
    }
    //创建服务器端套接口
    sListen = socket(AF_INET,SOCK_STREAM,0);
    if(sListen == INVALID_SOCKET)
    {
        printf("socket( )Failed: % d\n", WSAGetLastError( ));
        return;
    }
    //以下建立服务器端地址
    ser.sin_family = AF_INET;
    //htons( )把一个双字节主机字节顺序的数转换为网络字节顺序的数
    ser.sin_port = htons(iPort);
    //htonl( )把一个四字节主机字节顺序的数转换为网络字节顺序的数
    //使用系统指定的 IP 地址 INADDR_ANY
    ser.sin_addr.s_addr = htonl(INADDR_ANY);
    if(bind(sListen,(LPSOCKADDR)&ser,sizeof(ser)) == SOCKET_ERROR)
    {
        printf("bind( ) Failed: % d\n", WSAGetLastError( ));
        return;
    }
    //进入监听状态
    if(listen(sListen,5) == SOCKET_ERROR)
    {
        printf("listen( ) Failed: % d\n",WSAGetLastError( ));
        return;
```

```
        }
    int nLen;
    fd_set fdread;                      //读集
    fd_set fdSocket;                    //套接字集
    timeval tv;                         //select 阻塞等待的时间
    FD_ZERO(&fdSocket);                 //初始化 fd_set
    FD_SET(sListen, &fdSocket);         //分配套接字句柄到相应的 fd_set
    char buf[DATA_BUFFER];
    while(1)
    {
        tv.tv_sec = 2;                  //让 select 等待 2s 后返回,避免被锁死,也避免马上返回
        tv.tv_usec = 0;
        fdread = fdSocket;
        if(select(0, &fdread, NULL, NULL, &tv) == SOCKET_ERROR )
        {
            DWORD dw = GetLastError();
            if(dw == WSAENETDOWN )
            {
                printf("The network subsystem has failed\n");
                break;
            }
        }
        for(int i = 0; i < (int)fdSocket.fd_count; i++)
        {
            if(FD_ISSET(fdSocket.fd_array[i],&fdread))      break;
        }
        if(i == (int)fdSocket.fd_count)
        {
            printf("a timeout select\n");
            continue;
        }
        if (sListen == fdSocket.fd_array[i])   //如果是侦听套接字,返回一个新的连接
        //则是 accept 成功
        {
            int nSize = sizeof(cli);
            sClient = accept( sListen,(sockaddr * ) &cli, &nSize);
            if(sClient == INVALID_SOCKET )
            {
                printf("断开:% d\n",GetLastError());
                break;
            }
            printf("Accepted client IP:[ % s],port:[ % d]\n",
            inet_ntoa(cli.sin_addr),      ntohs(cli.sin_port));
            FD_SET(sClient, &fdSocket);             //增加套接字到阻塞集中
            continue;
        }
        //其他则是接收的 recv 返回
        memset(buf,0,sizeof(buf));
        nLen = recv(fdSocket.fd_array[i], buf,      sizeof(buf),0);
        if(nLen == SOCKET_ERROR||nLen == 0)
```

```
{
    if(nLen == 0 )
        printf("a connect is closed\n");
    else
    {
        DWORD dw = GetLastError();        //不同的网络错误信息
        switch(dw)
        {
            case WSAENETDOWN:
                printf("The network subsystem has failed\n");  break;
            case WSAENETRESET:
                printf("The connection has been broken\n");  break;
            case WSAESHUTDOWN:
                printf ( "The socket has been shut downd\n"); break;
            case WSAETIMEDOUT:
                printf ( "The connection has been dropped\n "); break;
            case WSAECONNRESET:
                printf ( "The virtual circuit was reset\n"); break;
            default: printf("program error,please check program\n");
        }
    }
    FD_CLR(fdSocket.fd_array[i],&fdSocket);
                        //从套接字集中删除该套接字
    continue;
}
printf("receive from client: % s\n",buf);
nLen = send(fdSocket.fd_array[i],Sendbuf,sizeof(Sendbuf),0);
if(nLen <= 0)
{
    FD_CLR(fdSocket.fd_array[i],&fdSocket);
}
}
}
```

6. 实验报告要求

结合示例代码,编写自己的网络通信程序,给出程序清单,提交实验报告。

7. 实验思考

分析 select 通信的原理,思考与多线程编程有何区别,各有何优点。

10.1.6 利用 C/S 实现一个简单的聊天程序

1. 实验目的

(1)掌握基本套接编程的基本方法和步骤。

(2)熟悉伯克利套接字编程的常用函数。

(3)理解数据的通信过程。

2. 实验环境

(1)Windows 操作系统。

(2)编译器开发环境 Visual C++ 6.0 版本以上。

3. 实验内容

（1）编写一个聊天客户端程序，具有以下功能：

① 通知服务器列出当前所有用户。

② 通过服务器向指定用户发送数据。

③ 通过服务器广播所有网络数据。

（2）编写服务器端程序，功能为响应客户端命令，可以不带界面。

（3）编写 TCP 和 UDP 两种通信方式，其中采用 TCP 方式通信时，服务器端采用 select 和多线程两种方式。

提示：可以通过设计网络数据包格式表示不同网络数据，如图 10-4 所示。

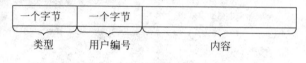

图 10-4　网络发送数据格式

图 10-4 中第一部分一个字节为网络数据包类型。不同值代表不同网络数据，例如：

① 0：用户登录，表示用户登录数据包，服务器端保存用户登录信息。

② 1：广播，服务器端收到后，需要向所有客户端转发。

③ 2：私聊，服务器端收到后，向指定的用户转发数据。

第二部分一个字节为用户编号，由用户登录时服务器端指定。

第三部分为发送的网络内容。

用数据结构可以描述如下：

```
struct Packet
{
    unsigned char Com;
    unsigned char UserID;
    char buf[1400];
};
```

服务器端可以建立一数组结构，保存用户连接的套接字和用户名字、用户 ID 等信息。

```
struct _UserInfo
{
    SOCKET sck;
    char name;
    unsigned char UserID;
}UserInfo[20];
```

当客户端建立时，服务器端保存该套接字。当收到用户登录消息，将用户信息保存于上述数组中，以便于当收到客户数据包时转发。

4. 实验报告

（1）提交程序流程设计框图。

（2）描述自己程序的通信基本过程。

（3）提交程序通信关键代码。

10.2　Windows 下基本网络编程技术

10.2.1　概述

Windows Socket 是从 UNIX Socket 继承发展而来,最新的版本是 2.2。进行 Windows 网络编程,需要程序中包含 winsock2. h 或 mswsock. h,同时需要添加引入库 ws2_32. lib 或 wsock32. lib。本章随后描述的程序使用环境为 Visual Studio 6.0 以上使用环境。

网络编程中客户端编程相对简单,因为其只需要维护和服务器端一个连接。服务器端则不同,需要同时管理多个连接,为每个连接开一个线程是不现实的,尤其是在大规模服务器端编程时更是如此。

在 Windows 操作系统中,除了支持 10.1 节所描述的伯克利套接字基本编程技术外,在此基础上,结合 Windows 操作系统的消息驱动机制和 I/O 读取机制,开发了一系列的 Windows 网络编程技术。网络编程中,最重要的就是消息的发送和接收以及套接字管理(包括套接字的连接和关闭)。消息的发送和接收也是基于套接字的 I/O 操作,套接字的管理也是通过套接字的 I/O 操作来实现,因此,Windows 环境下必须掌握如何使用套接字 I/O 操作,尤其对于进行服务器端的高效编程非常重要。

总的来说,Windows 网络服务器端编程有以下 5 种:select(选择)、WSAAsyncSelect(异步选择)、WSAEventSelect(事件选择)、Overlapped I/O(重叠式 I / O)以及 Completion port(完成端口)。其中第一种在 10.1.1 节中已有描述,属于基本的 Berkeley 套接字编程技术。上述编程方法中,编程消息依次为递增的关系,相对编程复杂度则依次递增。

这里主要介绍后 4 种。

10.2.2　利用异步选择实现 TCP 协议服务器端编程

1. 实验目的

(1) 掌握 Windows 环境下伯克利编程技术。

(2) 掌握利用 WSAAsyncSelec 实现 TCP 编程。

2. 实验内容

利用 WSAAsyncSelec 技术编写一个具有基本通信功能的服务器端程序和客户端程序。

3. 实验环境

Visual C++ 6.0 版本以上。

4. 实验原理

本模型是基于 Windows 消息机制的,要想使用这种模型,必须要通过一个窗口来接收消息。这个模型最开始出现在 Winsock 1.1 版本中,是为了帮助开发者面向一些早期的 16 位 Windows 平台而设计的。随后的 32 位版本中均提供了支持,MFC 中的 CSocket 类也是基于该模型开发的。其优点是与 Windows 消息机制结合的较好,可以使编程人员专注对消息的处理,在系统开销不大的情况下同时处理很多连接。缺点是必须要使用一个窗口接收消息,无法处理呈大规模的服务器端连接。

函数原型如下：

```
int WSAAsyncSelect(SOCKET s, HWND hWnd, unsigned int uMsg, long lEvent);
```

其中，s 为套接字；hWnd 是接收消息通知窗口句柄；wMsg 参数指定在发生网络事件时要接收的消息，通常设成比 WM_USER 大的一个值，以避免消息冲突；IEvent 指定了一个位掩码，对应一系列网络事件的组合，如表 10-2 所示，如果程序需要同时对多个事件响应，则可以选择多个事件的组合。

表 10-2　网络事件对应表

事　件	含　义
FD_READ	程序想要接收有关是否可读的通知，以便读入数据
FD_WRITE	程序想要接收有关是否可写的通知，以便写入数据
FD_OOB	程序想要接收是否有 OOB 数据到达的通知
FD_ACCEPT	程序想要接收与进入连接有关的通知
FD_CONNECT	程序想要接收与一次连接或多点接入有关的通知
FD_CLOSE	程序想要接收与套接字关闭有关的通知
FD_QOS	程序想要接收套接字"服务质量（QoS）"发生变化的通知
FD_GROUP_QOS	暂时没用，属于保留事件
FD_ROUTING_INTERFACE_CHANGE	程序想要接收有关到指定地址的路由接口发生变化的通知
FD_ADDRESS_LIST_CHANGE	程序想要接收本地地址变化的通知

5. 实验步骤

（1）由于是基于窗口的，建立一个对话框，并有编译器生成对话框类代码。

首先，在对话框头文件或者实现文件的开始处自定义消息：

```
＃define WM_CLIENT_ACCEPT WM_USER＋101    //接收连接请求的消息
＃define WM_CLIENT_RECEIVE  WM_USER＋102  //接收客户端信息和关闭请求的消息
```

（2）在对话框头文件声明消息映射函数：

```
LRESULT OnAccept(WPARAM wParam, LPARAM lParam);
LRESULT Onreceive(WPARAM wParam, LPARAM lParam);
```

并建立如下成员：

```
SOCKET SocketAccept[20];              //与客户端建立连接的套接字
SOCKET SockettoListen;                //服务器套接字
SOCKADDR_IN myaddr,clientaddr;        //保存地址信息的结构
```

（3）在实现文件中进行如下操作：

建立消息映射宏，将自定义消息与函数关联，在对话框中实现文件增加的下列消息映射：

```
BEGIN_MESSAGE_MAP(CServerTestDlg, CDialog)      // CServerTestDlg 为对话框类
...
ON_MESSAGE(WM_CLIENT_ACCEPT,OnAccept)           //添加自定义消息映射宏
ON_MESSAGE(WM_CLIENT_RECEIVE, Onreceive)        //添加自定义消息映射宏
```

（4）启动服务器端绑定端口并开始侦听端口，并通过 WSAAsyncSelect 将 FD_ACCEPT 和自定义消息 WM_CLIENT_ACCEPT 绑定，为对话框添加按钮，设置按钮标签为"开始侦听"，响应单击按钮消息，在响应函数中添加如下代码：

```
SockettoListen = socket(PF_INET, SOCK_STREAM, 0);      //创建套接字
if (SockettoListen == INVALID_SOCKET)                  //若创建套接字失败
{
        MessageBox("创建 socket 失败!");                 //返回一个创建失败消息框
        return;
}
myaddr.sin_family = AF_INET;
 myaddr.sin_addr.s_addr = INADDR_ANY;                   //用来通信的 IP 地址信息
myaddr.sin_port = htons(4009);
 if(bind(SockettoListen,(LPSOCKADDR)&myaddr, sizeof(myaddr)) ==
SOCKET_ERROR)                                          //如果绑定函数错误的套接字
    {
        MessageBox("绑定 socket 失败!");
//返回一个绑定失败的消息框
        return;
    }
 if (listen(SockettoListen, 20) == SOCKET_ERROR)        //如果侦听套接字错误
    {
        MessageBox("侦听 socket 失败!");
//返回一个侦听失败的消息框
        return;
    }
    WSAAsyncSelect(SockettoListen, m_hWnd, WM_SERVER_ACCEPT, FD_ACCEPT);//i/o 异步模型关联
自定义消息
```

（5）这时当有客户端连接请求时，会自动通过消息映射，在自定义的消息关联的函数中响应下面定义消息映射函数，在映射函数中和客户端建立连接，并通过 WSAAsyncSelect 将 FD_READ|FD_CLOSE 和自定义消息 WM_CLIENT_RECEIVE 关联，这时当接收到客户端消息或者客户端关闭的连接请求时，会响应该消息：

在 OnAccept 函数中添加如下代码：

```
Client = accept(ServerSocket,(LPSOCKADDR)wParam,&iLen);
if (Client == INVALID_SOCKET)
{
    MessageBox ("服务器接受连接失败!");
    return 0L;
}
```

   WSAAsyncSelect（Client, m_hWnd, WM_CLIENT_RECEIVE, FD_READ|FD_CLOSE）;//将建立新的套接字与接收消息有请求事件。

（6）定义接收消息映射函数，在 Onreceive 函数中添加如下代码：

```
char buf[BUFSIZE];
switch (WSAGETSELECTEVENT(lParam))
```

```
                //确定与所提供的 FD_×××网络事件集合相关的一个事件对象
    {
    case FD_READ:            //网络读
            if(recv(Client,(char *)&buf,sizeof(buf),0) == SOCKET_ERROR)
            {
                    MessageBox ("接收数据发生错误.");
                    return 0;
            }
            //接收数据成功,可以根据客户端发送的消息类型响应
        break;
    case FD_CLOSE:           //网络断开
        closesocket(Client);
        break;
    }
```

6. 实验报告与要求

结合示例代码,编写自己的网络通信程序,提交实验报告。

10.2.3 利用事件选择实现 TCP 协议服务器端编程

1. 实验目的

(1) 掌握 Windows 环境下伯克利编程技术。

(2) 掌握利用事件(WSAEventSelect)选择实现 TCP 编程。

2. 实验内容

利用事件选择技术编写一个具有基本通信功能的服务器端程序和客户端程序。

3. 实验环境

Visual C++ 6.0 版本以上。

4. 实验原理

本模型以事件为基础进行网络事件通知编程,但是与 WSAAsyncSelect 不同,它需要由事件对象句柄完成,而不是通过窗口。因此,其优点是不需要利用窗口机制,程序更简单,尤其在不需要窗口的程序中更为实用。缺点是每次只能等待 64 个事件,所以处理多个套接字时有必要组织一个线程池。

5. 实验步骤

(1) 首先创建一个事件对象,调用 WSACreateEvent 函数:

```
WSAEVENT WSACreateEvent( void );
```

该函数返回创建好的事件对象句柄。

事件对象有两种工作状态:有信号(Signaled)和无信号(Nonsignaled),以及两种工作模式:手动重置(Manual Reset)和自动重置(Auto Reset)。创建的事件对象默认为无信号工作状态和手动重置模式。

(2) 将事件与套接字关联。

```
int WSAEventSelect( SOCKET s,WSAEVENT hEventObject,long lNetworkEvents );
```

函数中:

- s:代表关联的套接字。
- hEventObject:与套接字关联的事件对象句柄,为刚建立的事件对象。
- lNetworkEvents:对应一个"位掩码",各种网络事件类型的一个组合。这里和 WSAAsyncSelect(异步选择)相同,如表 10-2 所示。

(3) I/O 处理后,设置事件对象"无信号"状态(可选,一般不用)。

使用下列函数设置:

```
BOOL WSAResetEvent( WSAEVENT hEvent );
```

(4) 通过事件句柄的工作状态来触发网络事件。

使用下列函数:

```
DWORD WSAWaitForMultipleEvents( DWORD cEvents, const WSAEVENT FAR
      * lphEvents, BOOL fWaitAll, DWORD dwTimeout, BOOL fAlertable );
```

其中:

① lpEvent:为事件句柄数组的指针。

② cEvent:为事件句柄的数目,其最大值 WSA_MAXIMUM_WAIT_EVENTS 一般为 64。如果需要管理更多套接字,需要在创建线程时解决。

③ fWaitAll:指定等待类型,当 lphEvent 数组重所有事件对象同时有信号时返回。

④ FALSE:任一事件有信号就返回。一般为 FALSE。

⑤ dwTimeout:为等待超时(单位为毫秒)。

⑥ fAlertable:该参数主要用于重叠式 I/O 模型中,这里设为 FALSE。

该函数返回已有信号事件在 lphEvent 数组中的索引值,引用时需要减去预声明值 WSA_WAIT_EVENT_0,得到具体的引用值。

(5) 判断网络事件类型并处理网络事件。通过事件句柄判断发生的网络类型,根据网络类型对该套接字做相应处理。

使用以下函数:

```
int WSAEnumNetworkEvents( SOCKET s, WSAEVENT hEventObject, LPWSANETWORKEVENTS lpNetworkEvents
);
```

其中:

① S:套接字。

② hEventObject:产生的事件句柄。

③ lpNetworkEvents:产生的网络事件和错误代码,其结构定义如下:

```
typedef struct _WSANETWORKEVENTS {
  long lNetworkEvents;
  int iErrorCode[FD_MAX_EVENTS];
} WSANETWORKEVENTS, FAR * LPWSANETWORKEVENTS;
```

(6) 使用完毕后关闭资源。使用以下函数:

```
BOOL WSACloseEvent(WSAEVENT hEvent);
```

下面为服务器端实例的代码。

首先定义一下宏：

```
#define PORT 5050
#define MSGSIZE 1024
#define WSA_MAXIMUM_WAIT_EVENTS 64
```

加入链接库支持：

```
#pragma comment(lib, "ws2_32.lib")
```

下面为服务器端启动和通信实现的代码。

```
SOCKET          Socket[WSA_MAXIMUM_WAIT_EVENTS];
WSAEVENT        Event[WSA_MAXIMUM_WAIT_EVENTS];
SOCKET          sAccept, sListen;
DWORD           EventTotal = 0;
DWORD           nIndex;
SOCKADDR_IN SerAddr;
char buffer[2000];
WSADATA         wsaData;
if(WSAStartup(MAKEWORD(2,2),&wsaData)!=0)   //s初始化编程环境
{ printf("Failed to load Winsock.\n");        return;    }
sListen = socket(AF_INET,SOCK_STREAM,0);    //初始化套接字
SerAddr.sin_family      = AF_INET;
SerAddr.sin_addr.s_addr = htonl(INADDR_ANY);
SerAddr.sin_port        = htons(2010);       //绑定并侦听端口
if(bind(sListen,(LPSOCKADDR)&SerAddr,sizeof(SerAddr))==SOCKET_ERROR)
{ printf("bind( ) Failed: %d\n", WSAGetLastError( )); return; }
WSAEVENT  NewEvent = WSACreateEvent();       //创建事件句柄
WSAEventSelect(sListen,NewEvent,FD_ACCEPT|FD_CLOSE);
                        //主套接字与句柄关联
if(listen(sListen,5)==SOCKET_ERROR)
{ printf("sListen( ) Failed: %d\n",WSAGetLastError( )); return;}
Socket[EventTotal] = sListen;                //加入数组
Event[EventTotal] = NewEvent;
EventTotal++;
while (TRUE)
{
    nIndex = WSAWaitForMultipleEvents(EventTotal,Event,FALSE,
        WSA_INFINITE, FALSE);               //等待,当事件句柄为"有信号"时触发
        WSANETWORKEVENTS NetworkEvents;
        WSAEnumNetworkEvents(Socket[nIndex - WSA_WAIT_EVENT_0],
                    Event[nIndex - WSA_WAIT_EVENT_0],
                    &NetworkEvents);
                //得到网络事件类型,保存于 NetworkEvents
                //随后根据网络类型做相应处理
```

```
        if (NetworkEvents.lNetworkEvents & FD_ACCEPT)        //产生新的连接
        {
            if (NetworkEvents.iErrorCode[FD_ACCEPT_BIT] != 0)
            { break; }                                        //这种情况按照错误处理
            sAccept = accept(Socket[nIndex - WSA_WAIT_EVENT_0],NULL,NULL);
            //响应连接,注意不能超过 WSA_MAXIMUM_WAIT_EVENTS sockets
            if (EventTotal > WSA_MAXIMUM_WAIT_EVENTS)
            { closesocket (sAccept); break; }
            //下面为产生新的事件句柄,并将其与产生的套接字关联
            //注意与主套接字关联的网络事件类型不同
            NewEvent = WSACreateEvent();
            WSAEventSelect(sAccept,NewEvent,
                    FD_READ|FD_WRITE|FD_CLOSE);
            Event[EventTotal] = NewEvent;
            Socket[EventTotal] = sAccept;
            EventTotal++;
        }
        if (NetworkEvents.lNetworkEvents & FD_READ)        //接收网络数据类型
        {
          if (NetworkEvents.iErrorCode[FD_READ_BIT != 0])
              break;
          recv(Socket[nIndex - WSA_WAIT_EVENT_0],buffer,sizeof(buffer),0);
        }
        if (NetworkEvents.lNetworkEvents & FD_CLOSE)        //关闭套接字
    {
        if(NetworkEvents.iErrorCode[FD_CLOSE_BIT] != 0)
    break;
    closesocket (Socket[nIndex - WSA_WAIT_EVENT_0]);
    WSACloseEvent(Event [nIndex - WSA_WAIT_EVENT_0]);
    CompressArrays(Event,Socket, nIndex - WSA_WAIT_EVENT_0,
                        EventTotal);
    }
}
//本函数的作用是将无效的套接字及其对应的事件从数组中删除,
//并将数组后面的套接字和事件句柄前移
void CompressArrays(WSAEVENT Event[],SOCKET Socket[],
        DWORD dIndex,DWORD &EventTotal)
{
DWORD n = EventTotal - 1;
for(;n! = dIndex;n -- )
{ Socket[n - 1] =        Socket[n];
Event[n - 1] =            Event[n];}
Socket[EventTotal - 1] = 0;
Event[EventTotal - 1] = 0;
}
```

6. 实验报告与要求

    结合示例代码,编写自己的网络通信程序。分析 TCP 通信的原理,给出通信程序,提交实验报告。

10.2.4 利用重叠式 I/O 实现 TCP 协议服务器端编程

1. 实验目的

(1) 掌握 Windows 环境下伯克利编程技术。

(2) 了解重叠模型的编程原理。

(3) 掌握利用重叠模型实现 TCP 服务器端编程。

2. 实验内容

分别利用重叠模型的事件对象通知和完成实例方法,编写具有基本通信功能的服务器端程序和客户端程序。

3. 实验环境

Visual C++ 6.0 版本以上。

4. 实验原理

本模型以 Win32 的重叠 I/O 机制为基础,能够使应用程序直接读取网络缓冲区中的数据。相比前两种机制而言,本模型能使系统得到更好的性能,同时比端口开发简单。所有支持 Winsock2 的 Windows 环境中均支持重叠模型的程序开发。

重叠模型网络程序开发需要使用 Winsock2 函数,这是由于在这些程序中支持结构 WSAOVERLAPPED,这个结构是重叠模型的核心。新的 Winsock2 函数如下:

```
WSASocket
WSASend
WSASendTo
WSARecv
WSARecvFrom
WSAIoctl
AcceptEx
TrnasmitFile
```

重叠模型中重要的是了解 WSAOVERLAPPED 结构,其定义如下:

```
typedef struct WSAOVERLAPPED
{
    DWORD Internal;          //保留
    DWORD InternalHigh;      //保留
    DWORD Offset;            //保留
    DWORD OffsetHigh;        //保留
    WSAEVENT hEvent;         // 唯一需要关注的参数,用来关联 WSAEvent 对象
}WSAOVERLAPPED,FAR  * LPWSAOVERLPPED;
```

重叠模型又可以使用两种方法完成网络编程:事件对象通知和完成例程。下面分别描述这两种使用方法。

5. 实验步骤

1) 事件对象通知(Event Object Notification)

以服务器端为例,应用程序开发步骤如下:

(1) 建立套接字。建立套接字有两种方法:使用 WSASocket 函数和 Berkeley 套接字

函数 socket。

WSASocket 函数方法如下：

```
SOCKET s = WSASocket(AF_INET,  SOCK_STREAM, 0,   NULL,   0,
        WSA_FLAG_OVERLAPPED);
```

上述函数中，最重要的是重叠模型必须使用 WSA_FLAG_OVERLAPPED 标志位，而 socket 函数，其默认就是 WSA_FLAG_OVERLAPPED 标志位，还按照原来的方法使用即可。

随后的绑定端口（bind 函数）、开始侦听（listen 函数）、等待客户端连接（accept 函数）同普通 Berkeley 套接字编程。这里为使程序具有更好的可操作性，accept 函数可以使用多线程技术。

（2）为接收的套接字新建一个 WSAOVERLAPPED 结构，并为该结构分配一个事件对象句柄。这里将事件对象句柄赋值到句柄数组，以便在随后 WSAWaitForMultipleEvents 函数中使用。并在套接字上投递一个异步 WSARecv 请求，指定参数为刚才建立的 WSAOVERLAPPED 结构。

（3）调用 WSAWaitForMultipleEvents 函数，并等待与重叠调用关联在一起的事件（等待事件触发）。事件触发后，首先调用 WSAResetEvent 重置该事件。

（4）使用 WSAGetOverlappedResult 函数判断重叠调用的返回状态是什么。如果是错误，需要关闭该套接字以及对应的事件，否则处理接收的数据。

（5）在套接字上投递另一个重叠 WSARecv 请求。

（6）重复步骤（3）～（5）。

示例代码如下：

```
typedef struct
{
    SOCKET sClient;
    WSAOVERLAPPED OverLapped;   //每个连接对应这样一个结构
    DWORD Flags;
    WSABUF DataBuf;             //保存数据的结构
    struct   in_addr addr;      //保存客户端的 IP 地址
}CLIENT;                        //每一个客户端连接对应设置的参数
CLIENT ArrayClient[WSA_MAXIMUM_WAIT_EVENTS];
                               // 与客户端连接参数数组
WSAEVENT EventClient[WSA_MAXIMUM_WAIT_EVENTS];
                               //事件句柄数组
DWORD g_dEventTotal = 0;        //总的数量
HANDLE g_HandleThread = NULL;  //与客户端通信的线程句柄
DWORD dwRecvBytes;

void Clean(DWORD dwIndex)
//功能：关闭断开连接，删除在 ArrayClient 数组中的对应参数，关闭事件句柄
{
    closesocket(ArrayClient[dwIndex].sClient);
    printf("主机：%s 断开!\n",inet_ntoa(ArrayClient[dwIndex].addr));
```

```
        delete []ArrayClient[dwIndex].DataBuf.buf;
        for(;dwIndex<(g_dEventTotal-1);dwIndex++)
        {
            memcpy(&ArrayClient[dwIndex],&ArrayClient[dwIndex+1],
                            sizeof(CLIENT));
            EventClient[dwIndex] = EventClient[dwIndex+1];
        }
        ZeroMemory(&ArrayClient[dwIndex],sizeof(CLIENT));
        EventClient[dwIndex] = NULL;
        g_dEventTotal--;
}

DWORD WINAPI OverlappedThread(void* lpvoid)            //与客户端通信线程
{
    while(TRUE)
    {
        DWORD dwIndex;
        dwIndex = WSAWaitForMultipleEvents(g_dEventTotal,
            EventClient,FALSE, 1000,FALSE);     // 等候重叠 I/O 事件
        if(dwIndex == WSA_WAIT_TIMEOUT) continue;
        if(dwIndex == WSA_WAIT_FAILED)          //出现监听错误
        {
            int   nErrorCode = WSAGetLastError();
                //这里可以根据错误代码做相应处理
continue;
        }
        dwIndex = dwIndex - WSA_WAIT_EVENT_0;
                // 取得索引值,得知事件的索引号
        WSAResetEvent(EventClient[dwIndex]);
            // 重置对应事件
        DWORD dwBytesTransferred;
        //为了减少代码长度,设置引用,还是原来的变量
        WSAOVERLAPPED& CurrentOverlapped =
                    ArrayClient[dwIndex].OverLapped;
        SOCKET& sockCurrent = ArrayClient[dwIndex].sClient ;   // 同上
        DWORD &Flags = ArrayClient[dwIndex].Flags;
        // 确定当前索引号的 Socket 的重叠请求状态
        BOOL bb = WSAGetOverlappedResult(sockCurrent,
        &CurrentOverlapped ,&dwBytesTransferred,FALSE,&Flags);
        // 检查通信对方是否已经关闭连接
        if(dwBytesTransferred == 0)
            Clean(dwIndex);
        if(g_dEventTotal == 0)                    //如果没有事件等待则挂起线程
        {
            SuspendThread(g_HandleThread);
            continue;
        }
        printf("主机: %s 发送数据: %s\n"
                    ,inet_ntoa(ArrayClient[dwIndex].addr),
        ArrayClient[dwIndex].DataBuf.buf);         //处理接收的数据
```

```
            // 然后在套接字上投递另一个 WSARecv 请求
            Flags = 0;
            ZeroMemory(&CurrentOverlapped, sizeof(WSAOVERLAPPED));
            ZeroMemory(ArrayClient[dwIndex].DataBuf.buf, DATA_BUFSIZE);
            CurrentOverlapped.hEvent = EventClient[dwIndex];
            if(WSARecv(sockCurrent, &ArrayClient[dwIndex].DataBuf, 1,
                            &dwRecvBytes, &Flags,
                            &CurrentOverlapped , NULL) ==
                            SOCKET_ERROR)
            {
            if( WSAGetLastError() != WSA_IO_PENDING)
                Clean(dwIndex);
            }
        }
    return 0;
}
void _tmain(int argc, _TCHAR * argv[])
{
    WSADATA wsaData;
        if(WSAStartup(MAKEWORD(2,2), &wsaData) != 0) return;
    SOCKET sListen = socket(AF_INET, SOCK_STREAM, IPPROTO_TCP);
    SOCKADDR_IN SerAddr;                          //分配端口及协议族并绑定
    SerAddr.sin_family = AF_INET;
    SerAddr.sin_addr.S_un.S_addr   = htonl(INADDR_ANY);
    SerAddr.sin_port = htons(2010);
    if(bind(sListen, (LPSOCKADDR)&SerAddr, sizeof(SerAddr))
            == SOCKET_ERROR)      return;
    if(listen(sListen, 5) == SOCKET_ERROR )      return;
            //创建与客户通信线程，没有客户端连接则处于挂起状态
    g_HandleThread = CreateThread(NULL, 0 , OverlappedThread, NULL,
        CREATE_SUSPENDED, NULL);
    SOCKADDR_IN ClientAddr;                    // 定义一个客户端的地址结构作为参数
    int addr_length = sizeof(ClientAddr);
    ZeroMemory(ArrayClient, sizeof(ArrayClient));
    while(TRUE)
    {
        if(g_dEventTotal >= WSA_MAXIMUM_WAIT_EVENTS)
                                        // 最多只有 64 个
        {
            printf("已达到最大连接数!");     continue;
        }
        SOCKET sClient = accept(sListen, (SOCKADDR * )&ClientAddr,
                        &addr_length);
        if(sClient   == INVALID_SOCKET)
        {
            printf("Accept Connection failed!");   continue;
        }
        ArrayClient[g_dEventTotal].sClient = sClient;
        printf("IP 地址: %s 端口号 %d 建立连接!\n",
                        inet_ntoa(ClientAddr.sin_addr),
```

```
        ClientAddr.sin_port);
        // 接收客户端连接以后,为每一个连接建立一个重叠结构
        ArrayClient[g_dEventTotal].Flags = 0;
        char * pbuffer = new char[DATA_BUFSIZE];
                     //缓冲区就是接收数据的缓冲区
        ZeroMemory(pbuffer,DATA_BUFSIZE);
        ArrayClient[g_dEventTotal].OverLapped.hEvent =
                     EventClient[g_dEventTotal]
           = WSACreateEvent();        //重叠结构与事件句柄关联
        ArrayClient[g_dEventTotal].addr = ClientAddr.sin_addr;
        ArrayClient[g_dEventTotal].DataBuf.len = DATA_BUFSIZE;
        ArrayClient[g_dEventTotal].DataBuf.buf = pbuffer;
         // 投递第一个 WSARecv 请求
        if(WSARecv(
            ArrayClient[g_dEventTotal].sClient ,
            &ArrayClient[g_dEventTotal].DataBuf,1,
            &dwRecvBytes,&ArrayClient[g_dEventTotal].Flags,
            &ArrayClient[g_dEventTotal].OverLapped ,NULL
            ) == SOCKET_ERROR)
        {
            if(WSAGetLastError() ! = WSA_IO_PENDING)
            {
                // 返回 WSA_IO_PENDING 是正常情况,
                //如果不是,就表示操作失败了
                printf("错误: 第一次投递 Recv 操作失败!!"
                         "此套接字将被关闭!");
                closesocket(ArrayClient[g_dEventTotal].sClient);
                WSACloseEvent(EventClient[g_dEventTotal]);
                delete[] ArrayClient[g_dEventTotal].DataBuf.buf;
                ZeroMemory(&ArrayClient[g_dEventTotal],
                         sizeof(CLIENT));
                continue;
            }
        }
        g_dEventTotal ++;
        if(g_dEventTotal == 1)
         // 如果 dEventTotal 为 1,原来线程是挂起状态,唤醒
            ResumeThread(g_HandleThread);
    }
    return ;
}
```

2) 完成例程(Completion Routines)

完成例程采用回调函数来处理相关的数据。回调函数必须采用如下结构:

```
void CALLBACK _CompletionRoutine(DWORD Error,   //重叠操作的状态
                DWORD BytesTransfered,        //实际传输的字节量
        LPWSAOVERLAPPED Overlapped,
// 传递到最初的 I/O 调用内的一个 WSAOVERLAPPED 结构
                DWORD inFlags                 //目前尚未使用,应设为 0
                )
```

完成例程与事件对象的区别在于：

（1）在 WSAOVERLAPPED 结构中，事件字段 hEvent 并未使用，即投递一个发送和接收，不必和一个事件关联在一起。

（2）与上面（1）对应，在接收数据或发送数据时，可以不必通过 WSAWaitForMultipleEvents 而通过 SleepEX，或 WSAWaitForMultipleEvents 将与一个事件关联在一起（这里是一个事件，没有与 I/O 相关联）。使用 SleepEX 时，第二个参数为 TRUE；使用 WSAWaitForMultipleEvents 时，最后一个参数必须设为 TRUE（可警告状态）。返回值是通过 WSAIOCOMPLETION 判断是否接收到了数据，而不是事件数组中的一个事件对象索引。

（3）完成例程是通过回调函数来处理网络事件。

并且在投递一个诸如 WSARecv 之类的网络请求时，最后一个参数为回调函数即可。

完成例程比事件对象方式容易控制，代码可以简化。完成例程不必考虑 WSAWaitForMultipleEvents 最多只能同时等待 64 个消息的限制，即不需要开更多的线程支持更多的连接，只要一个通信线程就可以和多个连接通信，这也是其能够支持大规模连接的原因。关键问题是接收数据时，如何知道是哪一个套接字进行处理，应该去哪个缓冲区中取得数据。

程序编码主要按如下步骤进行：

（1）同其他编程方法一样，新建一个套接字，绑定端口上，开始侦听。

（2）接收一个进入的连接请求，为接收的套接字创建一个 WSAOVERLAPPED 结构。

（3）投递一个异步 WSARecv 请求，将 WSAOVERLAPPED 指定为参数，同时指定处理网络数据的回调函数。

（4）调用 WSAWaitForMultipleEvents 等待，注意将 fAlertable 参数设为 TRUE。或调用 SleepEx（时间值，TRUE）。

（5）检查 WSAWaitForMultipleEvents 返回值是否为 WSAIOCOMPLETION，如是则处理网络数据，投递另一个重叠 WSARecv 请求。否则管理该连接。

（6）重复步骤（4）和步骤（5）。

这里使用了"尾随数据"方式。在调用 WSARecv 时，参数 lpOverlapped 实际上指向一个比它大得多的结构 PER_IO_OPERATION_DATA，这里需要注意 PER_IO_OPERATION_DATA 的定义方式。通过该结构也得到了接收数据的信息和客户端信息。

SleepEx 方式例程源代码如下：

```
#define DATA_BUFSIZE 4096
typedef struct
{
    WSAOVERLAPPED overlap;     //注意,必须为结构的第一个参数
    WSABUF        Buffer;
    char          szMessage[DATA_BUFSIZE];
    DWORD         NumberOfBytesRecvd;
    DWORD         Flags;
    SOCKET        sClient;     //客户端套接字
    struct  in_addr addr;      //客户端的 IP 地址
} PER_IO_OPERATION_DATA, *LPPER_IO_OPERATION_DATA;
void CALLBACK _CompletionRoutine(DWORD dwError, DWORD cbTransferred,
```

```
                                   LPWSAOVERLAPPED lpOverlapped,  DWORD inFlags)
{
    LPPER_IO_OPERATION_DATA lpPerIOData =
            (LPPER_IO_OPERATION_DATA)lpOverlapped;
    if (dwError != 0 || cbTransferred == 0)
    {
        closesocket(lpPerIOData->sClient);
        HeapFree(GetProcessHeap(), 0, lpPerIOData);
    }
    else
    {
        lpPerIOData->szMessage[cbTransferred] = '\0';
        printf("主机: %s发送数据: %s\n", inet_ntoa(lpPerIOData->addr),
                    lpPerIOData->szMessage);
        memset(&lpPerIOData->overlap, 0, sizeof(WSAOVERLAPPED));
        lpPerIOData->Buffer.len = DATA_BUFSIZE;
        lpPerIOData->Buffer.buf = lpPerIOData->szMessage;
        WSARecv(lpPerIOData->sClient,
                &lpPerIOData->Buffer,
                1,
                &lpPerIOData->NumberOfBytesRecvd,
                &lpPerIOData->Flags,
                &lpPerIOData->overlap,
                _CompletionRoutine);
    }
    return;
}
void main()
{
    WSADATA wsaData;
    if(WSAStartup(MAKEWORD(2,2),&wsaData)!=0) return;
    SOCKET sListen = socket(AF_INET,SOCK_STREAM,IPPROTO_TCP);
            //创建服务套接字,默认为 WSA_FLAG_OVERLAPPED 模式
    SOCKADDR_IN SerAddr;                    //分配端口及协议族并绑定
    SerAddr.sin_family = AF_INET;
    SerAddr.sin_addr.S_un.S_addr   = htonl(INADDR_ANY);
    SerAddr.sin_port = htons(2010);
    if(bind(sListen,(LPSOCKADDR)&SerAddr,sizeof(SerAddr))
        == SOCKET_ERROR)                    // 绑定并侦听字
            return;
    if(listen(sListen,5) == SOCKET_ERROR )    return;
    SOCKADDR_IN ClientAddr;                 // 定义一个客户端的地址结构作为参数
    int addr_length = sizeof(ClientAddr);
    LPPER_IO_OPERATION_DATA lpPerIOData = NULL;
    while(TRUE)
    {
        SOCKET sClient = accept(sListen,(SOCKADDR *)&ClientAddr,
                    &addr_length);
            if(sClient  == INVALID_SOCKET)
```

```
        {
                    printf("Accept Connection failed!");
                    continue;
        }
        lpPerIOData = (LPPER_IO_OPERATION_DATA)HeapAlloc(
                GetProcessHeap(),
                HEAP_ZERO_MEMORY,
                sizeof(PER_IO_OPERATION_DATA));
        lpPerIOData->Buffer.len = DATA_BUFSIZE;
        lpPerIOData->Buffer.buf = lpPerIOData->szMessage;
        lpPerIOData->sClient = sClient;
        lpPerIOData->addr = ClientAddr.sin_addr;
                            WSARecv(lpPerIOData->sClient,
                &lpPerIOData->Buffer,
                1,
                &lpPerIOData->NumberOfBytesRecvd,
                &lpPerIOData->Flags,
                &lpPerIOData->overlap,
                _CompletionRoutine);
        SleepEx(1000, TRUE);
    }
    return ;
}
```

6. 实验报告要求

结合示例代码,编写自己的网络通信程序。给出通信程序,提交实验报告。

10.2.5　利用完成端口模型实现 TCP 协议服务器端编程

1. 实验目的

(1) 掌握 Windows 环境下伯克利编程技术。

(2) 了解完成端口模型的编程原理。

(3) 掌握利用完成端口模型实现 TCP 服务器端编程。

2. 实验内容

利用完成端口方法编写具有基本通信功能的服务器端程序和客户端程序。

3. 实验环境

Visual C++ 6.0 版本以上。

4. 实验原理

完成端口模型是一种最为复杂的 I/O 模型,尤其是在管理大量的套接字时(数千以上),可以使系统达到最佳性能,因此是大型服务器的最佳选择,而且随着系统 CPU 数量的增多,程序的性能也可以线性增长。

5. 实验步骤

完成端口实现主要通过以下函数:

(1) 创建完成端口。

注意:这里"完成端口"中的"端口"与网络中 TCP 端口是两个完全不同的概念。

```
            HANDLE CreateIoCompletionPort (
            HANDLE FileHandle,                      // 文件句柄,这里关联套接字句柄
            HANDLE ExistingCompletionPort,          // 已存在的完成端口
            ULONG_PTR CompletionKey,                // 完成键,理解为传递任意数据的指针
            DWORD NumberOfConcurrentThreads         // 线程的数量,与系统的 CPU 数量有关
        );
```

该函数用于创建一个完成端口对象,并将一个句柄和存在的完成端口关联到一起。由于完成键与套接字句柄关联在一起,完成键可以传递与该套接字的相关信息,实际上推荐套接字句柄通过该指针来传递。NumberOfConcurrentThreads 设置推荐要大于系统 CPU 数量,这是由于总有一些线程处于锁定或挂起状态。经验公式:线程数 = CPU 数×2+2。

(2) 获取排队完成状态。

```
BOOL GetQueuedCompletionStatus(
HANDLE CompletionPort,                      //线程监视的完成端口
    LPDWORD lpNumberOfBytes,                 // 传输的字节数
    PULONG_PTR lpCompletionKey,              //完成键,传递参数的指针
    LPOVERLAPPED * lpOverlapped,             // LPOVERLAPPED 结构
    DWORD dwMilliseconds                     //等待时间值,可以设为无限
);
```

GetQueuedCompletionStatus 使调用线程挂起,直到指定端口 I/O 完成队列中出现了一项或直到超时。线程通过本函数获得完成端口的状态,处理 I/O 数据。

(3) 退出完成端口。

```
BOOL PostQueuedCompletionStatus(
HANDLE CompletionPort,                       //完成端口
    DWORD dwNumberOfBytesTransferred,        //传输字节数
    ULONG_PTR dwCompletionKey,               //完成键
    LPOVERLAPPED lpOverlapped                // LPOVERLAPPED 结构
);
```

本函数用于唤醒线程等待的线程,即使线程 GetQueuedCompletionStatus 返回,并在线程中作正常退出工作。

完成端口编程的基本步骤如下:

(1) 利用 CreateIoCompletionPort 创建一个完成端口。

(2) 根据服务器线程数创建一定量的线程数。

(3) 初始化套接字,开始绑定侦听。

(4) 利用函数 accept 等待客户请求。

(5) 创建一个数据结构容纳客户端连接套接字和其他相关信息。

(6) 将客户端套接字同已建立完成端口相关联。

(7) 投递一个准备接收的请求,如 WSARecv。

(8) 重复(5)～(7)步的过程。注意,程序退出时需要调用 PostQueuedCompletionStatus 函数。

在线程中,通过 GetQueuedCompletionStatus 处理投递的网络请求,处理完毕,重新

投递。

示例代码如下：

```c
#define PORT    2010
#define MSGSIZE   1024
typedef struct
{
    WSAOVERLAPPED  overlap;
    WSABUF         Buffer;
    char           szMessage[MSGSIZE];
    DWORD          NumberOfBytesRecvd;
    DWORD          Flags;
    struct in_addr addr;    //客户端的 IP 地址
} PER_IO_OPERATION_DATA, * LPPER_IO_OPERATION_DATA;
DWORD WINAPI WorkerThread(LPVOID CompletionPortID);
int main(int argc, char * argv[])
{   WSADATA wsaData;
    SOCKET sListen, sClient;
    SOCKADDR_IN local, client;
    DWORD i, dwThreadId;
    int iAddrSize = sizeof(SOCKADDR_IN);
    HANDLE CompletionPort = INVALID_HANDLE_VALUE;
    SYSTEM_INFO sysinfo;
    LPPER_IO_OPERATION_DATA lpPerIOData = NULL;
    WSAStartup(0x0202, &wsaData);
    CompletionPort = CreateIoCompletionPort(INVALID_HANDLE_VALUE,
            NULL, 0, 0);
        //创建完成端口
    GetSystemInfo(&sysinfo);
    for (i = 0; i < sysinfo.dwNumberOfProcessors; i++)
        // 根据 CPU 个数创建线程
    {   CreateThread(NULL, 0, WorkerThread, CompletionPort, 0,
            &dwThreadId);    }
    sListen = socket(AF_INET, SOCK_STREAM, IPPROTO_TCP);
    local.sin_family = AF_INET;
    local.sin_addr.S_un.S_addr = htonl(INADDR_ANY);
    local.sin_port = htons(PORT);
    bind(sListen, (sockaddr * )&local, sizeof(SOCKADDR_IN));
    listen(sListen, 5);
    while (TRUE)
    {
        sClient = accept(sListen, (sockaddr * )&client, &iAddrSize);
        printf("Accepted client: % s: % d\n", inet_ntoa(client.sin_addr),
            ntohs(client.sin_port));
            // 将产生的套接字与完成端口关联起来
        CreateIoCompletionPort((HANDLE)sClient, CompletionPort,
                (DWORD)sClient, 0);
    // 创建 WSAOVERLAPPED 结构,该结构附属于结构
      //LPPER_IO_OPERATION_DATA
```

```
            lpPerIOData = (LPPER_IO_OPERATION_DATA)HeapAlloc(
                GetProcessHeap(),
                HEAP_ZERO_MEMORY,
                sizeof(PER_IO_OPERATION_DATA));
        lpPerIOData -> Buffer.len = MSGSIZE;
        lpPerIOData -> Buffer.buf = lpPerIOData -> szMessage;
        lpPerIOData -> addr = client.sin_addr;
        WSARecv(sClient,                         //投递请求
            &lpPerIOData -> Buffer,
            1,
            &lpPerIOData -> NumberOfBytesRecvd,
            &lpPerIOData -> Flags,
            &lpPerIOData -> overlap,
            NULL);
    }
    PostQueuedCompletionStatus(CompletionPort, 0xFFFFFFFF, 0, NULL);
                //退出端口
    CloseHandle(CompletionPort);
    closesocket(sListen);
    WSACleanup();
    return 0;
}
DWORD WINAPI WorkerThread(LPVOID CompletionPortID)//线程
{
    HANDLE CompletionPort = (HANDLE)CompletionPortID;
    DWORD dwBytesTransferred;
    SOCKET sClient;
    LPPER_IO_OPERATION_DATA lpPerIOData = NULL;
    while (TRUE)
    {
        GetQueuedCompletionStatus(               //得到端口状态
            CompletionPort,
            &dwBytesTransferred,
            (DWORD * )&sClient,
            (LPOVERLAPPED * )&lpPerIOData,
            INFINITE);
        if (dwBytesTransferred == 0xFFFFFFFF)    //退出线程
                return 0;
      if (dwBytesTransferred == 0)               //关闭端口释放空间
      { closesocket(sClient); HeapFree(GetProcessHeap(), 0,
                lpPerIOData);    }
    else                                         //处理接收的数据
    {
        lpPerIOData -> szMessage[dwBytesTransferred] = '\0';
        printf("主机: % s 发送数据: % s\n", inet_ntoa(lpPerIOData -> addr),
            lpPerIOData -> szMessage);
        memset(lpPerIOData, 0, sizeof(PER_IO_OPERATION_DATA));
        lpPerIOData -> Buffer.len = MSGSIZE;
        lpPerIOData -> Buffer.buf = lpPerIOData -> szMessage;
        WSARecv(sClient,                         //重新投递
```

```
            &lpPerIOData − >Buffer,
            1,
            &lpPerIOData − >NumberOfBytesRecvd,
            &lpPerIOData − >Flags,
            &lpPerIOData − >overlap,
            NULL);
        }
    }
    return 0;
}
```

6. 实验报告要求

结合示例代码,编写自己的网络通信程序。给出通信程序,提交实验报告。

10.3 Windows 高级编程技术

10.3.1 概述

为了方便开发者编程,充分利用 MFC 的优势,MFC 中封装了两个套接字类,分别是 CAsyncSocket 类和 CSocket 类。这两个类完全封装了 WinSock API,两个类之间的关系如图 10-5 所示,CAsyncSocket 类是 CSocket 类的父类,提供了更多的底层功能,并采用非阻塞方式编程,具有更高的编程效率;而 Csocket 类采用阻塞方式,具有文档序列化功能,和 MFC 结合得更紧密,能够充分发挥 MFC 的优势,两者各有优势。

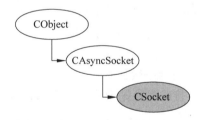

图 10-5 CAsyncSocket 类和 CSocket 类的继承关系

10.3.2 利用 CAsyncSocket 实现 TCP 协议服务器端编程

1. 实验目的

(1) 了解 CAsyncSocket 的编程原理。

(2) 掌握利用 CAsyncSocket 实现 TCP 服务器端编程。

2. 实验内容

利用 CAsyncSocket 方法编写具有通信功能的服务器端程序和客户端程序。

3. 实验环境

Visual C++ 6.0 版本以上。

4. 实验原理

CAsyncSocket 类是一个异步非阻塞 Socket 封装类,属于 10.3.1 节 WSAAsyncSelect

（异步选择）编程技术，因此对于大规模的服务器编程还是以重叠（I/O）和完成端口为佳，对于小规模的服务器编程，CAsyncSocket 类则是这方面的较好选择。同时，CAsyncSocket 类既可以作为服务器端，也可以作为客户端编程。

在 WSAAsyncSelect（异步选择）中需要用户自定义消息，并响应这些消息函数，CAsyncSocket 类基于 MFC 框架封装了这些消息的使用，只需利用 MFC 框架对相应的消息映射即可。

CAsyncSocket 类逐个封装了 Winsock API，为高级网络程序员提供了更加有力而灵活的方法。每个 CAsyncSocket 对象代表一个 Windows Socket 对象，使用 CAsyncSocket 类要求程序员对网络编程较为熟悉。它的效率比 CSocket 类要高。

5. 实验步骤

服务器端编程的步骤如下：

（1）首先生成基类为 CAsyncSocket 的派生类，主要目的是在派生类中响应各种消息。由于服务器端有两种套接字，相对应可以分别生成两个派生类 ClistenSock 和 CclientSocket。

（2）在 ClistenSock 派生类中利用类向导响应消息 OnAccept。

ClistenSock 是主套接字对象，用于绑定端口和等待服务器端连接，因此该类只需要重载函数 OnAccept，OnAccept 函数就是当 accept 返回产生新的与客户端连接时响应本函数。在重载函数中产生新的与客户端通信的套接字，即 CclientSocket 定义的对象，代码如下：

```
CClientSocket * tmp = new CClientSocket(&CCSL);      //创建新的连接套接字
Accept( * tmp);
CCSL. Add(tmp);                                       // 新的连接套接字加入套接字链表
CSocket::OnAccept(nErrorCode);
```

（3）CclientSocket 为与客户端连接通信的套接字，一般利用类向导 CclientSocket 派生类中重载消息 OnReceive、OnClose。

OnReceive：当有接收到新的网络数据时，产生该消息，因此，响应该消息的主要工作就是利用 Receive 接收数据，并对接收的数据做处理，代码如下：

```
CClientSocket::OnReceive( int nErrorCode)
{
    char buff[1000];
    n = Receive(buff,1000);
    …                              //处理接收的信息
}
```

OnClose：当套接字关闭时，产生该消息，响应本消息的主要工作就是关闭套接字，并将本套接字从已建立的套接字列表中删除，代码如下：

```
void CClientSocket::OnClose( int nErrorCode)
{
    CSocket::OnClose(nErrorCode);
    CCSL.Del(this);                 //从套接字链表中删除
…
}
```

（4）如是客户方程序，用 CAsyncSocket::Connect() 成员函数连接到服务方；如是服务方程序，用 CAsyncSocket::Listen() 成员函数开始监听，如果有新的连接请求，则会在第（2）步响应的函数中接收该消息，创建与客户端通信的套接字。双方建立通信后，收到通信数据和关闭请求时，则在第（3）步响应处理该消息，采用如下主要步骤：构造一个 CAsyncSocket 对象，并用这个对象的 Create 成员函数产生一个 Socket 句柄。然后开始侦听，开始接收连接。

代码如下：

```
ListenSock.Create(8080);              //绑定端口 6767
  ListenSock.Listen();                //服务器侦听
```

6. 实验报告与总结

（1）提交程序流程设计框图。

（2）描述自己程序的通信基本过程。

（3）提交程序通信关键代码。

10.3.3 利用 CSocket 类实现 TCP 协议服务器端编程

1. 实验目的

（1）了解 CSocket 类的编程原理。

（2）掌握利用 CSocket 类实现 TCP 客户端和服务器端编程。

2. 实验内容

（1）利用 CSocket 类方法编写具有通信功能的服务器端程序和客户端程序。

（2）利用 CSocket 类的序列化机制，采用点对点方式实现两个客户端的文件传输功能。

3. 实验环境

Visual C++ 6.0 版本以上。

4. 实验原理

CSocket 类是由 CAsyncSocket 类继承下来的，它提供了比 CAsyncSocket 更高层的 Winsock API 接口。CSocket 类与 CSocketFile 类可以和 CArchive 类一起合作来管理发送和接收的数据，这使管理数据收发更加便利。CSocket 对象提供阻塞模式，这对于 CArchive 的同步操作是至关重要的。阻塞函数（如 Receive()、Send()、ReceiveFrom()、SendTo() 和 Accept()）直到操作完成后才返回。

CSocket 类与 CAsyncSocket 类网络编程的方式基本相同，但它通过封装和消息循环，网络通信是阻塞方式，效率相对较低，只可以用于小型网络规模的网络编程中，尤其是客户端。其二就是可以利用文档序列机制进行网络通信。

5. 实验步骤

（1）建立 CClientSocket 类继承于 CSocket，用于和客户端通信的套接字。

在该类中生成以下成员变量：

```
CHong_serverDlg * m_Dlg;        //主对话框类指针变量,对话框中显示消息,
  //等待用户命令发送消息
```

```
CSocketFile * m_file;                        //CSocketFile 对象的指针变量
CArchive * m_In;                             //用于输入的 CArchive 对象的指针变量
CArchive * m_Out;                            //用于输出的 CArchive 对象的指针变量
```

建立初始化函数 Initialize()初始化这些对象:

```
m_file = new CSocketFile(this,TRUE);         //构造与此套接字相应的 CSocketFile 对象
m_In = new CArchive(m_file,CArchive::load);  //构造与此套接字相应的 CArchive 对象
m_Out = new CArchive(m_file,CArchive::store);
```

（2）CClientSocket 类中响应接收数据消息 OnReceive。

```
CSocket::OnReceive(nErrorCode);              //调用主对话框类中的相应函数来处理
m_Dlg -> OnReceive(this);                    //对话框中处理接收的消息
```

在对话框中可以利用 Carchive 方式处理接收的消息:

```
static CMessage  msg;
do {
    pSocket -> ReceiveMessage(&msg);
                    //接收的消息,pSocket 为接收消息的套接字
    m_listmsg.AddString(msg.m_text);//信息显示器
    if (msg.m_close)                //如果客户端关闭,将与该客户端的连接从连接列表中删除
    {
                    //从删除套接字列表删除套接字
        delete pSocket;
        break;
    }
} while (!pSocket -> m_In -> IsBufferEmpty());
```

（3）CClientSocket 类中建立处理接收消息和发送消息的函数。

```
void CClientSocket::SendMessage(CMessage * Msg)      //发送信息
{
    if (m_Out != NULL)
    {
        Msg -> Serialize( * m_Out);                  //调用消息类的序列化函数,发送消息
            //CArchive 对象中的数据强制性写入 CSocketFile 文件中
        m_Out -> Flush();                            //flush 函数,刷新缓冲区
    }
}
void CClientSocket::ReceiveMessage(CMessage * Msg)   //接收信息
{
    Msg -> Serialize( * m_In);                       //调用消息类的序列化函数,接收信息
}
```

（4）建立 ClistenSocket 类继承 Csocket,用于建立主套接字及绑定侦听对象,该对象只需要通过类向导响应 OnAccept 消息。代码如下:

```
CSocket::OnAccept(nErrorCode);
```

```
Dlg -> OnAccept();                    //调用主对话框类中的相应函数
CSocket::OnAccept(nErrorCode);
```

6. 实验报告与总结

（1）提交程序流程设计框图。

（2）描述自己程序的通信基本过程。

（3）提交程序通信关键代码。

10.4　Windows 网络应用编程

10.4.1　概述

为了开发 Internet 客户端程序，MFC 类库提供了专门的 Win32 Internet 扩展接口，这就是 WinInet。MFC 将 WinInet 封装在一个标准的、易于使用的类集合中。在编写 WinInet 客户端程序时，既可以直接调用 Win32 函数，也可以使用 WinInet 类库。

WinInet(Windows Internet)API 帮助程序员使用三个常见的 Internet 协议：超文本传输协议（Hypertext Transfer Protocol，HTTP）、文件传输协议（File Transfer Protocol，FTP）和 Gopher 文件传输协议。其中 Gopher 文件传输协议已逐渐被淘汰，前两者还被广泛使用。借助于 WinInet 编程接口，开发人员不必去了解 Winsock、TCP/IP 和特定 Internet 协议的细节就可以直接编写 Internet 客户端程序，大大简化了针对 HTTP、FTP 等协议的编程，从而轻松地将 Internet 集成到自己的应用程序中。

MFC WinInet 类有如下优点：

（1）缓冲器输入输出。

（2）数据的类型安全处理。

（3）许多函数的参数都是缺省值。

（4）对普通的 Internet 错误进行异常处理。

（5）自动清除打开的句柄和连接。

使用 WinInet 提供的 API 函数和类可以完成以下工作：

（1）通过 HTTP 协议下载 HTML 页。HTTP 协议专门用于在服务器和客户浏览器之间传输 HTML 页。

（2）发送 FTP 请求上传或下载文件以及获取服务器的目录信息。通过匿名登录下载文件便是 FTP 的典型应用。

（3）其他基于 HTTP、FTP 协议的应用。

Windows 提供了 12 个与 WinInet 相关的类，这些类之间的集成关系如图 10-6 所示，开发者无需了解子套接字编程细节，利用封装的类就可以获得客户端 HTTP、FTP 及 Gopher 的应用。

WinInet 同时还提供了如下 3 个全局函数：

（1）AfxParseURL：用于解析一个 URL 字符串。

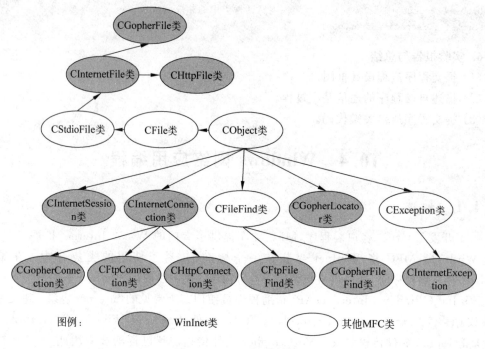

图例：　▨ WinInet类　　◯ 其他MFC类

图 10-6　WinInet 类结构图

```
AfxParseURL (LPCTSTR pstrURL,          //指向要解析的 URL 字符串指针
             DWORD& dwServiceType,     //解析出的 Internet 服务类型,
                                       //如 AFX_INET_SERVICE_HTTP
             CString& strServer,       //解析出来的主机字符串
             CString& strObject,       //解析出来的 URL 内容字符串
             INTERNET_PORT& nPort      //端口号
             );
```

用于解析 URL 地址,如果成功解析了 pstrURL,则返回非零值,并返回对应的参数。如果 URL 为空或它不包含已知的 Internet 服务类型,则为 0。例如,AfxParseURL 解析一个如下形式的 URL：http://server/dir/object.ext:port,返回的内容如下：

```
strServer == "server"
strObject == "/dir/object/object.ext"
nPort == ♯ port
dwServiceType ==   AFX_INET_SERVICE_HTTP
```

（2）AfxGetInternetHandleType：用于获取指定的 Internet 句柄的网络服务类型。这些返回网络服务类型在 AFXINET. H 中定义。

```
DWORD AFXAPI AfxGetInternetHandleType(
 HINTERNET hQuery            //Internet 查询的句柄
);
```

（3）AfxThrowInternetException：用于抛出一个 Internet 异常。

```
void AFXAPI AfxThrowInternetException(
 DWORD dwContext,                //引起异常操作的上下文标识
 DWORD dwError = 0               //引起异常的错误
);
```

一个典型的 Internet 客户端程序的处理流程为：

（1）创建 CinternetSession 对象，初始化 Internet 对话框。

（2）CInternetSession 与服务器建立连接，返回一个连接对象。这里分别有三种连接，对应三种不同的网络应用，分别为：

```
CInternetSession::GetFtpConnection        返回 CFtpConnection
CInternetSession::GetHttpConnection       返回 CHttpConnection
CInternetSession::GetGopherConnection     返回 CGopherConnection
```

（3）（可选）建立连接时，通过调用 CInternetSession::QueryQption 或 CInternetSession::SetOption 函数查询或设置 Interned 请求选项。

（4）（可选）为了得到网络处理数据的状态，需要派生 ClnternetSession 对象，重载 OnStatusCallback 函数实现回调程序的功能，并调用 CInternetSession::EnableStatusCallback 函数允许使用回调程序以监视会话的状态。

（5）分别调用 CGopherConnection::OpenFile、CFtpConnection::OpenFile 和 CHttpConnection 的 OpenRequest 函数得到 CGopherFile、CInternetFile 和 CHttpFile 对象指针。对于 FTP 应用，可以定义 CFtpFileFind 类，在生成 CFtpFileFind 对象时可以在构造函数中以上述 CFtpConnection 对象为参数。

（6）利用 CGopherFile、CInternetFile 和 CHttpFile 分别对相应协议的网络数据读写，主要使用文件对象的 Read 函数和 Write 函数。或者利用 CftpFileFind 对象遍历服务器的文件和目录。

（7）结束 Internet 会话，销毁 CInternetSession 对象。

在使用 WinInet 对象和函数的过程中，为了了解各种网络的异常状况，可以利用 C++ 的异常捕捉机制（try …catch），通过 ClnternerException 对象了解和处理。

10.4.2　利用 WinInet 类实现 FTP 客户端程序

1. 实验目的

（1）了解 CFtpConnection 类的编程原理。

（2）掌握利用 WinInet 类实现 FTP 客户端编程。

2. 实验内容

利用 WinInet 类实现 FTP 客户端程序，并具有远程登录、文件列表以及文件下载的功能。

3. 实验环境

Visual C++ 6.0 版本以上。

4. 实验步骤

（1）利用 Visual C++编译器建立一个基本对话框的应用程序。

在对话框类的头文件中建立以下成员对象：

```
CFtpConnection * m_pFtpConnection;   //建立 FTP 连接
CInternetSession * m_pInetSession;
                                //WinInet 类之一,创建并初始化 Internet 会话
```

（2）在对话框编辑器中,加入输入 FTP 地址、端口号、用户名、密码等对应的静态控件和编辑控件。加入"连接"按钮用于登录服务器,"下载"按钮用于下载文件。加入一个编辑控件,并设置"只读"和"多行"属性用于显示服务器传回的消息内容。加入列表控件用于显示当前目录的文件列表。

（3）响应"列表"按钮消息。在响应函数中加入以下代码：

```
m_pInetSession = new
CInternetSession(AfxGetAppName(),1,PRE_CONFIG_INTERNET_ACCESS);
UpdateData(TRUE);
m_message + = "连接 FTP 服务器: " + m_servername + "\r\n";
m_message + = "登录用户名: " + m_username + "\r\n";
try
{
    m_pFtpConnection = m_pInetSession - > GetFtpConnection(
                m_servername,m_username,
                m_password,m_port);
    if (m_pFtpConnection ! = NULL)
    {
        m_message + = "连接登录成功!\r\n";
        UpdateData(FALSE);
        List();
    }
}
 catch (CInternetException * pEx)
{
    m_message + = "连接登录失败!\r\n";
    UpdateData(FALSE);
    TCHAR szError[1024];
        if ( pEx - > GetErrorMessage(szError,1024))
        {
            m_message + = (CString) szError;
            UpdateData(FALSE);
        }
        else
        AfxMessageBox("There was an exception");
        pEx - > Delete();
        m_pFtpConnection = NULL;
}
```

（4）响应列表控件的双击消息（NM_DBLCLK）。当双击列表控件选中的目录后,进入下一层目录,代码如下：

```
int k = m_serverfile.GetNextItem( - 1,LVNI_SELECTED);    //得到列表控件选择的项
m_pFtpConnection - > SetCurrentDirectory(m_serverfile.GetItemText(k,0));    //设置当前目录
List();                                                  //下一层列表显示
* pResult = 0;
```

List()内容如下:

```
m_serverfile.DeleteAllItems();                     //删除列表控件各项
CStringArray m_Dir;                                //用来保存目录
CFtpFileFind    finder(m_pFtpConnection);
BOOL bWorking = finder.FindFile(_T(" * "));
while (bWorking)                                    //开始遍历
{
        static int i = 0;
        bWorking = finder.FindNextFile();
        if ( finder.IsDots() ) continue;
        if (finder.IsDirectory())
        {
                m_Dir.Add( finder.GetFileName());
                     //如果是目录的话,就保存在数组里
                m_serverfile.InsertItem(i,finder.GetFileName());
        }
        else
        {
                m_serverfile.InsertItem(i,finder.GetFileName());
                UpdateData(FALSE);
        }
}
finder.Close();
```

(5) 响应"下载"按钮消息,下载选择的文件。代码如下:

```
int i = m_serverfile.GetNextItem( - 1,LVNI_SELECTED);
if (i == - 1)
{
    AfxMessageBox("没有选择文件!",MB_OK | MB_ICONQUESTION);
}
else
{
    UpdateData();                                       //重新更新变量,获取最新下载目录
    CString strDestName;
    CString strSourceName;
    strSourceName = m_serverfile.GetItemText(i,0);    //得到所要下载的文件名
    //获得下载文件在本地机上存储的路径和名称
    strDestName = m_localload + strSourceName;
    //调用 CFtpConnect 类中的 GetFile 函数下载文件
    if (m_pFtpConnection - > GetFile(strSourceName,strDestName))
    AfxMessageBox("下载成功!",MB_OK|MB_ICONINFORMATION);
    else
    AfxMessageBox("下载失败!",MB_OK|MB_ICONSTOP);
}
```

5. 实验报告要求

（1）提交程序流程设计框图。

（2）描述自己程序的通信基本过程。

（3）提交程序通信关键代码。

10.5 网络抓包编程技术

10.5.1 概述

正常情况下，一个网络接口应该只响应两种数据帧：与自己硬件地址相匹配的数据帧；向所有计算机广播的数据帧。因此利用普通的套接字编程只能得到本主机 IP 地址及绑定端口的网络数据，也就是只能得到网络通信的数据，而数据链路层、网络层、传输层各层的包头信息无法获取。因此，当需要分析整个网络状况或者分析网络数据中的数据包时，就需要使用网络抓包技术，将所有到达网卡的网络数据捕获上来，以进行进一步分析。目前主要有三种抓包技术：

（1）原始套接字编程捕获。

套接字有三类：流套接字、数据报套接字和原始套接字。前两种套接字只能访问到传输层的内容，而原始套接字则可以获取 ICMP、TCP 和 UDP 等所有网络层数据包。优点是编程简单，缺点是只能捕获网络层数据，不能捕获其他协议如 ARP 数据。另外，由于其依赖于操作系统缓存机制，在高速流量下，丢包较为严重。

（2）利用系统钩子等防火墙技术。

在 Windows 操作系统下，自行编写中间层驱动程序，包括 TDI 捕获过滤驱动程序、NDIS 中间层捕获过滤驱动程序、NDIS 捕获过滤钩子驱动程序等，利用网络驱动程序来实现网络抓包。

在 Linux 操作系统中，利用防火墙框架 NetFilter 提供的几个钩子结点，注册钩子程序，在内核层捕获网络数据。

这些抓包技术的特点是内核层编程，需要捕获程序在内核层复制网络数据，并利用共享内存技术在应用层处理，尤其是 Windows 驱动程序编程难度大。因此，其开发难度较高，控制复杂，容易引起系统崩溃，但是在控制方面，易于和应用层处理数据包部分合为一体，效率较高，用于高速环境下的网络抓包。

（3）利用第三方驱动 Winpcap/Libpcap 捕获。

Libcap 可以提供与平台无关的接口，而且操作简单，它是基于改进的 BPF（Berkeley Packet Filter），该软件来自 Berkeley 的 Lawrence National Laboratory 研究院。Winpcap 是 Libpcap 的 Windows 版本，Linux 用户使用 Libpcap，Windows 用户使用 Winpcap。

由于第二种技术开发难度较大，需要驱动层编程知识，不同操作系统差异较大，而第一种和第三种技术开发相对简单，而且不同操作系统开发几乎一致，本书以这些方法为例来讲解如何开发抓包程序。

10.5.2 利用原始套接字编程实现网络抓包

1. 实验目的

（1）了解利用原始套接字抓包的原理。

（2）掌握利用原始套接字抓包技术。

（3）掌握网络数据包分析技术。

2. 实验内容

分析网络数据包，统计网络流量，包括 TCP、UDP 流量及 TCP 会话的数量。

3. 实验环境

Visual C++ 6.0 版本以上。

4. 实验原理

原始套接字是伯克利套接字公开的一个套接字编程接口，它让我们可以在 IP 层对套接字进行编程，控制其行为。同时也可以用于捕获网络层数据包。

5. 实验步骤

其开发流程如下：

（1）创建原始套接字，函数使用如下：

```
sockfd = socktet(AF_INET, SOCK_RAW, IPPROTO_RAW);
```

（2）设置自己对 IP 头处理选项，函数使用如下：

```
setsockopt(sock, IPPROTO_IP, IP_HDRINCL, (char *)&flag, sizeof(flag));
```

（3）绑定端口和本级地址。

（4）循环接收网络数据，示例代码如下：

```
setsockopt(sock, IPPROTO_IP, IP_HDRINCL, (char *)&flag, sizeof(flag)); // 设置 IP 头操作选项
//其中 flag 设置为 ture,亲自对 IP 头进行处理
gethostname((char *)LocalName, sizeof(LocalName) - 1);        // 获取本机名
pHost = gethostbyname((char *)LocalName);                    // 获取本地 IP 地址
addr_in.sin_addr = *(in_addr *)pHost->h_addr_list[0];        //IP
 addr_in.sin_family = AF_INET;
 addr_in.sin_port = htons(57274);
bind(sock, (PSOCKADDR)&addr_in, sizeof(addr_in));
            //把原始套接字 sock 绑定到本地网卡地址上
   // dwValue 为输入输出参数,为 1 时执行,为 0 时取消
  DWORD dwValue = 1;
  //设置 SOCK_RAW 为 SIO_RCVALL,以便接收所有的 IP 包
  ioctlsocket(sock, SIO_RCVALL, &dwValue);
 while (true)
 {
   // 接收原始数据包信息
      int ret = recv(sock, RecvBuf, BUFFER_SIZE, 0);
 …//对原始数据进行处理
 }
```

6. 实验报告要求

（1）提交程序流程设计框图。

（2）描述自己程序的基本原理。

(3) 提交程序关键代码。

10.5.3 利用 **Winpcap** 实现网络抓包

1. 实验目的

(1) 了解利用 Winpcap 抓包的原理。

(2) 掌握网络数据包分析技术。

2. 实验内容

(1) 分析网络数据包,统计网络流量,包括 TCP、UDP 流量及 TCP 会话的数量。

(2) 利用 Winpcap 框架开发抓包软件。

3. 实验环境

(1) 操作系统:Windows XP/Vista/7.0。

(2) 编程工具及集成开发环境:Visual C++ 6.0。

(3) Winpcap 框架。

下载网址:http://www.winpcap.org。

下载软件:驱动程序 Winpcap_4_a_b.exe。这里 a、b 为版本号,需安装该软件。

Winpcap 的开发包 WpdPack_4_a_b.zip,提供了使用 Winpcap 必需的头文件和库文件。

4. 实验原理

网络抓包是网络嗅探的基础,网络嗅探是利用计算机的网络接口截获目的地为其他计算机数据报文的一种工具。通过把网络适配卡(一般如以太网卡)设置为一种混杂模式(Promiscuous)状态,使网卡能接收传输在网络上的每一个数据包,进而捕获所有通过网络的数据。

Winpcap(Windows Packet Capture)是 Windows 平台下捕获 IP 网络通信数据包的驱动类库。通过这套类库可以很方便地获得通过本机网络数据包,它会让网卡处于混杂模式,监听所有通过数据。很多抓包工具如 Wireshark、ClearSight、Sniffer 等都是基于 Winpcap 开发的。在 Linux 平台上,相应的类库为 Libpcap。

Winpcap 提供了以下功能:

(1) 捕获原始数据包,包括在共享网络上各主机发送/接收的以及相互之间交换的数据包。

(2) 在数据报发往应用程序之前,按照自定义的规则将某些特殊的数据报过滤掉。

(3) 在网络上发送原始的数据报。

(4) 收集网络通信过程中的统计信息。

基于 Winpcap 可以实现很多应用功能,如网络数据包的捕捉,包单帧分析,HTTP 传输时网络密码的捕获,网络数据流量的统计,拓扑图的生成,对常用软件 QQ、MSN 的通信数据都可以进行捕获。

Winpcap 的主要思想来源于 UNIX 系统中著名的 BSD 包捕获结构,它的基本结构如图 4-2 所示。整个包捕获框架的基础是 NDIS(网络驱动器接口规范),它是 Windows 中最低层的与联网有关的软件,主要是为各种应用协议与网卡之间提供的一套接口函数。Winpcap 由三个模块组成,一个是工作在内核级别上的 NPF 包过滤器,另外两个是用户级的动态连接库 packet. dll 和 wpcap. dll。wpcap. dll 是 packet. dll 的上一层封装,提供了编程的高级接口。著名软件 tcpdump 及 ids snort 都是基于 Libpcap 编写的。此外,Nmap 扫描器也是基于 Libpcap 来捕获目标主机返回的数据包的。

Winpcap 的结构如图 10-7 所示。

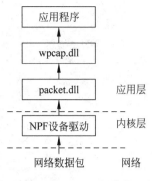

图 10-7　Winpcap 的结构图

5. 实验步骤

利用 Winpcap 开发抓包程序有两种方法,分别是基于 packet. dll 和 wpcap. dll。前者开发效率相对较高,而后者跨平台性能较好(程序几乎可以不加修改地在 Linux 下使用)。下面分别描述其开发流程。

首先加入静态库:

```
#pragma comment(lib,"ws2_32")   //处理网络编程
#pragma comment(lib,"wpcap")    //wpcap库
```

1) 基于 packet. dll 开发流程

实验步骤如下:

(1) 获得适配器列表。

(2) 获得系统中网络适配器的名字。

(3) 打开需要抓包的网络适配器。

代码如下:

```
char Adapterlist [Max__Num__Adapter][512];
int i = 0,num = 0;
char AdapterNames[10024], * p, * pNext;
ULONG AdapterLength = 10024;
memset(AdapterNames, - 1,10024);
PacketGetAdapterNames(AdapterNames, &AdapterLength);        //读取设备信息
LPADAPTER lpAdapter;
p = pNext = AdapterNames;
for( i = 0;i < Max__Num__Adapter;i++)
        memset(Adapterlist[i],0,512);
num = 0;
while (( * pNext! = '\0')||( * (pNext - 1)! = '\0'))
{
        if ( * pNext == '\0')
        {
                memcpy(Adapterlist[num], p, pNext - p);    //保存设备网卡参数
                p = pNext + 1;
                num++;
        }
        pNext++;
}
pNext++;
p = pNext;
```

```
num = 0;
while (( * pNext! = '\0')||( * (pNext - 1)! = '\0'))
{//得到设备描述
        if ( * pNext == '\0')
        {
                int n = strlen(Adapterlist[num]);
                Adapterlist[num][n] = '|';
                memcpy(Adapterlist[num] + n + 1, p, pNext - p);        // 附加网卡名称,容易识别
                p = pNext + 1;
                num++;
        }
        pNext++;
}
for( i =  0;i < num;i++)
{
        printf(" % s\n",Adapterlist[i]);
}
printf("Please select interface num:\n");
scanf(" % d",&num);
char strAdpter[100];
memset(strAdpter,0,sizeof(strAdpter));
for(i = 0;Adapterlist[num][i]! = '|';i++);
memcpy(strAdpter,Adapterlist[num],i);
lpAdapter = PacketOpenAdapter (strAdpter);
```

（4）将所选择的适配器 lpAdapter 设置为混杂模式。

```
PacketSetHwFilter(lpAdapter,NDIS_PACKET_TYPE_PROMISCUOUS)
```

（5）设置过滤器参数(可选)。

```
PacketSetBpf(LpAdapter AdapterObject,structbpf_program * fp)
```

（6）设置缓冲池大小,以缓存捕获的网络数据包 。

```
PacketSetBuff(LpAdapter AdapterObject , int dim);
```

（7）分配一个数据包对象,并连接已分配的缓冲。

```
PacketInitPacket(lpPacket,(char * )bufferReceive,512000);
```

（8）捕获多个数据包。从网卡 lpAdapter 接收数据包,并将数据包放入 lpPacket 所指向的数据包结构体中。若接收成功返回 TRUE,否则返回 FALSE。
（9）从 lpAdapter 中读取网络数据包进行分析处理,返回(8)
第(8)和(9)步的代码示例如下:

```
while(TRUE)
{
    if(PacketReceivePacket(lpAdapter,lpPacket,TRUE) == FALSE)
        break;
```

```
        lp = lpPacket;
        ulbytesreceived = lp -> ulBytesReceived;           //接收的字节数
        buf = (char *)lp -> Buffer;
        off = 0;
        while(off < ulbytesreceived)
        {
                hdr = (struct bpf_hdr *)(buf + off);
                off + = hdr -> bh_hdrlen;
                pChar = (char *)(buf + off);                //pChar 即为捕获的数据包
                base = pChar;
                off = Packet_WORDALIGN(off + hdr -> bh_caplen);
                pIPhdr = (PIPHDR)(pChar + sizeof(ETHDR));
                Pip_address    * p;
                p = (Pip_address *) &pIPhdr -> sourceip;
                printf("source ip = % d. % d. % d. % d,
                        ", p -> byte1, p -> byte2, p -> byte3, p -> byte4);
                p = (Pip_address *) &pIPhdr -> destip;
                printf("des ip = % d. % d. % d. % d,
                        \n", p -> byte1, p -> byte2, p -> byte3, p -> byte4);
                int IPLen = ((pIPhdr -> h_lenver) &0x0f) * 4;
                if(pIPhdr -> proto == 6)
                {
                        PTCPHDR pTCP;
                        pTCP = (PTCPHDR)(pChar + sizeof(ETHDR) + IPLen);
                        printf("TCP: sourceport = % d, htons_desport = % d\n",
                                    htons(pTCP -> dest), htons(pTCP -> dest));
                }
                else if(pIPhdr -> proto == 17)
                {
                        PUDPHEADER pUDP =
                            (PUDPHEADER)(pChar + sizeof(ETHDR) + IPLen);
                        printf("UDP: sourceport = % d, htons_desport = % d\n",
                        htons(pUDP -> sport), htons(pUDP -> dport));
                }
        }
}
```

其中，ETHDR 是以太网头的结构体指针。

```
typedef struct ether_header              //以太帧头结构体
{
            unsigned    char       eh_dst[6];
            unsigned    char       eh_src[6];
            unsigned    short      eh_type;
}ETHDR, * PETHDR;
```

PIPHDR 是 IP 数据包头的结构体指针。

```
/* IP 数据头 */
typedef   struct   iphdr
{
        unsigned   char      h_lenver;
        unsigned   char      tos;
        unsigned   short     total_len;
        unsigned   short     ident;
        unsigned   short     frag_and_flags;
        unsigned   char      ttl;
        unsigned   char      proto;
        unsigned   short     checksum;
        unsigned   int       sourceip;        //4 字节
        unsigned   int       destip;
}IPHDR, * PIPHDR;
```

PTCPHDR 是 TCP 数据包头的结构体指针。

```
typedef      struct   tcphdr      //TCP 包头结构体
{
    unsigned short source;
    unsigned short dest;
    unsigned int seq;
    unsigned int ack_seq;
#if _BYTE_ORDER == _LITTLE
    unsigned short
            res: 4,
            doff:4,
            fin:1,
            syn:1,
            rst:1,
            psh:1,
            ack:1,
            urg:1,
            res2:2;
#elif _BYTE_ORDER == _BIG
            unsigned short
            doff:4,
            res:6,
            urg:1,
            ack:1,
            psh:1,
            rst:1,
            syn:1,
            fin:1;
#else
            #error "Adjust your defines"
#endif
    unsigned short window;
    unsigned short check;
    unsigned short urg_prt;
}TCPHDR, * PTCPHDR;
```

PUDPHEADER 是 TCP 数据包头的结构体指针。

```
typedef struct udp_header {
                u_short sport;              //源端口号
                u_short dport;              //目的端口号
                u_short len;                //数据报长度
                u_short crc;                //校验和
}UDPHEADER, * PUDPHEADER;
```

Pip_address 表示 IP 地址。

```
typedef struct ip_address{
                unsigned    char byte1;
                unsigned    char byte2;
                unsigned    char byte3;
                unsigned    char byte4;
}ip_address,Pip_address;
```

（10）结束接收数据包，释放数据包对象。

```
PacketFreePacket(lpPacket);
PacketCloseAdapter(lpAdapter);
```

2）基于 wpcap.dll 开发流程

（1）读取网络适配器列表。

```
pcap_if_t * alldevs;
pcap_if_t * d;
int i = 0;
char errbuf[PCAP_ERRBUF_SIZE];
/ * 取得列表 * /
if (pcap_findalldevs(&alldevs, errbuf) == -1)
{
                fprintf(stderr,"Error in pcap_findalldevs: % s\n", errbuf);
                exit(1);
}
/ * 输出列表 * /
for(d = alldevs;d;d = d->next)
{
                printf(" % d.  % s", ++i, d->name);
                if (d->description)
                                printf(" ( % s)\n", d->description);
                else
                                / * Y- 没有有效的描述 * /
                                printf(" (No description available)\n");
}
if(i == 0)
{
                / * Y- 没有有效的接口, 可能是因为没有安装 Winpcap * /
```

```
                    printf("\nNo interfaces found! Make sure Winpcap is installed.\n");
                    return 0;
        }
        printf("Please select interface num:\n");
        int n;
        scanf(" %d",&n);
        for(d = alldevs, i = 1; d; d = d->next, i++)
        {
                    if(i == n) break;
        }
        if(i! = n)
        {
                    printf("invild interface num!\n");
                    return 0;
        }
        pcap_freealldevs(alldevs);
```

（2）打开网络适配器，并设置为混杂模式。

```
pcap_t *fp;
if ((fp = pcap_open_live(d->name,          // 设备名字
                        65536,             // 捕获最大字节数
                        1,                 //设为混杂模式
                        1000,              //超时时间
                        errbuf             //错误信息的缓冲区
                )) == NULL)
{
            fprintf(stderr,"\n 无法打开适配器. %s \n,不支持 Winpcap",
                    d->name);
            pcap_freealldevs(alldevs);
            return -1;
}
```

（3）循环读取网络数据。

```
while((j = pcap_next_ex(pslecadopt,&pkt_header,(const u_char **)&pkt_data))>= 0)
```

其中 pkt_data 读取的就是数据链路层网络数据。

这里可以设置使用回调函数方式读取网络数据。利用下列函数设置回调函数：

```
pcap_loop(pcap_t *p, int cnt, pcap_handler callback, u_char *user)
```

其中参数 callback 为回调函数，其格式为：

```
pcap_callback(u_char *argument, const struct pcap_pkthdr *packet_header, const u_char *packet_content)
```

其中 packet_content 包含了捕获的数据链路层网络数据。

回调函数代码如下：

```
void dispatcher_handler(u_char * temp1,
                        const struct pcap_pkthdr * header,
                        const u_char * pkt_data)
{
        u_int i = 0;
        if(header -> len < 12 ) return;
        Pip_address    * p;
        PIPHDR pIPhdr;
        pIPhdr = (PIPHDR)(pkt_data + sizeof(ETHDR));
        p = (Pip_address *) &pIPhdr -> sourceip;
        printf("source ip = % d. % d. % d. % d,
           ",p -> byte1,p -> byte2,p -> byte3,p -> byte4);
        p = (Pip_address *) &pIPhdr -> destip;
        printf("des ip = % d. % d. % d. % d, \n",
           p -> byte1,p -> byte2,p -> byte3, p -> byte4);
        int IPLen = ((pIPhdr -> h_lenver) &0x0f) * 4;
        if(pIPhdr -> proto == 6)
        {
            PTCPHDR pTCP;
            pTCP = (PTCPHDR)(pkt_data + sizeof(ETHDR) + IPLen);
            printf("TCP:sourceport = % d,htons_desport = % d\n",
                    htons(pTCP -> dest),htons(pTCP -> dest));
        }
        else if(pIPhdr -> proto == 17)
        {
            PUDPHEADER pUDP = (PUDPHEADER)(pkt_data +
                        sizeof(ETHDR) + IPLen);
            printf("UDP:sourceport = % d,htons_desport = % d\n",
                    htons(pUDP -> sport), htons(pUDP -> dport));
        }
        return;
}
```

6. 实验报告

（1）提交程序流程设计框图。

（2）描述自己程序的基本流程。

（3）提交程序通信关键代码。

（4）提交程序的运行结果。

第 11 章   故 障 排 除

本章以实际网络环境中的各种故障为例,介绍网络故障的分类和排除的原则,以及各种常见网络故障的分析及排除方法。着重于在实际故障的分析过程中,加强学生对于网络基本概念的认识和实践动手能力的培养。故障分类列表如表 11-1 所示。

表 11-1   故障分类列表

类别	故障名称	故障难度	知识点
基本操作	网络故障范围的判断	★★★	网络拓扑结构、常用网络测试命令
光纤链路故障	多模光纤链路故障的排除	★★★	光功率、光纤连接器
	单模光纤链路故障的排除	★★★	光放大器
交换机路由器故障	核心交换机风扇故障	★★★	设备日志、温度、风扇
	核心交换机电源故障	★★★	电源模块、冗余
	接入交换机电源故障	★★★	端口状态、电源
	交换机端口损坏	★★★	丢包率、防雷
	无法远程管理交换机	★★★	管理 VLAN、激活
	ARP 欺骗伪造网关信息	★★★★	虚假网关、MAC 地址、
	ARP 攻击网关 ARP 表	★★★★★	网关欺骗、网关设备 ARP 表
	路由器 NET 及策略路由故障	★★★★	NAT 转换、策略路由
	MAC 地址绑定故障	★★★	端口 ARP 静态绑定
服务器故障	DNS 设置故障	★★★	备份 DNS 服务器
	网站主页文档设置错误	★★★	默认内容文档
	HTTP 错误 403.6-禁止访问	★★★	IP 地址和域名限制
	不能下载 .rmvb、.iso 文件	★★★★	MIME 类型
	.NET Framework 版本不匹配	★★★	网站 ASP.NET 版本属性
	连接远程 SQL Server 2000 数据库失败	★★★★	数据库连接配置、1433 端口
	不允许的父路径	★★★★	启用父路径
	Serv-U FTP 服务器不允许匿名登录	★★★	匿名用户 anonymous
	Windows 防火墙开启后无法访问 FTP	★★★★	PORT 模式和 PASV 模式、开放端口
磁盘阵列故障	硬件磁盘阵列的故障恢复	★★★★	重建、Rebuild
	硬件磁盘阵列的热备盘设置	★★★★★	热备、HotSpare

11.1 网络故障概述

11.1.1 网络故障的分类

一个典型的局域网网络结构是由网络链路、网络设备和网络上的各种计算机组成的。其中,网络链路主要由各种物理传输介质及网络协议构成;网络设备主要包括各种交换机、路由器等网络连接设备;网络上的各种计算机包括提供各种信息服务的服务器,以及联网的个人计算机,还有移动手持终端设备等。所有这些链路和设备的故障都可能引起网络故障,这就需要网络管理员进行认真的分析和排查,找出故障的原因并进行处理和解决。

网络链路的故障占所有网络故障的 80% 以上,通常由网卡、跳线、信息模块和光纤线路等物理链路的故障引起,主要原因有传输介质断路或接触不良、信号干扰或衰减过大、布线不规范、传输距离超长等。

交换机和路由器故障可分为设备硬件故障和设备配置故障。设备硬件故障主要由电源、风扇、CPU、内存、板卡和模块等故障引起;设备配置故障主要由网络管理员人为操作失误造成,也可能因非正常停电造成原有配置的丢失而引起。

服务器故障可能由电源、风扇、CPU、内存、硬盘等硬件故障引起;也可能由软件系统安装和配置不当或系统不匹配引起;还可能由访问负荷过大,服务器系统资源耗尽而引起。与交换机和路由器不同,服务器较容易受到外来"黑客"和"病毒"的攻击,由此引起的各种故障也应引起网络管理员的重视。

以上各种网络故障都会造成联网的个人计算机和终端不能正常上网。另一方面,用户管理不善或使用不当也会造成一部分计算机中"病毒"或"木马",成为"黑客"的工具和"病毒"的传播者,制造一部分网络故障。

11.1.2 网络故障排除的原则

当网络故障发生时,网络管理员首先需要判断故障的范围:是用户接入端的故障还是网络设备的故障?用户接入端故障包括用户计算机设置问题,网卡、网线故障等,可以通过简单的检查和 ping 测试、与邻近的计算机互换网线及插口等进行排查。如果排除了用户接入端的故障,那么就应该是上一级的网络设备或链路的故障了,需要网络管理员进行认真细致的排查以确定故障的范围。做好这一工作的前提是网络管理员要熟悉所在局域网的网络拓扑结构。

一个典型的局域网拓扑结构是以星型结构为基础的树状拓扑结构(见图 11-1 左)。树状拓扑结构的网络从一个中心结点开始,向外分出多个分结点。这种拓扑结构的优点是便于进行网络的扩展和升级。当网络中某个结点发生故障时,便于故障的诊断和隔离。树状拓扑结构网络的稳定性依赖于各结点交换机设备的稳定性,特别是核心交换机的稳定性,一旦核心交换机发生故障,整个网络将随之瘫痪。为了提高网络运行的可靠性和稳定性,网状拓扑结构的网络将各结点互相连接起来,每一个结点至少与其他两个结点相连。这种拓扑结构称为网状拓扑结构(见图 11-1 右)具有较高的可靠性,但结构复杂,费用较高,不易进行管理和维护,主要应用于因特网主干网络。在局域网中,往往只在核心层使用这种网状拓扑结构,以提高核心层网络设备的可靠性和稳定性。

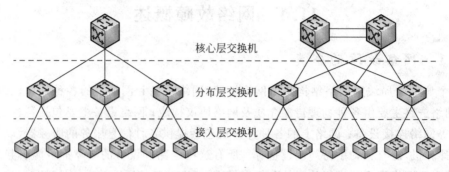

核心层交换机

分布层交换机

接入层交换机

图 11-1　树状拓扑结构与网状拓扑结构

　　在熟悉了所在局域网拓扑结构的前提下,网络管理员首先需要确定故障的大致范围,可以在计算机上使用 ping 命令以查看网络链路的连通性,包括是否能连通本机 IP 地址、默认网关 IP 地址、DNS 服务器 IP 地址、内网主要服务器地址以及外网主要服务器地址等。现在部署在核心层的交换机一般为三层路由式交换机,部分较大型的局域网在分布层也部署有三层路由式交换机。三层路由式交换机上往往配置有子网段网关 IP 地址和管理 IP 地址,可以作为关键结点,帮助网络管理员判断故障的大致范围。

　　在确定了网络故障的范围后,网络管理员就要在范围内排查故障原因。从出现问题的关键结点设备(一般是交换机或路由器)入手,排查该设备是否工作正常,各板卡和端口的指示灯闪烁是否正常,有无变红或非正常闪烁的情况;还可以登录到设备的管理界面,查看设备的 CPU、内存使用情况和各端口参数是否正常,机内温度以及风扇、电源工作是否正常;还可以借助网络监控工具查看设备各个端口的流量、IP、协议等。通过对上述信息的分析,可以判断出是该设备的故障还是该设备所连接的网络链路上的故障。如果是该设备的故障,可以通过重启动、更改配置或更换板卡部件等方法进行解决;如还不能解决,可以考虑更换备用机。如果是该设备所连接的网络链路上的故障,就需要进行进一步的分析。

　　在树状拓扑结构的网络中,一个典型的网络结点可能会连接以下网络设备:上级交换机、下级交换机、服务器、用户计算机,如图 11-2 所示。根据所连接设备类型的不同,其故障排查的方法也有所不同。对于上级交换机和下级交换机,可以参照前面的方法首先排查交换机设备本身的故障,然后排查上、下级的级联线故障。造成线路故障的主要原因有传输介质断路、网络接口接触不良、信号干扰或衰减过大等,排查时往往需要借助专用测试设备,两端配合协作进行。对于服务器和用户计算机,在排除了线路故障后,应重点排查其本身的设

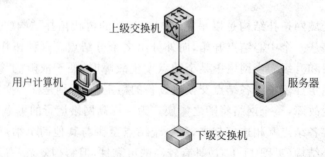

上级交换机

用户计算机　　　　　　　　　　　服务器

下级交换机

图 11-2　典型的网络结点

置问题,设备工作状态,系统进程有无异常,CPU、内存、硬盘等的使用情况,网络端口的数据包收发情况和流量等。对于服务器还应检查其协议端口是否开放、内置防火墙是否打开等。对于用户计算机,当发现其网络端口数据包收发和流量明显异常时,应先将其从网络中隔离出来,以避免造成进一步的影响。

网络管理员在进行故障排查时,首先需要冷静、清醒的头脑;在没有确定故障的范围时,不要贸然采取行动;从出现问题的关键结点入手,仔细排查该设备及其周边网络链路上的每一个细节,对异常情况进行分析;做好记录工作,保证所有故障恢复的操作尝试都是可以恢复的;注意对设备的系统日志进行解读。在平时,网络管理员要做好用户的网络安全教育和技术培训工作,减少用户计算机被"黑客"攻击和感染"病毒"的情况,做到"防患于未然"。

11.1.3 网络故障范围的判断

1. 实验目的

(1) 学习网络故障范围判断的一般性原则。

(2) 掌握常用的网络测试命令。

(3) 学习判断网络故障的范围。

2. 实验内容

使用连接校园网的 Windows 系统计算机,学习网络故障范围判断的一般性原则及常用的网络测试命令。

3. 实验原理

联网计算机能够实现对外网的访问,必须拥有正确的本机 IP 地址、默认网关 IP 地址和 DNS 服务器 IP 地址。以上 IP 地址可在 Windows 系统的命令行模式下使用 ipconfig 命令进行查看。

ping 命令经常用于测试网络链路的连通性和时延,配合不同的参数还可以测试网络的性能和丢包率等。

tracert 命令经常用于跟踪路由的测试,网络管理员常常根据其返回结果判断网络故障的位置所在。

4. 实验环境与网络拓扑

校园网环境安装 Windows 系统的联网计算机 1 台。校园网拓扑如图 11-3 所示。

5. 实验步骤

(1) 使用 ipconfig 命令查看本机的 IP 地址、默认网关 IP 地址和 DNS 服务器 IP 地址

注意:使用 ipconfig 命令需加参数 /all,否则不显示 DNS 服务器 IP 地址。

```
C:\Documents and Settings\Administrator>ipconfig /all
//略
Ethernet adapter 本地连接:                        //本机使用的网卡
    Connection - specific DNS Suffix  . :
    Description . . . . . . . . . . . : Realtek PCIe GBE Family Controller
    Physical Address. . . . . . . . : 40 - 61 - 86 - 66 - 88 - 00
    Dhcp Enabled. . . . . . . . . . : No
```

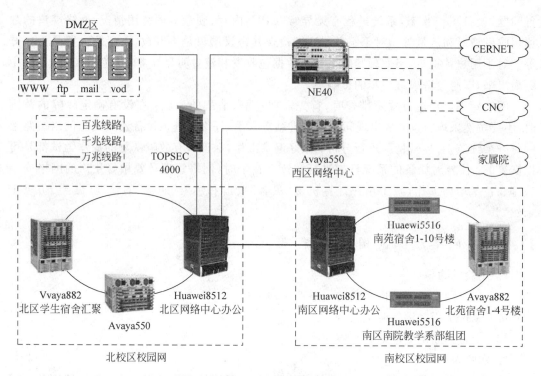

图 11-3　校园网拓扑图

```
IP Address. . . . . . . . . . . . : 202.196.36.72        //本机的 IP 地址
Subnet Mask . . . . . . . . . . . : 255.255.255.0
Default Gateway . . . . . . . . . : 202.196.36.254       // 默认网关 IP 地址
DNS Servers . . . . . . . . . . . : 202.196.32.1         // DNS 服务器 IP 地址
```

（2）使用 ping 命令测试主要网络结点的链路连通性。

① 连接本机的 IP 地址，测试本机网卡及协议工作是否正常。

```
C:\Documents and Settings\Administrator > ping 202.196.36.72
Pinging 202.196.36.72 with 32 bytes of data:
Reply from 202.196.36.72: bytes = 32 time < 1ms TTL = 64
Reply from 202.196.36.72: bytes = 32 time < 1ms TTL = 64
Reply from 202.196.36.72: bytes = 32 time < 1ms TTL = 64
Reply from 202.196.36.72: bytes = 32 time < 1ms TTL = 64
Ping statistics for 202.196.36.72:
    Packets: Sent = 4, Received = 4, Lost = 0 (0 % loss),    // 测试全部通过
Approximate round trip times in milli − seconds:
    Minimum = 0ms, Maximum = 0ms, Average = 0ms
```

② 连接默认网关 IP 地址。

```
C:\Documents and Settings\Administrator > ping 202.196.36.254
Pinging 202.196.36.254 with 32 bytes of data:
Reply from 202.196.36.254: bytes = 32 time = < 1ms TTL = 255
Reply from 202.196.36.254: bytes = 32 time = < 1ms TTL = 255
```

```
Reply from 202.196.36.254: bytes = 32 time = < 1ms TTL = 255
Reply from 202.196.36.254: bytes = 32 time = < 1ms TTL = 255
Ping statistics for 202.196.36.254:
    Packets: Sent = 4, Received = 4, Lost = 0 (0 % loss),        // 测试全部通过
Approximate round trip times in milli - seconds:
    Minimum = 0ms, Maximum = 0ms, Average = 0ms
```

如以上测试通过,说明该网段局域网连接无故障;如测试不通过,则需检查本机的网卡与网线的连接以及网线和接入网络设备的连接是否正常。

③ 连接 DNS 服务器 IP 地址。

```
C:\Documents and Settings\Administrator > ping 202.196.32.1
Pinging 202.196.32.1 with 32 bytes of data:
Reply from 202.196.32.1: bytes = 32 time = 3ms TTL = 253
Reply from 202.196.32.1: bytes = 32 time < 1ms TTL = 253
Reply from 202.196.32.1: bytes = 32 time < 1ms TTL = 253
Reply from 202.196.32.1: bytes = 32 time < 1ms TTL = 253
Ping statistics for 202.196.32.1:
    Packets: Sent = 4, Received = 4, Lost = 0 (0 % loss),        // 测试全部通过
Approximate round trip times in milli - seconds:
    Minimum = 0ms, Maximum = 3ms, Average = 0ms
```

DNS 服务器一般设置在网络中心机房的服务器区,其 IP 地址所在子网段离校园网核心交换机较近,且一般不会和下端用户计算机在同一个网段。如果以上测试通过,则说明本机到校园网核心交换机的链路是连通的。

④ 连接 WWW 服务器地址,测试 DNS 服务器域名解析是否正常。

```
C:\Documents and Settings\Administrator > ping www.zzti.edu.cn
Pinging www.zzti.edu.cn [202.196.32.2] with 32 bytes of data:      // 域名解析正常
Reply from 202.196.32.2: bytes = 32 time = 2ms TTL = 126
Reply from 202.196.32.2: bytes = 32 time < 1ms TTL = 126
Reply from 202.196.32.2: bytes = 32 time < 1ms TTL = 126
Reply from 202.196.32.2: bytes = 32 time < 1ms TTL = 126
Ping statistics for 202.196.32.2:
    Packets: Sent = 4, Received = 4, Lost = 0 (0 % loss),        // 测试全部通过
Approximate round trip times in milli - seconds:
    Minimum = 0ms, Maximum = 2ms, Average = 0ms
```

⑤ 连接一个常用的外网服务器地址,测试本机到外网的链路连通性。

```
C:\Documents and Settings\Administrator > ping www.zzu.edu.cn
Pinging www.zzu.edu.cn [202.196.64.199] with 32 bytes of data:
Reply from 202.196.64.199: bytes = 32 time = 3ms TTL = 118
Reply from 202.196.64.199: bytes = 32 time < 1ms TTL = 118
Reply from 202.196.64.199: bytes = 32 time < 1ms TTL = 118
Reply from 202.196.64.199: bytes = 32 time < 1ms TTL = 118
Ping statistics for 202.196.64.199:
    Packets: Sent = 4, Received = 4, Lost = 0 (0 % loss),        // 测试全部通过
Approximate round trip times in milli - seconds:
    Minimum = 0ms, Maximum = 3ms, Average = 0ms
```

故障排除

如果以上测试全部不通过,会出现 Request timed out 的提示(默认 4 次),说明本机到外网的链路不连通(还有一种情况是该 IP 地址不允许 ping)。

(3) 使用 tracert 命令跟踪路由,判断网络链路的故障位置所在。

```
C:\Documents and Settings\Administrator > tracert www.edu.cn
Tracing route to www.edu.cn [202.205.109.203]
over a maximum of 30 hops:
  1      1 ms      1 ms      1 ms   202.196.36.254
  2      1 ms      1 ms      1 ms   202.196.33.2
  3    < 1 ms    < 1 ms    < 1 ms   222.21.219.177
  4    < 1 ms    < 1 ms    < 1 ms   210.43.145.241
  5    < 1 ms    < 1 ms    < 1 ms   210.43.146.42
  6      *         *         *      Request timed out.
  7    < 1 ms    < 1 ms    < 1 ms   202.112.61.49
  8     11 ms     11 ms     10 ms   bjcd3.cernet.net [202.112.46.161]
  9     10 ms      *         *      202.127.216.238
 10      *         *         *      Request timed out.
 11      *         *         *      Request timed out.
...                                 // 略
 29      *         *         *      Request timed out.
 30      *         *         *      Request timed out.
Trace complete.
```

如果测试过程中连续出现 Request timed out 的提示,且不再有返回的数据包,则说明网络链路在此处有故障(还有一种情况是该 IP 地址不允许 ping)。可根据故障点 IP 地址段所属单位或部门大概判断出是哪一级网络出现的问题。

6. 实验故障排除与调试

本次实验常见问题如下:

(1) 机房设有代理服务器,没有直接连接校园网,ping 数据包不能通过代理服务器。解决方式:更改代理服务器设置或机房网络拓扑结构。

(2) 测试目标服务器 IP 地址不允许 ping,但提供正常的 WWW 服务。解决方式:使用本机浏览器访问目标服务器以测试网络链路的连通性。

7. 实验报告要求与总结

本次实验介绍了网络故障范围判断的一般性原则及常用的网络测试命令,以及如何根据测试结果判断网络故障的范围,最后给出了常见实验故障及其排除方法。

8. 实验思考

(1) 如果 ping 返回的数据包有的显示通过,有的显示 Request timed out,则网络链路的连通性如何?

(2) 如何判断一个 IP 地址的所属单位或部门?

11.2 网络故障的排除

11.2.1 光纤链路故障的排除

光纤链路一般应用于较长距离的数据传输,具有传输距离远、传输速率高、抗干扰能力强等优点,被广泛应用于广域网长途线路、局域网的主干网络、数据中心与核心交换机等重要的场所。因此,一旦光纤链路发生故障,对整个网络系统的影响往往比较大。常见的光纤链路故障主要有光纤断裂、光纤连接器损坏或连接松动、光纤跳线损坏或跳接顺序错误、光纤跳线接头端面污染或磨损、光信号传输衰减过大、传输距离超长等。

光信号在光纤链路中传输会有功率损耗,光纤链路损耗的高低直接影响光信号传输距离的远近。当接收到的光信号功率小于光模块的接收灵敏度下限时,光模块会因收不到信号而导致数据传输中断。因此,在光纤链路的故障排查中,光信号的功率是一个关键指标。光功率的单位是 dBm,计算公式为:10lg 功率值/1mW(如光功率为 1mW,折算后的值应为 10 lg 1mW/1mW = 0dBm)。不同的光模块有不同的发射功率和接收灵敏度。一般情况下,使用 1310nm 波长、传输距离 5km 的光模块,其发射功率一般在 $-20\sim-14$dBm,接收灵敏度为 -30dBm 左右;而使用 1550nm 波长,传输距离 120km 的光模块,其发射功率多在 $-5\sim0$dBm,接收灵敏度为 -38dBm 左右。值得注意的是,当光模块接收到的光信号功率大于其饱和光功率时(一般为 -3dBm),也会导致误码的产生,甚至光模块的损坏。

在光纤链路的故障排查中,经常使用光功率计测量光信号的功率大小和衰减。一般情况下,光功率计可以测量光信号波长范围在 $850\sim1550$nm 的光信号功率值,其功率值测量范围在 $-70\sim+26$dBm。不同品牌和型号的光功率计,其测量范围可能会有所不同。光功率计如图 11-4 所示。

仪表型号	JW3208A	JW3208C
波长范围（nm）	800~1700	
探头类型	InGaAs	
探测器面积	Ø 0.3mm	
功率测量范围（dBm）	-70~+3	-50~+26
不确定度	±5%	
标准波长（nm）	850、980、1300、1310、1490、1550	
显示分辨率	0.01dBm	
工作温度（℃）	-10~+60	
存储温度（℃）	-25~+70	
自动关机时间（min）	10	
电池持续工作时间（h）	240	
外形尺寸（mm）	175×82×33	
电源	3 节 AA 1.5V 电池	
重量（g）	310	

图 11-4　光功率计

光信号的发射和接收设备称为光模块,按照封装类型不同,可分为 GBIC、SFP、XFP 和 XENPAK 等形式;按照发射和接收光信号波长不同,可分为多模光模块和单模光模块。网络设备可以根据具体的网络传输需求,配备不同类型的光模块,如图 11-5 所示。

- 光纤链路的抗干扰性比较高。一般情况下,只要收光功率在指标范围内,链路就能建立连接。
- 除了光纤断裂外,光纤链路的主要故障都发生在光纤连接器和光纤跳线接头处。
- 灰尘和维护人员操作不当是造成光纤链路损耗值异常的主要原因。

图 11-5　不同封装类型的光模块

1. 多模光纤链路故障的排除

多模光纤链路中,光模块采用 850nm 波长的红色 LED 光源,传输距离一般为 550m,多用于局域网内较近楼宇间的连接。

某学院网络机房分布层交换机使用多模光模块上联至网络中心,其发射光功率为 -4dBm,接收光功率≤-17dBm。当光模块接收端收到的光信号功率小于-17dBm 时,光纤链路的数据传输将中断,光模块数据接收指示灯不亮。此时,可以使用光功率计测量接收端收到的光信号功率值,并根据收光功率值判断光纤链路故障的原因。如果收光功率值小于-17dBm,但还能收到光,说明光纤链路尚未中断,故障可能是由光纤连接器松动或光纤跳线接头端面污损引起,可以采用清洁光纤连接器和光纤跳线接头,或更换新的光纤连接器和光纤跳线进行解决。如果光功率计完全收不到光,说明光纤链路中断,就需要考虑光纤链路的哪些地方可能会发生中断。

一般情况下,光纤断裂、光纤连接器损坏或连接松动、光纤跳线损坏或跳接顺序错误等都有可能引起光纤链路中断。光纤链路中断的情况下,需要维护人员分段逐级排查。排查时要注意作好记录,非故障点的操作必须完全恢复,避免在排查过程中引起新的故障。借助光时域反射仪(OTDR),可以迅速判断出光纤链路的断点位置。找出断点位置后,针对不同故障原因分别解决。光纤连接器和光纤跳线故障一般可以自行解决;光纤或光缆的断裂就需要专业人员进行光纤熔接和打包操作。

注意:多模光模块的红色 LED 光源发射功率不大,在手头没有光功率计等测量仪器时或紧急情况下,可以使用肉眼观测光信号的有无和强弱作为故障判断的依据。

2. 单模光纤链路故障的排除

单模光纤链路中,光模块采用 1310nm 波长或 1550nm 波长的激光光源,传输距离从 10km 到 100km 不等,相应的发射光功率和接收功率也各有不同。常用于局域网内较远楼宇间的连接,或跨区域的长途线路的连接。当传输距离超长或线路衰减过大,造成收光功率值小于光模块的接收灵敏度时,还可以采用光放大器,将输出光功率值提高,传输距离进一步延长。光放大器主要有半导体放大器及光纤放大器,掺铒光纤放大器是光纤放大器的一种,如图 11-6 所示。

某学校南、北校区之间的光纤传输距离(非直线)超过 90km,且线路衰减较大,收光功率值偏小,网络链路时断时通,给学校各项工作造成很大不便。原来采用的方案为:南、北校区网络中心核心交换机各配备一个支持 10Gbps 传输速率的 1550nm 波长 XENPAK 模

图 11-6 掺铒光纤放大器

块,其发射光功率为＋1dBm,接收光功率≤－25dBm。实测收光功率值经常在－24～－26dBm。每当收光功率值在－24～－26dBm时,网络链路就开始不稳定。后来,在两发射端各增加了一个光放大器,使输出光功率增大到＋13dBm,收光功率值稳定在－14dBm左右,网络链路稳定性大大提高,很少再发生时断时通的情况。有意思的是,一对光纤中,两根的线路衰减值还不一样,一根收光功率值经常在－14dBm左右,而另一根收光功率值经常在－17dBm左右。对于这种长途光纤链路,各级跳接、转接次数较多,出现故障往往只能求助于通信公司的维护人员。

注意:用于长距离传输的光模块,其发射功率往往较大,不能通过光纤跳线不经衰减直接接到接收端,否则可能造成模块的接收光功率饱和、失效甚至损坏。

11.2.2 交换机、路由器故障的排除

1. 核心交换机风扇故障

1)故障现象

某工作日,网络中心工作人员在进行设备巡检过程中,发现网络中心南区核心交换机的日志文件中出现许多温度报警的条目。进一步仔细查询日志文件,发现还有一些风扇错误的报警,报警内容如下:

```
% Jul 18 10:40:06 2011 nq8512 DEV/5/DEV_LOG:
Board temperature is too high in Frame 0 Slot 8, Type is LSB1GP24B0      //温度太高
% Jul 18 10:40:08 2011 nq8512 DEV/5/DEV_LOG:
Board temperature is too high in Frame 0 Slot 10, Type is LSB1SRPB       //温度太高
Fan 2 failed                                                            //风扇2故障
% Feb 18 10:02:17 2011 nq8512 DEV/5/DEV_LOG:
Fan 2 recovered
% Feb 18 10:02:18 2011 nq8512 DEV/5/DEV_LOG:
Fan 2 failed                                                            //风扇2故障
% Feb 18 10:02:35 2011 nq8512 DEV/5/DEV_LOG:
Fan 2 recovered
```

2)故障环境

设备信息:华为8512核心交换机。

放置地点:网络中心南区机房。

3)故障分析

网络中心工作人员远程登录到华为8512核心交换机上,检查设备温度信息,发现设备的第8块和第10块板卡温度超出了上限值。

```
< nq8512 > disp environment
 System temperature information (degree centigrade):
_____
 Board      Temperature          Lower limit        Upper limit
 2          56                    10                 65
 4          57                    10                 65
 8          66                    10                 65           //温度超出了上限值
 10         68                    10                 65           //温度超出了上限值
```

检查风扇状态信息,发现确实有一个设备风扇失效了。

```
< nq8512 > disp fan
 Fan   1 State: Normal
 Fan   2 State: Fault                                   //风扇 2 故障
 < nq8512 >
```

4) 故障排除

网络中心工作人员赶到网络中心南区机房,发现华为 8512 核心交换机第二个风扇的故障报警灯确实闪烁红灯报警(见图 11-7)。把风扇(见图 11-8)拆下后检查,发现该组风扇确实不转。因为夏天机房温度较高,设备风扇损坏后,散热不良导致交换机的板卡温度超出了上限值而报警。后将故障风扇发回厂商维修。重新安装风扇后,交换机温度下降到正常值范围,不再报警。

图 11-7　华为 8512 风扇报警

图 11-8　华为 8512 风扇

5) 故障总结

许多网络设备的故障都是散热不良和温度过高引起的,轻则设备报警或运行异常,重则设备死机或部件烧毁,因此保持机房环境温度非常重要。

和其他部件相比,网络设备的风扇是比较容易出故障的。

2. 核心交换机电源故障

1) 故障现象

某工作日,网络中心工作人员到南区网络中心机房进行日常的设备巡检,发现华为 8512 核心交换机两个电源中的一个红色指示灯闪烁报警,如图 11-9 所示。

图 11-9　华为 8512 电源模块

2）故障环境

设备信息：华为 8512 核心交换机。

放置地点：网络中心南区机房。

3）故障分析

马上登录设备查看日志信息，发现日志文件中没有报错和报警信息，但是查看电源信息的时候发现一个电源模块显示错误。

```
[nq8512]display power
Power    1 State: Fault          //电源模块 1 故障
Power    2 State: Normal
[nq8512]
```

更换电源线缆后故障依旧，基本确定是一个电源模块损坏。华为 8512 核心交换机配备有两个冗余的电源模块，其中一个损坏后，另外一个还能正常工作，所以网络一直还能正常运行，管理人员也没有及时发现，可能已经损坏有一段时间了。

4）故障排除

在线将损坏的华为 8512 核心交换机电源模块取出（另外一个还能正常工作）；把损坏的电源模块返厂维修；维修后在线安装完毕后，故障解除。

5）故障总结

交换机设备常年 24 小时不间断工作，里面的电气元件随着使用时间的增加不可避免地会出现一些故障，其中电源是经常出现故障的部分。核心交换机因其重要性，一般都配备有冗余电源模块，可以进行在线维护和更换。在资金有保证的情况下，核心交换机应尽量配置冗余电源，并且要保证定期进行人工巡检，及时发现故障隐患并解决。

3. 接入交换机电源故障

1）故障现象

某日下午，北区学生 3 号宿舍楼 4 层的很多用户都打电话询问为什么不能上网。因为报修用户集中在同一楼层，故网络维护人员判断可能是该宿舍楼 4 层的接入交换机出现故障。

412

2）故障环境

设备信息：锐捷 2150 接入交换机。

放置地点：北区学生 3 号宿舍楼配电间。

3）故障分析

网络维护人员尝试连接该交换机的 IP 地址，返回 Request time out，登录 3 号宿舍楼分布层交换机查看链接到第 4 层楼的交换机端口状态，发现端口 OperStatus 为 down。

```
bb_ss_10＃show interfaces f0/17
Interface    : FastEthernet100BaseTX 0/17
Description  :
AdminStatus  : up                            //端口是启用状态
OperStatus   : down                          //通常是链路故障或对端设备故障
Hardware     : 10/100BaseTX
Mtu          : 1500
LastChange   : 0d:0h:0m:0s
OperDuplex   : Unknown
OperSpeed    : Unknown
FlowControlAdminStatus : Off
FlowControlOperStatus  : Off
Priority     : 0
Broadcast blocked         :DISABLE
Unknown multicast blocked :DISABLE
Unknown unicast blocked   :DISABLE
```

锐捷交换机的这种 OperStatus 状态相当于思科交换机的 Line Protocal 状态，通常都是因链路故障或者对端连接设备故障造成的。网络维护人员到 3 号宿舍楼配线间查看后，发现四层宿舍所连接的交换机所有端口指示灯都显示为琥珀色，并且常亮不闪烁。经询问交换机厂商工程师后，确认为交换机电源故障。

4）故障排除

要求交换机厂商售后提供电源部件备件，拆开交换机并更换电源部件后，故障解决。损坏的电源部件返厂更换维修，如图 11-10 所示。

图 11-10　更换交换机电源部件

5）故障总结

接入交换机在网络中使用量较大，而且工作环境相对较差，温度、灰尘等造成故障的因素较多,故障率也比较高。接入交换机不像核心交换机,一般没有冗余电源。可以要求厂商提供一部分容易损坏部件的备件,出现故障时可以立即更换,故障排除后再将损坏部件返厂。更换电源部件后交换机可以立即使用,如果采用备用交换机,则还需要重新配置。

4. 交换机端口损坏

1) 故障现象

某学院西区网络机房在 2 号楼 5 层(顶层),用光纤连接西区其他 8 栋宿舍楼和办公楼,分布层交换设备为 avaya882 交换机。某次雷雨过后,西区 2 号楼和办公楼用户反映网络完全不能访问,其他楼部分用户也反映网速很慢、时断时通。

2) 故障环境

设备信息:avaya882 交换机。

放置地点:西区 2 号楼网络机房。

3) 故障分析

网络中心工作人员远程登录 avaya882 交换机,通过 show 命令查看,发现设备正常无报错,但使用 ping 命令测试连通性时,发现丢包率达到 70% 以上(见图 11-11)。到西区网络机房查看,发现设备各项指示灯正常,设备各项性能参数正常。设备上有一个 8 口千兆业务板和一个两口的千兆业务板,仔细检查后发现,设备上联以及出问题的楼宇都是接在 8 口千兆线路板上的,可能是 8 口千兆业务板损坏。于是将上联端口和网络不能正常连通的 2 号楼光纤跳接到两口的千兆业务板上,经测试网络正常,网速也正常,因此判断是 8 口千兆业务板损坏。

图 11-11 使用 ping 命令测试丢包率

4) 故障排除

avaya882 交换机型号较老,早先是作为校园网核心交换机使用的,5 年前因为性能较差被新购置的华为 8512 核心交换机所替换,作为西区分布层交换机。因该设备已经停产,如果维修费用会很高,已经失去了维修价值。所以直接更换了一台锐捷 3550 分布层交换机,安装配置后,西区网络恢复正常。

5）故障总结

楼宇间的室外布线一定要考虑雷击问题。因为双绞线都是铜制的,导电性比较强,在室外极易遭受雷击,严重时会造成相连的交换机和计算机损坏。所以尽量不要在室外使用双绞线布线。光缆有绝缘外皮,一定程度上能防止雷击,是室外布线的首选。

光缆的防雷效果也有一定的限度。在这里,avaya882 交换机采用光缆连接西区其他各楼,理论上能抵御一定强度的雷击。但因为 2 号楼是老式楼宇,没有规划弱电竖井,所有光缆都是从楼顶进入 5 层(顶层)的网络机房,可能是光缆屏蔽层破损导致雷击电流的侵入。因此,室外光缆布线也要尽量使用地埋方式,避免架空方式,以降低雷击带来的风险。

5. 无法远程管理交换机

1）故障现象

网络中心为了对某宿舍楼用户实现基于交换机端口的接入认证,并提高安全管理的级别,更换了部分锐捷 2150G 交换机。在做完基础配置并设置了管理 IP 后,把交换机安装进宿舍楼机房的机柜中。但是,当对这些新交换机进行远程管理时,系统提示无法登录。

2）故障环境

设备信息:锐捷 2150G 交换机。

3）故障分析

要对二层交换机进行远程管理,必须满足以下条件:

(1) 配置交换机管理 IP 地址。

(2) 配置 telnet 远程访问的密码和 enable 权限密码。

(3) 跨网段远程管理交换机还要配置网关或默认路由。

网络管理人员来到宿舍楼机房,通过 console 口登录配置好的锐捷 2150G 交换机,使用 show running-config 命令查看运行的如下配置文件:

```
nqny_ss_1#show running-config
System software version : 1.68 Build Apr 25 2007 Release
Building configuration...
Current configuration : 5061 bytes
version 1.0
hostname nqny_ss_1
vlan1
vlan104
·············省略·············
enable secret level 1 5 )Q_C,tZ[X25D+S(\_U=G1X)s79>H.Y*T    //配置 telnet 密码
enable secret level 15 5 )Q_1u_;CX258U0<D_U.tj9=G79/7R:>H    //配置 enable 密码
·············省略·············
interface vlan1                    //默认 vlan1 作为管理 IP 不安全,建议 shutdown
 no shutdown
interface vlan104                   //配置管理 VLAN 的 IP 地址并应该激活
 shutdown
 ip address 172.16.104.21 255.255.255.128
ip default-gateway 172.16.104.126   //跨网段管理交换机需配置网关 IP 地址
end
nqny_ss_1#
```

网络管理人员发现,interface vlan1 处于激活状态(no shutdown),而管理交换机用的 vlan104 虽然正确地配置了管理 IP 地址,但是没有使用 no shutdown 命令激活。

4) 故障排除

网络管理人员通过 console 口登录锐捷 2150G 交换机,关闭 interface vlan 1,激活 interface vlan104 后,故障解决。

```
nqny_ss_1 # configure terminal
nqny_ss_1 (config) # interface vlan1
nqny_ss_1 (config) # shutdown
nqny_ss_1 (config) # interface vlan104
nqny_ss_1 (config) # no shutdown
nqny_ss_1 (config) # exit
nqny_ss_1 # copy running - config startup - config
Building configuration...
[OK]
```

5) 故障总结

锐捷 2150G 交换机虽然可以配置多个 VLAN,对于每个 interface vlan 也能配置不同的 IP 地址,但它是二层交换机,同时处于激活状态的 interface vlan 只能有一个。交换机出厂默认已经配置有 vlan1,把 vlan1 配置上 IP 地址后就可以进行远程管理。

由于是默认配置,因此使用 vlan1 管理交换机也存在安全隐患。网络管理员通常选择关闭 vlan1,新建一个自定义 vlan 对交换机进行远程管理。新配置的 interface vlan 默认是不被激活的,所以要记得使用 no shutdown 命令将其激活。另外,当需要对二层交换机进行跨网段的远程管理时,一定要在交换机上配置网关地址或默认路由。

6. ARP 欺骗伪造网关信息

1) 故障现象

某工作日上午,北区网络中心值班室突然接到很多基础实验楼网络用户的报修电话,反映突然间不能上网了。值班人员还了解到报修用户同办公室的其他计算机能够上网,初步判断为报修用户自己的计算机系统故障。后又陆续有多个用户报修,反映的故障现象相同。询问其中一个用户,用户使用 ping 命令测试网关时显示能够连通。

2) 故障环境

设备信息:锐捷 1926 交换机。

放置地点:北区基础实验楼网络机房。

3) 故障分析

网络维护人员首先到其中一个报修用户的办公室查看,在故障计算机上使用 ping 命令测试该网段网关(IP 地址为 202.196.37.254)的连通性:

```
C:\Documents and Settings\Administrator > ping 202.196.37.254
Pinging 202.196.37.254 with 32 bytes of data:
Reply from 202.196.37.254: bytes = 32 time = < 1ms TTL = 255
Reply from 202.196.37.254: bytes = 32 time = < 1ms TTL = 255
Reply from 202.196.37.254: bytes = 32 time = < 1ms TTL = 255
Reply from 202.196.37.254: bytes = 32 time = < 1ms TTL = 255
Ping statistics for 202.196.37.254:
```

```
    Packets: Sent = 4, Received = 4, Lost = 0 (0 % loss),   // 测试全部通过
Approximate round trip times in milli - seconds:
    Minimum = 0ms, Maximum = 0ms, Average = 0ms
```

测试结果显示该网段网关能够正常连通。

然后使用 ping 命令测试学校的 DNS 服务器(IP 地址为 202.196.32.1)是否能够连通:

```
C:\Documents and Settings\Administrator > ping 202.196.32.1
Pinging 202.196.32.1 with 32 bytes of data:
Request timed out.
Request timed out.
Request timed out.
Request timed out.
Ping statistics for 202.196.32.1:
    Packets: Sent = 4, Received = 0, Lost = 4 (100 % loss),   // 测试丢包率100%
```

测试结果显示超时,无法连通。

根据测试结果分析,该网段 vlan 内用户的网络连接正常,能够 ping 通网关地址。一般情况下,DNS 服务器 IP 地址应该是能够连通的。DNS 服务器不能 ping 通,说明数据报文不能正常转发。而且本网段还有一部分用户能够正常上网,于是进一步对网关信息进行检查,查找数据报文不能正常转发的原因。

使用 arp -a 命令查看该故障计算机学习到的 IP 地址及其对应的 MAC 地址:

```
C:\Documents and Settings\Administrator > arp - a
Interface: 202.196.37.72 --- 0x10006
    Internet Address        Physical Address        Type
    202.196.37.55           00 - 11 - 0a - e1 - 1e - 57      dynamic
    202.196.37.70           00 - 11 - 0a - ed - 1e - 07      dynamic
    202.196.37.254          00 - 0a - eb - 10 - b5 - e8       dynamic
// ...
```

该网段的网关 MAC 地址应该是华为 8512 核心交换机上对应端口的 MAC 地址(00e0-fc3e-1334)。而在故障计算机上使用 arp -a 命令查看到的网关 MAC 地址为 00-0a-eb-10-b5-e8,很有可能是病毒造成的 ARP 欺骗模拟的虚假网关信息。

于是网管人员登录到该网段的锐捷 1926 交换机,查找该 ARP 欺骗所对应的源端口。

```
***********************************************************************
                        STARS1926G + (Supervisor)
***********************************************************************
        (S) System        ----------    Reset, Save config, File Transfer, Logout
        (N) Network        ----------    IP, STP, Trap, IGMP, static/dynamic addr
        (P) PORT          ----------    Port config, Port monitor
        (G) Tag VLAN       ----------    802.1q Tag VLAN
        (T) Trunk         ----------    Trunk
        (A) AAA Services    ----------    The AAA services
        (E) Security       ----------    Telnet/out - of - band, SNMP security
        (O) Priority       ----------    Priority
```

```
    (L) Language      --------      Select language
******************************************************************
    'Hot key' to enter submenu, 'Esc' to return.
******************************************************************
```

进入锐捷 1926 交换机的 Network 管理界面,在 Dynamic Address 菜单中选择 Dynamic Address Table 选项,查看交换机各个端口学习到的 MAC 地址。

```
    Address                 Port
    ---------------------------------------------------------
    00 - 1D - 09 - A0 - 80 - 3B        8
    0C - 60 - 76 - 9E - 97 - 51        1
    00 - 50 - 8D - 60 - D9 - 85        7
    C4 - 17 - FE - A4 - 35 - A7        13
    00 - 1D - 09 - 9F - C2 - 33        13
    00 - 0a - eb - 10 - b5 - e8        16        //虚假网关的 MAC 地址
    00 - 0D - 87 - 9F - 4D - C7        1
    90 - 4C - E5 - C9 - 1E - D6        13
    00 - 23 - 69 - AD - 97 - F9        8
    00 - 24 - 81 - 83 - 45 - 63        4
    ...                                          // 略
```

网络管理人员经检查发现:交换机的第 16 端口学习到了故障计算机上显示的虚假网关的 MAC 地址。

4) 故障排除

查到锐捷 1926 交换机的第 16 端口有虚假网关的 MAC 地址后,网络管理人员找到该端口所连接的办公室,发现办公室中有 3 台计算机正在使用,但只有一台计算机能够上网。在该计算机上运行 ipconfig/all 命令:

```
C:\Documents and Settings\Administrator > ipconfig /all
//略
Ethernet adapter 本地连接:
    Connection - specific DNS Suffix  . :
    Description . . . . . . . . . . . : Realtek PCIe GBE Family Controller
    Physical Address . . . . . . . . . : 00 - 0a - eb - 10 - b5 - e8        //虚假网关的 MAC 地址
    Dhcp Enabled . . . . . . . . . . . : No
    IP Address . . . . . . . . . . . : 202.196.37.89
    Subnet Mask . . . . . . . . . . . : 255.255.255.0
    Default Gateway . . . . . . . . . : 202.196.37.254
    DNS Servers . . . . . . . . . . . : 202.196.32.1
```

网络管理人员经检查发现:该计算机的 MAC 地址就是虚假网关的 MAC 地址。将该计算机的网线断开一段时间后,学习到虚假网关 MAC 地址的计算机的 ARP 表老化释放掉,就能够正常上网了。也可以使用 arp -d 命令,强制释放掉当前的 ARP 表信息。

对于问题计算机,经检查是中了 ARP 病毒,重装系统后解决。

5) 故障总结

在同一局域网中,一台计算机和另一台计算机进行通信,必须要知道对方的 MAC 地址；在不同网段之间，不同计算机之间的通信只需要知道对方的 IP 地址。网关设备（可以视作一台特殊的计算机）负责保存 IP 地址和 MAC 地址的对应关系。当进行跨网段通信时，发送计算机通过 ARP 协议获得网关设备的 MAC 地址，将数据传送给网关设备，由网关设备负责将数据转发给接收计算机。

在该故障中，ARP 病毒在中毒计算机上建立假的网关 IP 地址和 MAC 地址信息，并向外宣布自己就是该网段的网关，被欺骗的计算机向假的网关 MAC 地址发送数据包，数据包不能通过真的网关进行传输，用户自然就不能上网了。

除了个别人为因素以外，绝大多数的 ARP 欺骗都是病毒引起的。防治的方法主要有安装杀毒软件或 ARP 防火墙，绑定正确网关的 MAC 地址等。

7. ARP 攻击网关 ARP 表

1）故障现象

新学期开学第一周，某行政办公楼大部分用户反映无法上网。网络维护人员通过电话询问了解到：大多数用户的故障现象都是正在上网时突然掉线，通过 ping 命令测试网关是否连通时，返回信息都是网络连接超时。但仍有少部分用户可以上网。

2）故障环境

设备信息：华为 3928 交换机和 3100 交换机。

放置地点：南区行政办公楼。

3）故障分析

故障现象是大部分用户不能上网，少部分用户能够上网，初步判断可能是 ARP 病毒导致的网络故障。网络管理人员到行政办公楼中一个不能上网的办公室检查故障计算机，发现使用 ping 测试网关（IP 地址为 202.196.34.254）连通性时，返回的信息显示网络超时。

```
C:\Documents and Settings\Administrator>ping 202.196.34.254
Pinging 202.196.34.254 with 32 bytes of data:
Request timed out.
Request timed out.
Request timed out.
Request timed out.
Ping statistics for 202.196.34.254:
    Packets: Sent = 4, Received = 0, Lost = 4 (100% loss),   //测试丢包率100%
```

网络管理人员使用 arp -a 命令查看故障计算机，发现其学到的网关 MAC 地址为 00-e0-fc3e-1344，经查证确实是正确的网关地址，而非 ARP 欺骗模拟的虚假网关。

```
C:\Documents and Settings\Administrator>arp - a
Interface: 202.196.34.247 --- 0x10006
  Internet Address      Physical Address        Type
  202.196.34.254        00 - e0 - fc - 3e - 13 - 44    dynamic
```

因为无法和网关交换机进行通信，网络管理人员只能来到行政办公楼网络机房，用笔记本通过 Console 口连接交换机，登录网关设备使用 display 命令查看本网段的 ARP 信息。

```
[nq_8512]display arp | include 202.196.34   //查看包含202.196.34字符的ARP信息
```

```
          Type: S - Static    D - Dynamic
     IP Address      MAC Address    VLAN ID   Port Name           Aging Type
     202.196.34.136  0011 - 0912 - 30a6   34      GigabitEthernet4/3/1      11    D
     202.196.34.212  0011 - 0912 - 30a6   34      GigabitEthernet4/3/1      11    D
     202.196.34.142  0011 - 0912 - 30a6   34      GigabitEthernet4/3/1      11    D
     202.196.34.195  0011 - 0912 - 30a6   34      GigabitEthernet4/3/1      11    D
     202.196.34.211  0011 - 0912 - 30a6   34      GigabitEthernet4/3/1      11    D
     ············省略············
     202.196.34.183  0011 - 0912 - 30a6   34      GigabitEthernet4/3/1      11    D
     202.196.34.175  0011 - 0912 - 30a6   34      GigabitEthernet4/3/1      11    D
     202.196.34.133  000a - eb10 - b5e8   34      GigabitEthernet4/3/1      11    D
     202.196.34.223  0011 - 0912 - 30a6   34      GigabitEthernet4/3/1      11    D
     202.196.34.236  0011 - 0912 - 30a6   34      GigabitEthernet4/3/1      11    D
     202.196.34.239  0011 - 0912 - 30a6   34      GigabitEthernet4/3/1      11    D
```

　　网络管理人员发现,本网段所有 IP 地址的 ARP 信息都对应 0011-0912-30a6 这个 MAC 地址,而正常情况下每个计算机网卡应该只对应一个唯一的 MAC 地址。该网段用户计算机的 IP 地址都是通过学校的 DHCP 服务器进行分配的,每个计算机应该只分配到一个 IP 地址。应该是 MAC 地址为 0011-0912-30a6 的计算机在该网段网关设备的 ARP 表中抢占了大量的 IP 地址,导致网关设备不能和下端被抢占 IP 的计算机进行正常的通信。

　　网络管理人员登录到该网段的接入交换机上,使用 disp mac-address 查找有问题的 MAC 地址 0011-0912-30a6 所连接的端口:

```
[Quidway]disp mac - address
MAC ADDR          VLAN ID     STATE        PORT INDEX              AGING TIME
0030 - 18a9 - 9b3a   34        Learned       Ethernet0/1             AGING
00e0 - 4cc0 - 1b3c   34        Learned       Ethernet0/1             AGING
0016 - ec2b - c74f   34        Learned       Ethernet0/2             AGING
0015 - 586e - 467d   34        Learned       Ethernet0/3             AGING
0013 - 2085 - 65ca   34        Learned       Ethernet0/4             AGING
0011 - 0912 - 30a6   34        Learned       Ethernet0/4             AGING
//有问题的 MAC 地址                          //第 4 端口
00d0 - c9a1 - 95ee   34        Learned       Ethernet0/5             AGING
000a - e64c - b412   34        Learned       Ethernet0/7             AGING
0030 - 1850 - 6a1f   34        Learned       Ethernet0/8             AGING
0010 - 5cb9 - fd70   34        Learned       Ethernet0/9             AGING
00e0 - 4d05 - 6693   34        Learned       Ethernet0/9             AGING
```

网络管理人员经查找发现:有问题的 MAC 地址 0011-0912-30a6 在第 4 端口上。

4) 故障排除

　　网络管理人员找到 4 端口连接的办公室,查找 MAC 地址为 0011-0912-30a6 的计算机,发现是一个用户的笔记本式计算机感染了 ARP 病毒。将该笔记本式计算机从网络上断开,并要求该用户重装系统。

　　网络管理人员登录到网关设备,使用命令 reset arp 清空本网段 ARP 表的缓存后,故障解决。

```
< bq_8512 > reset arp ?
```

```
    all         Reset static and dynamic ARP entry
    dynamic     Reset dynamic ARP entry
    interface   Reset ARP entry by interface
    static      Reset static ARP entry
< bq_8512 > reset arp interface GigabitEthernet 4/3/1
```

5）故障总结

与伪造虚假网关信息欺骗本网段内的计算机不同,本故障的原因是伪造虚假的计算机信息欺骗网关 ARP 表。ARP 病毒利用中毒计算机截获网关数据,使用随机的 IP 地址和本机 MAC 地址信息向网关设备发送大量的 ARP 响应,填满网关设备的 ARP 表,使得网关设备不能将数据包发送给正确的计算机 MAC 地址,从而造成用户不能上网。

本例中的 ARP 攻击行为针对的是网关设备,从下端的故障计算机上比较难以查出故障原因,需要网络管理人员登录到网关设备上才能查出故障原因并解决。

8. 路由器 NET 及策略路由故障

1）故障现象

某日,A 校网络中心人员到 B 校参加河南省的高校网站评比会议,在评比现场需要演示访问 A 校的主页,演示用笔记本通过无线网络上网。在测试时发现,该笔记本无法打开 A 校的主页地址,而在参评现场的有线网络环境中则可以正常访问 A 校的主页。

2）故障分析

联系 B 校工作人员进行调试,发现在无线环境下 tracert A 校的主页地址,数据追踪到 202.196.32.2 的 IP 地址后,再往下一级地址就无响应了,而在有线环境下进行的 tracert 测试就没有任何问题,两个 tracert 返回的结果前面所经过的路径地址都是一样的。在无线网络环境中进行的 tracert 测试显示到达的 202.196.32.2 地址是 A 校路由器的地址,说明访问发出的数据包已经到达 A 校的网络,网络连接没有问题。

再次询问 B 校工作人员得知,会议现场的无线网络和有线网络确实是有区别的:无线网络使用的是 B 校今年刚从教育网申请的一段新 IP 地址;而有线网络使用的是较早申请的 IP 地址段。问题可能出在 A 校路由器的路由策略上。

A 校广域网有两个出口:一个是到省网中心的教育网出口,另一个是后增加的联通公司网络出口。这样就需要在出口路由器上做策略路由并使用 NAT 技术,如图 11-12 所示。

A 校网络接入中国教育科研网,从教育网申请有大量的 IP 地址,能够保证全校师生每人都使用真实的 IP 地址通过教育网出口访问 Internet;而联通公司网络出口申请地址比较困难,只好使用一段 32 个地址的小网段作为 NAT 地址转换池,通过 NAT 技术转换真实的 IP 地址访问 Internet。教育网的地址聚类后,地址条目较少,大概 200 条左右,因此在出口路由器上设置策略路由,以教育网地址为基础建立 ACL 条目:凡是目的地址匹配教育网地址 ACL 条目的就通过教育网出口直接转发,否则就通过 NAT 技术转换后经联通公司网络出口转发。

A 校网络中心工作人员经过查询,发现 A 校出口路由器上设置的教育网地址 ACL 条目为一年前的地址列表,不包括 B 校无线网络环境所使用的新 IP 地址段。因此,由无线网段 tracert 发送的跟踪数据包到达 B 校出口路由器后,会被转换地址,再通过联通公司网络出口转发。但由于发送源地址还是属于教育网地址,因此必须再次通过联通公司的网络转

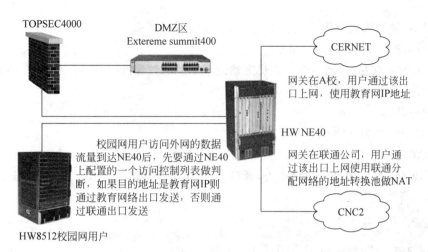

TOPSEC4000

DMZ区
Extereme summit400

CERNET

网关在A校，用户通过该出口上网，使用教育网IP地址

HW NE40

校园网用户访问外网的数据流量到达NE40后，先要通过NE40上配置的一个访问控制列表做判断，如果目的地址是教育网IP则通过教育网络出口发送，否则通过联通出口发送

网关在联通公司，用户通过该出口上网使用联通分配网络的地址转换池做NAT

CNC2

HW8512校园网用户

图 11-12　A 校网络出口拓扑图

发回去。因此造成 B 校无线网络地址无法访问 A 校主页的现象。

　　3）故障排除

　　A 校网络中心工作人员更改了 A 校出口路由器的策略路由配置，把 B 校无线网络 IP 地址段添加进策略路由的第 189 条 ACL 条目中去。重新应用策略路由和 NAT 后，故障恢复，B 校评比现场能够正常访问 A 校主页。

```
…//省略
nat address - group natcnc 61.163.70.129 61.163.70.158 mask 255.255.255.224 slot 4
 nat service - class 2 connections 50
 nat service - class 4 connections 0
 nat - policy number 1 ip 61.163.70.125 nat address - group natcnc
 nat enable address - group natcnc
…//省略
 rule - map intervlan edu2 ip any 58.192.0.0 0.15.255.255
 rule - map intervlan edu11 ip any 121.192.0.0 0.3.255.255
 rule - map intervlan edu20 ip any 202.38.184.0 0.0.7.255
  rule - map intervlan edu12 ip any 121.248.0.0 0.3.255.255
 rule - map intervlan edu21 ip any 202.38.192.0 0.0.63.255
 rule - map intervlan edu189 ip any 210.25.128.0 0.0.63.255    //添加第 189 条 ACL 条目
…//省略
 flow - action cnc nat 1
 flow - action edu redirect ip 222.21.219.177 GigabitEthernet2/0/0 818085888 vlan 7
…//省略
 eacl NAT edu187 edu
 eacl NAT edu188 edu
 eacl NAT edu189 edu                                    //应用第 189 条 ACL 条目
 eacl NAT user1 cnc
…//省略
```

　　4）故障总结

　　由 NAT 引发的网络故障大多都是因为数据包去和回的路径不一致导致的。所以应该尽量选择合适的路由策略，使 ACL 的条目尽量少，这样执行的效率才会比较高，也便于维护。另外，要定期检查路由表，更新 IP 地址列表，保证数据包去和回的路径相一致。

421

第
11
章

故障排除

9. MAC 地址绑定故障

1) 故障现象

某日下午 6 点左右,网络管理人员突然发现学院的教育网线路发生故障,所有教育网站点不能浏览。

2) 故障环境

设备信息:华为 NE40 路由器。

3) 故障分析

网络管理人员立即进行故障排查,通过 tracert 命令测试后发现:出口的 NE40 路由器到教育网上级结点不通。

```
C:\Users\wz> tracert   www.edu.cn              //tracert 命令测试教育网线路路由
 Tracing route to www.edu.cn [202.205.109.205]
 over a maximum of,30 hops:
   1     2 ms    10 ms    9 ms   202.196.35.94
   2     1 ms     1 ms    2 ms   202.196.33.2
   3      *        *        *
   4      *        *        *
 ...
```

网络管理人员电话询问教育网上级省网中心,得知他们刚刚更换了上级的分布层设备。和省网中心工作人员沟通并测试后发现:我校 NE40 路由器和省网中心新更换的华为 9512 交换机之间无法 ping 通,调整两段设备的双工模式后故障依旧,但光模块收光功率正常。

```
[NE40]ping 222.21.219.177
PING 222.21.219.177: 56   data bytes, press CTRL_C to break
   Request time out
   Request time out
   Request time out
--- 222.21.219.177 ping statistics ---
   3 packet(s) transmitted
   0 packet(s) received
   100.00 % packet loss
```

网络管理人员使用 display arp bridge 命令,发现 NE40 路由器只学习到网络链路上级路由器和学校内部核心交换机的 MAC 地址,而没有省网中心新更换的华为 9512 交换机 222.21.219.177 的 MAC 地址。

```
[NE40]display arp bridge
Vlan    IpAddress        Mac_Address        Type     Interface
8       61.163.70.125    001b - 0dee - a280  Static   GigabitEthernet2/0/3
2       202.196.33.1     00e0 - fc3e - 1334  Dynamic  GigabitEthernet2/0/1
3       202.196.33.9     00e0 - fc3e - 1334  Dynamic  GigabitEthernet2/0/2
```

网络管理人员由此判断:故障应该是由于 NE40 路由器无法学习到华为 9512 交换机的 MAC 地址引起的。再次仔细查看 NE40 的配置文件,发现了问题:原来在 NE40 路由器的上联端口处有一条 ARP 静态绑定的命令。

```
interface GigabitEthernet2/0/0
 description To_CerNeT
 undo negotiation auto
 undo shutdown
 port default vlan 7
 arp static bridge 222.21.219.177 00e0 - fc47 - e907 interface gigabitethernet 2/0/3 vlan7
//该命令绑定 IP 地址为 222.21.219.177 的设备,其 MAC 为 00e0 - fc47 - e907
```

网络管理人员经过回忆,想起这条命令应该是两年前 ARP 病毒肆虐的时候配置的,主要用来保证 NE40 路由器和原来的上联设备不会受到 ARP 病毒的攻击。现在,由于 NE40 路由器的上端设备更换为华为 9512 交换机,MAC 地址已经和原来不一样了,所以 NE40 路由器才无法和 IP 地址为 222.21.219.177 的新设备进行通信。

4)故障排除

删除 NE40 接口的静态 ARP 绑定信息,再次 ping 222.21.219.177 显示网络恢复正常。

```
[NE40]undo arp bridge 222.21.219.177 vlan 7
[NE40]ping 222.21.219.177
  PING 222.21.219.177: 56   data bytes, press CTRL_C to break
    Reply from 222.21.219.177: bytes = 56 Sequence = 1 ttl = 255 time = 3 ms
    Reply from 222.21.219.177: bytes = 56 Sequence = 2 ttl = 255 time = 2 ms
    Reply from 222.21.219.177: bytes = 56 Sequence = 3 ttl = 255 time = 2 ms
  --- 222.21.219.177 ping statistics ---
    3 packet(s) transmitted
    3 packet(s) received
    0.00 % packet loss
round - trip min/avg/max = 2/2/3 ms
```

5)故障总结

为了防止 ARP 病毒的危害,网络管理员通常会在一些关键设备上绑定网关和互联设备的 MAC 地址。当需要对这些网关和互联设备进行更换时,一定要删除或更新这些绑定的 ARP 条目,否则会造成 MAC 地址绑定错误引起的网络故障。

11.2.3　服务器故障的排除

1. DNS 设置故障

1)故障现象

某校广域网有两个出口:一个是到省网中心的教育网出口,一个是联通公司的网络出口。某日,教育网出口线路出现故障。学校网络用户反映浏览器只能访问学院内部的主页,无法访问外网,但是 QQ 软件还可以使用。

2)故障环境

设备信息:校园网络,教育网出口故障。

3)故障分析

根据出口路由器上所做的路由策略,当教育网出口线路出现故障时,教育网地址无法访问;非教育网地址应该可以从联通公司的网络出口进行访问。QQ 软件能够正常使用也说明部分外网地址是能够正常连通的。再考虑到用户反映的故障主要集中在浏览器打不开

Web 页面,很少有报修其他网络应用软件故障的。直接使用 IP 地址访问商都信息港,发现可以正常访问,说明非教育网地址可以从联通公司的网络出口进行访问。

查看用户计算机 IP 地址配置,发现其 DNS 地址配置中只有学校的 NDS 服务器地址 202.196.32.1。因为学校内部的 DNS 服务器在内网中响应较快,校内计算机 DNS 地址一般只配置学校的 DNS 服务器地址。学校的 DNS 服务器域名解析需要通过上级教育网的 DNS 查询。当教育网链路发生故障时,学校的 DNS 服务器无法进行域名解析,用户在浏览器输入域名访问网站因解析不到 IP 地址而无法访问。

4) 故障排除

因学校大部分网络用户都是通过学校的 DHCP 服务器动态分配 IP 地址的,因此网络管理人员更改了 DHCP 服务器的配置文件,增加了河南联通的 DNS 地址作为备份 DNS 服务器。重新分配 IP 地址后,用户反映大部分 Internet 地址都可以访问,故障解决。

```
[root@dhcp ~]# cd /etc
[root@dhcp etc]# vi dhcpd.conf
option domain - name - servers 202.196.32.1,202.102.224.68;
ddns - update - style ad - hoc;
default - lease - time 1800;
max - lease - time 7200;
class "bq_zhujiaolou" {
   match if option agent.circuit - id = 00:00:00:22;
}
class "xq_office" {
   match if option agent.circuit - id = 00:00:00:3b;
}
```

5) 故障总结

DNS 是网络系统中的一个关键服务,一旦出现故障,域名到 IP 地址的解析就无法完成。大多数用户不可能在上网时记住所想要访问网址的 IP 地址,这项工作必须由 DNS 服务器来完成。所以 DNS 服务器的稳定性和可靠性非常重要。最好能有一台备份 DNS 服务器,以便主 DNS 服务器发生故障或失效时能够顶替其提供服务。当网络有多个出口时,DNS 服务器的备份要考虑对两条链路的冗余性。

2. 网站主页文档设置错误

1) 故障现象

局域网内部的一台 Web 服务器,客户端浏览器访问架设好的网站时,出现如图 11-13 所示错误提示。

2) 故障环境

服务器操作系统:Microsoft Windows Server 2003 Enterprise Edition Service Pack 2。
IIS 版本:6.0。

客户端操作系统:Microsoft Windows XP Professional Service Pack 2。

客户端浏览器:Microsoft Internet Explorer 6.0。

3) 故障分析

出现这个错误提示是指没有在网站的"主目录"选项卡下设置该网站的"目录浏览"相关

图 11-13　Directory Listing Denied

权限,用户无法浏览网站目录内容,如图 11-14 所示。

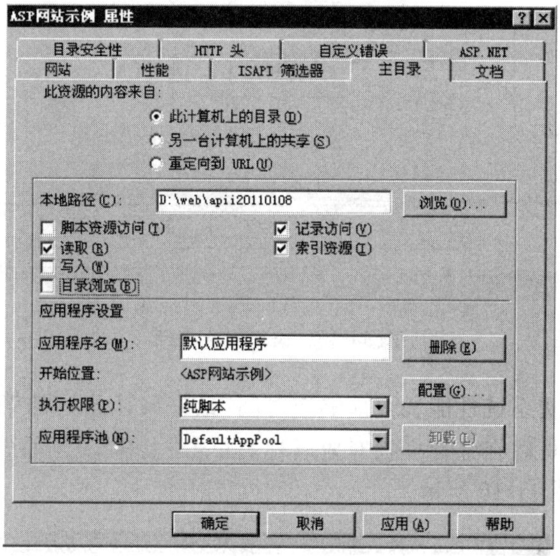

图 11-14　目录浏览

　　没有在网站的默认内容文档列表中找到该网站的首页文件名,比如客户直接在浏览器地址栏中输入该网站的域名网址,将按照在此配置中的优先级(从上到下)在对应网站文件目录下进行搜索,直到找到匹配的文件为止,然后将找到的默认内容文档返回给客户。出现以上错误提示,请检查 Web 服务器上该网站的文件目录下是否有 index. htm、index. asp、index. aspx、Default. htm、Default. asp 和 Default. aspx 等默认首页。

　　添加 IIS、ASP. NET、Active Server Pages 组件后,IIS 中网站的默认内容文档有 Default. htm、Default. asp、index. htm、Default. aspx,所架设的网站首页必须是以上默认首页之一才能自动找到该文件。如果该网站的首页面文件名称不在默认内容文档列表中,需要手动添加该网站的首页面名称到默认内容文档。

　　4)故障排除

　　查看该网站目录文件夹,发现该网站的首页面文件为 index. asp,不在网站的默认内容文档列表中。依次选择“开始”→“控制面板”→“管理工具”→“Internet 信息服务(IIS)管理器"命令,启动 IIS。右击网站子目录树下该网站名称,从弹出的快捷菜单中选择"属性"命令,在打开的对话框中选择"文档"选项卡,单击"添加"按钮,添加 index. asp 默认文档名,如图 11-15 所示。

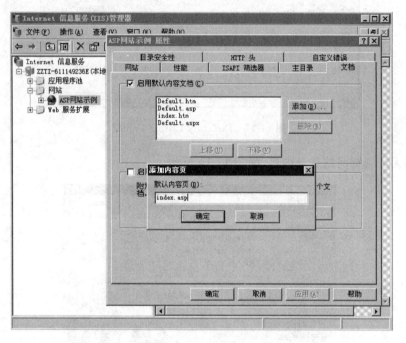

图 11-15 添加内容文档

由于搜索需要耗费系统性能和页面响应时间,最好确认指定的第一个默认内容文档存在于网站主目录中。可以在选择文档对应名称后单击"上移"、"下移"按钮调整优先级,以提高页面响应速度,如图 11-16 所示。

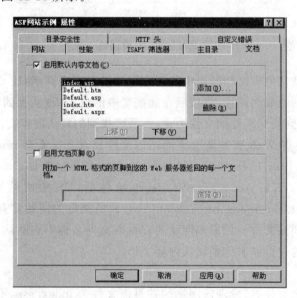

图 11-16 调整内容文档顺序

5）故障总结

使用"默认文档"功能页可配置默认文档列表。当用户访问网站或应用程序,但没有指定文档名,则可以配置 IIS 提供一个默认文档,如 default.htm。IIS 将返回与网站目录中的文件名匹配的列表中的第一个默认文档。要提高性能,请确保网站文件目录中存在列表中的第一个默认文档。

IIS 使用默认文档为请求提供服务时,其使用顺序按照排列顺序从上到下。如果需要使用的文档并未处于默认文档列表的顶部,那么需要将其移动到默认文档列表的顶部。如果需要使用一个没有显示在默认文档列表中的文档作为默认文档,那么就需要在文档列表中添加一个新的默认文档。

3. HTTP 错误 403.6-禁止访问

1）故障现象

网络内部的一台 Web 服务器,部分 IP 地址段的计算机不能访问该 Web 网站,出现如图 11-17 所示提示。

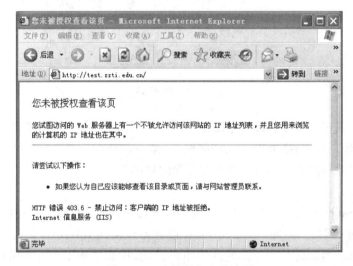

图 11-17　未被授权查看该页

2）故障环境

服务器操作系统:Microsoft Windows Server 2003 Enterprise Edition Service Pack 2。
IIS 版本:6.0。

客户端操作系统:Microsoft Windows XP Professional Service Pack 2。

客户端浏览器:Microsoft Internet Explorer 6.0。

3）故障分析

IIS 提供了 IP 地址和域名限制的机制,可以通过适当配置来限制某些 IP 不能访问该站点,或者限制仅仅只有某些 IP 可以访问该站点。而如果客户端 IP 地址在被阻止的 IP 范围内,或者不在允许的范围内,则会出现该错误提示。

4）故障排除

登录到该服务器,选择"开始"→"控制面板"→"管理工具"→"Internet 信息服务(IIS)管理器"命令启动 IIS。进入"网站"子目录树,右击该网站名称,从弹出的快捷菜单中选择"属性”命令,在打开的对话框中选择“目录安全性”选项卡,在“IP 地址和域名限制”选项区域中单击“编辑”按钮,发现该站点拒绝某些 IP 段计算机访问,如图 11-18 所示。

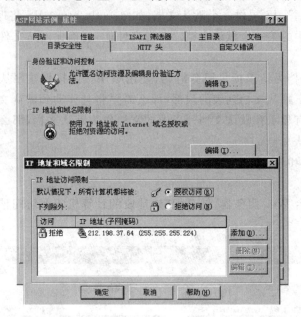

图 11-18　拒绝访问

如果要拒绝某些 IP 地址的访问,需要选择授权访问,单击“添加”按钮填写不允许访问该站点的 IP 地址。反之,则可以只允许某些 IP 地址的访问。选中已添加的 IP 地址或 IP 地址段,单击“删除”和“编辑”按钮,可对其做删除和编辑操作。

5）故障总结

可以使用 Internet 信息服务(IIS)IP 地址和域名限制来允许或拒绝特定的计算机、计算机组或域访问 IIS 网站。例如,如果 Intranet 服务器连接到 Internet,则可以通过将访问权限只授予 Intranet 的成员并显式拒绝外部用户访问,从而防止 Internet 用户访问 IIS Web 服务器。通过设置 IP 地址和域名限制功能,可以将一些非法用户所使用的 IP 地址拦截下来,在一定程度上保证 IIS 服务器的安全。

4. 不能下载.rmvb、.iso 文件

1）故障现象

局域网内部的一个 Web 网站,网站文件目录下存储有.rm 和.rmvb 格式的视频文件,供用户下载播放。客户端浏览器访问下载该网站下的.rmvb 文件时,出现如图 11-19 所示提示。

2）故障环境

服务器操作系统：Microsoft Windows Server 2003 Enterprise Edition Service Pack 2。

IIS 版本：6.0。

客户端操作系统：Microsoft Windows XP Professional Service Pack 2。

客户端浏览器：Microsoft Internet Explorer 6.0。

3）故障分析

MIME 类型就是设定某种扩展名的文件用一种应用程序来打开的方式类型,当该扩展

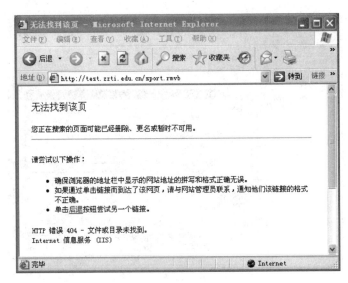

图 11-19　无法找到该页

名文件被访问的时候,浏览器会自动使用指定应用程序来打开。多用于指定一些客户端自定义的文件名,以及一些媒体文件打开方式。

　　MIME(Multipurpose Internet Mail Extensions,多功能 Internet 邮件扩充服务)是一种多用途网际邮件扩充协议,在 1992 年最早应用于电子邮件系统,但后来也应用到浏览器。服务器会将它们发送的多媒体数据的类型告诉浏览器,而通知手段就是说明该多媒体数据的 MIME 类型,从而让浏览器知道接收到哪些类型的信息。服务器将 MIME 标志符放入传送的数据中来告诉浏览器使用哪种插件读取相关文件。

　　IIS 早期版本包含通配符 MIME 映射,允许 IIS 处理任何文件而无需考虑扩展名。IIS 6.0不包含通配符 MIME 映射,取消了对某些 MIME 类型的支持,例如 ISO、RMVB,默认不支持某些扩展名的文件格式,致使客户端下载出错。访问这些类型的文件时,会返回以下信息:"HTTP 错误 404-文件或目录未找到。"

　　4) 故障排除

　　为.rmvb 扩展名定义 MIME 类型,请按照下列步骤操作:打开 Internet 信息服务(IIS)管理器,展开"网站"子目录树,右击网站名称,从弹出的快捷菜单中选择"属性"命令,在打开的对话框中选择"HTTP 头"选项卡,单击"MIME 类型"按钮,在打开的"MIME 类型"对话框中单击"新建"按钮。在"扩展名"文本框中输入所需的文件扩展名(.rmvb);在"MIME类型"文本框中输入 application/octet-stream。同理,为.iso 扩展名定义 MIME 类型,在"扩展名"文本框中输入所需的文件扩展名(.iso);在"MIME 类型"文本框中输入 application/octet-stream。单击"确定"按钮,完成操作,如图 11-20 所示。

　　注意:application/octet-stream MIME 类型代表应用程序、数据流,可直接下载。添加完成后需要重启 IIS 服务,IIS 即可处理所添加的扩展名的文件。在此示例中,IIS 现在可以处理.rmvb 和.iso 扩展名的文件。

　　5) 故障总结

　　IIS 只为具有已在 MIME 类型列表中注册的扩展名的文件提供服务,并且也允许配置

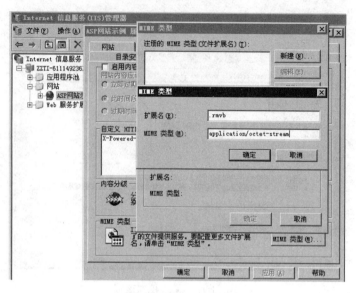

图 11-20　添加 MIME 类型

其他的 MIME 类型和更改或删除 MIME 类型。当从 IIS 6.0 Web 服务器中请求文件时,而该文件的扩展名不是 Web 服务器上已定义的 MIME 类型,将看到以下错误消息:HTTP 错误 404 - 文件或目录未找到。需要添加新的 MIME 类型,重启 IIS 服务后,IIS 即可处理该类型文件。

5．.NET Framework 版本不匹配

1) 故障现象

客户端浏览器访问某 Web 网站时,提示错误如图 11-21 所示。

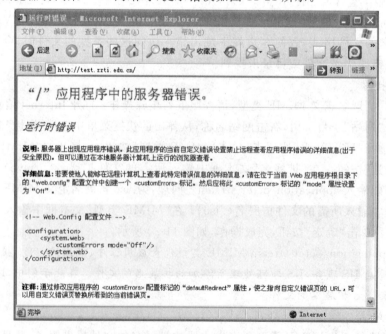

图 11-21　客户端显示错误

web.config 配置文件设置屏蔽了错误信息,客户端浏览器中不能查看出详细的错误信息,可以将 web.config 配置文件中＜customErrors＞标记的 mode 属性设置为 Off,再编译代码才能在客户端浏览器中显示出真正的错误信息。

登录到 Web 服务器端,在 IIS 中直接浏览该网站,提示错误如图 11-22 所示。

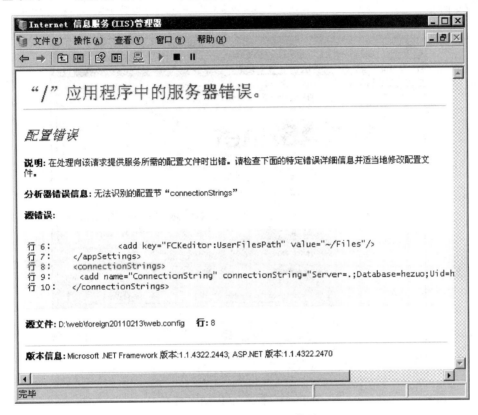

图 11-22 服务器端显示错误

2）故障环境

服务器操作系统：Microsoft Windows Server 2003 Enterprise Edition Service Pack 2。

IIS 版本：6.0。

开发环境及开发语言：Visual Studio.NET 2005,C♯。

数据库版本：Microsoft SQL Server 2000 Service Pack 4。

客户端操作系统：Microsoft Windows XP Professional Service Pack 2。

客户端浏览器：Microsoft Internet Explorer 6.0。

3）故障分析

.NET 框架(.NET Framework)是微软开发的软件开发平台和执行环境,它提供了一个跨语言的统一编程环境。其版本分为 1.0、1.1、2.0、3.0、3.5 和 4.0。

Windows Server 2003(ASP.NET 组件添加完成后)内置的.NET 框架版本为 1.1,只能运行由 Visual Studio.NET 2003 开发的应用程序。运行由 Visual Studio.NET 2005 开发的 ASP.NET 应用程序时,需要安装.NET Framework 2.0。.NET 框架 2.0 的组件包含在 Visual Studio 2005 和 SQL Server 2005 里面。

4）故障排除

需要在 Windows Server 2003 中安装. NET Framework 2.0 组件。安装完成后,启动 IIS,右击该网站名称,从弹出的快捷菜单中选择"属性"命令,在打开的对话框中选择 ASP. NET 选项卡,在 ASP. NET version 下拉列表中选择该网站所需. NET 版本为 2.0,如 图 11-23 所示。

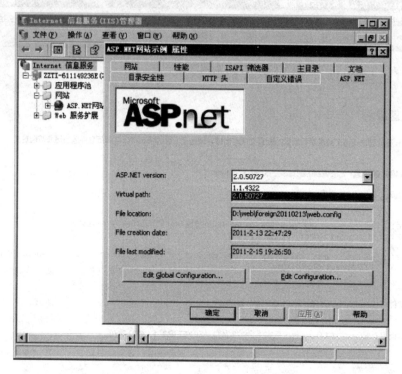

图 11-23　设置 ASP. NET 版本

5）故障总结

用 Visual Studio 2005 开发的 ASP. NET 应用程序需要使用. NET Framework 2.0,而 在 Windows Server 2003 的 IIS 6.0 中默认. NET 环境是 1.1,这时将发生"无法识别的配置 节"问题。要解决该问题,需要安装. NET Framework 2.0 组件,并修改该网站的 ASP . NET version 属性。

6. 连接远程 SQL Server 2000 数据库失败

1）故障现象

在客户端浏览器中访问某 Web 网站提示错误"Server Error in '/' Application. Runtime Error;",但没有进一步的详细错误信息。登录到服务器端,在 IIS 中直接浏览该 网站,提示错误如图 11-24 所示。

2）故障环境

服务器操作系统：Microsoft Windows Server 2003 Enterprise Edition Service Pack 2。

IIS 版本：6.0。

开发环境及开发语言：Visual Studio. NET 2005,C♯。

数据库版本：Microsoft SQL Server 2000 Service Pack 4。

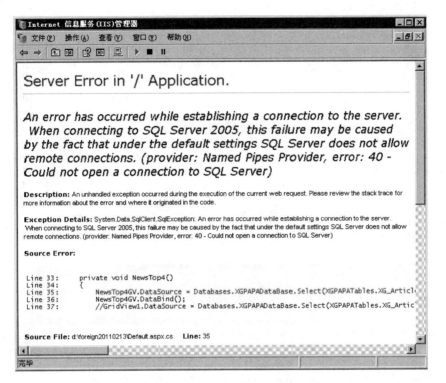

图 11-24　连接远程 SQL Server 2000 服务器失败

客户端操作系统：Microsoft Windows XP Professional Service Pack 2。

客户端浏览器：Microsoft Internet Explorer 6.0。

3）故障分析

该 Web 网站使用了远程 SQL Server 2000 数据库。在 Windows Server 2003 下，若 SQL Server 2000 不安装补丁，则 SQL Server 2000 不会监听 1433 端口，可以在本机上连接数据库，但无法从其他机器连接。所以安装完 SQL Server 2000 后，应该先安装 SP4 补丁，安装完成后，若还是无法远程连接，需要在服务器端运行 netstat -an 查看 1433 端口是否被监听。如果 1433 端口正常监听，需要检查 Windows Server 2003 系统防火墙中 1433 端口是否开放。

应用程序 web.config 文件的数据库连接字符串中，需正确指定数据库服务器的 IP 地址、数据库名、用户名和密码。该文件配置错误也会造成连接数据库失败。

4）故障排除

（1）ping 数据库服务器。在 Web 服务器端命令行状态下 ping 数据库服务器 IP 地址，查看是否能 ping 通。查看和远程 SQL Server 2000 服务器的物理连接是否存在。如果不通，请检查网络，查看网络配置。

（2）查看 SQL Server 2000 SP4 补丁是否安装。可以在查询分析器里执行语句 select @@version 查看数据库是否安装补丁。具体版本号如 Microsoft SQL Server 2000-8.00. 2039 SP4。从图 11-25 可以看出 SQL Server 2000 已经安装了 SP4 补丁。

（3）查看数据库服务器端 1433 端口是否处于监听状态。登录到数据库服务器，在命令

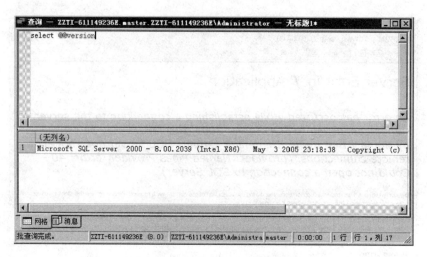

图 11-25 查看 SQL Server 2000 版本

行状态下输入"netstat -an"查看服务器 1433 端口是否打开。

```
C:\Documents and Settings\Administrator> netstat - an
Active Connections
Proto    Local Address         Foreign Address       State
TCP      0.0.0.0:80            0.0.0.0:0             LISTENING
TCP      0.0.0.0:135           0.0.0.0:0             LISTENING
TCP      0.0.0.0:445           0.0.0.0:0             LISTENING
TCP      0.0.0.0:1025          0.0.0.0:0             LISTENING
TCP      0.0.0.0:1433          0.0.0.0:0             LISTENING
```

如上所示,可以看出 1433 端口处于监听(LISTENING)状态。

(4) 查看 Windows 防火墙是否开放 1433 端口。如果系统防火墙开启,需要在"例外"选项卡中添加 1433 端口,允许和外部应用建立连接。选择"开始"→"控制面板"→"Windows 防火墙"命令,在弹出的"Windows 防火墙"对话框中选择"例外"选项卡,单击"添加端口"按钮,在弹出的"添加端口"对话框中的"名称"文本框中输入该端口名称(任意名称),在"端口号"文本框中输入"1433",单击"确定"按钮以完成添加,如图 11-26 所示。

(5) 检查 web.config 文件中的数据库连接字符串是否正确。

5) 故障总结

Web 服务器和数据库服务器都会占用大量的系统资源,最好让两者分别使用不同的服务器以提高系统负载承受能力,保证数据的安全性。在数据库连接字符串中,需要写明数据库服务器的 IP 地址,不要使用主机名。连接远程 SQL Server 2000 数据库失败的可能因素较多,需要认真逐项进行检查。

7. 允许的父路径

1) 故障现象

客户端浏览器访问某 Web 网站时,出现如图 11-27 所示错误提示。

2) 故障环境

服务器操作系统:Microsoft Windows Server 2003 Enterprise Edition Service Pack 2。

图 11-26　Windows 防火墙添加 1433 端口

图 11-27　不允许的父路径

IIS 版本：6.0。

网站开发语言及数据库：ASP，Access。

客户端操作系统：Microsoft Windows XP Professional Service Pack 2。

客户端浏览器：Microsoft Internet Explorer 6.0。

3）故障分析

ASP(Active Server Pages)曾经用于各类动态网站的开发，现在已经逐渐被 ASP.NET 所替代，但仍有大量的遗留代码在运行。在 Windows Server 2003 内置的 IIS 6.0 版本中，默认已经不再支持 ASP 脚本语言的解释和执行。如果需要运行 ASP 代码，则要单独开启对于 ASP 的支持。在 IIS 6.0 中，需要在 Web 服务扩展中将 Active Server Pages 和"在服务器端的包含文件"两项设置为"允许"状态。

在 ASP 页面中，如果使用到类似 include file＝../head.asp 这样的代码，必须选上"启用父路径"复选框。如果 IIS 页面设置中的"启用父路径"复选框没有开启,访问该页面时就会报错。

4)故障排除

启动 Internet 信息服务(IIS)管理器,展开"网站"子目录树,右击网站名称,从弹出的快捷菜单中选择"属性"命令,在打开的对话框中选择"主目录"选项卡,单击"配置"按钮,在打开的对话框中选择"选项"选项卡,选中"启用父路径"复选框,单击"确定"按钮完成设置,如图 11-28 所示。

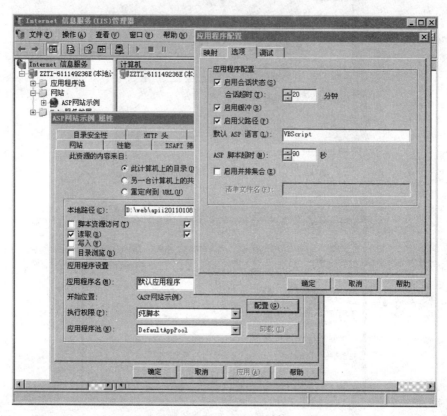

图 11-28　启用父路径

5)故障总结

IIS 6.0 默认设置没有开启父路径,开启父路径可能会造成潜在的安全风险。如果没有对目录权限进行设置,通过特定程序代码就可以查看和操作服务器上的所有文件。在启用父路径的同时,必须对文件目录权限进行一定设置,比如去掉网站目录的上级目录的列表权限(只允许访问该网站文件夹)。

8. Serv-U FTP 服务器不允许匿名登录

1)故障现象

使用浏览器访问局域网中某 Serv-U FTP 服务器时,出现如图 11-29 所示错误提示。

2)故障环境

服务器操作系统:Microsoft Windows Server 2003 Enterprise Edition Service Pack 2。

Serv-U 版本:6.4.0.5 英文版。

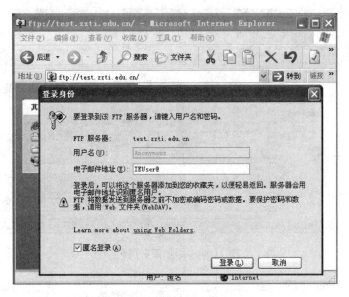

图 11-29　FTP 不允许匿名登录

客户端操作系统：Microsoft Windows XP Professional Service Pack 2。

客户端浏览器：Microsoft Internet Explorer 6.0。

3）故障分析

Serv-U 是一种被广泛运用的 FTP 服务器端软件，主要用于在网络中提供文件传输服务，具有非常完备的安全特性。默认情况下，Serv-U 服务器软件安装完成后是没有用户的，只有添加用户并设置权限后才能够访问 FTP 服务。

登录到该服务器，查看 Serv-U 中已经存在一个名为 test 的普通用户，但没有匿名用户（anonymous）。因此该 FTP 只允许名为 test 的用户访问，不允许其他用户访问。如需支持匿名用户访问，则需要添加 anonymous 用户。

4）故障排除

在服务器端打开 Serv-U 的配置管理界面，在左侧界面中展开 Local Server→Domains→Users 目录树，右击 Users，从弹出的快捷菜单中选择 New User 命令添加匿名用户。在 User name 文本框中输入匿名用户名 anonymous，如图 11-30 所示。

单击 Next 按钮，在弹出的对话框的 Home directory 文本框后单击 Browse 按钮选择匿名用户默认访问目录，如图 11-31 所示。

单击 Next 按钮，选中 Yes 单选按钮，将匿名用户访问目录锁定到所选目录中。单击 Finish 按钮，完成匿名用户添加，如图 11-32 所示。

添加匿名用户成功，可以用匿名用户登录。在客户端 IE 浏览器地址栏中输入该 FTP 访问地址，默认情况下采用匿名用户（anonymous）登录，密码为空。登录成功后，可显示该 FTP 中匿名用户默认目录下的所有文件，如图 11-33 所示。

5）故障总结

FTP 服务器为了方便用户的访问而设立了匿名用户 anonymous。匿名用户与其他用户的区别在于其无需密码即可访问 FTP 服务器。

438

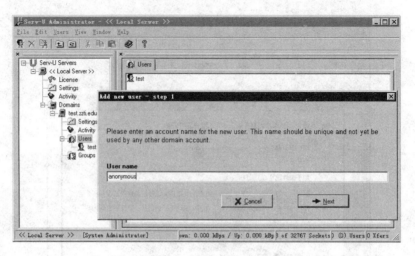

图 11-30　添加匿名用户

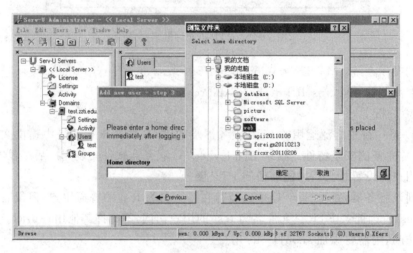

图 11-31　选择匿名用户默认目录

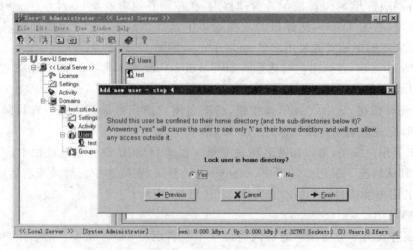

图 11-32　锁定匿名用户访问目录

图 11-33　匿名用户登录成功

9. Windows 防火墙开启后无法访问 FTP

1）故障现象

使用 IE 浏览器访问某 FTP 服务器时，出现如图 11-34 所示错误提示。

图 11-34　FTP 文件夹错误

使用 FlashFXP 软件连接 FTP 时，能连上服务器且显示登录成功，但一直无法显示文件列表，直到最后超时。提示"227 Entering Passive Mode，数据 Socket 错误：连接已超时"。

2）故障环境

服务器操作系统：Microsoft Windows Server 2003 Enterprise Edition Service Pack 2。

Serv-U 版本：6.4.0.5 英文版。

客户端操作系统：Microsoft Windows XP Professional Service Pack 2。

客户端浏览器：Microsoft Internet Explorer 6.0。

客户端 FTP 下载软件：FlashFXP 3.0.1015。

Windows 防火墙状态：开启，开放 TCP 20、21、80 端口。

3）故障分析

FTP 协议有两种工作模式：PORT 模式（主动模式）和 PASV 模式（被动模式）。

主动模式的连接过程是：客户端向服务器的 FTP 端口（默认是 21）发送连接请求，服务器接受连接，建立一条命令链路。当需要传送数据时，服务器从 20 端口向客户端的空闲端口发送连接请求，建立一条数据链路来传送数据。整个过程中，服务器防火墙只需要开放 TCP 端口 20 和 21。

被动模式的连接过程是：客户端向服务器的 FTP 端口（默认是 21）发送连接请求，服务器接受连接，建立一条命令链路。当需要传送数据时，客户端向服务器的空闲端口发送连接请求，建立一条数据链路来传送数据。这个过程中服务器防火墙除了要开放 TCP 21 端口外，还需要在防火墙上打开一些端口给 FTP 的 PASV 模式使用，否则使用 PASV 模式无法登录。

几乎所有的 FTP 客户端软件都支持这两种模式。IE 浏览器和 FlashFXP 默认都使用 PASV 模式，通过更改相关设置可启用 PORT 模式。所有 FTP 服务器软件都支持主动模式。而大部分 FTP 服务器软件既支持主动模式也支持被动模式。Serv-U 默认配置下两种模式都支持。

4）故障排除

登录到 FTP 服务器，发现该服务器启用了 Windows 防火墙，并且只开放了 TCP 20、21、80 端口，所以客户端只能通过主动模式连接该 FTP，如图 11-35 所示。

图 11-35　Windows 防火墙状态

解决方法一：修改客户端软件相关设置，采用 PORT 模式连接 FTP。

IE 浏览器默认使用 PASV 方式。如果要启用 PORT 方式，则打开 IE，在菜单栏中选择"工具"→"Internet 选项"命令，在弹出的"Internet 选项"对话框中选择"高级"选项卡，取消对"使用被动 FTP(为防火墙和 DSL 调制解调器兼容性)"复选框的选中,如图 11-36 所示。

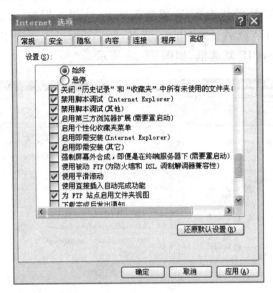

图 11-36　IE 使用主动 FTP

FlashFXP 默认使用 PASV 方式。如果要启用 PORT 方式,则在菜单栏中选择"站点"→"站点管理器"命令,在弹出的对话框中选中需要设置的站点,选择"选项"选项卡,取消对"使用被动模式"复选框的选中,如图 11-37 所示。

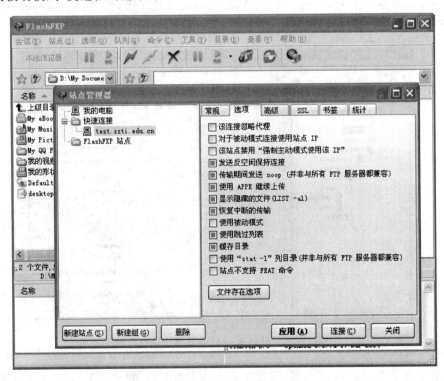

图 11-37　FlashFXP 使用主动模式

故障排除

解决方法二：修改服务器端相关设置,满足 PASV 模式连接需求。

服务器端满足 PASV 模式连接,需要修改 Serv-U 相关配置。打开 Serv-U 配置管理界面,展开 Domains→FTP 域名→Settings 结点,在 Advanced 选项卡中选中 Allow passive mode data transfers,use IP 复选框,如图 11-38 所示。

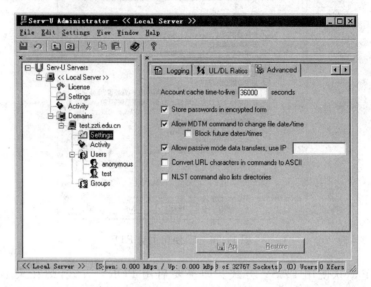

图 11-38　Serv-U 允许被动模式配置

展开 Local Server→Settings 结点,选择 Advanced 选项卡,在 PASV port range 中填入给 PASV 模式使用的本地端口范围,如 60001～60005,如图 11-39 所示。

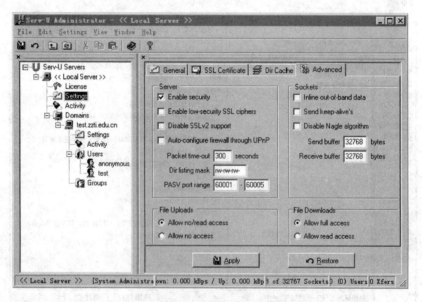

图 11-39　配置 Serv-U 被动模式端口范围

如果开启了 Windows 防火墙,需要在防火墙中为 FTP 的 PASV 模式开放所设置的端口范围,否则客户端使用 PASV 模式无法正常登录该 FTP,如图 11-40 所示。

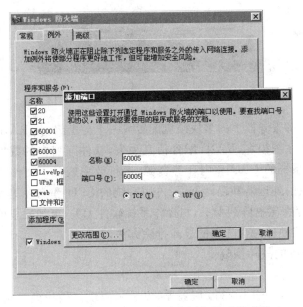

图 11-40　在 Windows 防火墙中添加被动模式端口

5）故障总结

FTP 协议有主动模式和被动模式两种工作模式。主动模式对 FTP 服务器的管理有利，只需在服务器端防火墙中开放 TCP 20 和 21 端口即可。但需要在客户端的 FTP 下载软件中修改相应设置。

采用被动模式时，FTP 客户端的使用比较方便，但需要在服务器防火墙中开放 PASV 模式所使用的端口范围。

11.2.4　磁盘阵列故障的排除

1. 磁盘阵列简介

服务器作为各种数据、信息的处理和存储结点，对于所存储数据的安全性、可靠性以及性能有较高的要求。服务器硬盘的寿命一般在 5 年左右。为了提高存储数据的安全性、可靠性以及性能，服务器数据存储往往会采用磁盘阵列的方案。

磁盘阵列（RAID）是指由多块磁盘组合成一个磁盘组以提高数据传输速率和提供数据容错功能。常见的 RAID 级别主要有 RAID0、RAID1 和 RAID5 等。RAID0 将数据并行读/写于多个磁盘上，具有很高的数据传输速率，但没有提供数据冗余，一个磁盘失效将影响到所有数据，不能应用于数据安全性要求高的场合；RAID1 通过磁盘数据镜像实现数据冗余，提供了很高的数据安全性，但数据存储效率不高；RAID5 在所有磁盘上交叉地存取数据及奇偶校验信息，具有较高的数据存储效率和数据传输速率，并有一块硬盘提供数据冗余，安全性较高，应用比较广泛。

当磁盘阵列中有一块硬盘出现故障时，就需要进行及时的修复或更换。服务器或磁盘阵列一般采用热插拔硬盘，当有一个硬盘出现故障时，可以不用关机，直接抽出坏掉的硬盘，快速换上新的硬盘。图 11-41 为支持 6 块热插拔硬盘和 RAID 的 DELL 2850 服务器。

磁盘阵列有两种方式可以实现，那就是"软件阵列"与"硬件阵列"。软件阵列由操作系

图 11-41　DELL 2850 服务器

统软件如 Windows 将服务器上的多块硬盘配置成一个磁盘组，其 RAID 配置信息保存在操作系统中，一旦操作系统损坏，RAID 配置信息丢失，软件阵列中的数据将无法恢复。而且软件阵列需要占用系统的 CPU 和内存等资源，运行效率较低。硬件阵列使用专用的磁盘阵列卡，卡上有专用的处理器和存储器，不占用系统的 CPU 和内存等资源，运行效率较高。RAID 配置信息保存在磁盘阵列卡上，与操作系统软件无关，更加安全可靠。

下面将举例介绍硬件磁盘阵列的故障排除方法。

2. 硬件磁盘阵列的故障恢复

1）故障现象

网络中心机房一台 DELL 2850 服务器，安装了两块热插拔硬盘组成 RAID1 阵列。发现其中一块硬盘黄灯闪烁，另一块硬盘绿灯闪烁，LCD 显示屏变黄并显示错误信息"E0D76：BP Drive 1"。

2）故障环境

一台 Dell 2850 服务器。

安装有 PERC 4E/Di Raid 硬件阵列卡。

安装两块 146GB 希捷 ST3146807 LC 热插拔硬盘组成 RAID1 阵列。

电源、网络连接等正常。

3）故障分析

首先排除电源、网络连接等故障原因。根据服务器错误信息提示，可能为硬盘驱动器故障或 RAID1 阵列故障。发生此类故障的主要原因有：

（1）硬盘驱动器损坏。

（2）硬盘驱动器插接松动或接触不良。

（3）硬件阵列卡故障。

4）故障排除

首先重新启动服务器。在启动过程中，根据系统显示按 Ctrl＋M 组合键进入 PERC 4E/Di Raid 硬件阵列卡配置界面。在 ManagementMenu（管理菜单）中选择 Configure 并按 Enter 键，选择 View/Add Configuration 查看系统配置状态，如图 11-42 和图 11-43 所示。

图 11-42　硬件阵列卡配置界面

图 11-43　查看系统配置状态

选择 View/Add Configuration 后,系统开始进行磁盘扫描,扫描完毕出现如图 11-44 所示界面。由图 11-44 可知,在 Channel-0 通道上安装有两块 146GB 希捷 ST3146807 LC 硬盘,其中一块显示 ONLIN(在线),一块显示 FAIL(失败)。按 F3 键显示 Logical Drives(逻辑驱动器)信息,可见磁盘阵列 RAID 类型为 1,状态为 DEGRADED(被降级的),可知该磁盘阵列状态已经不正常了,如图 11-45 所示。

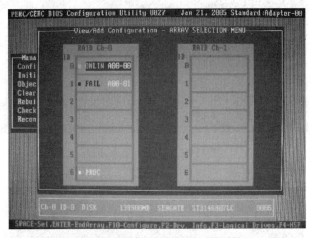

图 11-44　磁盘扫描结果

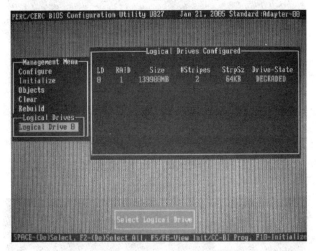

图 11-45　磁盘阵列被降级的状态

返回 ManagementMenu,选择 Objects 按 Enter 键,再选择 Physical Drive(物理驱动器,即硬盘)并按 Enter 键,如图 11-46 所示。系统开始进行磁盘扫描,扫描完毕可见在 Channel-0 通道上的两块硬盘:一块显示 ONLIN(在线),一块显示 FAIL(失败)。选择显示 FAIL 的硬盘,按 Enter 键,可见下级菜单,从中选择 Rebuild 并按 Enter 键,选择 YES,进行硬盘数据的重建,如图 11-47 所示。

选择 View Rebuild Progress 按 Enter 键可以查看 Rebuild 重建硬盘数据的进度,如图 11-48 所示。返回上级菜单,可见 Rebuild 重建硬盘数据过程中,该硬盘状态显示为 REBLD,即 Rebuild(重建),如图 11-49 所示。

图 11-46　选择物理驱动器

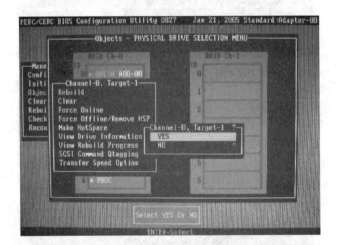

图 11-47　进行硬盘数据重建

图 11-48　重建硬盘数据进度

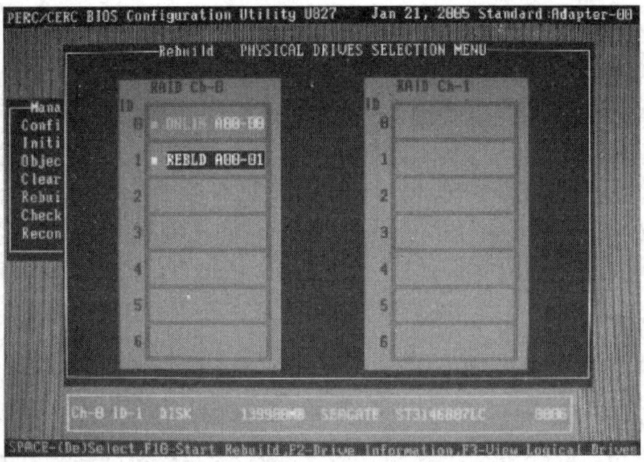

图 11-49　重建过程中硬盘状态

如果 Rebuild 重建硬盘数据过程中显示 FAIL,可以将该硬盘拔出清理灰尘后重新插入,重复 Rebuild 重建操作。如还是显示 FAIL,说明该硬盘可能已经损坏,需要更换一块同型号的硬盘,再重复上述操作过程。

Rebuild 重建硬盘数据完成后,两块硬盘状态均显示为 ONLIN,如图 11-50 所示。

图 11-50　重建完成后硬盘状态

在 Logical Drives(逻辑驱动器)信息中,磁盘阵列状态为 OPTIMAL(最优的),可知该磁盘阵列状态已恢复正常,如图 11-51 所示。

3. 硬件磁盘阵列的热备盘设置

由于服务器经常是 7×24 小时不间断工作,但并不是所有的机房都会 24 小时有人值守,因此不能保证磁盘阵列在发生故障时一定会有人及时发现和解决。热备盘技术就是为了应对这一问题而产生的。在 RAID 磁盘组中再加上一块空的备份硬盘并设置为"热备盘",当在 RAID 阵列中出现故障硬盘时,该备份硬盘立即自动顶替出现故障的硬盘,进行 Rebuild 重建过程。

在硬件阵列卡中,有将正常硬盘强制上、下线的操作选项,允许管理员在磁盘阵列运行过程中进行硬盘的替换等操作。在将磁盘阵列中的硬盘强制下线时,系统会有提示如图 11-52 所示,该图中的提示译成中文如下:

图 11-51　重建完成后磁盘阵列状态

图 11-52　硬盘强制下线提示

!!!警告!!!当再有一块 online 的硬盘 Failing 时：
1. Optimal(最优)的 RAID5、RAID3、RAID1 阵列将 degraded(被降级)；
2. Degraded 的 RAID5、RAID3、RAID1 阵列将 offline(脱机)；
3. Optimal 的 RAID0 阵列将 offline。

因此，必须十分关注 Degraded 的 RAID 阵列，因为其状态是十分危险的，随时有可能 offline，其中的数据将无法恢复。当然，其中 RAID0 阵列是最不安全的。

下面介绍在 PERC 4E/Di Raid 硬件阵列卡中进行热备盘设置的有关操作。

在 Dell 2850 服务器的硬盘槽位中再插入 1 块希捷 ST3146807 LC 硬盘。进入 Management 菜单，选择 Objects 按 Enter 键，再选择 Physical Drive 按 Enter 键。可见多了一块状态显示为 READY(准备好)的硬盘，如图 11-53 所示。选择显示为 READY 的硬盘，按 Enter 键，可见下级菜单，从中选择 Make HotSpare 按 Enter 键，选择 YES，制作热备盘，如图 11-54 所示。

返回上级菜单，可见刚才显示为 READY 的硬盘，现在状态变为 HOTSP，即 HotSpare (热备)，如图 11-55 所示。此时，如果 ID 号为 1 的硬盘被强制退出(或损坏)，则 ID 号为 2 的 HOTSP 热备硬盘会立即转入 REBLD(重建)状态，如图 11-56 所示。

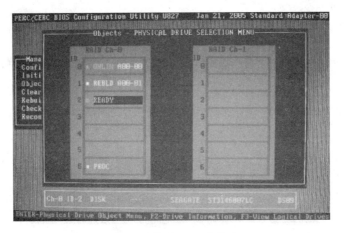

图 11-53　新插入硬盘状态

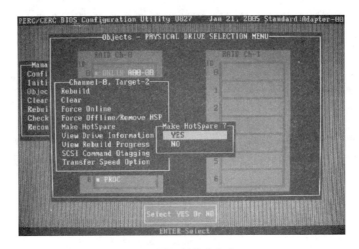

图 11-54　制作热备盘

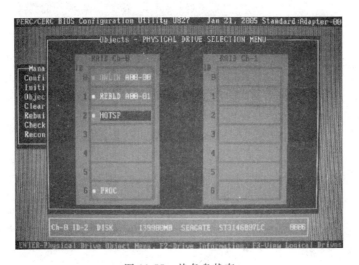

图 11-55　热备盘状态

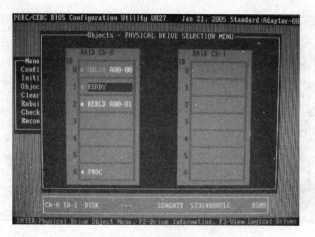

图 11-56　热备硬盘转入重建

注意：在本节中，部分对于故障硬盘的操作采用了将正常硬盘强制下线的方式进行模拟。

第 12 章　网络系统集成与规划设计

设计和实现网络系统遵从一定的网络系统集成模型,模型从系统开始,经历用户需求分析、逻辑网络设计、物理网络设计和测试,并贯彻网络工程监理。既采用自顶向下的网络设计方法,从 OSI 参考模型上层开始,然后向下直到底层的网络设计方法。它在选择较低层的路由器、交换机和媒体之前,主要研究应用层、会话层和传输层功能。该模型是可以循环反复的,并且是进行网络工程设计的第一步。

本章实验体系与知识结构如表 12-1 所示。

表 12-1　系统集成实验体系与知识结构

类别	实验名称	实验类型	实验难度	知识点	备注
网络规划与系统集成	网络实验室系统集成	设计	★★★	三层交换、代理、端口聚合、DHCP	
	可靠、安全实验室系统集成	设计	★★★★	DMZ、端口聚合、防火墙、ACL	
	校园网系统集成	设计	★★★★★	VLSM、CIDR、核心层、分布层	选做
	大型园区网规划与设计	设计	★★★★★	需求分析、逻辑网络设计、物理网络设计	

12.1　网络系统集成

技术、管理和用户关系是系统集成三个至关重要的因素,因此,网络工程系统集成步骤应该综合考虑三因素。通常来讲,网络工程系统集成步骤主要包括以下几个方面工作。

1. 选择系统集成商或设备供应商

建设小型网络,只需要在计算机零销商店购买一些必备的网络设备和用品即可,这时选择适当的网络设备和网络设备供应商至关重要。如果要建设大中型网络系统,就需要选择系统集成商了。用户以招标的方式选择系统集成商,用户对网络系统的意愿应体现在发布的招标文件。工程招标的流程如下:

(1)招标方聘请监理部门工作人员,根据需求分析阶段提交的网络系统集成方案编制网络工程标书。

(2)做好招标工作的前期准备,编制招标文件。

(3)发布招标通告或邀请函,负责对有关网络工程问题进行咨询。

(4)接受投标单位递送的标书。

(5)对投标单位资格、企业资质等进行审查。审查内容包括企业注册资金、网络系统集成工程案例、技术人员配置、各种网络代理资格属实情况、各种网络资质证书的属实情况。

（6）邀请计算机专家、网络专家组成评标委员会。

（7）开标，公开招标各方资料，准备评标。

（8）评标，邀请具有评标资质的专家参与评标，对参评方各项条件公平打分，选择得分最高的系统集成商。

（9）中标，公告中标方，并与中标方签订正式工程合同。

系统集成商的公司资质、公司业绩、技术实力、公关能力和谈判技巧等综合表现是能否中标的关键。

2. 用户需求分析

用户需求分析是指确定网络系统要支持的业务、要完成的功能、要达到的性能等。通常来讲，网络设计者应从以下三个方面进行用户需求分析：网络的应用目标、网络的应用约束和网络的通信特征。

3. 逻辑网络设计

在逻辑网络设计中，重点是指网络系统如何部署和网络拓扑等细节设计上。主要工作包括网络拓扑设计、网络分层设计、IP 地址规划、路由和交换协议选择、网络管理和安全等。

4. 物理网络设计

主要任务包括网络环境设计和网络设备选型。其中网络环境设备主要是指结构化布线系统设计、网络机房设计和供电系统设计等方面；网络设备选型主要是指园区网设备选型和企业网设备选型。

5. 网络安全设计

网络安全是网络系统中必须面对的重要问题，涉及资源、设备和数据等资产。设计上，首先界定要保护的资源；其次制定安全策略，采购安全产品；最后，设计适合需要的网络设计方案。

6. 网络设备安装调试和验收

网络设备在正式交付使用之前，必须在仿真环境上经过测试。常见的网络测试包括网络协议测试、布线系统测试、网络设备测试、网络系统应用测试和安全测试等多个方面。

7. 网络系统验收

网络系统验收是用户方正式认可系统集成商完成的网络工程阶段。这一阶段是确认工程项目是否达到设计要求。验收分为现场验收和文档验收。现场验收需要检验环境是否符合要求；文档验收需要检验开发文档、管理文档和用户文档是否完备。

8. 用户培训和系统维护

网络一旦交工，后期维护是非常重要且烦琐的一件事情。系统集成商或设备供应商必须为用户提供必要的培训，培训对象可以是网管人员、一般用户等。培训可分为现场培训和指定地点培训，同时还涉及以合同方式提供产品、设备售后服务和免费技术支持等。

下面将以局域网、安全可靠局域网设计、校园网为例阐述网络的规划与设计。

12.2　网络实验室系统集成与设计

1. 目的

（1）掌握设计网络实验室的技能与方法。

（2）掌握设计网络方案的基本技能和方法。

（3）用 Visio 软件绘制网络拓扑图。

2. 案例导入

为新建的网络实验室设计局域网，进行网络实验室的网络需求分析（如 80 台计算机，每 40 台一个 VLAN，每 10 台 PC 连接到百兆交换机上，交换机之间互连。VLAN 间通信通过三层交换机，80 台计算机共享如 ftp/代理/www 服务等。通过三层交换机的上端千兆口连接到网络中心，通过网络中心实现外网的连接）。给出设计方案和二层、三层交换机上的典型配置。

3. 技术原理

三层交换机就是具有部分路由器功能的交换机。三层交换机的最重要目的是加快大型局域网内部的数据交换，所具有的路由功能也是为这一目的服务的，能够做到一次路由，多次转发。对于数据包转发等规律性的过程由硬件高速实现，而像路由信息更新、路由表维护、路由计算、路由确定等功能由软件实现。

代理服务器（Proxy Server）是一种重要的安全功能，它的工作主要在开放系统互连（OSI）模型的对话层，从而起到防火墙的作用。代理服务器大多被用来连接 Internet 和 Intranet。

4. 网络环境与拓扑

该实验室采用 Windows Server 2003 网络操作系统，提供各种服务，如表 12-2 所示。

表 12-2　实验设备

设备名称	型号	备注
三层交换机	深圳数码 DCRS-5526	
二层交换机	深圳数码 DCS-3926S	
PC	长城	Windows XP、服务器
连接线	超五类双绞线	直通线等

5. 网络系统集成与设计

1）需求分析

实验室是为教师教学和学生做实验设计的地方，为满足各个 VLAN 在较短时间内（如 5s 内）访问 FTP、代理和 WWW 服务，网络应用技术需求如表 12-3 所示。

表 12-3　网络应用技术目标需求表

应用名称	应用类型	重要性	备注
FTP	文件共享	较重要	对内提供教学资料
校内代理	代理服务	较重要	
WWW 服务	Web 浏览	较重要	浏览网页
网络维护	网上报修	非常重要	
网上课堂	网上教学	非常重要	
无线上网	无线接入	较重要	
远程教育	远程教育	较重要	

2）绘制网络拓扑图

网络实验室拓扑如图 12-1 所示。

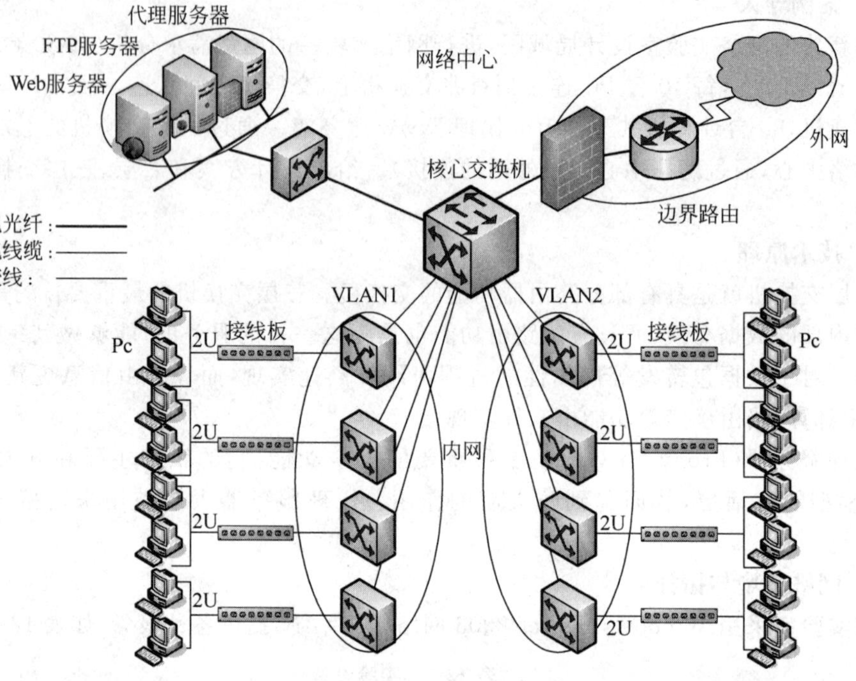

图 12-1　实验室环境拓扑示意图

3）详细的设计方案

（1）服务器群的设计与实现。

WWW 服务器设计，FTP 服务设计、代理服务设置请参考前面章节的实验。

（2）交换机设计。

实验室的核心层交换机采用神州数码 DCRS-5526 交换机，分别连接到二层交换机，即 S1～S8 的神州数码 DCS-3628S 交换机，核心交换机与各接入层交换机采用 Trunk 连接，每个二层交换机连接 10 台 PC，接入层交换机 S1～S4 上连接的 PC 划分到 VLAN2 中，S5～S8 上连接的 PC 划分到 VLAN1 中，通过核心交换机确保不同 VLAN 间的通信。

（3）核心交换机上 VLAN 的配置。

```
Switch (config) # hostname S
S(config) # enable password cisco
S(config) # vtp mode server
S(config) # vtp domin VTP - SERVER
S(config) # vtp password cisco
S(config) # vlan 1
S(config - vlan) # name VLAN1
S(config - vlan) # exit
S(config) # vlan 2
S(config - vlan) # name VLAN2
```

```
S(config)# int ranger f0/0-9          //将交换机的 0～9 端口划分到 VLAN 中
S(config-if)# switch mode access
S(config-if)# switch access vlan 2
```

（4）DHCP 的配置。

在三层交换机上配置 DHCP 中继，使 VLAN1 自动得到 192.168.1.0/24 的地址，VLAN2 自动得到 192.168.2.0/24 的地址，用三层交换实现 VLAN 间的通信。

```
S(config)# int vlan 1
S(config-vlan)# ip address 192.168.1.1 255.255.255.0
S(config)# int vlan 2
S(config-vlan)# ip address 192.168.2.1 255.255.255.0
S(config-vlan)# no shutdown
S(config)# ip routing                 //开启三层交换的路由作用
S(config)# service dhcp               //启用 dhcp 中继
S(config)# ip dhcp pool VLAN1         //设置 VLAN1 的地址池
S(config)# lease infinite             //设置租期不过期
S(config)# network 192.168.1.0 255.255.255.0
S(config)# default-router 192.168.1.1
S(config)# ip dhcp pool VLAN2         //设置 VLAN2 的地址池
S(config)# lease infinite             //设置租期不过期
S(config)# network 192.168.2.0 255.255.255.0
S(config)# default-router 192.168.2.1
```

（5）可靠性和可用性设计。

服务器放在三层交换机上，为提高端口访问服务器的速度，可采用端口聚合技术。端口聚合配置如下：

```
Switch# Config
Switch(Config)# port-group 1              //建立一个 port group
Switch(Config)# interface eth 0/0-5
                                          //以 LACP 方式动态生成链路聚合组
Switch(Config-Port-Range)# port-group 1 mode active
Switch(Config-Port-Range)# exit
Switch(Config)# interface port-channel 1
Switch(Config-If-Port-Channel1)#
```

6. 操作要点与故障排除

本次实验从理论上阐明了设计网络方案的基本技能和方法，利用所学的知识为新建的网络实验室设计局域网。在操作和故障上主要表现在 DHCP 动态分配、VLAN 划分及其端口聚合等实现上。请仔细检查端口状态、IP 地址获取情况等。

7. 报告要求

结合本实验，完善网络实验室系统集成与设计方案书。重点阐述技术原理、细化网络需求、绘制网络拓扑图、细化配置细节。最后给出实验总结和结果分析。同时如果网络环境不采用三层交换机，而采用路由器，建议读者给出配置方案。

网络系统集成与规划设计

12.3　可靠、安全的网络实验室系统集成与设计

1. 目的

（1）掌握设计高可靠性网络技能与方法。

（2）掌握设计网络安全方案的基本技能和方法，并掌握防火墙原理。

（3）用 Visio 软件绘制可靠、安全的网络拓扑图。

2. 问题导入

（1）网络实验室办公楼到网络中心办公楼要求具备高传输速率，而且要求高可靠性。

（2）采用千兆到交换机，百兆到桌面的传输方案。

（3）采用双交换机互为高速备份的联网方案，采用服务器间的数据备份。

（4）通过设置 DMZ 区确保代理、FTP、WWW 服务器的安全。其中不允许外网访问 WWW 服务器。

（5）在 12.2 节网络实验室系统集成上进行配置。

3. 技术原理

DMZ(Demilitarized Zone)，中文名称为"隔离区"，也称为"非军事化区"。它是为了解决安装防火墙后外部网络不能访问内部网络服务器的问题，而设立的一个非安全系统与安全系统之间的缓冲区。这个缓冲区位于企业内部网络和外部网络之间的小网络区域内，在这个小网络区域内可以放置一些必须公开的服务器设施，如企业 Web 服务器、FTP 服务器和论坛等。另一方面，通过这样一个 DMZ 区域，更加有效地保护了内部网络，因为这种网络部署比起一般的防火墙方案，对攻击者来说又多了一道关卡。DMZ 是放置公共信息的最佳位置，这样用户、潜在用户和外部访问者都可以直接获得他们所需的关于公司的一些信息，而不用通过内网。公司的机密和私人的信息可以安全地存在内网中，即 DMZ 的后面。DMZ 中的服务器不应包含任何商业机密、自源代码或私人信息。

STP 协议由 IEEE 802.1d 定义，RSTP 由 IEEE 802.1w 定义。STP 的基本原理是通过在交换机之间传递一种特殊的协议报文来确定网络的拓扑结构。配置消息中包含了足够的信息来保证交换机完成生成树计算。生成树协议最主要的应用是为了避免局域网中的网络环回，解决成环以太网网络的"广播风暴"问题，从某种意义上说是一种网络保护技术，可以消除由于失误或者意外带来的循环连接。STP 也提供了为网络提供备份连接的可能。

端口聚合也叫做以太通道(Ethernet Channel)，主要用于交换机之间连接。由于两个交换机之间有多条冗余链路的时候，STP 会将其中的几条链路关闭，只保留一条，这样可以避免二层的环路产生。但是，失去了路径冗余的优点，因为 STP 的链路切换会很慢，在 50s 左右。使用以太通道的话，交换机会把一组物理端口联合起来，作为一个逻辑的通道，也就是 Channel-Group，这样交换机会认为这个逻辑通道为一个端口。端口聚合可将多物理连接当作一个单一的逻辑连接来处理，它允许两个交换器之间通过多个端口并行连接，同时传输数据以提供更高的带宽、更大的吞吐量和可恢复性的技术。一般来说，两个普通交换器连接的最大带宽取决于媒介的连接速度(100Base-TX 双绞线为 200Mbps)，而使用 Trunk 技术可以将 4 个 200Mbps 的端口捆绑后成为一个高达 800Mbps 的连接。这一技术的优点是以较低的成本通过捆绑多端口提高带宽，而其增加的开销只是连接用的普通五类网线和多占用

的端口,它可以有效地提高子网的上行速度,从而消除网络访问中的瓶颈。另外,Trunk还具有自动带宽平衡,即容错功能:即使 Trunk 只有一个连接存在时,仍然会工作,这无形中增加了系统的可靠性。

4. 网络环境与拓扑

80 台 PC,9 台交换机,3 台三层交换机,1 台防火墙,4 台服务器,100 条直通线,5 条千兆光纤,1 条万兆光纤。原有实验室拓扑如图 12-1 所示。

5. 网络系统集成与设计

1)需求分析

为了使交换机提高可靠性和可用性,可采用双交换机联网到网络中心的方案。为了提高速度和可用性,三层交换机采用 UPS 供电和端口链路聚合技术,服务器建议设置在三层交换机上,以便提高访问速度和充分利用带宽等,同时提供数据备份。

2)给出网络拓扑图

在原有实验室拓扑图基础之上,考虑可靠性和安全性之后,绘制如图 12-2 所示环境拓扑图。

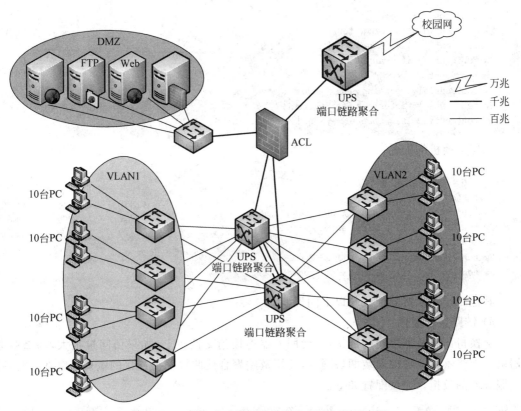

图 12-2　可靠、安全的网络实验室环境拓扑示意图

3)安全设计

(1)拓扑安全。设立 DMZ 区,将搭建的 FTP 服务器、Web 服务器和 NAT 代理服务器通过千兆光纤连接到防火墙上,这样就可以提高访问速度和充分利用带宽,实现所有的 PC 共享服务器。

（2）公共服务器安全设计。将服务器放在受防火墙保护的 DMZ 区、在服务器本身运行防火墙、激活 DoS 保护、限制每个时间按帧的连接数、使用可靠、打了最新安全补丁的操作系统、模块化维护（如 Web 服务器不同时运行其他服务）。

（3）单向访问控制。允许服务器所在网段的用户可以访问 VLAN1 和 VLAN2 的 TCP 应用，而 VLAN1 和 VLAN2 不能访问。

（4）用户服务安全设计。在安全策略中指定允许在连网 PC 上运行的应用程序、连网 PC 需要个人防火墙和防病毒软件、离开时鼓励桌面用户退出、在交换机上使用 IEEE 802.1x 基于端口的安全等。

4）服务器的设计与配置

主要将证书、HTTPS、用户目录隔离等安全策略加入到服务的管理与配置中，具体配置请参考前面章节的内容。

5）交换机的设计与配置

三层交换机的配置：

```
Switch > en
Switch # conf ter
Switch(config) # int range fa0/1 - 4
Switch(config - if - range) # switch mode trunk
Switch(config - if - range) # end
Switch # conf t
Switch(config) # spanning - tree mode pvst
Switch(config) # interface FastEthernet0/4
Switch(config - if) # channel - group 1 mode desirable
```

二层交换机的配置：

```
Switch # conf t
Switch(config) # int fa0/3
Switch(config - if) # switch mode access
Switch(config - if) # switch access vlan 2
Switch(config - if) # exit
Switch(config) # int range fa0/1 - 2
Switch(config - if) # switch mode trunk
```

其他二层交换机的配置与以上同理。

6）链路聚合配置

交换机与服务器之间的链接，一台服务器连接到交换机上，如果访问量很大，那么服务器就会承受不了。考虑安装两块网卡，使用链路聚合使两块网卡连接的端口聚合在一起，减轻服务器的负担。典型配置如下：

```
S(Config) # port - group 1                    //创建 port - group
S(Config) # interface f0/9
S(Conifg - Port - Range) # port - group 1 mode active
S(Config) # interface port - channel 1        //LACP 动态生成链路聚合组
S(Config) # interface f0/10
S(Conifg - Port - Range) # port - group 2 mode active
S(Config) # interface port - channel 2
```

7）路由协议和安全配置

在三层交换机上开启 OSPF 路由协议，在防火墙上配置不允许外部网络访问内部服务器，并且在防火墙上做 NAT 地址转换，是指能够访问外界网络。

6. 操作要点与故障排除

本次实验从理论上阐明了可靠、安全局域网的重要性，并给出组建一个可靠、安全局域网的通用思路，最后通过实验验证防火墙、DMZ 区、STP 生成树协议、链接聚合等知识点。通过这个实验，对规划一个完整的网络有了一个更深的了解。在设计配置时，先考虑基本通信，然后再加上安全。逐步推断错误的地方，可以通过排除法、定位法等进行故障排除。

7. 报告要求

结合本节实验，完善可靠、安全的网络实验室系统集成与设计方案书。重点阐述技术原理、绘制网络拓扑图、网络需求分析、安全设计与分析、可靠性设计与分析、服务器安全和可靠性设计、细化配置细节。最后给出实验总结和结果分析。如果实验条件不允许，建议读者在仿真软件上进行设计与配置。

12.4　校园网系统集成设计

1. 目的

（1）掌握为大型校园网规划 IP 地址的技能和方法。

（2）掌握专用 IP 地址解决 IPv4 地址不足的问题。

（3）掌握设计具备三层结构的大型校园网的基本方法。

（4）用 Visio 软件绘制校园网拓扑图。

2. 任务导入

（1）大学具有 18 个学院，3 个校区，其中网络中心、亚太、国教位于北区，软件学院位于西区，其余学院位于南区。

（2）网络中心向外提供各种标准化、信息化的服务，各个学院也自行向因特网发布学院信息并负责自己学院的信息服务，每个学院拥有约 1500 台 PC。

（3）学校从 Cernet 结构申请 IPv4 地址 202.196.0.0/18，从 CNC 网通申请 IPv4 地址 125.10.0.0/20。

（4）采用三层结构设计校园网，选用万兆以太网连接三个校区作为高速主干；采用千兆以太网作为各园区的主干，形成大学校园网的汇集层；选用百兆以太网作为接入层。

（5）大学校园网与因特网具有统一接口，即通过千兆以太网接入 Cernet 和 CNC。

3. 技术原理

下面针对实验中涉及的基本概念、基本原理、基本技术、分类方法、解决问题的方法和原因或依据、实验重要参数说明等做一下简介。

1）VLSM

为了有效地使用无类别域间路由（CIDR）和路由汇总来控制路由表的大小，网络管理员使用先进的 IP 寻址技术，VLSM 就是其中的常用方式。VLSM 是指通过借主机位技术来实现的子网划分技术，因主机位减少使得掩码位增加产生变化，因此又称为可变长子网掩码技术。

2）核心层

核心层主要是实现骨干网络之间的优化传输。骨干层设计任务的重点通常是冗余能力、可靠性和高速的传输。网络的控制功能最好尽量少在骨干层上实施。核心层一直被认为是所有流量的最终承受者和汇聚者，所以对核心层的设计以及网络设备的要求十分严格。核心层设备将占投资的主要部分。核心层需要考虑冗余设计。

3）分布层

分布层是楼群或小区的信息汇聚点，是连接接入层和核心层的网络设备，为接入层提供数据的汇聚、传输、管理、分发处理。分布层为接入层提供基于策略的连接，如地址合并、协议过滤、路由服务和认证管理等。通过网段划分（如 VLAN）与网络隔离可以防止某些网段的问题蔓延和影响到核心层。分布层也可以提供接入层虚拟网之间的互连，控制和限制接入层对核心层的访问，保证核心层的安全和稳定。分布层的功能主要是连接接入层结点和核心层中心。分布层设计为连接本地的逻辑中心，仍需要较高的性能和比较丰富的功能。分布层设备一般采用可管理的三层交换机或堆叠式交换机以达到带宽和传输性能的要求。其设备性能较好，但价格高于接入层设备，而且对环境的要求也较高，对电磁辐射、温度、湿度和空气洁净度等都有一定的要求。分布层设备之间以及分布层设备与核心层设备之间多采用光纤互连，以提高系统的传输性能和吞吐量。

4）接入层

接入层通常指网络中直接面向用户连接或访问的部分。接入层的目的是允许终端用户连接到网络，因此接入层交换机具有低成本和高端口密度特性。接入交换机是最常见的交换机，它直接与外网联系，使用最广泛，尤其是在一般办公室、小型机房和业务受理较为集中的业务部门、多媒体制作中心、网站管理中心等部门。在传输速度上，现代接入交换机大都提供多个具有 10M/100M/1000Mbps 自适应能力的端口。

4. 网络环境与拓扑

安装 Visio 软件的 Windows 操作系统，并利用已有的网络规划与设计能力进行实验。

5. 网络系统集成与设计

1）需求分析

（1）商业目标分析。

① 提高教师的速率，允许教师和其他学院的同仁一起参与更多的项目研究。

② 提高学生提交作业、选课、成绩查询的效率。

③ 允许学生使用他们的计算机访问校园网和因特网。

（2）技术目标分析。

① 重新设计 IP 地址规划。

② 提供一个响应时间大约为 1/10s 的网络。

③ 使用网络管理工具，提高 IT 部门的效率和效果。

④ 网络具有良好的可扩展性。

（3）网络应用分析。

表 12-4 为校园网典型网络应用分析表。

表 12-4　校园网典型应用

应用名称	应用类型	新应用	重要性
电子邮件	电子邮件	否	重要
FTP	文件共享	否	重要
主页	Web 浏览	否	重要
图书馆	数据库访问	否	重要
认证计费	认证计费	否	重要
网络维护	网上报修	否	
论坛	讨论交流	否	重要
远程教育	远程教育	否	重要
语音电话	IP 电话	是	
无线网络	无线网络	是	
视频点播	视频点播	否	
视频会议	流媒体	是	
网上课堂	网上教学	否	
远程接入	VPN	否	重要
安全更新	安全	否	
部门域名	域名服务	否	重要
校内代理	代理服务	是	
办公自动化	OA	否	重要

（4）数据存储位置。

表 12-5 为校园网典型数据存储表。

表 12-5　校园网数据存储位置表

数据存储	位置	应用	团体
图书馆藏书目录	图书馆服务器集群	图书馆藏书目录	所有
Web 服务器	网络中心服务器集群	Web 站点主机	所有
E-mail 服务器	网络中心服务器集群	电子邮件	所有
FTP 服务器	网络中心服务器集群	文件下载	所有
DHCP 服务器	计算中心服务集群	编址	所有
网络管理服务器	计算中心服务集群	网络管理	管理部门
DNS 服务器	计算中心服务集群	命名	所有

2）网络拓扑图

方案的拓扑图中要具备 DMZ 区域，学校统一服务器群和各个学院的服务器群，如图 12-3 所示。

3）逻辑设计

（1）技术实现分析。

① 每一个学院分配两个 C 类 Cernet 地址（18 个学院至少需要 36 个 C 类网络），其余归网络中心分配使用。因此，将 202.196.0.0/18 的主机位借 6 位，共计可以划分 64 个/24 的 C 类网络，剩余 28 个/24 的网络分配给网络中心使用（主要分配给服务器集群，通过 NAT 负责全校未分配 IP 的地址转换）。

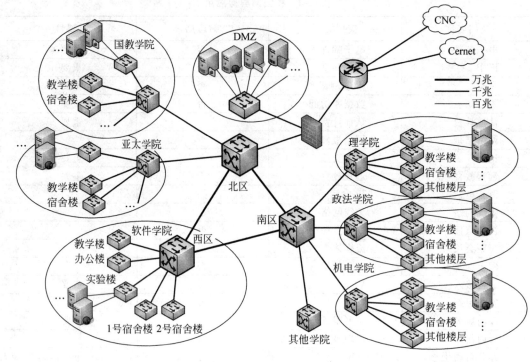

图 12-3　校园网拓扑图

② 每个学院分配一个网段的 CNC 地址，因此将 125.10.0.0/20 借 5 位划分 32 个 /25 的子网，其中 18 个子网分配给各学院，剩余 14 个子网分配给网络中心。

③ 每个学院有 1500 个 PC，从前面分析可知每一个学院可用 IP 地址有 $640(2 \times 2^8 + 2^9)$，剩余近 900 台 PC 将通过 NAT 地址转换实现其上网功能。

④ 网络中心共计拥有 IP 地址为 8000 左右 $(28 \times 2^8 + 14 \times 2^7)$，不仅仅为全校服务器群分配 IP 地址，还包括公共资源与服务、全校学生及其未来发展需要。因此对全校学生采用 NAT 地址功能来实现。

⑤ 因学校规模较大、数据流量需求增大，因此采用主流万兆以太网技术。

⑥ 选用万兆交换机。

⑦ 采用 OSPF 路由协议，采用 SNMP 网络管理协议。

（2）IP 地址分配表如表 12-6 所示。

表 12-6　IP 地址分配表

地址空间			202.196.0.0/18	125.10.0.0/20
	院校	信息结点	地址范围	地址范围
北区	国教	1500	202.196.0.0-202.196.1.255/24	125.10.0.0-125.10.0.127/25
	亚太	1500	202.196.2.0-202.196.3.255/24	125.10.0.128-125.10.0.255/25
西区	软件学院	1500	202.196.4.0-202.196.5.255/24	125.10.1.0-125.10.1.127/25
南区	能源与环境学院	1500	202.196.6.0-202.196.7.255/24	125.10.1.128-125.10.1.255/25
	机电学院	1500	202.196.8.0-202.196.9.255/24	125.10.2.0-125.10.2.127/25
	电子信息学院	1500	202.196.10.0-202.196.11.255/24	125.10.2.128-125.10.2.255/25

地址空间		202.196.0.0/18	125.10.0.0/20
院校	信息结点	地址范围	地址范围
南区	材料与化工学院	1500	202.196.12.0-202.196.13.255/24	125.10.3.0-125.10.3.127/25
	建筑工程学院	1500	202.196.14.0-202.196.15.255/24	125.10.3.128-125.10.3.255/25
	服装学院	1500	202.196.16.0-202.196.17.255/24	125.10.4.0-125.10.4.127/25
	艺术设计学院	1500	202.196.18.0-202.196.19.255/24	125.10.4.128-125.10.4.255/25
	经济管理学院	1500	202.196.20.0-202.196.21.255/24	125.10.5.0-125.10.5.127/25
	新闻与传播学院	1500	202.196.22.0-202.196.23.255/24	125.10.5.128-125.10.5.255/25
	政法学院	1500	202.196.24.0-202.196.25.255/24	125.10.6.0-125.10.6.127/25
	外国语学院	1500	202.196.26.0-202.196.27.255/24	125.10.6.128-125.10.6.255/25
	体育教学部	1500	202.196.28.0-202.196.29.255/24	125.10.7.0-125.10.7.127/25
	高等技术学院	1500	202.196.30.0-202.196.31.255/24	125.10.7.128-125.10.7.255/25
	理学院	1500	202.196.32.0-202.196.33.255/24	125.10.8.0-125.10.8.127/25
	计算机学院	1500	202.196.34.0-202.196.35.255/24	125.10.8.128-125.10.8.255/25
	纺织学院	1500	202.196.36.0-202.196.37.255/24	125.10.9.0-125.10.9.127/25
	网络中心		202.196.38.0-202.196.63.255/24	125.10.9.128-125.10.16.255/25

（3）NAT 地址转换设计。

为了节约地址，在内部使用保留的私有地址段中的地址，但是使用私有地址不能访问 Internet。所有校园网内采用非使用公开地址配置各学院及其校园网的边缘路由设备上的出口，并应用 NAT 进行地址转换。下面给出其典型配置。

```
Switch(config)#ip nat pool natpool 125.10.0.1 125.10.0.126
                netmask 255.255.255.192
Switch(config)#access-list 1 permit 192.168.1.0 0.0.0.255
Switch(config)#ip nat inside source list 1 pool natpool overload
Switch(config)#interface fastEthernet 0/0
Switch(config-if)#ip nat inside
Switch(config-if)#exit
Switch(config)#interface fastEthernet 0/1
Switch(config-if)#ip nat outside
```

（4）OSPF 设计。

为了兼容不同厂商的设备，要求在所有采用的三层交换机和路由器上运行 OSPF 路由协议，其典型配置如下：

```
Switch(config)#router ospf 1
Switch(config-router)#network 192.168.1.0 0.0.0.255 area 1 //私有地址
Switch(config-router)#network 125.10.0.128 0.0.0.127 area 1
//CNC 地址
Switch(config-router)#network 202.196.2.0 0.0.0.255 area 1
//Cernet 地址
```

其他三层交换机和路由器 OSPF 的配置和上面的相似。

（5）万兆交换机间采用 VTP 协议，互相设置 Trunk。

核心层上采用万兆交换机,各三层交换机间互相设置 Trunk,为了管理方便,采用 VLAN 统一管理,由网络中心负责。

① 典型 Trunk 配置:

```
Switch(config)♯interface fa0/1
Switch(config-if)♯switchport mode trunk
```

② 交换机上 VLAN 的配置:

```
Switch(config)♯vlan 2
Switch(config-vlan)♯name vlan2
```

其他交换机上 VLAN 的配置遵从网络中心指导。

6. 操作要点与故障排除

首先是关于网络 IP 规划的问题。在采用 VLSM 技术将 IP 地址进行正确划分后,再归属到不同 VLAN,要不然会造成可达性和连通性问题。其次是关于协议的配置问题。由于学院使用的是不同厂商提供的设备,采用 OSPF 协议更合适。再次在 NAT 地址转换上也可能会存在问题。

7. 报告要求

请实地考察所在的园区网络,结合本节实验,完善校园网系统集成与设计方案书。重点阐述技术原理、绘制网络拓扑图、网络需求分析、IP 地址规划、子网划分、路由协议和 VLAN 设计与分析、服务器配置细节。最后给出实验总结和结果分析。

12.5 大型园区网规划与设计

本节的目的是向读者介绍如何利用局域网规划与设计的方法撰写一个校园网设计方案。案例是基于一个真实的网络设计,为了保护客户的隐私和客户网络的安全,同时为了使得案例简单易懂,作者对案例的一些地方进行了改动或者简化。

12.5.1 校园网背景

学校现有教职工 1500 人,各类在校生 15 000 余人,每年以 5% 比例增长。校园占地 1460 亩,分南区、北区和西区 3 个校区,18 个学院分布在 3 个校区。本方案针对北区部分,现北区拥有行政、教学、实验综合楼 2 栋,教学楼 1 栋,图书馆楼 1 栋,后勤及工会混合楼 1 栋,家属院楼 4 栋,学生宿舍楼 6 栋。

由于入学率的增加和应用需求带宽的激增,导致现有网络存在性能和可用性、可靠性问题。网络中心 6 名管理人员和若干兼职学生从事管理维护学生工作。因外来访问者、学生不经过认证就可以轻而易举访问无线网络,因此无线接入点成为网络中心和各学院争议的焦点。

12.5.2 需求分析

1. 商业目标分析

(1) 在未来的三年中,将损耗从 30% 降低到 5%。

(2) 提高教师的效率,允许教师和其他学院的同仁一起参与更多的项目研究。

(3) 提高学生提交作业、选课、成绩查询效率。

(4) 允许学生使用他们的无线笔记本计算机访问园区网络和因特网。

(5) 允许访问者使用他们的无线笔记本计算机从园区网络访问因特网。

(6) 保护网络,防止入侵。

(7) 提高关键任务应用程序及数据的安全性和可靠性。

2. 技术目标分析

(1) 重新设计 IP 地址规划。

(2) 增加已有因特网接入带宽,以支持新的应用和现有应用的扩展。

(3) 为学生提供一个安全、私密的无线网络用于访问园区网络和因特网。

(4) 提供一个响应时间大约为 1/10 秒的网络。

(5) 网络的可靠性大约为 99.90%,MTBF 为 3000 个小时,MTTR 为 3 个小时。

(6) 提高安全性,保护因特网连接和内部网络,防止入侵。

(7) 使用网络管理工具,提高 IT 部门的效率和效果。

(8) 网络具有良好的可扩展性,可以在将来支持多媒体应用。

3. 网络应用分析

表 12-7 为该校园网典型网络应用分析表。

表 12-7　校园网典型网络应用

应用名称	应用类型	新应用	重要性	备注
电子邮件	电子邮件	否	√	
FTP	文件共享	否	√	
主页	Web 浏览	否	√	
图书馆	数据库访问	否	√	
认证计费	认证计费	否	√	
网络维护	网上报修	否		
论坛	讨论交流	否	√	
远程教育	远程教育	否	√	
VoIP 语音电话	IP 电话	是		①
无线网络	无线网络	是		②
视频点播	视频点播	否		
视频会议	流媒体	是		
网上课堂	网上教学	否		
远程接入	VPN	否	√	③
安全更新	安全	否		
部门域名	域名服务	否	√	
校内代理	代理服务	是		④
办公自动化	OA	否	√	⑤

注:① 将模拟声音信号数字化,以数据封包的形式在 IP 数据网络上实时传递,其最大优势是能广泛采用 Internet 和全球 IP 互连的环境,提供比传统业务更多、更好的服务。

② 截至目前,我国已经有 15.1% 的高校建有无线校园网,但绝大多数都属于实验性质,并没有广泛开放给学生使用。同时有 36.2% 的高校计划建设无线校园网,两项合计达到了 51.3%。该校目前仍处于实验阶段。

③ 虚拟专用网络。

④ 指那些自己不能执行某种操作的计算机,通过一台服务器来执行该操作,可实现网络的安全过滤、流量控制和用户管理等功能。

⑤ 功能强大的 OA 和邮件系统,可以为每个使用者建立自己的信箱和 OA 账号,即安全保密,又极大地方便了通信。许多事务处理均可以通过邮件和 OA 提醒,高效便利。

4. 用户团体分析

表 12-8 为该校园网典型用户团体分析表。

表 12-8　校园网用户团体表

用户团体名字	用户数	团体应用
1 号学生宿舍	1300[①]	网页浏览,文件下载,认证计费
2 号学生宿舍	1000	网页浏览,文件下载,认证计费
3 号学生宿舍	700	网页浏览,文件下载,认证计费
4 号学生宿舍	700	网页浏览,文件下载,认证计费
5 号学生宿舍	1300	网页浏览,文件下载,认证计费
6 号学生宿舍	600	网页浏览,文件下载,认证计费
基础实验楼	300	网页浏览,文件下载
主教楼	100	网页浏览,文件下载
东教学楼	20	网页浏览,文件下载
图书馆	100	网页浏览,文件下载,数据库管理
家属院	400	网页浏览,文件下载
后勤服务总公司	30	网页浏览,文件下载

注释: ①通常情况,8 人间宿舍有 4 个接入点,6 人和 4 人间宿舍均为两个。

5. 数据存储位置

表 12-9 为该校园网典型数据存储表。

表 12-9　校园网数据存储位置表

数据存储	位置	应用	团体
图书馆藏书目录	图书馆服务器集群	图书馆藏书目录	所有
Web 服务器	网络中心服务器集群	Web 站点主机	所有
E-mail 服务器	网络中心服务器集群	电子邮件	所有
FTP 服务器	网络中心服务器集群	文件下载	所有
DHCP 服务器	计算中心服务集群	编址	所有
网络管理服务器	计算中心服务集群	网络管理	管理部门
DNS 服务器	计算中心服务集群	命名	所有

12.5.3　现有网络特征

1. 现有网络概括和拓扑

核心层是一台 8512 三层交换机,通过多模光纤连接到计算机中心、图书馆、主教楼、基础实验楼和东教楼,各个宿舍楼经过 7606 汇聚后连接到 8512 上。

同时在路由器上拿出一个端口接到 DMZ 区域,防火墙提供校园网的 WWW、DNS 和电子邮件等服务;SAM 和 DHCP 服务器也连到 7606 上,提供各个宿舍楼的动态地址分配和上网计费功能。边界路由通过 Cernet(中国教育科研网)和两根网通的线连接到 Internet 上。在边界路由 NET40 和所有的三层交换机上配置 OSPF 路由协议。在边界路由上配置 NAT 做地址转换。在核心交换机 8512 上划分 VLAN 对全院 VLAN 进行管理。每个楼宇上的三层交换机同样划分 VLAN。该校北区网络拓扑如图 12-4 所示。

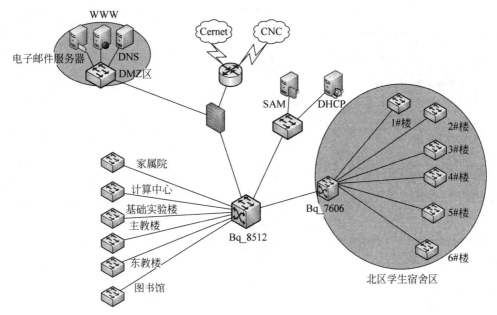

图 12-4　某校北区网络拓扑图

2. 地址和命名

由于学校上网人数比较多,各个部门和楼宇之间又处在不同的 VLAN 中,C 类的 IP 地址不能够满足上网的需求,因此校园网内部一部分采用了公有地址,而另一部分采用了 RFC1918 中规定的私有地址段,这些私有地址不能访问外部网络,但是可以访问校园网,必须经过路由将私有地址转换成公有地址才能出网。

学生宿舍楼采用了私有地址转换成公有地址的方案,使用 DHCP 服务器和 RAIDUS 服务器结合的技术,只有通过 RAIDUS 认证服务器认证后的用户 DHCP 服务器才能被分配公有 IP 地址,没有通过认证的只能分配私有地址。私有地址采用了子网划分,将 172 的 B 类地址借了 7 位主机位,每个楼宇可以分配 512 个私有地址。

计算机中心、图书馆以及其他部门分配了固定的公有 IP 地址,可以直接访问 Internet。表 12-10 和表 12-11 所示为北区各部门、学生宿舍楼 IP 地址配置情况和常见服务器命名与地址配置。

表 12-10　某高校校园网地址和命名清单

部门名称	IP 地址所属网络	子网掩码
基础实验楼网络中心	202. *.32.0	255.255.255.0
主教楼	202. *.34.0	255.255.255.0
基础实验楼	202. *.35.0	255.255.255.0
基础实验楼	202. *.43.0	255.255.255.0
南区教师楼	202. *.46.0	255.255.255.0
学生宿舍 1#楼(认证后)	222. *.81.0	255.255.255.0
学生宿舍 2#楼(认证后)	222. *.82.0	255.255.255.0
学生宿舍 3#楼(认证后)	222. *.83.0	255.255.255.0
学生宿舍 4#楼(认证后)	222. *.84.0	255.255.255.0

网络系统集成与规划设计

续表

部门名称	IP 地址所属网络	子网掩码
学生宿舍 5#楼(认证后)	222. *.85.0	255.255.255.0
学生宿舍 6#楼(认证后)	222. *.86.0	255.255.255.0
学生宿舍 1#楼(未认证)	172.24.0. * ～172.24.1. *	255.255.254.0
学生宿舍 2#楼(未认证)	172.24.2. * ～172.24.3. *	255.255.254.0
学生宿舍 3#楼(未认证)	172.24.4. * ～172.24.5. *	255.255.254.0
学生宿舍 4#楼(未认证)	172.24.6. * ～172.24.7. *	255.255.254.0
学生宿舍 5#楼(未认证)	172.24.8. * ～172.24.9. *	255.255.254.0
学生宿舍 6#楼(未认证)	172.24.10. * ～172.24.11. *	255.255.254.0

表 12-11 服务器命名与地址配置情况

服务器名称	服务器类型	地址配置
Web 服务器	WWW	202. *.32.7/24
DNS 服务器	DNS	202. *.32.1/24
E-mail 服务器	Mail	202. *.32.50/24
NAT 服务器	NAT	202. *.32.110/24
DHCP 服务器	DHCP	10.10.10.252/24

3. 现有网络采用的布线和介质

在核心的主干网上采用了千兆光纤,从网络中心到各个楼宇之间采用千兆光纤的多模光纤,每栋楼宇内部采用超五类双绞线连接到桌面,可提供百兆的带宽。表 12-12 所示为所采用的光纤信息。

表 12-12 某校建筑物之间所采用的布线介质

建筑物	建筑物间距离/m	光纤类型
亚太八楼到家属楼	260	AMP 6 芯光纤(50/125)
亚太八楼到图书馆	100	AMP 4 芯光纤(62.5/125)
亚太八楼到主教楼	100	AMP 4 芯光纤(62.5/125)
亚太八楼到1#宿舍	160	AMP 6 芯光纤(50/125)
亚太八楼到2#宿舍	260	AMP 6 芯光纤(50/125)
亚太八楼到3#宿舍	220	AMP 6 芯光纤(50/125)
亚太八楼到4#宿舍	260	AMP 6 芯光纤(50/125)
亚太八楼到5#宿舍	160	AMP 4 芯光纤(62.5/125)
亚太八楼到6#宿舍	100	AMP 4 芯光纤(62.5/125)

在双绞线的选取上,交换机之间采用 TCL PC101004,交换机到主机间采用 FS-HSYV5e(UTP)。

4. 建筑物之间的距离和环境因素

校园内各个建筑物采用的是光纤连接,而这里只以建筑物之间实际距离为准,包括建筑物之间的水平距离和垂直距离。水平距离是指建筑物之间水平相聚多远,如基础实验楼到综合楼大概是 50m。垂直距离是指某一建筑物的一楼到顶楼之间的距离,如基础实验楼一楼到九楼的垂直距离大概是 24m,如表 12-13 和表 12-14 所示。

表 12-13 建筑物垂直距离表	
距离 建筑物	垂直距离/m
基础实验楼	约 23
综合楼	约 13
教学楼	约 10
图书馆	约 10
1♯学生宿舍楼	约 15
2♯学生宿舍楼	约 13
3♯学生宿舍楼	约 15
4♯学生宿舍楼	约 15
5♯学生宿舍楼	约 15
6♯学生宿舍楼	约 7.5
后勤工会混合楼	约 10
1♯教师家属楼	约 17.5
2♯教师家属楼	约 17.5
3♯教师家属楼	约 17.5
4♯教师家属楼	约 17.5

表 12-14 建筑物水平距离表	
距离 建筑物	水平距离/m
基础实验楼到综合楼	约 50
基础实验楼到教学楼	约 30
基础实验楼到图书馆	约 45
基础实验楼到 1♯学生宿舍楼	约 150
基础实验楼到 2♯学生宿舍楼	约 300
基础实验楼到 3♯学生宿舍楼	约 75
基础实验楼到 4♯学生宿舍楼	约 85
基础实验楼到 5♯学生宿舍楼	约 60
基础实验楼到 6♯学生宿舍楼	约 70
基础实验楼到后勤工会混合楼	约 200
基础实验楼到 1♯教师家属楼	约 250
基础实验楼到 2♯教师家属楼	约 250
基础实验楼到 3♯教师家属楼	约 260
基础实验楼到 4♯教师家属楼	约 260

5. 现有网络的性能参数

1）带宽

从网络中心到各个楼宇均铺设了多模光纤，带宽可以达到千兆位每秒，各楼层到桌面采用的是超五类双绞线，带宽在百兆位每秒左右。

2）吞吐量

在网络高峰期，比如中午 12：00 左右和晚上 9：00 左右，上网人数比较多，发生冲突的可能性达到 10％，这时吞吐量＝90％×G（网络负载），其他时间的吞吐量几乎等于 G。

3）丢包率

在网络无拥塞的时候，路径丢包率为 0％；在网络轻度拥塞时，丢包率为 1％～4％；在网络严重拥塞时，丢包率为 5％～15％。

4）可用性

以边界路由 NE40 为例计算设备可用性，表 12-15 中所示为各数据。

表 12-15 设备可用性清单

故　　障	平均故障间隔时间/h	平均修复时间/h
第一次故障	5000	5
第二次故障	10 000	8
第三次故障	6000	3
三次故障平均	7000	5.33

可用性＝7000/(5.33＋7000)＝99.9％。

5）主干网的流量负载

7606 到 8512 干线流量负载最大约 800Mbps，分布如下：

（1）7606 到 1♯楼流量负载最大约 180Mbps。

（2）7606 到 2♯楼流量负载最大约 108Mbps。

（3）7606 到 3#楼流量负载最大约 88Mbps。

（4）7606 到 4#楼流量负载最大约 106Mbps。

（5）7606 到 5#楼流量负载最大约 104Mbps。

（6）7606 到 6#楼流量负载最大约 104Mbps。

8512 到计算机中心流量负载最大约 500Mbps，分布如下：

（1）8512 到图书馆流量负载最大约 200Mbps。

（2）8512 到主教楼流量负载最大约 200Mbps。

（3）8512 到基础实验楼流量负载最大约 60Mbps。

（4）8512 到东教流量负载最大约 40Mbps。

6. 网络应用流量的特征

要分析现有网络流量，首先需确定子网边界，把网络分成几个易管理的域；其次确定工作组和数据的传输方式；最后通过网络流量基线对网络流量进行分析。

可以将现有校园网划分为综合楼、后勤部、家属院、教学区、宿舍区、图书馆和主区域。其物理区域和逻辑区域分别如图 12-5 和图 12-6 所示。

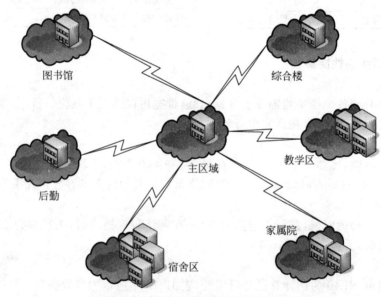

图 12-5　校园网物理网络区域图

工作组表的用户数量除学生宿舍是按照入住人数估测得来外，其他的基本上按照接入网结点个数而估测得来。表 12-16 中的位置即是该工作组在网络拓扑图上的位置。

表 12-16　校园网工作组表

名　　称	用户数量	位置	所使用的应用程序
基础实验楼	800		Mail、FTP、WWW、数据存储与备份、计费
东教学楼	25		电子邮件、文件传输、Web
综合楼	600		电子邮件、FTP、Web、数据存储与备份
图书馆	10		电子邮件、文件传输、Web 浏览器、查询
学生宿舍楼	5160		电子邮件、文件传输、Web 浏览器、上网
后勤部	40		计费、数据存储
家属院	2000		电子邮件、Web 浏览器、上网

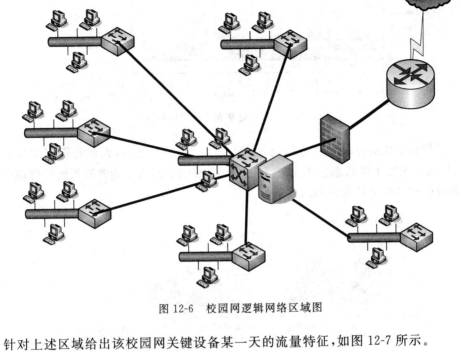

图 12-6　校园网逻辑网络区域图

针对上述区域给出该校园网关键设备某一天的流量特征,如图 12-7 所示。

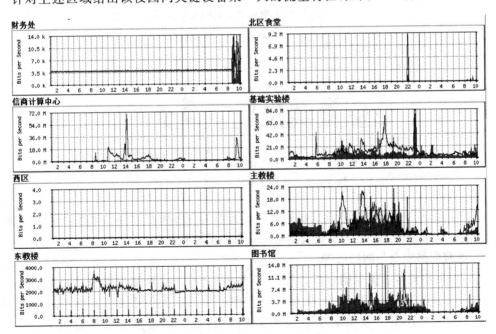

图 12-7　几个典型区域关键设备的某天流量特征

防火墙用来保护内部安全,主要是通过访问控制来阻止外界对内部的访问,而内部对外部的访问一般默认允许,因此呈现出大量的数据流入,而只有相对极少数的数据流出。图 12-8 为某周防火墙网络流量监控截图。

每周 图表（30 分钟 平均）

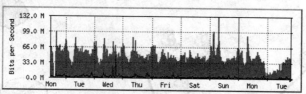

最大　流入：130.8 Mbps (13.1%)　平均　流入：47.6 Mbps (4.8%)　当前　流入：44.0 Mbps (4.4%)
最大　流出：46.5 Mbps (4.6%)　平均　流出：2983.7 kbps (0.3%)　当前　流出：3580.7 Mbps (0.4%)

图 12-8　防火墙某周的流量特征

由于学校对学生宿舍的管理是每天 6：00—23：00 进行供电，因此校园网流量在晚上 11：00 后呈现出突然下降状态。图 12-9 和图 12-10 分别是网络流量监控系统对管理学生宿舍总交换机的网络流量日截图和周截图。

每日 图表（5 分钟 平均）

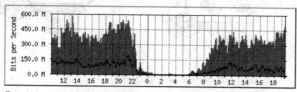

最大　流入：582.1 Mbps (58.2%)　平均　流入：262.4 Mbps (26.2%)　当前　流入：498.1 Mbps (49.8%)
最大　流出：193.9 Mbps (19.4%)　平均　流出：65.4 Mbps (6.5%)　当前　流出：75.1 Mbps (7.5%)

图 12-9　学生宿舍某天典型流量特征

每周 图表（30 分钟 平均）

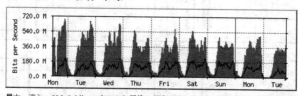

最大　流入：686.8 Mbps (68.7%)　平均　流入：281.9 Mbps (28.2%)　当前　流入：407.8 Mbps (40.8%)
最大　流出：225.4 Mbps (22.5%)　平均　流出：86.1 Mbps (8.6%)　当前　流出：71.3 Mbps (7.1%)

图 12-10　学生宿舍某周典型流量特征

由于学校 FTP、网络视频、在线电视直播均为单向向校内师生提供服务，因此呈现出只有大量数据流出。图 12-11 为流量监控系统对它们的流量截图。

7. 现有网络安全与网络管理

通过对网络流量做简单的分析，发现 BT 和 ARP 攻击高峰期两类流量总和占 75% 左右。BT 下载是现在比较流行的下载方式，BT 用多少带宽就有可能吃多少，这个也是运营商很争议的事情。ARP 攻击属于协议性攻击行为，通常因很多学生和教职工较少安装 ARP 防火墙之类的专防 ARP 的软件，并且定期更新系统漏洞较少等造成。BT 和 ARP 不仅影响网速，而且还影响网络的可用性。

为了最大可能地减少校外的攻击，给校内提供一个安全稳定的网络环境，要求学校在网络边界路由和核心层之间添加硬件防火墙。同时划分 VLAN 及应用 ACL。对安全性以及低广播风暴的要求，要求各个部门可单独划分 VLAN，各单位之间在未经授权的情况下不

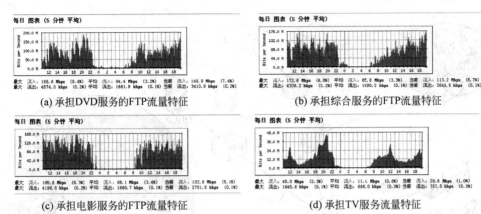

(a) 承担DVD服务的FTP流量特征 　　　　(b) 承担综合服务的FTP流量特征

(c) 承担电影服务的FTP流量特征 　　　　(d) 承担TV服务流量特征

图 12-11　FTP 和 TV 服务的流量特征

能相互访问。对财务部人员和院领导等访问做特殊控制。同时尽量减少不正常的网络流量，如病毒的传播。

学校目前一直使用 MRTG 进行各个交换机和路由器的流量实时监控，能及时反映出当前和平均的流量图。

学校采用锐捷计费系统，对使用 Internet 的学生进行自动计费。

12.5.4　网络逻辑设计

1. 网络拓扑结构设计

8512 核心交换机在校园网中占了主导地位，所以必须保证它的安全性和可靠性。在原有拓扑基础上增加一台 8512 核心交换机作为冗余设备，当其中一台出现故障时另一台可以继续工作，保证了网络的可靠性，同时还在每栋楼上增加了无线局域网的发射装置，提供了更多的网络接入点。主干线使用千兆光纤到各个楼宇。为了避免产生网络拥塞，在每个三层交换机上都配置 STP 协议，同时为了减轻 DHCP 服务器在整个校园网中的通信压力，安排每个学院各自在三层交换机上开启 DHCP 协议。为了提高带宽，增加 CNC 带宽到 1000Mbps，并实现负载平衡。所有三层交换机上运行 OSPF。图 12-12 为改进后的网络环境拓扑图。

2. IP 地址方案和 VLAN 的划分

每一个三层交换机的接口都对应一个 VLAN，每个宿舍楼的每一楼层的二层交换机又划分了不同的 VLAN，在 8512 上划分 VLAN。VLAN 配置清单如表 12-17 所示。

表 12-17　VLAN 的配置清单列表

端口	VLAN ID	说　　明
1～10	VLAN1	网管中心
11～20	VLAN2	连接到亚太实验楼交换机
21～35	VLAN3	连接到主教楼办公室交换机
36～44	VLAN4	连接到主教楼学生机主交换机上行端口
45～48	VLAN5	连接到东教楼交换机上行端口
49～55	VLAN6	连接到图书馆交换机上行端口
56～85	VLAN7～VLAN12	连接到宿舍楼交换机上行端口
86～99	VLAN13～VLAN16	连接到家属楼交换机上行端口

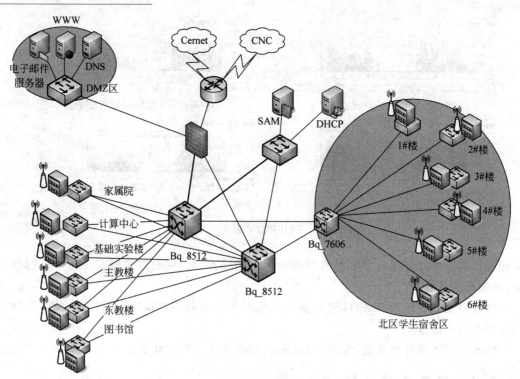

图 12-12 改进后具有核心层冗余和无线接入的校园拓扑图

以宿舍楼为例的 VLAN 连接和配置情况如表 12-18 所示。

表 12-18 宿舍楼 VLAN 的配置清单列表

端口	VLAN ID	说　　明
56～60(1 号楼)	VLAN6	连接到网管中心下行端口 2
61～65(2 号楼)	VLAN7	连接到网管中心下行端口 3
66～70(3 号楼)	VLAN8	连接到网管中心下行端口 4
71～75(4 号楼)	VLAN9	连接到网管中心下行端口 5
76～80(5 号楼)	VLAN10	连接到网管中心下行端口 6
81～85(6 号楼)	VLAN11	连接到网管中心下行端口 7

各 VLAN 的 IP 地址划分和功能描述如表 12-19 所示。

表 12-19 VLAN 地址配置清单列表

VLAN ID	网段 IP	网关 IP	描述
1	172.16.1.0/24	172.16.1.1/24	综合楼中心机房
2	172.16.2.0/24	172.16.2.1/24	亚太实验楼
3	172.16.3.0/24	172.16.3.1/24	综合楼办公室
4	172.16.4.0/24	172.16.4.1/24	综合楼学生机房
5	172.16.5.0/24	172.16.5.1/24	东教楼
6	172.16.6.0/24	172.16.6.1/24	图书馆
7～12	172.16.7～12.0/24	各网段第一个可用 IP 地址	宿舍楼
13～16	172.16.13～16.0/24	各网段第一个可用 IP 地址	家属楼

3. 因特网接入方案

学校采用了一根 Cernet(中国教育科研网)和两根 CNC 的光纤接入到 Internet 上,为了提高带宽,可以提高 CNC 带宽至 1000Mbps,从而快速满足广大师生的上网需求。

4. 安全方案

在边界路由上设置了防火墙的功能,对不安全的信息进行了过滤,保证了内部网络不受到入侵。如果经济允许,可搭建硬件防火墙,位于 8512 和 NE40 之间,从而有效地保护内网。同时为了防范 ARP 攻击,要求每个终端桌面安装认证端以方便进行管理。

5. 管理方案

8512 作为核心层交换机,只有管理员才能访问,管理员可以对全院的 VLAN 进行划分,7606 作为各个宿舍楼的分布层交换机,与 DHCP 服务器和 SAM 服务器结合,管理员可以为每个宿舍楼动态分配 IP 和划分子网,实现上网计费功能。同时在核心设备上开启 SNMP 协议,继续使用原来的 MRTG 进行流量监控。

6. WLAN 的设计

设计两个独立的子网,一个用于安全的专用无线局域网,另外一个用于开放的公共无线局域网。每个子网都遍布整个校园网。使用这个解决方案,无线用户可以在整个校园网进行漫游。同时,在每栋建筑物内,开放式接入点和安全接入点连接到交换机不同的端口上,每一个端口在各自的 VLAN 内。

开放式接入点不配置 WEP 或 MAC 地址认证,SSID 采用默认方式进行认证,这样外来用户就可以轻而易举地和无线局域网建立关联。为了保护校园网络安全,防止开放网络中用户的访问,在边界路由上配置 ACL,只允许少量的协议进行转发,如 80、21、20、25、110、53 和 67 等端口。

专用接入点进行身份认证,并开始进行流量计费,从而更安全。

12.5.5 网络实施

1. 综合布线实施

根据用户需求分析,决定校园网络采用星型网络拓扑结构。

1) 工作区子系统的设计

学生宿舍一般通过集线器接入校园网网络,因此为了节省工程造价,每个宿舍只安装一个单口信息插座。信息点密集的房间可以选用两口或四口信息插座,如教学楼的多媒体教室、办公室和计算中心机房等,信息插座的数量要根据用户的需求而定。

考虑到校园网中大多数信息点的接入要求达到 100Mbps,因此建议校园网内所有信息插座均选用 IBDN Giga Flex PS5E 超五类模块。IBDN 超五类模块可以满足未来 155Mbps 网络接入的要求。

为了方便用户接入网络,信息插座安装的位置结合房间的布局及计算机安装位置而定,原则上与强电插座相距一定的距离,安装位置距地面 30cm 以上高度,信息插座与计算机之间的距离不应超过 5m。

2) 水平干线子系统的设计

经过全面的考虑,该院综合布线系统的水平干线子系统全部采用非屏蔽双绞线。考虑以后的校园网网络的应用,建议整个校园网的楼内水平布线全部采用 IBDN 1200 系列超五类非屏蔽双绞线,以便满足以后网络的升级需要。

考虑到该院实施布线的建筑物都没有预埋管线,所以建筑物内的水平干线子系统全部采用明敷 PVC 管槽,并在槽内布设超五类非屏蔽双绞线缆的布线方案。原则上 PVC 管槽的敷设应与强电线路相距 30cm,由于特殊情况,PVC 管槽与强电线路相距很近的情况下,可在 PVC 管槽内安装白铁皮,然后再安装线缆,从而达到较好的屏蔽效果。

3) 设备间子系统设计

经实地考察发现,每幢学生宿舍都有两个楼道,而且在 2 层或 3 层楼道都已设置了配电房,可以利用现有的配电房作为设备间。对于学生宿舍楼层较长的,建议采用双设备间的配置方案。教工宿舍和办公楼信息点较少,不考虑专门设置设备间。整个校园网的主设备间放置于亚太八楼的网管中心。

东教楼的信息点较分散且信息点较少,没有必要设立专门的设备间,可以在教师休息室内安装 6U 墙装机柜,机柜内只需容纳一台交换机和两个配线架即可。

办公楼、图书馆、实验大楼信息点较多,需要预设机柜,机柜内应配备足够数量的配线架和理线架设备。

网络中心根据功能划分为两个区域,一半空间作为机房,另一半作为行政办公区域。网络中心机房采用铝合金框架支撑的玻璃墙进行隔离,接合部铺设防静电地板,地板已进行良好接地处理。机房内还安装了一个 10kW 的 UPS,配备的 40 个电池可以满足 8 小时的后备电源供电。为了保证机房内温度的控制,机房内配备了两个柜式空调,空调具备来电自动开机功能。为了保证机房内设备的正常运行,所有设备的外壳及机柜均做好接地处理,以实现良好的电气保护。

4) 管理子系统的设计

为了配合水平干线子系统选用的超五类非屏蔽双绞线,每个设备间内都应配备 IBDN PS5E 超五类 24 口/1U 模块化数据配线架,配线架的数量要根据楼层信息点数量而定。为了方便设备间的线缆管理,设备间安装相应规格的机柜,机柜内的两个配线架之间还安装 IBDN 理线架,以进行线缆的整理和固定。

为了便于光缆的连接,每幢楼内的设备间应配备光缆接线箱或机架式配线架,以便端接室外布设进入设备间的光缆。为了端接每个交换机的光纤模块,还应配备一定数量的光纤跳线,以端接交换机光纤模块和配线架上的耦合器。

5) 垂直干线子系统的设计

由于大多数建筑物都在 6 层以下,考虑到工程造价,决定采用 4 对 UTP 双绞线作为主干线缆。对于楼层较长的学生宿舍,将采用双主干设计方案,两个主干通道分别连接两个设备间。

对于新建的学生宿舍及教学大楼都预留了电缆井,可以直接在电缆井中铺设大对数双绞线。为了支撑垂直主干电缆,在电缆井中固定了三角钢架,可将电缆绑扎在三角钢架上。对于旧的学生宿舍、办公大楼、实验大楼、图书馆,要开凿直径 20cm 的电缆井并安装 PVC 管,然后再布设垂直主干电缆。

6) 建筑群子系统的设计

校园内建筑物之间的距离很近,只有网络中心机房与教工区设备间之间的跨距、网络中心机房与学生宿舍二区设备间之间的跨距较远,均已超过 550m,其他建筑物之间的跨距不超过500m,因此除了网络中心机房与教工区、学生宿舍设备间之间布设12芯单模光纤外,其他建筑物之间的光缆均选用6芯50μm多模光缆进行布线。由于该学院原有的闭路电视线、电话线全部采用架空方式安装,而且目前建筑物之间没有现成的电缆沟,经过与院方交流意见,决定所有光纤采用架空方式铺设。铺设光纤时,尽量沿着现有的闭路电视或电话线路的路由进行安装,从而保持校园内的环境美观要求,也可以加快工程进度。

2. 网络设备的选择

1) 接入层设备选择

接入层网络作为二层交换网络,提供工作站等设备的网络接入。接入层在整个网络中接入交换机的数量最多,具有即插即用的特性。对此类交换机的要求,一是价格合理;二是可管理性好,易于使用和维护;三是有足够的吞吐量;四是稳定性好,能够在比较恶劣的环境下稳定地工作。

此层交换机应具备VLAN划分,链路聚合等功能。因可付性限制和计费认证是校园网的主要目标,该校选用RJ-S2126、RJ-S1926S+、RJ-S1926F+和D-Link等型号作为接入层交换机使用。使用端口认证技术,用黏滞端口的方法使端口在检测到未经授权的MAC地址时自动关闭,增强安全性。

对于一些高要求的部门,如财务处、教务处等可采用思科设备,如思科2900系列中思科WS-C2960-24TT-L或思科WS-C2960-48TT-L。

2) 接入层设备选择

分布层主要负责连接接入层接点和核心层中心,汇集分散的接入点,扩大核心层设备的端口密度和种类,汇聚各区域数据流量,实现骨干网络之间的优化传输。汇聚交换机还负责本区域内的数据交换。汇聚交换机一般与核心层交换机同类型,仍需要较高的性能和比较丰富的功能,但吞吐量较低。

工作在这一层的交换机最重要的要求就是支持安全策略和冗余组件。安全策略是分布层的必备功能之一。冗余组件是提高分布层可用性主要组成部分,因为一旦正常工作的链路物理性断开,就要重新选择可用线路。

在校园网实施中,选用支持认证较好的RJ-3760分布层用于计算中心;选择4台Quidway S3526分别作为主教楼、图书馆、基础实验楼、家属楼分布层设备。

如果经济允许,可采用CISCO Catalyst3560系列充当三层交换机。该系列支持IP电话、无线接入点、视频监视、建筑物管理系统等。客户可以部署网络范围的智能服务,如高级QoS、速率限制、访问控制列表、组播管理和高性能IP路由,并保持传统LAN交换的简便性。内嵌在CISCO Catalyst3560系列交换机中的思科集群管理套件(CMS)让用户可以利用任何一个标准的Web浏览器,同时配置多个Catalyst桌面交换机并对其排障。CISCO CMS软件提供了配置向导,它可以大幅度简化融合网络和智能化网络服务的部署。

3) 核心层设备选择

网络主干部分称为核心层,主要目的在于通过高速转发通信,提供优化、可靠的骨干传输结构,因此核心层交换机应拥有更高的可靠性、性能和吞吐量。

工作在此层的交换机要具备高速转发、路由以及吞吐量较大的功能,同时性能也要保证,学校选用华为Quidway S8500系列。为了提高网络的可靠性和可用性,可选择同系列设备作为冗余设备。

3. 典型配置与实施

1) OSPF 路由协议的配置

OSPF 路由协议是一种典型的链路状态(Link-state)的路由协议,一般用于同一个路由域内。在这里,路由域是指一个自治系统,即 AS,它是指一组通过统一的路由政策或路由协议互相交换路由信息的网络。在这个 AS 中,所有的 OSPF 路由器都维护一个相同的描述这个 AS 结构的数据库,该数据库中存放的是路由域中相应链路的状态信息,OSPF 路由器正是通过这个数据库计算出其 OSPF 路由表的。

作为一种链路状态的路由协议,OSPF 将链路状态广播数据包(Link State Advertisement,LSA)传送给在某一区域内的所有路由器,这一点与距离矢量路由协议不同。运行距离矢量路由协议的路由器是将部分或全部的路由表传递给与其相邻的路由器。下面以 CISCO 为例,给出其典型配置命令。

首先,在路由器上启用 OSPF,命令如下:

```
R1(config)♯router ospf process - id
```

其次,通告参与更新、接收路由信息所在接口的网络。配置如下:

```
Router(config-router)♯network network-address wildcard-mask area area-id
```

网络地址和通配符掩码一起用于指定此 network 命令启用的接口或接口范围。area 是共享链路状态信息的一组路由器,OSPF 网络也可配置为多区域。area-id 是指如果所有路由器都处于同一个 OSPF 区域,则必须在所有路由器上使用相同的 area-id 来配置。区域 0 是骨干区域,是必须存在且配置的区域。并且,OSPF 不会在主网络边界自动汇总。

在该校园网中,要求在核心交换、各分布层三层交换机上都配置 OSPF 路由协议,同时为了方便管理,要求为单区域 OSFP。

2) STP 协议配置

现在多数交换机默认开启 STP,但需要指定 STP 工作模式。如下所示:

```
S3500♯conf t
S3500(config)♯spanning - tree
mode        Spanning tree operating mode
portfast    Spanning tree portfast options
VLAN        VLAN Switch Spanning Tree
S3500(config)♯spanning - tree mode?
pvst         Per - Vlan spanning tree mode
rapid - pvst  Per - Vlan rapid spanning tree mode
S3500(config)♯spanning - tree mode pvst        //一个 VLAN 一个 STP
```

同样还可以配置快速端口转发和 RSTP,以节省时间。

3) 访问控制列表的配置

这也许是最重要的一个环节了,毕竟目前学校网络在出口处并未设置防火墙。可以通过指定,允许特定的外网地址访问内网,也可拒绝一切外网来源,同时可以控制内网访问的网站,防止学生登录不良网站。因此,几乎所有未被记录的外网都被禁止进入,大大减少了被攻击量。下面给出的是一个配置实例。

（1）案例背景。

① 一台 3550EMI 交换机，划分三个 VLAN。端口 1-8 划分到 VLAN 2，端口 9-16 划分到 VLAN3，端口 17-24 划分到 VLAN4。

② VLAN2 为服务器所在网络，命名为 server。IP 地址段为 192.168.2.0，子网掩码为 255.255.255.0，网关为 192.168.2.1，域服务器为 windows 2000 advance server，同时兼作 DNS 服务器，IP 地址为 192.168.2.10。

③ VLAN3 为客户端 1 所在网络，命名为 work01。IP 地址段为 192.168.3.0，子网掩码为 255.255.255.0，网关设置为 192.168.3.1。

④ VLAN4 为客户端 2 所在网络，命名为 work02。IP 地址段为 192.168.4.0，子网掩码为 255.255.255.0，网关设置为 192.168.4.1。

⑤ 3550 作 DHCP 服务器，各 VLAN 保留 2～10 的 IP 地址不分配。例如 192.168.2.0 的网段，保留 192.168.2.2～192.168.2.10 的 IP 地址段不分配。

（2）安全要求。

VLAN3 和 VLAN4 不允许互相访问，但都可以访问服务器所在的 VLAN2。

（3）配置清单。

```
interface VLAN1
  no ip address
  shutdown
!
  interface VLAN2
  ip address 192.168.2.1 255.255.255.0
!
interface VLAN3
  ip address 192.168.3.1 255.255.255.0
  ip access - group 103 out
!
interface VLAN4
  ip address 192.168.4.1 255.255.255.0
  ip access - group 104 out
!
ip classless
!
!
access - list 103 permit ip 192.168.2.0 0.0.0.255 192.168.3.0 0.0.0.255
access - list 103 permit ip 192.168.3.0 0.0.0.255 192.168.2.0 0.0.0.255
access - list 103 permit udp any any eq bootpc
access - list 103 permit udp any any eq tftp
access - list 103 permit udp any eq bootpc any eq bootps
access - list 103 permit udp any eq tftp any eq tftp
access - list 104 permit ip 192.168.2.0 0.0.0.255 192.168.4.0 0.0.0.255
access - list 104 permit ip 192.168.4.0 0.0.0.255 192.168.2.0 0.0.0.255
access - list 104 permit udp any eq tftp any eq tftp
access - list 104 permit udp any eq bootpc any eq bootpc
access - list 104 permit udp any any eq bootpc
access - list 104 permit udp any any eq tftp
```

```
!
ip dhcp excluded - address 192.168.2.2 192.168.2.10
ip dhcp excluded - address 192.168.3.2 192.168.3.10
ip dhcp excluded - address 192.168.4.2 192.168.4.10
!
ip dhcp pool test01
  network 192.168.2.0 255.255.255.0
  default - router 192.168.2.1
  dns - server 192.168.2.10
ip dhcp pool test02
  network 192.168.3.0 255.255.255.0
  default - router 192.168.3.1
  dns - server 192.168.2.10
ip dhcp pool test03
  network 192.168.4.0 255.255.255.0
  default - router 192.168.4.1
  dns - server 192.168.2.10
```

4) NAT 转换的配置

借助于 NAT,私有(保留)地址的"内部"网络通过路由器发送数据包时,私有地址被转换成合法的 IP 地址,一个局域网只需使用少量 IP 地址(甚至是一个)即可实现私有地址网络内所有计算机与 Internet 的通信需求。

(1) 静态地址转换配置。

① 在内部本地地址与内部合法地址之间建立静态地址转换。在全局设置状态下输入 Ip nat inside source static local-address global-address。

② 指定连接网络的内部端口。在端口设置状态下输入 ip nat inside。

③ 指定连接外部网络的外部端口。在端口设置状态下输入 ip nat outside。

(2) 动态地址转换配置。

① 在全局设置模式下,定义内部合法地址池。地址池名称可以任意设定。

```
ip nat pool 地址池名称 起始 IP 地址终止 IP 地址 子网掩码
```

② 在全局设置模式下,定义一个标准的 access-list 规则以允许哪些内部地址可以进行动态地址转换。

```
Access-list 标号 permit 源地址 通配符 //其中标号为 1～99 之间的整数
```

③ 在全局设置模式下,将由 access-list 指定的内部本地地址与指定的内部合法地址池进行地址转换。

```
ip nat inside source list 访问列表标号 pool 内部合法地址池名字
```

④ 指定与内部网络相连的内部端口。

```
ip nat inside
```

⑤ 指定与外部网络相连的外部端口。

```
Ip nat outside
```

（3）复用动态地址 PAT 配置。

① 在全局设置模式下，定义内部合法地址池。

```
ip nat pool 地址池名字 起始 IP 地址 终止 IP 地址子网掩码
```

② 在全局设置模式下，定义一个标准的 access-list 规则以允许哪些内部地址可以进行动态地址转换。

```
access-list 标号 permit 源地址 通配符
```

其中，标号为 1～99 之间的整数。

③ 在全局设置模式下，设置在内部的本地地址与内部合法 IP 地址间建立复用动态地址转换。

```
ip nat inside source list 访问列表标号 pool 内部合法地址池名字 overload
```

④ 在端口设置状态下，指定与内部网络相连的内部端口。

```
ip nat inside
```

⑤ 在端口设置状态下，指定与外部网络相连的外部端口。

```
ip nat outside
```

5）VLAN 配置

下面是 VLAN10 的划分情况，其他情况类似。

```
Switch # configure terminal
Switch(config) # interface VLAN10
Switch(config - if) ip address 202.196.34.254 255.255.255.0
Switch(config - if) # no shutdown
Switch(config - if) # exit
```

下面是将端口 Fa0/5 加入到划分的 VLAN10 中。

```
Switch # configure terminal
Switch(config - if) # interface fastethernet 0/5
Switch(config - if) # switchport access VLAN10
Switch(config - if) # no shutdown
```

下面将三层交换机的 Fa0/1 端口设置为 Trunk 模式，连接二层交换机的 Fa0/10 端口。

```
Switch # configure terminal
Switch(config) # interface fastEthernet 0/1
Switch(config - if) # switchport mode trunk
Switch(config - if) # end
```

网络系统集成与规划设计

为实现不同 VLAN 之间的通信,下面将二层交换机的 Fa0/10 端口设置为 Trunk 模式,连接三层交换机的 Fa0/1 端口。

```
Switch#configure terminal
Switch(config)#interface fastEthernet 0/10
Switch(config-if)#switchport mode trunk
Switch(config-if)#end
```

在配置中,还涉及服务的配置,如 DHCP、WWW、DNS 和 FTP 等配置,请参考前面的章节。

参 考 文 献

［1］ 苗凤君,潘磊,夏冰.局域网技术与组网工程[M].北京:清华大学出版社,2010.

［2］ 曹庆华.网络测试与故障诊断实验教程[M].北京:清华大学出版社,2006.

［3］ 黎连页.网络综合布线系统与施工技术[M].3版.北京:机械工业出版社,2007.

［4］ 王公儒.网络综合布线工程技术实训教程[M].北京:机械工业出版社,2010.

［5］ Daniel P. Bovet , Marco Cesati 著.陈莉,张琼声,张宏伟,译.深入理解 Linux 内核[M].3 版.北京:中国电力出版社,2007.

［6］ 鸟哥.鸟哥的 Linux 私房菜服务器架设篇[M].2 版.北京:机械工业出版社,2008.

［7］ 刘晓辉.网络故障现场处理实践[M].北京:电子工业出版社,2009.

［8］ 刘晓辉,李利军.局域网组网技术大全[M].北京:人民邮电出版社,2006.

［9］ 张新有.网络工程技术与实验教程[M].北京:清华大学出版社,2005.

［10］ 钱德沛.计算机网络实验教程[M].北京:高等教育出版社,2005.

［11］ 任泰明.TCP/IP 协议与网络编程[M].西安:西安电子科技大学出版社,2004.

参考文献

[1]　
[2]　
[3]　
[4]　
[5]　
[6]　
[7]　
[8]　
[9]　
[10]　
[11]